先进光电子科学与技术丛书

半导体微纳制造技术及器件

云 峰 李 强 王晓亮 著

科 学 出 版 社

北 京

内 容 简 介

本书基于课题组的研究成果和研究方向，对目前主流采用的半导体微纳制造技术进行归纳，结合已得到验证的理论进行部分机理的论述，结合半导体微纳光电器件的发展现状阐述半导体微纳器件的应用及发展趋势。首先对半导体微纳器件的制造技术从图形化衬底技术、外延生长技术和刻蚀技术三方面进行系统的概述，然后对器件的电注入机理及等离子基元局域增强效应进行机理论述，最后结合新型半导体器件归纳半导体微纳器件的功能及发展。

本书可供宽禁带半导体材料与器件领域的科研工作者及研究生参考使用。

图书在版编目(CIP)数据

半导体微纳制造技术及器件/云峰，李强，王晓亮著. —北京：科学出版社，2020. 9

(先进光电子科学与技术丛书)

ISBN 978-7-03-066146-3

I. ①半… II. ①云… ②李… ③王… III. ①半导体电子学-微电子技术 IV. ①TN301

中国版本图书馆 CIP 数据核字(2020) 第 175501 号

责任编辑：刘凤娟 郭学雯／责任校对：彭珍珍

责任印制：吴兆东／封面设计：无极书装

科学出版社 出版

北京东黄城根北街 16 号

邮政编码：100717

http://www.sciencep.com

北京中科印刷有限公司印刷

科学出版社发行 各地新华书店经销

*

2020 年 9 月第 一 版 开本：720 × 1000 1/16

2025 年 1 月第四次印刷 印张：18 1/4 插页：4

字数：358 000

定价：139.00 元

(如有印装质量问题，我社负责调换)

“先进光电子科学与技术丛书”序

近代科学技术的形成与崛起, 很大程度上来源于人们对光和电的认识与利用。进入 20 世纪后, 对于光与电的量子性及其相互作用的认识以及二者的结合, 奠定了现代科学技术的基础并成为当代文明最重要的标志之一。1905 年爱因斯坦对光电效应的解释促进了量子论的建立, 随后量子力学的建立和发展使人们对电子和光子的理解得以不断深入。电子计算机问世以来, 人类认识客观世界主要依靠视觉, 视觉信息的处理主要依靠电子计算机, 这个特点促使电子学与光子学的结合以及光电子科学与技术的迅速发展。

回顾光电子科学与技术的发展, 我们不能不提到 1947 年贝尔实验室成功演示的第一个锗晶体管、1958 年德州仪器公司基尔比展示的全球第一块集成电路板和 1960 年休斯公司梅曼发明的第一台激光器。这些划时代的发明, 不仅催生了现代半导体产业的诞生、信息时代的开启、光学技术的革命, 而且通过交叉融合, 形成了覆盖内容广泛, 深刻影响人类生产、生活方式的多个新学科与巨大产业, 诸如半导体芯片、计算机技术、激光技术、光通信、光电探测、光电成像、红外与微光夜视、太阳能电池、固体照明与信息显示、人工智能等。

光电子科学与技术作为一门年轻的前沿基础学科, 为我们提供了发现新的物理现象、认识新的物理规律的重要手段。其应用渗透到了空间、能源、制造、材料、生物、医学、环境、遥感、通信、计量及军事等众多领域。人类社会今天正在经历通信技术、人工智能、大数据技术等推动的信息技术革命。这将再度深刻改变我们的生产与生活方式。支持这一革命的重要技术基础之一就是光电子科学与技术。

近年来, 激光与材料科学技术的迅猛发展, 为光电子科学与技术带来了许多新的突破与发展机遇。为了适应新时期人们对光电子科学与技术的需求, 我们邀请了部分在本领域从事多年科研教学工作的专家学者, 结合他们的治学经历与科研成果, 撰写了这套“先进光电子科学与技术丛书”。丛书由 20 册左右专著组成, 涵盖了半导体光电技术 (包括固体照明、紫外光源、半导体激光、半导体光电探测等)、超快光学 (飞秒及阿秒光学)、光电功能材料、光通信、超快成像等前沿研究领域。它不仅包含了各专业近几十年发展积累的基础知识, 也汇集了最新的研究成果及今后的发展展望。我们将陆续呈献给读者, 希望能在学术交流、专业知识参考及人才培养等方面发挥一定作用。

丛书各册都是作者在繁忙的科研与教学工作期间挤出大量时间撰写的殚精竭

虑之作。但由于光电子科学与技术不仅涉及的内容极其广泛, 而且也处在不断更新的快速发展之中, 因此不妥之处在所难免, 敬请广大读者批评指正!

侯　洵
中国科学院院士
2020 年 1 月

前　言

随着半导体光电器件的不断发展及智能制造的需求，半导体微纳加工技术和器件得到了不断的发展和应用。本书基于作者所在课题组的研究成果和研究方向，对目前主流的半导体微纳制造技术进行了归纳，结合已得到验证的理论进行部分机理的论述，结合最新发展的半导体微纳光电器件 (柔性 LED、异型 LD、太阳能电池) 阐述半导体微纳器件的应用及发展趋势。

本书对半导体微纳器件的制造技术从图形化衬底技术、外延生长技术和刻蚀技术三方面进行系统的概述，并从器件的电子注入及等离子体局域增强效应方面进行机理论述，最后结合新型的半导体器件进行剖析。全书共 8 章，分为三个部分。第 1~3 章作为第一部分，主要概述半导体微纳制造技术；第 4、5 章作为第二部分，主要论述等离激元局域增强机理及半导体微纳器件的电子注入；第 6~8 章作为第三部分，主要结合新型半导体器件归纳半导体微纳器件的功能及发展。本书希望能为半导体微纳技术的发展及器件的制备提供一些参考。

在本书的编写过程中，得到了众多学者和研究生的帮助。第 1 章的编写由张敏妍博士、王帅博士 (中国科学院西安光学精密机械研究所) 以及博士研究生 (在读) 胡朋收集资料完成；第 2 章由苏喜林工程师整理资料完成；第 3 章由冯伦刚博士及博士研究生 (在读) 胡朋完成；第 4 章由王帅博士及王江腾硕士完成；第 5 章由李虞锋研究员、唐伟翰硕士及博士研究生 (在读) 李爱星完成；第 6 章由田振寰博士研究生完成；第 7 章由孙东旭硕士及杜梦琦硕士完成；第 8 章由丁文副教授及高翥硕士完成。同时对本书所引用和参考的众多书籍和论文的作者致以深切的谢意。

书中不妥之处在所难免，敬请读者批评指正。

作　者
2019 年 5 月

目　　录

第1章　图形化技术在半导体器件中的应用

发光二极管 (light emitting diode，LED) 作为新一代的节能型光源在固态照明、背光显示、杀菌、光通信、植物照明等领域受到了极大关注。在 LED 外延生长中，衬底材料对 LED 外延层材料的质量和 LED 器件的最终性能都产生了很大影响，因此选择合适的衬底材料至关重要。目前，由于氮化镓 (GaN) 同质衬底很难获得，成本高，常用的 GaN 薄膜只能在硅 (Si)、碳化硅 (SiC)、蓝宝石 (Al_2O_3) 等异质衬底上获得。SiC 与 GaN 在晶格失配和热失配上均要优于硅和蓝宝石，但因其价格昂贵，衬底本身的制备技术限制了其发展。单晶硅可以实现大尺寸低成本的生长，但是其与 GaN 之间存在更大的晶格失配和热失配，导致外延生长更为复杂。蓝宝石是比较早的用于生长 GaN 的衬底材料，生长技术也比较成熟，因其低成本、生长稳定等优点目前已被用于实现大规模产业化生产用 LED 外延用衬底材料。然而，GaN 和蓝宝石之间晶格常数和热膨胀系数的不匹配导致了 GaN 薄膜的高位错密度，限制了 LED 的内量子效率 (IQE)。另外，由于 GaN 的折射率大于空气的折射率，光从 GaN 中射出的全反射临界角只有 23°。因此，大部分光被限制在外延层内，光提取效率 (LEE) 很低，严重影响了 LED 的发光效率 [1,2]。目前也有一些方法，例如，采用在外延生长中嵌入晶格匹配的 AlN[3-5] 或者低温的 GaN 缓冲层 [6-8] 及侧向外延生长方法 [9-11] 等用来改善 GaN 材料的晶体质量。还有一些通过 GaN 纳米棒结构 [12-14]，表面粗化 [15,16] 和光子晶体 [17,18] 等技术来提高 LED 光提取效率。然而，这些方法只能解决其中的某一种问题，并不能同时解决晶体质量和光提取效率这两个问题。图形化蓝宝石衬底 (patterned sapphire substrate，PSS) 是一种可降低 LED 位错密度同时提高光提取效率的技术，已被广泛应用于 LED 行业 [19-21]。

1.1　图形化蓝宝石衬底简介

图形化蓝宝石衬底是指用于氮化物材料外延生长的表面具有规整排布图案的衬底。目前，常用的图形化蓝宝石衬底有圆锥形、半球形、沟槽型等，其尺寸可以大多控制在百纳米到几微米的范围。制备图形化蓝宝石衬底的方法主要有干法刻蚀、湿法刻蚀、纳米压印等方法。对于 GaN 基 LED 而言，图形化蓝宝石衬底具有如下优势：

1) 降低 GaN 外延层薄膜线位错密度，提高其内量子效率

梯形和锥形两种图形化蓝宝石衬底 GaN 外延层中位错的侧向生长机制 [22] 如图 1-1 所示，图中细线代表 GaN 材料的内部位错。在生长过程中，在图案化窗口底部比顶部生长的要快 (图 1-1 (a-1))，图 1-1 (b-1) 在其最初生长阶段内位错线沿垂直方向传播。随着生长厚度的增加，靠近图案的位错发生 90° 的弯曲见图 1-1 (a-2) 和图 1-1 (b-2)。当 GaN 生长高度超过图案高度时，由于横向外延生长，这种位错横向生长并在纵向湮灭，使线位错不能到达薄膜表面见图 1-1 (a-3)，图 1-1 (b-3)，这样可以大大降低 GaN 外延薄膜的线位错密度。当外延层中的线位错延伸到量子阱中时，就会增加量子阱中的非辐射复合中心密度，从而降低其内量子效率 [23]。相对于传统的平面衬底结构，通过在图形化衬底上生长 LED 外延结构可以使其线位错密度降低一个数量级，大大降低了其非辐射复合率，从而提高 LED 内量子效率。

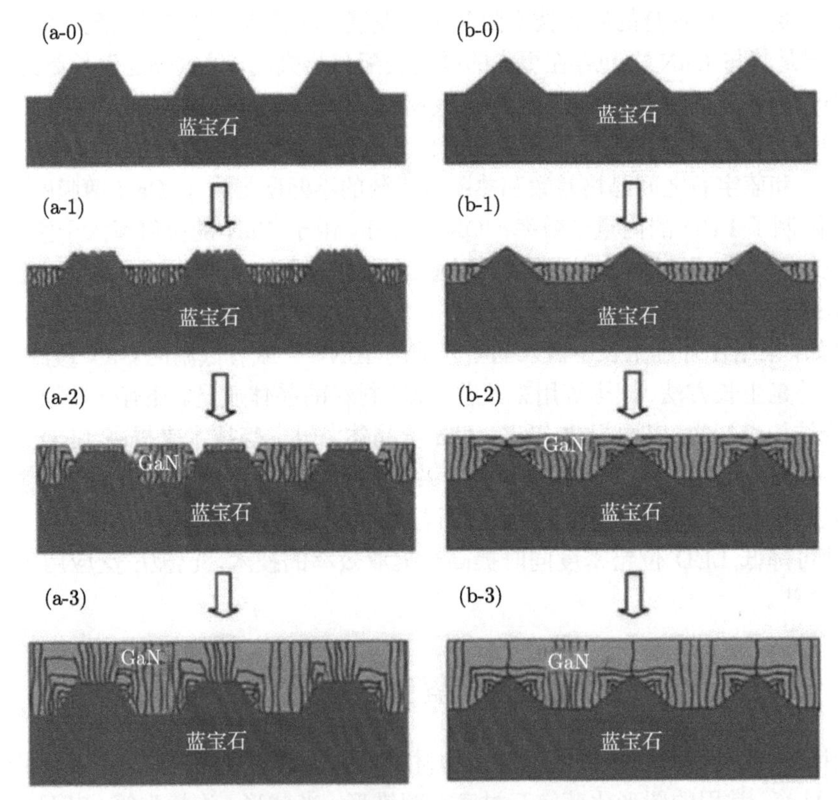

图 1-1　生长于图形化蓝宝石衬底上的 GaN 外延层中位错的侧向生长机制 [22]

2) 光提取效率提高

由于 GaN 的折射率 ($n = 2.5$) 大于空气的折射率 ($n = 1$) 和蓝宝石衬底的折射率 ($n = 1.78$)，根据斯涅尔定律，计算其全内反射角只有 23°，这么小的出光角

度极大地限制了光子的逸出，GaN 与蓝宝石衬底反射系数的差别导致光提取效率较低。这将导致大部分光不能出射，大量的光子转换成热量，使器件性能、寿命和可靠性降低。而对于图形化蓝宝石衬底，入射光线在蓝宝石图形侧面发生反射，可以改变入射光线方向，使在 GaN/空气界面处入射光线的入射角小于逃逸角锥的临界角，光线在 GaN 表面被提取出来，从而可以大大提高 GaN 基发光二极管的发光效率，如图 1-2 所示。

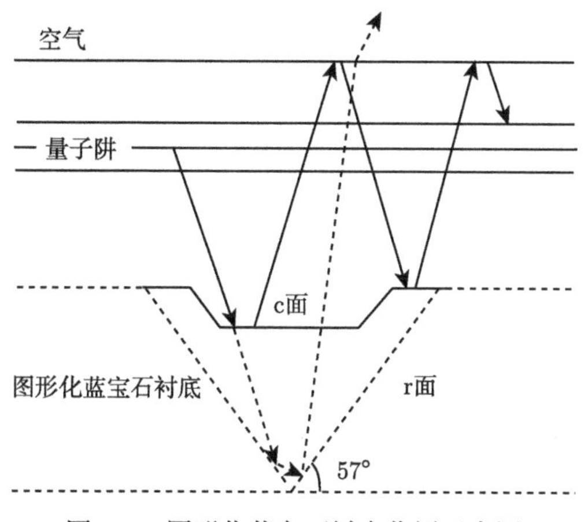

图 1-2 图形化蓝宝石衬底作用示意图

综上可知，图形化蓝宝石衬底在改善 GaN 外延材料质量和提高器件出光效率方面效果显著。特别是较微米级图形化蓝宝石衬底，纳米级图形化蓝宝石衬底对改善晶体质量和提高出光效率效果更显著，随着科学技术的不断发展，纳米级图形化蓝宝石衬底将会继续成为人们研究的课题。以后还需要在以下两个方面进行深入研究：研究制备图形化蓝宝石衬底的新技术，提高晶体质量，降低成本；优化出最佳图案形貌和图形尺寸，制备高规格的纳米级图形化蓝宝石衬底，改善晶体质量和提高 LED 器件的出光效率。

1.2 传统图形化蓝宝石衬底制备技术

目前，市场上常用图形化蓝宝石衬底的制备主要采用刻蚀法，即首先通过光刻在平面蓝宝石衬底上制作以 SiO_2、Ni 等为模板且具有周期性的掩模图形，通过刻蚀去除无掩模覆盖的部分，保留被覆盖的部分，并将掩模图形转移到蓝宝石衬底上，即得到图形化蓝宝石衬底。刻蚀方法主要分干法刻蚀和湿法刻蚀。

1) 干法刻蚀

干法刻蚀是当前人们普遍使用的制备蓝宝石衬底的方法。一般情况下人们多采用电感耦合等离子体 (inductively coupled plasma，ICP) 刻蚀和反应离子刻蚀 (reactive ion etching，RIE) 及电子回旋共振 (electron cyclotron resonance，ECR) 等离子体刻蚀等。人们对三种方法进行比较发现，ICP 刻蚀技术在使用过程中可以控制等离子体的密度和轰击能量，具有工艺重复性好、易实现、易控制、辉光放电自动匹配等优点，所以人们一般情况下多采用 ICP 刻蚀技术。其使用中的刻蚀气体主要是以氯化硼 (BCl_3) 和氯气 (Cl_2) 或者二者的混合气体为主，辅助气体有氮气 (N_2) 和氩气 (Ar)。刻蚀基本过程如下：

$$BCl_3 \longrightarrow (\text{分解})BCl_x + Cl \quad (x = 1, 2) \tag{1-1}$$

$$BCl_x \longrightarrow (\text{电离})BCl_x^+ \quad (x = 1, 2, 3) \tag{1-2}$$

$$BCl_x \longrightarrow (\text{激发})BCl_x^* \quad (x = 1, 2, 3) \tag{1-3}$$

$$Al_3O_3 + BCl_x^* \longrightarrow (\text{轰击})Al + BOCl_y \quad (x, y = 1, 2, 3) \tag{1-4}$$

$$Cl + Al \longrightarrow AlCl_3 \tag{1-5}$$

$$BOCl_y, AlCl_3 \longrightarrow BOCl_y + BOCl_y(\text{气体}),\ AlCl_3(\text{气体}) \tag{1-6}$$

刻蚀时 BCl_3 分解为等离子体 BCl_x 和反应自由基 Cl，BCl_x 将以离子的形式轰击高能 Al—O 键并将其打断，同时 Cl 与 Al 产生化学反应生成 $AlCl_3$，O 与 BCl_x 结合产生 $BOCl_y$，生成物均为气态，为了保证反应持续进行，必须在刻蚀过程中将生成物气体不断地抽出腔室。

干法刻蚀技术有如下优点：① 工艺技术重复性好，刻蚀深度、图形形貌易控制；② 图案形貌多样化，与掩模图形易统一；③ 刻蚀过程速率稳定，技术安全环保。

衬底形貌的样式会直接影响到外延器件的性能，如图 1-3 所示，通过工艺控制，人们采用干法刻蚀可以得到条纹状、半球形、柱状、透镜状、圆孔状、圆锥状等图案结构 [24-29]。

Kim 等 [28] 采用 SiO_2 为掩模，将 BCl_3 和 Cl_2 的混合气体作为刻蚀气体，通过 ICP 刻蚀获得了图形化蓝宝石衬底。结果显示，刻蚀速率约为 90nm/min，蓝宝石与氧化物的刻蚀选择比为 1:2。采用光刻胶为掩模，采用 BCl_3 基 ICP 对 50mm 的 ⟨0001⟩ 面蓝宝石衬底进行刻蚀研究发现，刻蚀速率可达 380nm/min。采用 BCl/HBr，同时可获得各向异性的刻蚀。刻蚀气体采用 BCl_3/HBr/Ar，电感功率为 1400W/800V，可以实现 550nm/min 的刻蚀速率，光刻胶刻蚀比大约为 0.87。

Hsu 等 [29] 采用金属镍做掩模，利用 ICP 对蓝宝石的 ⟨0001⟩ 面进行刻蚀。利用 BCl_3/Cl_2 为刻蚀气体，CH_2Cl_2 为辅助气体，当压强为 0.7Pa 时，获得刻蚀速率为 100nm/min。研究还发现适当调节刻蚀条件时，可以得到更高的各向异性刻蚀比，得到的图案侧壁粗糙，同时此结构可以减少位错，并且还可以增加光输出功率和器件寿命。

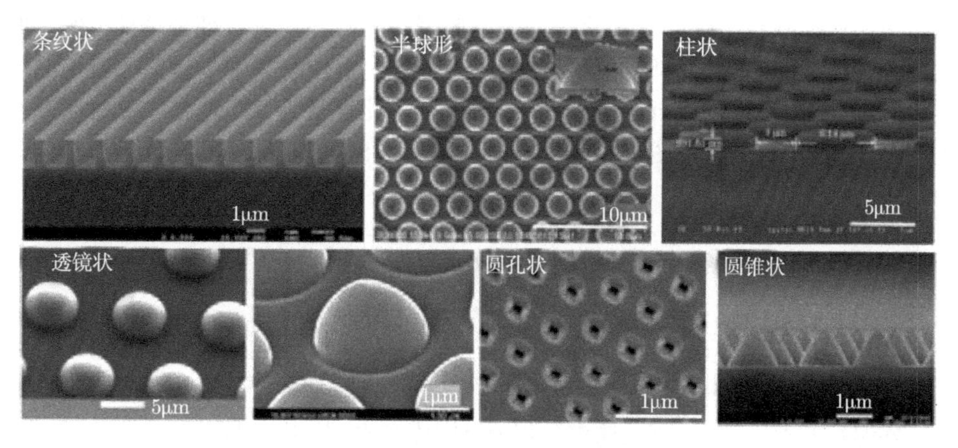

图 1-3 干法刻蚀制作的 PSS 图案 [24-29]

Lee 等 [30] 通过金属有机物化学气相沉积 (MOCVD) 技术在圆锥体图形化蓝宝石衬底 (CSPSS) 上制备了质量较高的 InGaN/GaN 膜 (图 1-4)。如图 1-4 所示，具体的步骤如下：首先，将光刻胶旋涂在 ⟨0001⟩ 面的蓝宝石衬底上，通过标准光刻工艺制备不同间距的方形光刻胶图形。其次，将光刻胶在 140°C下进行烘烤，直至将光刻胶烤成圆锥形。最后，采用 Cl_2 作为刻蚀气体，用 ICP 对蓝宝石进行刻蚀，便

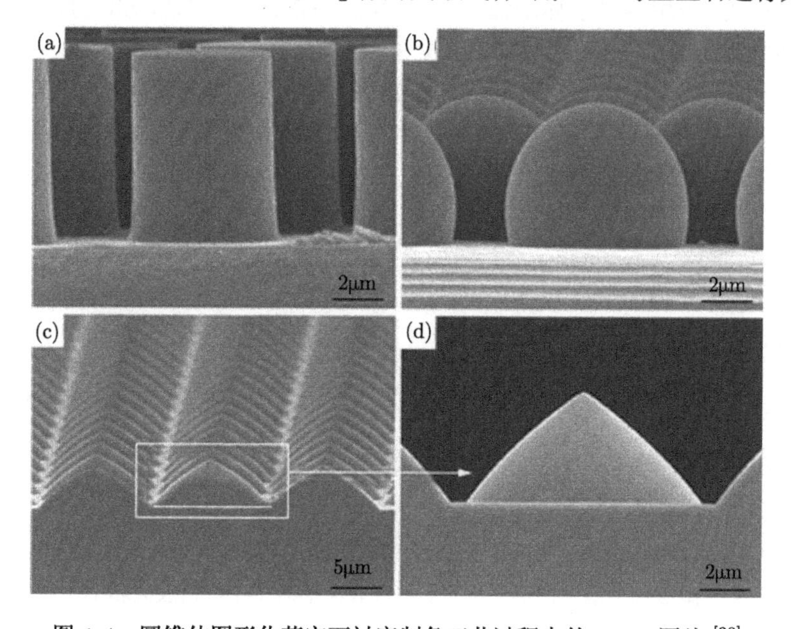

图 1-4 圆锥体图形化蓝宝石衬底制备工艺过程中的 SEM 图片 [30]

可获得圆锥体图形化蓝宝石衬底。

2) 湿法刻蚀

湿法刻蚀是利用化学试剂将未被光刻胶覆盖的晶体片进行部分分解，然后形成可溶性的化合物达到去除的目的。湿法刻蚀过程中使用的化学试剂一般情况下多采用硫酸 (H_2SO_4) 和磷酸 (H_3PO_4) 溶液，体积比通常为 3:1 或 2:1，刻蚀时温度为 300~500℃。湿法刻蚀图形化蓝宝石衬底常采用 SiO_2，SiN_x 或 Ni 作为湿法刻蚀的掩模。反应方程式为

$$Al_2O_3 + 3H_2SO_4 + 3H_2O \longrightarrow Al_2(SO_4)_3 \cdot 6H_2O \tag{1-7}$$

$$Al_2O_3 + 6H_3PO_4 \longrightarrow 2Al(H_2PO_4)_3 + 3H_2O \tag{1-8}$$

$$Al_2O_3 + Al(H_2PO_4)_3 \longrightarrow Al(H_2PO_4)_3 + H_2O \tag{1-9}$$

在湿法刻蚀过程中，刻蚀速率与刻蚀时间成正比，其刻蚀速率为 0.2~1μm/min，并且刻蚀速率与溶液组分、温度和浓度都有一定的关系。与干法刻蚀对比可以发现，在不同的晶面上，湿法刻蚀的刻蚀速率不同，具体表现为：$v_{c面} > v_{r面} > v_{m面} > v_{a面}$。

湿法刻蚀的主要优点包括：① 特定晶向刻蚀速率快；② 良好的刻蚀选择比；③ 对衬底无损伤和污染；④ 程序单一、设备简单、成本低、产量高。

Yan 等 [31] 采用化学湿法刻蚀技术制备了纳米图形化蓝宝石衬底 (图 1-5)，具体制备过程为：采用等离子体增强化学气相沉积 (PECVD) 沉淀 SiO_2 膜，然后采用电子束蒸发将 15nm 厚度的金属 Ni 层覆在 SiO_2 膜上，进而将金属 Ni 层在 850℃下进行快速热退火处理 1min，便可获得金属 Ni 纳米岛。纳米岛作为 SiO_2 的掩模，通过 C_4F_8 气体对其进行 ICP 刻蚀，化学刻蚀液刻蚀蓝宝石，最后清洗去除掩模。研究结果发现，纳米图形化蓝宝石衬底上制备的 LED 比普通的蓝宝石衬底上制备的 LED 的输出功率提高了近 46%。

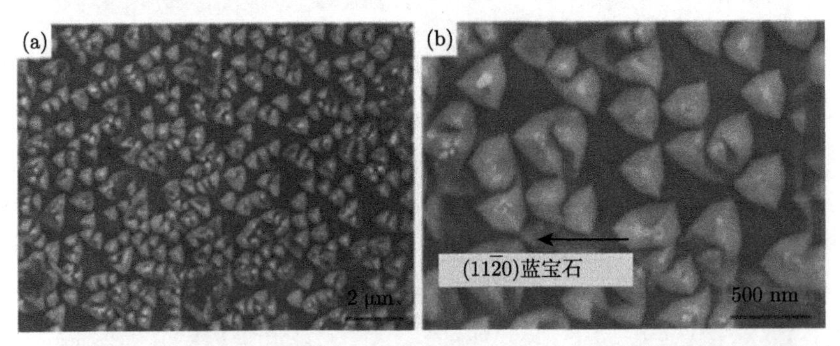

图 1-5 化学湿法刻蚀纳米图形化蓝宝石衬底表面形貌 (a) 低倍放大和 (b) 高倍放大的 SEM 图 [32]

Yao 等 [32] 研究发现，利用 MOCVD 在湿法刻蚀制备的图形化衬底上生长出的 GaN 薄膜 X 射线衍射 (XRD) 摇摆曲线半峰宽分别为 321.8″([0002]) 和 298.08″([1012])，数据显示 GaN 外延粗糙度得到了显著提升。

Wuu 等 [33] 利用 SiO_2 做掩模，采用湿法刻蚀工艺在 ⟨0001⟩ 面蓝宝石得到了倒三角锥形的图案 (图 1-6(a))。如图 1-6 所示，锥形底部的直径为 3μm，图形与图形的间距为 3μm，图形刻蚀深度为 1.5μm。随后采用 MOCVD 技术在其上生长 GaN 基 LED 结构，研究结果表明，此衬底上生长的 LED 结构输出功率比传统衬底生长的 LED 提升了 25%左右，外延缺陷密度由 $1.5\times10^9cm^{-2}$ 降低为 $2.3\times10^8cm^{-2}$。

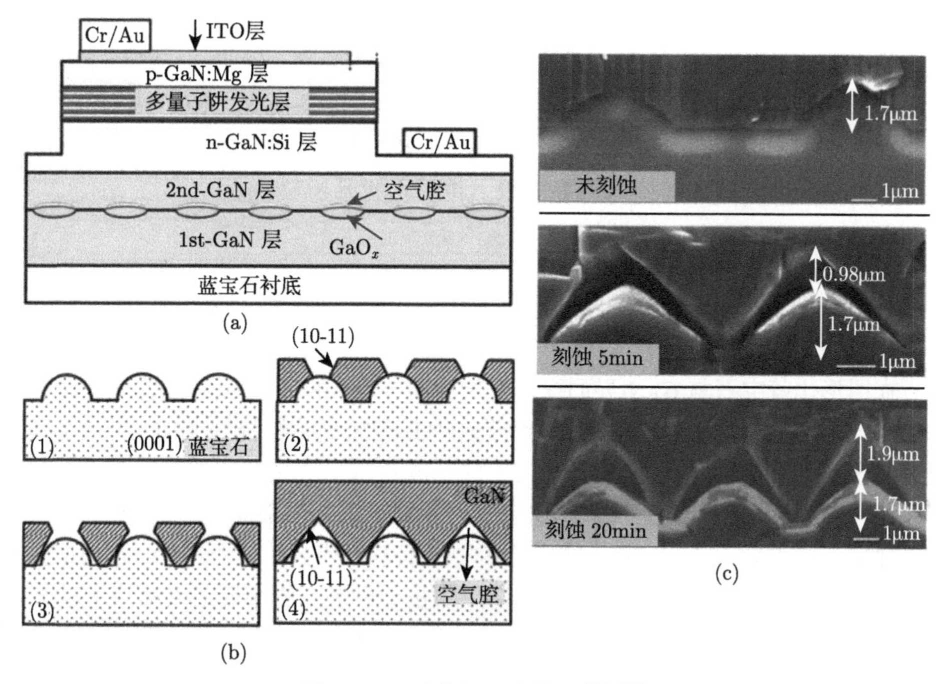

图 1-6 几种空气孔结构图 [35-37]

Wang 等 [34] 发现在圆孔状图形化衬底上生长 GaN 基近紫外 LED(410 nm) 时会产生空气孔的现象，这种现象的存在是由于生长过程中 GaN 基的横向生长速率大于纵向生长速率，致使在衬底和外延界面处无法愈合。Park 等 [35] 对在半球形 MPSS 衬底上制作空气孔结构的方法进行了研究，他们首先在 MPSS 衬底上使其生长一层厚度为 2μm 的 GaN，然后利用 H_3PO_4 和 H_2SO_4 的混合溶液对 GaN 腐蚀 15s，直至继续生长为表面平坦。研究结果表明，空气孔的存在可以使光提取效率、光输出功率在 MPSS 的基础上分别提升 16%和 12%。但是二次生长存在着一定缺陷，主要体现在工艺程序复杂、易被沾污、降低外延生长的质量、降低器件稳定性方面。为了避免出现二次生长，Shei 等 [36] 利用激光划片和湿法刻蚀相结合的方法，采用先在 MPSS 上制备出完整的 LED 器件，然后采用激光切割的方式在器件周围划出沟道，接着用 H_3PO_4 和 H_2SO_4 溶液进行腐蚀。此时，由于器件周围存在沟道，腐蚀溶液便会沿着沟道流出，最终在 MPSS 和外延界面处横向腐蚀出空气孔结构。研究结果发现，此方式制备的器件光输出功率也显著提升。除此以外，Lin 等 [37] 采用在制备过程中嵌入氧化层 (Ga_2O_3) 结构的方法，同样在器件中得到空气孔结构，制备的器件光学性能也得到了显著提升。近年来，国内外对空气孔结构的研究关注非常密切，它是当前图形化衬底研究领域一个新的热点。以上几种常见的方法如图 1-6 所示。

综上所述，图形化蓝宝石衬底技术不仅达到了降低 GaN 外延薄膜的位错密度的目的，同时还使 LED 的光提取效率得到了进一步提高。目前，人们已经广泛地应用图形化蓝宝石衬底技术来制备 LED，特别是在制备高亮 LED 中应用更为广泛。随着人们对蓝宝石衬底技术的不断深入研究，以及相关技术的不断发展，此技术目前仍存在一些方面需要人们继续进一步深入研究。

1.3　脉冲激光加工微米图形化蓝宝石衬底

在图形化蓝宝石与 GaN 界面嵌入空气腔结构是一种新型的更有效地提升 GaN 基 LED 光提取的图形化衬底技术，对于这种具有空气腔结构的 LED 尚处于初期研究阶段。现有的几种空气腔结构 LED 的形成是基于干法或湿法刻蚀掩模制作图形化蓝宝石生长而来的，空气腔体积也容易受加工工艺的限制。此外，不同蓝宝石图形化的几何形状对 LED 的晶体质量和光提取效率的影响是不同的。常用的干法刻蚀有较高的可控性，图案形貌更为丰富，但由于刻蚀过程中容易对蓝宝石基片造成一定污染，不利于外延生长。湿法刻蚀一般为各向同性刻蚀，纵向刻蚀和横向刻蚀会同时进行，刻蚀方向不可控，受材料特性影响较大。激光加工技术，利用激光方向性好、亮度高、单色性好和高能量密度等特点，可以对材料进行切割、打孔、打标、焊接等。与常规的干法和湿法刻蚀相比，激光加工技术制备图形化蓝宝石衬底不需要任何掩模，而且加工工艺步骤简单，省掉一些工艺流程就可以对材料表面进行图形化制备。在激光加工过程中，只需要适当地调节激光器的参数就可以实现大小或占空比不同的图形化蓝宝石衬底，而且可以实现干法或者湿法刻蚀难以实现的侧面为曲面结构的凹型图形化衬底。在本书中，我们就利用激光加工技术，对蓝宝石衬底进行加工，制备出凹型半球状图形化衬底 (hemi-spherical patterned sapphire substrate，HPSS)，并通过横向外延生长方法在绿光 LED 外延层中嵌入了凹型半球状空腔结构，并分析了在 HPSS 上生长的 GaN 质量及对 LED 的 InGaN 有源区质量的影响。

1.3.1 激光加工图形化蓝宝石衬底的制备及表征

激光加工是利用脉冲激光所提供的高功率密度，以及激光束发散角极小、聚焦性能良好等特点使得被照射部位的材料冲击汽化蒸发，加工材料形貌。如果采用光学聚焦系统，可以使其会聚到微米量级的极小范围内，产生非常大的能量密度，进行微米级材料的切割、打孔等。激光加工的过程是激光和物质相互作用的物理过程，激光和材料相互作用，存在着许多不同的能量转换过程，包括吸收、反射、汽化、热扩散等。它与激光光束的波长、脉冲宽度、聚焦状态等特性相关，可以用四个相关过程来描述。受激电子与晶格光子和其他电子发生碰撞，能量很快转化成非常强大的热量；被照射的蓝宝石区域很快发生熔化，其熔化温度远高于蓝宝石的沸点，导致蓝宝石开始蒸发；这种蒸发过程是一种非常快速的液态到气态的转变，其加工的蓝宝石表面的形貌与激光光束有非常密切的关系。

根据以上基本原理，我们通过大族激光科技产业集团股份有限公司 UVCS-15 设备对蓝宝石衬底进行图形化制备 [38,39]，实验装置如图 1-7 所示。首先将蓝宝石衬底放置在可移动 (X, Y, Z 三个方向均可移动) 的运动工作平台上，平台分辨率 X、Y 轴为 $\pm0.25\mu m$，Z 轴为 $1''$，通过电荷耦合器件 (CCD) 和电脑程序可以定位。激光束经过准直透镜后再通过聚焦透镜，最终聚焦到待加工的样品上，焦点光斑为 10μm。实验中采用的 Nd:YAG 泵浦出射激光为 355nm 的纳秒脉冲激光，输出功率为 0~4W，重复频率为 0~100kHz，平台移动速度范围为 0~100mm/s。

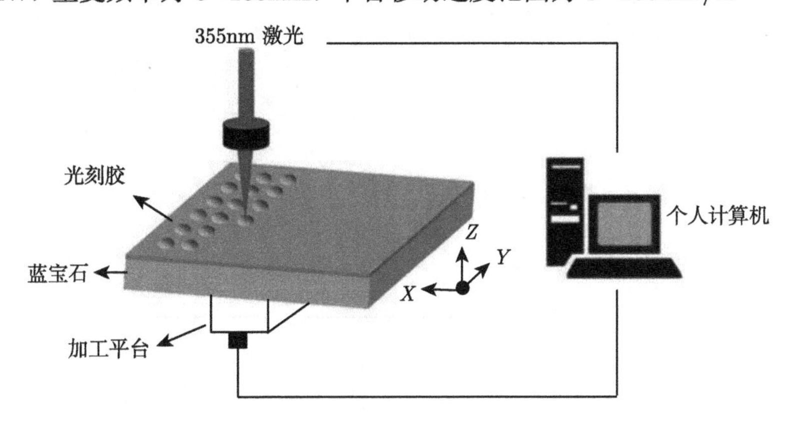

图 1-7 激光加工微米图形化蓝宝石衬底实验装置示意

通过调节激光的频率就可以获得不同占空比的图形化蓝宝石衬底 (图 1-8)，通过调节激光的释放时间可以获得如图 1-9 所示的不同深宽比的图形化蓝宝石衬底，这也是调节激光功率的一种方法。

通过激光加工的方法制备图形化蓝宝石衬底具有以下优点：① 制备工艺简单、加工效率高、成本低，较易制备出大尺寸的透镜形状图案衬底。② 激光加工从始至终无须借助掩模层，制备形貌一致性好、缺陷低、高质量的图案难度很大，能够对更大尺寸的蓝宝石衬底进行图形化。③ 加工参数可调，可制备出不同深宽比的图形，其图形侧面为半球状的曲面结构，有助于光提取。

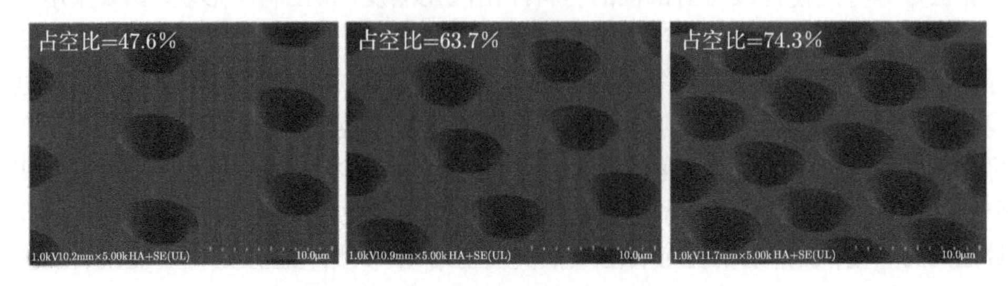

图 1-8　不同占空比的图形化蓝宝石衬底

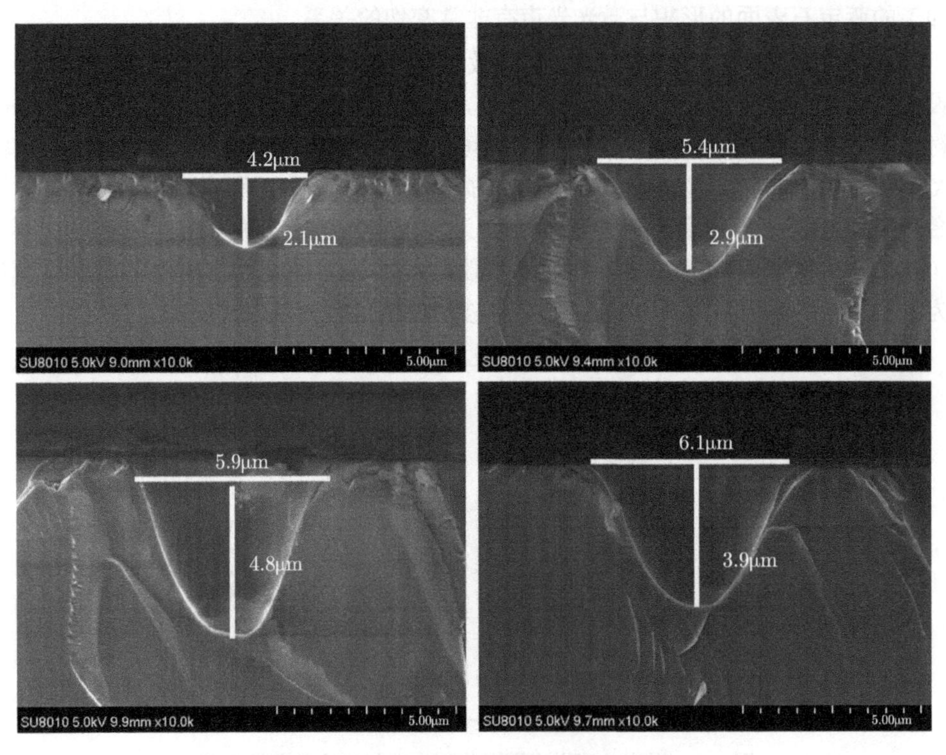

图 1-9　不同深宽比的图形化蓝宝石衬底

1.3.2　激光加工图形化蓝宝石衬底对 GaN 材料质量的提升

实验中用到的 LED 外延片是通过 MOCVD 设备采用横向外延生长 (laterally epitaxial overgrown，LEOG) 技术在占空比为 44.53%的图形化蓝宝石衬底上来实现的。一个 LED 外延生长结构依次由 30nm 厚的低温 GaN 缓冲层，3μm 掺杂 GaN

层，2μm Si 掺杂的 n 型 GaN 层，9 对 InGaN(3nm)/GaN(12nm) 多量子阱 (MQW) 和 150nm 的 Mg 掺杂的 p 型 GaN 层构成。研究中所用到的外延片被分为两组，第一组是分别在有图形化蓝宝石衬底 (HPSS) 和无图形化蓝宝石衬底 (FSS) 上只生长到了 4 对量子阱 (QW) 结构后停止生长。这个主要用于研究图形化衬底对有源区的影响。第二组是分别在有图形化和无图形化的衬底上实现完整的 LED 外延结构。

图 1-10(a) 为 HPSS 表面形态的扫描电镜 (SEM) 图像，可以清楚地看到均匀的凹型半球状图形化已经形成，该形貌的形成与激光的高斯光束分布有关系。HPSS 的横截面的 SEM 图像显示在图 1-10(b)。该图形化的直径和深度分别约为 5.8μm 和 2.5μm。本书中 HPSS 的占空比约为 44.53%，图形侧壁面之间的倾斜角 (垂直方向) 约为 54°。

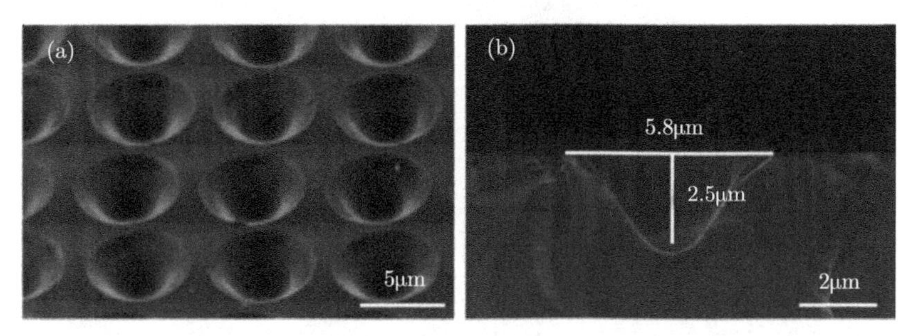

图 1-10 (a) HPSS 表面形态的 SEM 图像；(b) HPSS 的横截面 SEM 图像

图 1-11(a) 为具有空气腔结构的 LED 外延层的横截面透射电镜 (TEM) 图。可以看到，在蓝宝石和 GaN 界面之间形成了空气腔。空气腔的大小近似于半球形图案 HPSS 的尺寸。在外延生长初期，GaN 首先在图案之间 (平面区域) 成核，由于 HPSS 底部仍有部分蓝宝石为 c 面，在图案底部仍会有成核区域的产生。同时，在侧壁由于生长速率很慢，有部分成核。随着生长的继续，平面区域的 GaN 会向周围的图案区域横向生长，直至覆盖封闭整个 HPSS 区域。此时，HPSS 中由于缺乏生长气体，底部和侧壁 GaN 的生长被中断，从而在 HPSS 结构中形成空气孔。位错密度大致可从图 1-11(a) 获得，并以白色箭头标记。值得注意的是，除了中间区域发生位错密度外，空气腔上的其他区域纵向位错较少。这是由于在 GaN 薄膜生长过程中，位错向横向方向弯曲，并在空气腔上方有终止的倾向，如图 1-11(a) 所示。为了揭示更详细的空气腔内形貌，LED 外延层的截面 SEM 图像如图 1-11(b) 所示。可以看出，少量的 GaN 生长在了 HPSS 的底部，而一些相对较少的 GaN 团簇生长在了侧壁。结合图 1-11(a) 和 (b)，可以在图 1-11(c) 中描绘出空气腔形成的机理。图 1-11(c-0) 是没有生长的 HPSS 的示意图。首先，在侧壁上淀积少量 GaN 团簇，在 c 面底部淀积少量 GaN(图 1-11(c-1))，GaN 的厚度差异是由于不同的晶面生长速率不同，通常 c 面具有比侧壁更大的生长速率。当 GaN 继续向上生

长时，如图 1-11(c-2) 所示，在 HPSS 之上也存在横向生长。随着横向生长的继续，空气腔上方的 GaN 两侧将彼此靠近。最后，GaN 薄膜在达到一定的生长厚度后会完全合并，由于缺乏气源供应，凹陷中的 GaN 将停止生长，然后形成空气腔，如图 1-11(c-3) 所示。

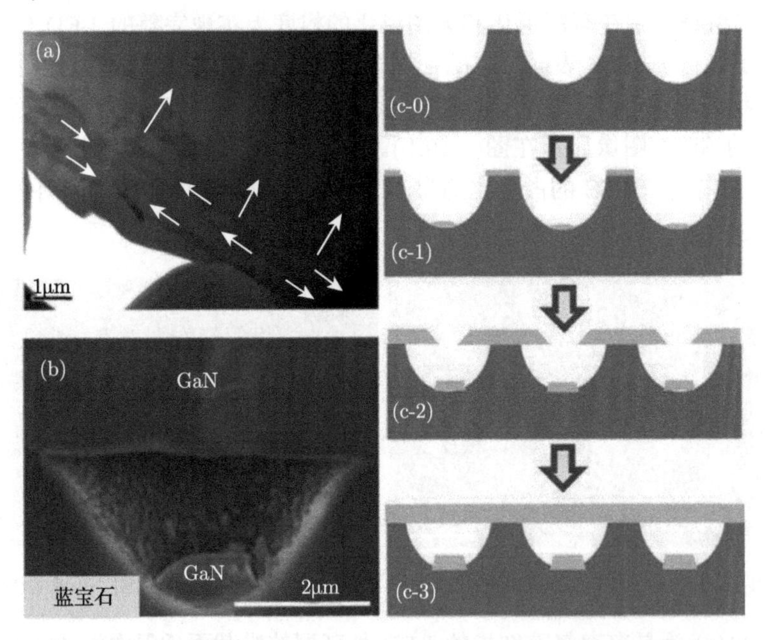

图 1-11　(a) 具有空气腔结构的 LED 外延层的横截面 TEM 图像；(b) 具有空气腔结构的 LED 外延层的截面 SEM 图像；(c) LEOG 方法形成空气腔结构的机理

为了进一步研究在 HPSS 和 FSS 上生长的 GaN 膜的质量。通过 PANalytical X'Pert XRD 系统扫描这两种不同衬底上生长的 GaN 的 (002) 和 (102) 摇摆曲线。如图 1-12 所示。GaN 在 HPSS 上的 (002) 平面上的半峰全宽 (FWHM) 为 267.1″，在 FSS 上生长的 FWHM 为 280.4″，两者相差不大。然而，在 HPSS 上 GaN 的 (102)FWHM 为 399.2″ 相对于 FSS 的 FWHM 为 541.1″ 要小很多。通常，(002) 和 (102) 平面的 ω-扫描摆动曲线的 FWHM 分别对螺位错密度和刃位错密度影响比较敏感，可以根据 XRD FWHM 值估算出螺位错 D_s 和刃位错 D_e。FSS 和 HPSS 上的 GaN 的 D_s 分别约为 $1.5\times10^8\mathrm{cm}^{-2}$ 和 $1.4\times10^8\mathrm{cm}^{-2}$。然而，在 FSS 和 HPSS 上生长的 GaN 的 (102) 平面摇摆曲线的 FWHM 有很大不同。在 HPSS 上生长的 GaN 的 (102) 平面摇摆曲线 FWHM 低于在 FSS 上生长的。GaN 的 D_e 有效地从 $17.6\times10^8\mathrm{cm}^{-2}$ 降低到 $8.0\times10^8\mathrm{cm}^{-2}$。因此我们可以得出，相对于常规蓝宝石衬底，在 HPSS 上生长 GaN 可以使其刃位错密度降低，这也表明 GaN 材料的结晶质量得到了改善。

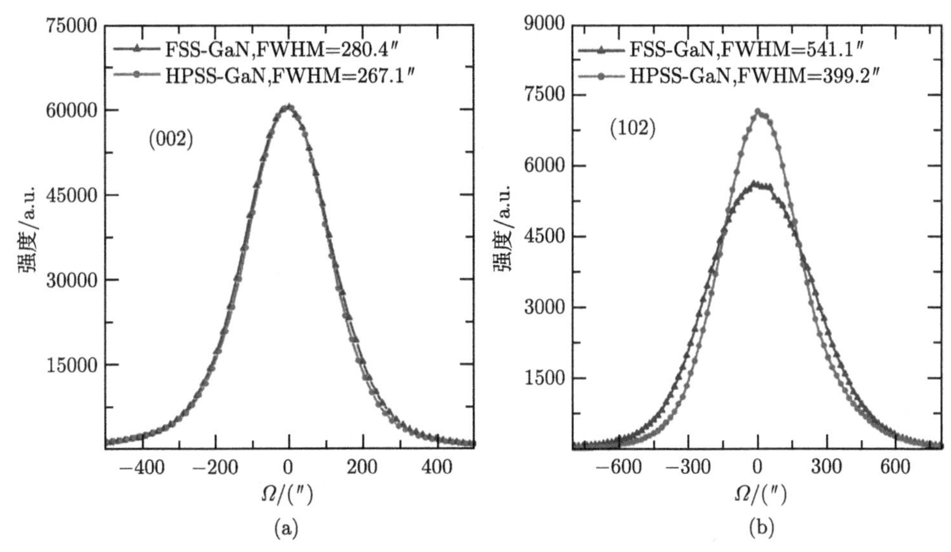

图 1-12 (a) 对称(002)面 (b) 非对称(102)面生长在非图形化和图形化衬底的 GaN 摇摆曲线

为了研究图形化衬底对量子阱区域的影响，我们通过中断外延生长，对只生长了 4 对量子阱结构的 LED 外延片进行表面分析。图 1-13 给出了两个样品的 SEM 图，从图中可以看出，HPSS-LED 结构 V 形缺陷 (V-pit) 密度比 FSS-LED 结构少很多，而且是不均匀分布，甚至一些区域几乎没有任何 V 形缺陷。FSS-LED 和 HPSS-LED 的 V 形缺陷密度分别为 $4.3\times10^{8}\text{cm}^{-2}$ 和 $1.7\times10^{8}\text{cm}^{-2}$。众所周知，大多数的 V 形缺陷来源于位错，没有 V 形缺陷的区域表明一些位错生长时被湮灭，所以我们可以得出 HPSS-LED 结构具有较低的位错密度。为了研究在 HPSS 衬底上生长 LED 外延对量子阱层质量的影响，使用 Dimension Edge 原子力显微镜 (AFM) 对 2 个样品的外延层表面形貌进行表征，扫描模式为轻敲模式，扫描范围为 5μm×5μm，结果如图 1-14 所示。图 1-14 中可以很明显地看出，LED 的外延层生长在 FSS 和 HPSS 上的平均表面粗糙度分别为 1.01nm 和 0.87nm，这说明在 HPSS 上生长的有源区的表面比在 FSS 上生长的要更平坦一些，这表明具有较高的晶体质量。

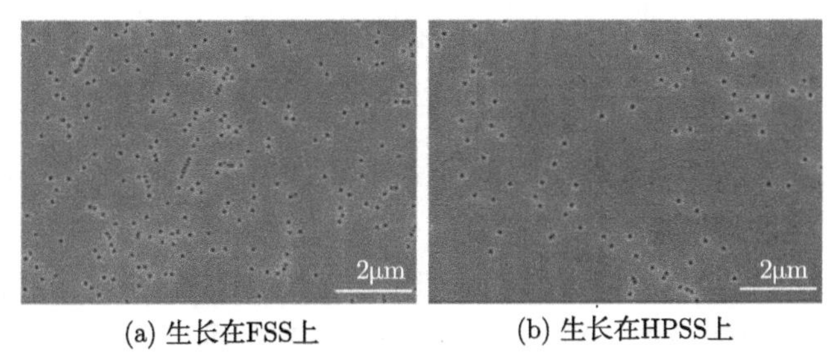

(a) 生长在FSS上 (b) 生长在HPSS上

图 1-13 在具有四个多量子阱的 LED 外延层的 SEM 图像的俯视图

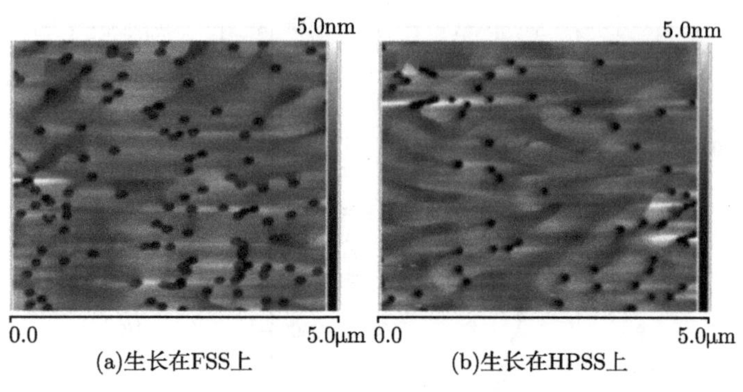

图 1-14 LED(4 个量子阱) 外延层的 AFM 图像的俯视图

图 1-15 为两个样品的拉曼图。通常 GaN E2 峰位在无应力时其值为 568cm^{-1}，如果 E2 峰位红移说明外延层承受着压应力，如果 E2 峰位蓝移说明外延层中的压应力得到了释放。如图 1-15 可以看出，有图形化和无图形化衬底的样品 GaN 的 E2 峰位均红移 (FSS: 570.16cm^{-1}；HPSS: 569.66cm^{-1})，这说明外延层都承受着压应力，但是相对于在 FSS 上生长的 GaN，HPSS 上生长的 GaN E2 峰位发生蓝移，这说明应力减小了。因此，可以看到，当在激光加工图形化衬底上生长 LED 外延结构时使得外延层由于晶格失配导致的应力被降低，从而改善了外延层晶体质量。

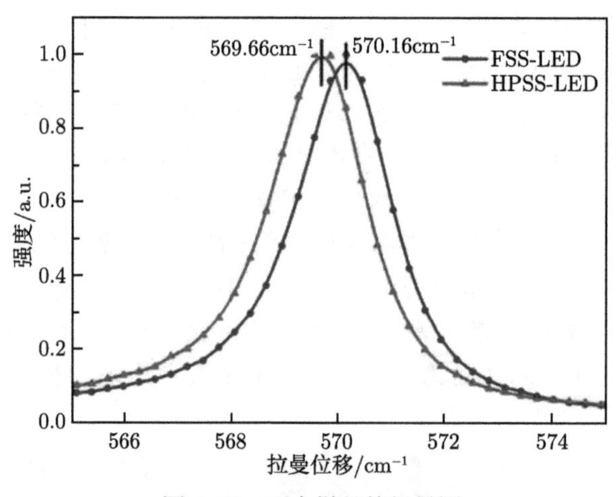

图 1-15 两个样品的拉曼图

图 1-16 为不同占空比激光加工衬底和平面蓝宝石衬底上生长的 GaN 外延层 FWHM 值。可以发现，在 FSS 上生长的外延，其 (002) 和 (102) 方向半峰宽值最大，分别为 346″ 和 565″。对于占空比小于 55.43%的样品，摇摆曲线 FWHM 值逐渐减小。(002) 及 (102) 面的 XRD 摇摆曲线 FWHM 可以间接地反映外延层中的螺位错和刃位错，意味着在占空比从 12.56%增加到 55.43%的过程中外延材料质

量持续得到改善。其中，占空比为 55.43%的样品在 (002) 和 (102) 方向上 FWHM 值均最低，分别为 236.52″ 和 352.44″。

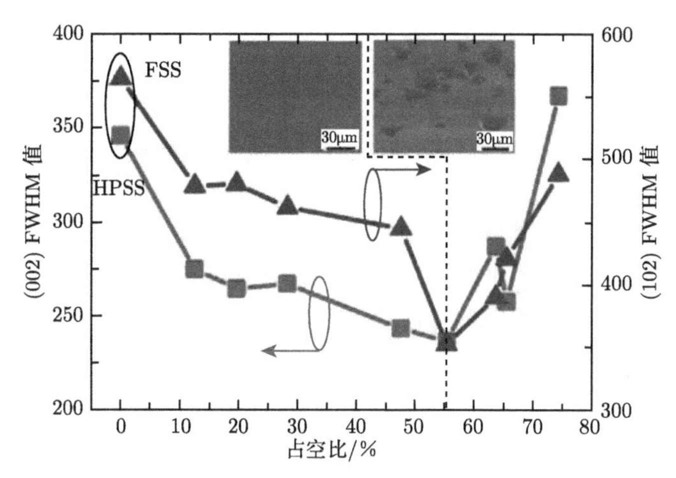

图 1-16 不同占空比的 HPSS/FSS 上生长 GaN 外延层的 XRD 半峰宽变化曲线 [38]

1.3.3 激光加工图形化蓝宝石衬底对 LED 器件效率的提升

图 1-17(a) 为在 FSS 和 HPSS 上生长的 LED 完整外延片室温 PL 光谱。可以看出，与 FSS-LED 相比，HPSS-LED 的 PL 强度提高了 81%。产生这种现象的原因可以从两个方面来解释：首先，在 HPSS 上生长的 LED 外延片具有比 FSS 更高的质量，这已经通过 XRD、SEM 和 AFM 结果证实。因此，更高质量的 LED 外延层在有源区中具有更高的辐射复合。其次，HPSS-LED 的光提取效率 (LEE) 也得到了改进。随着空气腔的嵌入，LED 背面的界面将从 GaN($n = 2.5$)/蓝宝石 ($n = 1.78$) 变为 GaN($n = 2.5$)/空气 ($n = 1.0$)/蓝宝石 ($n = 1.78$)，从有源区发射的光子将被反射回表面的顶部。而且，侧壁的曲线结构可以随机地散射传播光和改变光传播方向。因此，从 LED 背面逸出的光子将受到限制。为了研究 HPSS-LED 在微尺度下的光学性能，我们测试了半球形图案结构的一个中心到另一个中心的 PL 强度，空间为 1.5μm(图 1-17(b))。通过具有 405nm 激光激发的共焦荧光显微镜系统测量微区 PL 光谱，激光点集中在直径为 1μm 的 LED 表面，显微镜的移动阶段使用最小步长为 4nm 的步进电机进行电控制，使用光谱仪和 CCD 照相机获得 PL 光谱，使用检测器前面的 450nm 长通滤波器来阻断激发光。从图 1-17(b) 可以看出，A 和 F 位置，B 和 E 位置，C 和 D 位置的 PL 强度分别相似。在半球状图案衬底的中间，A 和 F 位置具有比其他位置更强的 PL 强度。尽管位错密度高于空气腔中部以上侧壁的位错密度，并且这种位错可能会影响光发射，但是背反射光在这个位置仍然是最强的。根据上述原因，由于位错密度和无光反射，C 和 D 位置的 PL 强度最低。虽然多量子阱中没有位错穿透侧壁位置 B 和 E，但 PL 强度仍

低于 A 和 F 位置。这可能与侧壁光反射不强于中间位置，且空气腔深度不大于 A 和 F 位置有关。图 1-17(c) 显示了纳米 PL 的扫描近场光学显微镜 (SNOM) 结果映射强度。我们可以清楚地看到，空气腔上方区域的 PL 强度比没有空气腔的情况下更接近空气腔的中间，PL 强度更强。这些结果与图 1-17(b) 中的 PL 测试一致，表明光提取效率的增强可能与 HPSS-LED 中的弯曲侧壁和空气腔深度有关。

为了从理论上确定空气腔对光学分布的影响，使用时域有限差分 (finite difference time domain, FDTD) 光学模拟方法，3D 仿真结构样品非常接近实验的大小。模型中的光源是具有各向同性发射角的偶极子，覆盖了发射带宽以及多量子阱发射，其仿真结果如图 1-17(d) 所示。从图 1-17(d) 我们可以发现纳米光致发光 (PL) 光强度图与 SNOM 测试结果呈现相同的趋势。

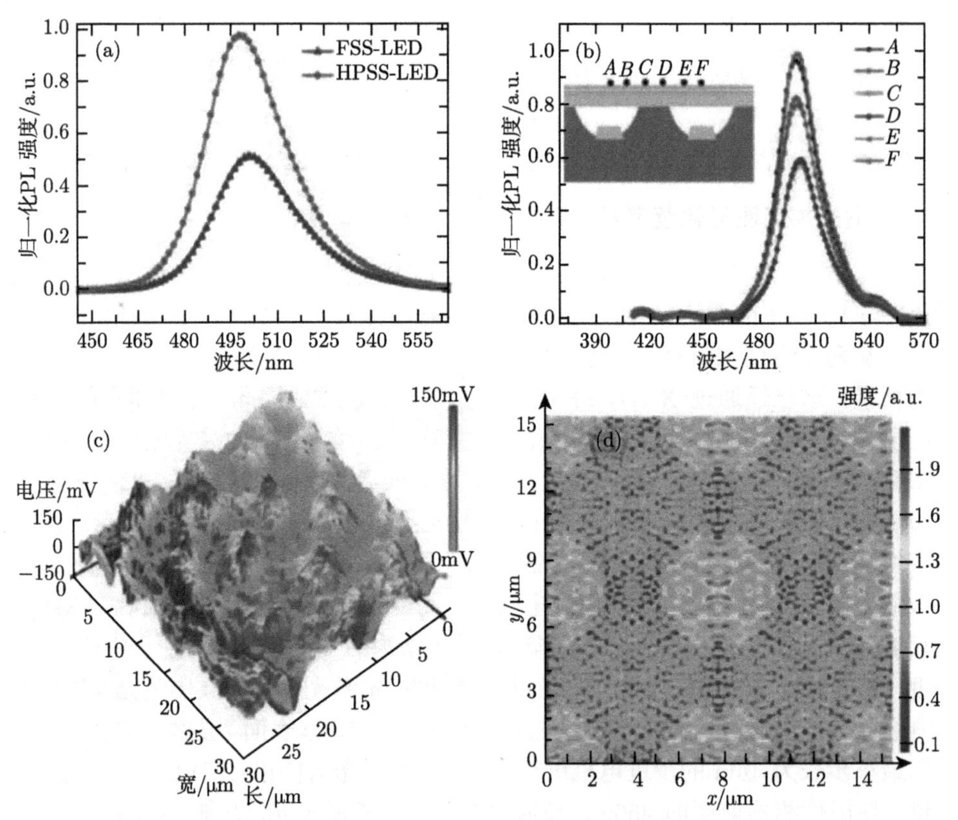

图 1-17　(a) 在 FSS 和 HPSS 上生长的 LED 的室温 PL 光谱；(b) A，B，C，D，E，F 位置的 HPSS-LED 的微区 PL 强度；(c) HPSS-LED 的 SNOM 结果；(d) HPSS-LED 的 FDTD 仿真结果 [39](后附彩图)

图 1-18 显示了这两种结构在 50mA 电流下的远场辐射图，FSS-LED 和 HPSS-LED 的远场视角分别测量为 154° 和 136°。可以看出，HPSS-LED 具有比 FSS-LED

更小的视角。HPSS-LED 获得的较小视角表明空气腔结构改变了从多量子阱出射的光路。空气和 GaN 折射率的差异使得嵌入的空气结构和 GaN 的界面充当光反射腔和折射腔。

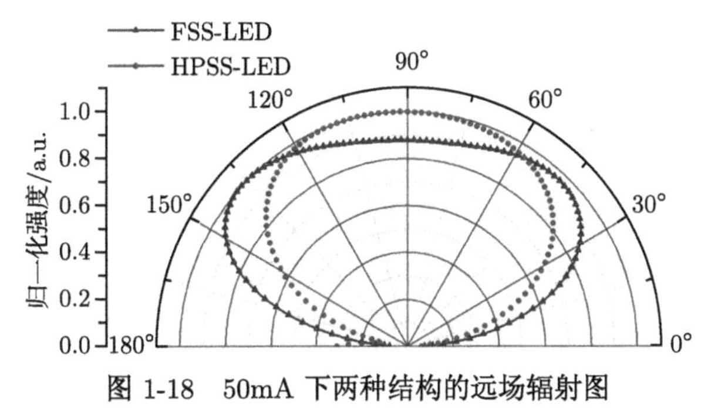

图 1-18 50mA 下两种结构的远场辐射图

图 1-19(a) 显示了注入电流为 20mA 时 FSS-LED 和 HPSS-LED 的 EL 光谱和 LED 芯片的光学显微照片的顶视图，结果表明 HPSS-LED 的电致发光 (EL) 强度峰值比 FSS-LED 大 65%左右。图 1-19(b) 为 6~50mA 的注入电流下两个样品的 EL 值和峰值波长的 FWHM。在 HPSS 上生长的 LED 的所有 FWHM 值均小于 FSS 上的 FWHM 值，表明通过使用 HPSS 显著改善了晶体质量。FSS-LED 和 HPSS-LED 的 EL 峰值位置蓝移分别为 14.94nm 和 10.13nm。通常，由于量子限制斯塔克效应 (QCSE) 和压电场的屏蔽，对于具有大压电场的量子阱结构，观察到随注入电流增加的强烈蓝移。QCSE 也意味着量子阱能带倾斜，导致辐射复合率的降低和发射红移。当将载流子注入量子阱时，场屏蔽效应导致发射效率提高并且

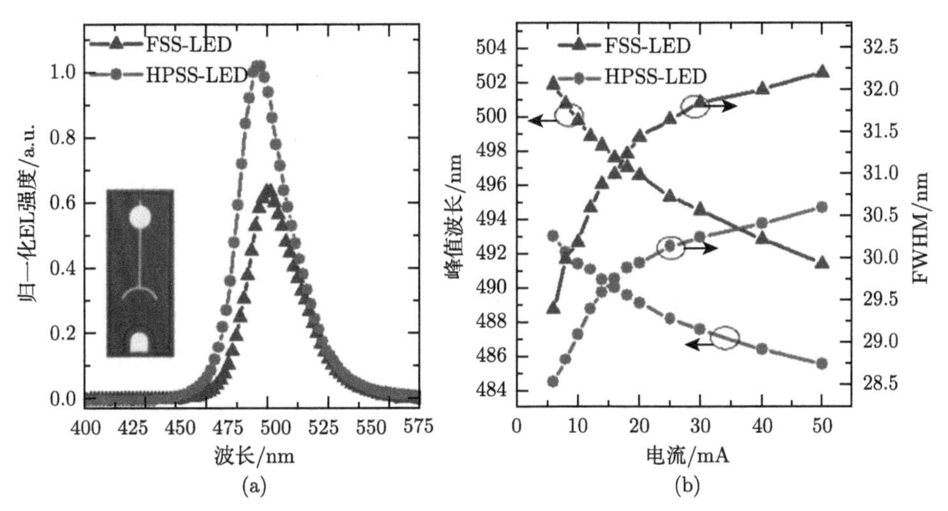

图 1-19 (a) 20mA 时 FSS-LED 和 HPSS-LED 的 EL 光谱和 LED 芯片的光学显微照片的顶视图；(b) FSS-LED 和 HPSS-LED 的 EL 值和峰值波长的 FWHM

发生光谱蓝移。基于以上理论，HPSS-LED 的蓝移越少表明由应变弛豫引起的压电场的减少，从而降低 QCSE。

1.4 纳米压印技术实现图形化蓝宝石衬底

1.4.1 纳米压印技术

纳米技术已日益成为当代高新科技中不可或缺的一部分，它经过多年的发展，已成为量子力学、分子生物学、微电子技术等多个现代科学与技术结合的产物，而纳米技术的应用更是涉及多个产业。就微电子领域而言，2015 年国际半导体技术发展路线图 (international technology roadmap for semiconductors, ITRS) 预测，半导体体积于 2021 年可能不再缩小且会发展为 3D 结构，特征尺寸将达到 5nm 节点，同时微电子机械系统 (micro-electronmechanical system, MEMS)、微传感器等新型器件的制造将成为微电子发展的主题。随着这些微纳级别的元件需求的日益增大，新的纳米制造工艺成为各国研究人员探寻的主要目标之一 [47]。由于此尺度已非常接近目前纳米科技所定义的尺寸极限，传统的微显影光刻技术将面临极大的挑战。普通光刻技术是通过光刻掩模板对紫外线的阻挡作用来决定曝光区域及非曝光区域，而根据光学衍射极限理论，光学光刻的极限分辨率只能达到光源波长的一半左右，即 193nm 波长的光源对应的极限分辨率为 100nm。而 157nm 波长光源的极限分辨率仅为 70nm。因此，传统的微显影光刻已无法适用于下一代高速小型化器件的制作，这给下一代图形化技术的诞生提出了新的技术需求。

现如今，世界各地的科学家们提出了各种新型图形化技术，以满足器件设计的需求，制得了各种小线宽图形，其中包括极紫外光刻技术、电子束光刻技术、双光束干涉技术、射线光刻等。然而，极紫外光刻技术对反射式光学系统有极高的精度要求，对设备的运行环境要求也极其高，会大大增加设备的运作成本。目前世界上通用的极紫外光刻设备制作比较困难，仅有少数几个国家掌握了这种设备的制造技术，因此设备价格极高，通常高达几千万甚至上亿美元不等。电子束光刻技术虽有很高的分辨率，但其产量很低，价格成本高，一般只适用于实验室研发及关键部分的制作，不适于大规模生产。双光束干涉技术虽然制作成本低，有很高的产量，但它仅能实现明暗相间的光栅式图形制作，不能自由运用于其他复杂图形的制作。射线光刻虽能获得较高的分辨率，但昂贵的同步辐射源以及低效率的电子束掩模板制备方式都阻碍了它的发展。

以上提到的各种图形化技术虽然都可以提高图形的分辨率，制得我们需要的高速的小型化器件，但是它们都需要复杂的实现系统及很高的运营成本，且部分技术还处于实验室阶段，距正式的产业化还有诸多难点亟待解决。因此，研发高分辨率、高产量且低成本的纳米图形加工方法已然成为纳米科技领域研究的热点，受到工业界的极大重视。

基于以上原因，华裔科学家 Chou 等 [40] 于 1995 年提出了纳米压印光刻 (nanoimprint lithography, NIL) 技术。在他的文章中，首次使用新提出的纳米压印技术，用二氧化硅作为母版，用聚甲基丙烯酸甲酯 (PMMA) 聚合物作为压印胶，首次实现了低于 25nm 的图像化衬底，并指出这是一种成本低廉、操作简便的下一代光刻技术。

下面按照文中所使用的压印方法来说明纳米压印的基本流程，如图 1-20 所示。

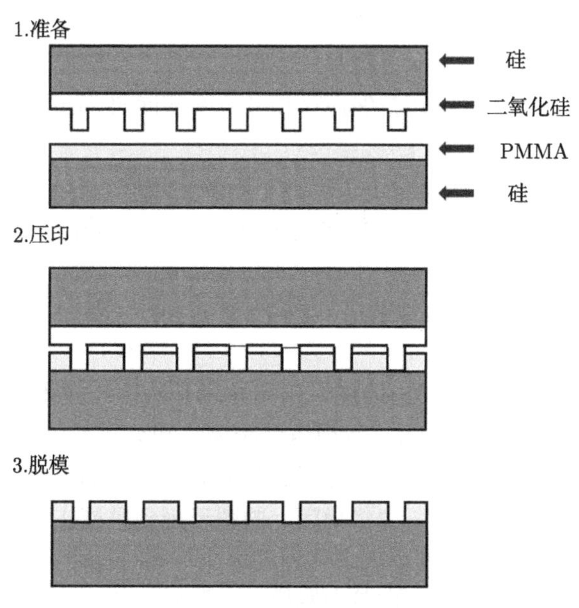

图 1-20　纳米压印过程示意图

首先通过光刻 (普通光刻或电子束曝光光刻，具体由模板分辨率决定) 和干法刻蚀 (反应离子刻蚀或电感耦合等离子体刻蚀) 制作一块纳米压印模板，模板图形由最终所需图形决定。然后在已经做好的纳米压印模板上制作一层防黏层，以避免在后续脱模的过程中模板与压印胶粘黏。之后在衬底上涂上一层热塑性聚合物压印胶，将制作好的模板在一定的温度和压力下压入压印胶中，经过一段时间的压印后，热塑性聚合物压印胶就会完全填充模板图形，再将温度和压力降低到压印胶的玻璃化温度之下，压印胶就会固化成与模板图形完全互补的图形。待脱模后模板图形就能完全复制到压印胶上。由于纳米压印技术的特有属性，压印后在所得的压印胶掩模层下会有一层残胶，若需要将压印图形转移到衬底或其他材料上，就必须去除残胶层。一般会在反应离子刻蚀设备中采用氧等离子干法刻蚀来去除残胶。去除残胶层后的压印图形就可作为后续图形转移的刻蚀掩模，以便我们将图形转移到衬底或其他所需材料上。若需在衬底上制得和模板图形相同的纳米图形，只需在去除残胶后的基片上镀一层金属，利用剥离的方法去除掩模区域内的金属和压印胶，就可以得到反转的金属图案。最后再用此金属图案作为刻蚀掩模对衬底进行刻蚀，从而得到和模板图形完全相同的图案。

纳米压印技术一经提出便引起了业界人士的广泛关注。由于纳米压印技术是一种通过机械力和温度控制将纳米压印母版上已做好的图形转移到纳米压印胶上的纳米图形制造方法，它的极限分辨率仅受母版分辨率的影响而不受压印本身的限制。据报道现今纳米压印极限分辨率已达到 5nm 量级，且随着压印母版分辨率的提高，纳米压印技术的极限分辨率会更高。另外，纳米压印仅需一次压印即可将母版图形完整地转移到基片上，无论基片面积多大都不会增加工艺难度和成本。相比于其他图像化技术，纳米压印在保持极高分辨率的同时，还可以大大降低批量生产成本，适于大规模的工业化生产。

当然每一项新技术的提出少不了以后不断的完善和发展。纳米压印同样也分为多种并不断完善和发展。通常我们将纳米压印光刻分为热压印 (thermal nanoimprint lithography)、紫外纳米压印 (ultra violet-curable nanoimprint lithography) 和微接触纳米压印 (micro contacting printing)。

1) 热压印

1995 年 Stephen Chow 提出的纳米压印技术是热压印技术的前身。热压印技术通过温度来控制压印胶的形态，所用压印胶为热塑化材料，在玻璃化温度以下，呈现固态特性，而在玻璃化温度以上呈液态特性。在压印的过程中，将温度升高到玻璃化温度之上，通过施加的压力将母版上的图形压到呈液态特性的压印胶中。待压印胶填充完全之后降低温度至玻璃化温度之下，此时已带有母版图形的压印胶呈现固态特性，仅需将母版从压印胶中脱模出来即完成了压印过程。热压印方案工艺简单，易于得到和母版图形相反的压印胶掩模。

热压印工艺是在微纳米尺度获得并行复制结构的一种成本低且速度快的方法。仅需一个模具，完全相同的结构可以按需复制到大的表面上。这项技术被广泛用于微纳结构加工。热压印工艺由模具制备、热压过程及后续图案转移等步骤构成，它的主要工艺过程如图 1-21 所示。

模具制备可以采用激光束、电子束等刻蚀形成。热压过程是关键，它的主要步骤如下：

(1) 聚合物被加热到它的玻璃化温度以上。这样可减少在模压过程中聚合物的黏性，增加流动性。只有当温度到达其玻璃化温度以上时，聚合物中的大分子链段运动才能充分开展，使其相应处于高弹态，在一定压力下，就能迅速发生形变。但温度太高也没必要，因为这样会增加模压周期，而对模压结构却没有明显改善，甚至会使聚合物弯曲而导致模具受损。

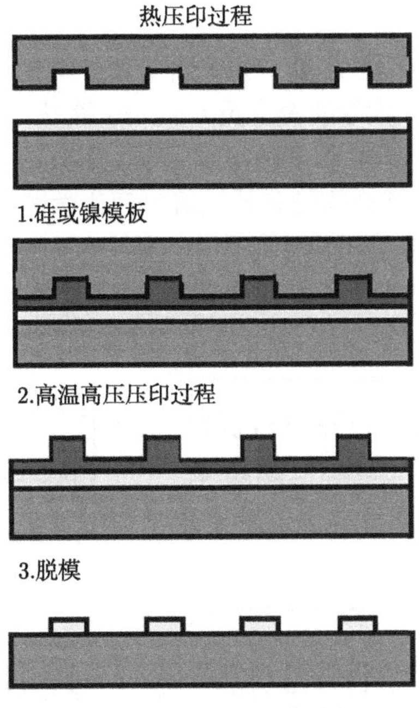

图 1-21 热压印工艺过程

(2) 施加压力。聚合物被图案化的模具所压。在模具和聚合物间加大的压力可以填充模具中的空腔。压力不能太小，否则不能完全填充腔体。

(3) 模压过程结束后，整个叠层被冷却到聚合物玻璃化温度以下，以使图案固化，提供足够大的机械强度。

(4) 脱模。脱模时要小心，以防止用力过度而使模具损伤。然后可以通过氧气 RIE 干法刻蚀去除残留的聚合物层，以开出窗口，接下来就可以进行图案转移。图案转移有两种主要方法，一种是刻蚀技术，另一种是剥离刻蚀技术，以聚合物为掩模，对聚合物下面层进行选择性刻蚀，从而得到图案。剥离工艺一般先采用镀金工艺在表面形成一层金层，然后用有机溶剂进行溶解，有聚合物的地方要被溶解，于是连同它上面的金一起剥离，这样就在衬底表面形成了金的图案层，接下来还可以以金为掩模，进一步对金的下层进行刻蚀加工。

作为最早发展起来的压印技术，热压印相对于传统的纳米加工方法，具有方法灵活、成本低廉和生物相容的特点，并且可以得到高分辨率、高深宽比结构。但此方法的缺点在于压印过程中所需的温度和压强较高，且由于压印设备在降温过程中一般采用气冷技术，降温过程时间较长，会影响纳米压印的生产效率。另外，由于压印过程中母版需经历高温高压的过程，母版的寿命也会降低，从而增加了压印成本。

2) 紫外纳米压印

为克服上述所说热压印技术的缺点，新的紫外纳米压印技术随后诞生。1999 年，美国得克萨斯 (Texas) 大学研究人员 Colburn 等 [41] 提出一种可以在常温下完成图案转移的紫外纳米压印技术。与热压印不同，紫外纳米压印所使用的纳米压印胶是一种光敏聚合物，此聚合物经紫外线照射后化学链结构会发生变化从而产生紫外固化的功能。因此，在紫外纳米压印中，整个压印过程无需加热，在常温下操作即可。图 1-22 为紫外纳米压印工艺的流程图，与热压印类似。

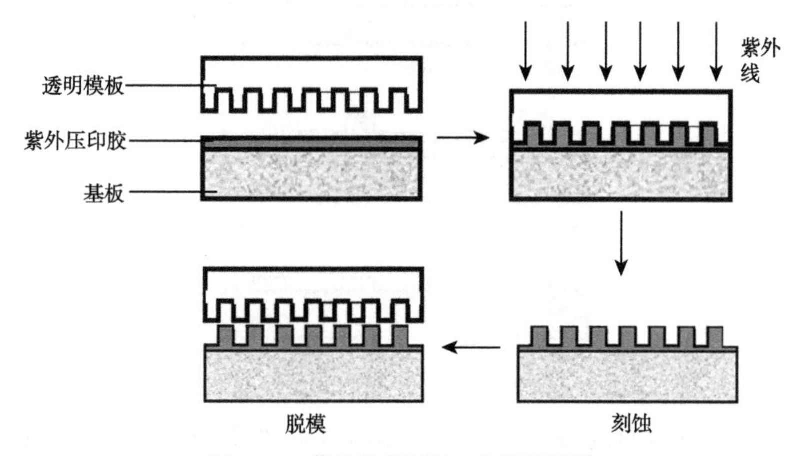

图 1-22　紫外纳米压印工艺的流程图

首先需要制作一块与我们所需图形相反的压印母版，由于紫外纳米压印需在压印过程中对压印胶进行曝光固化，因此此处母版材料要选择透明材料 (一般为石英基底)，以便压印过程中紫外线能顺利透过。在基底上均匀涂覆一层紫外压印胶，在真空状态下，施加一定压力，使母版与基板表面的压印胶充分接触，待紫外压印胶填充完全后利用紫外线照射压印胶体使其固化，再将固化的压印胶与压印母版分离，图形就能完整地被转移到压印胶层上。后续仅需通过氧等离子去除残胶层即完成了整个紫外纳米压印过程。紫外纳米压印最大的优点在于可以在常温或很低的温度下进行纳米压印，这就减少了在升温和降温过程中所浪费的时间，极大地提高了压印的效率。最近紫外纳米压印一个新的发展是提出了闪光–步进压印。闪光–步进压印发明于奥斯汀 (Austin) 的得克萨斯大学，它可以达到 10nm 的分辨率。工艺如图 1-23 所示 [42]。先将低黏度的单体溶液滴在要压印的衬底上，用很低的压力将模板压到圆片上，使液态分散开并填充模板中的空腔。紫外线透过模板背面辐照单体，固化成型后，移去模板。最后刻蚀残留层和进行图案转移，得到高深宽比的结构。闪光–步进压印，只要一个小的模板，通过循环重复加工，就可以在整个圆片上得到图案。可降低模板的制造费用。

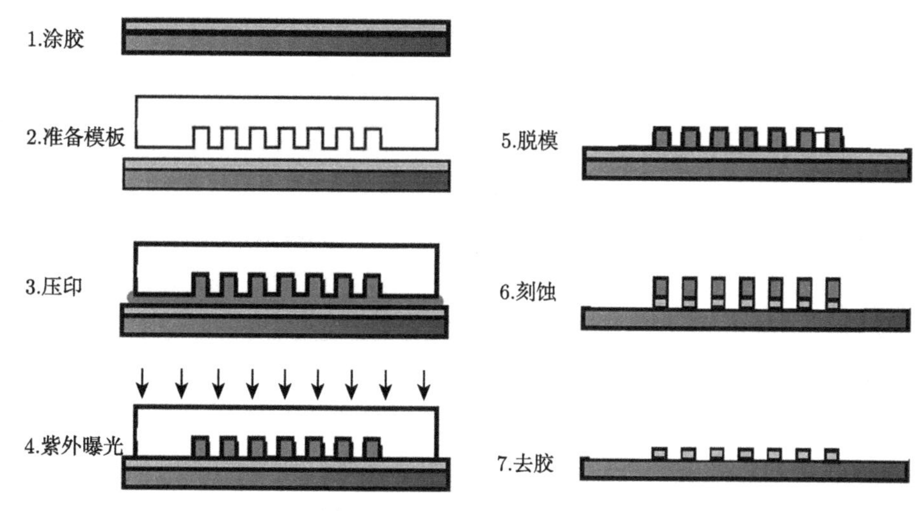

图 1-23 闪光–步进压印过程

很明显，紫外纳米压印相对于热压印来说，不需要高温、高压的条件，它可以廉价地在纳米尺度得到高分辨率的图形，它的工艺可用于发展纳米器件。其中的闪光–步进压印不但可使工艺和工具成本明显下降，而且在其他方面也和光学光刻一样好或更好，例如，工具寿命、模具寿命 (不用掩模板)、模具成本、工艺良率、产量和尺寸重现精度。但其缺点是需要在洁净间环境下进行操作。

3) 微接触压印

微接触压印技术有两种实现方法，分别为微接触纳米压印技术和毛细管微模板法。

微接触纳米压印技术由哈佛大学的 Whitesides 等 [43] 提出，工艺过程为：用光学或电子束光刻技术制得掩模板，用一种高分子材料 (一般是聚二甲基硅氧烷 (PDMS)) 在掩模板中固化脱模后得到微接触压印所需的模板；将模板浸没到含硫醇的试剂中；再将 PDMS 模板压在镀金的衬底上 10~20s 后移开，硫醇会与金反应生成自组装单分子层 (SAM)，将图形由模板转移到衬底上。后续处理工艺有两种：一种是湿法刻蚀，将衬底浸没在氰化物溶液中，氰化物使未被 SAM 覆盖的金溶解，这样就实现了图案的转移；另一种是通过金膜上自组装的硫醇单分子层来链接某些有机分子，实现自组装，此方法的最小分辨率可以达到 35nm，主要用于制造生物传感器和表面性质研究等方面。压印过程如图 1-24 所示。

毛细管微模板法 [44] 由微接触纳米压印技术发展而来，掩模板制作的方式与微接触纳米压印技术相同；模板放置在基板之上，将液态的聚合物 (一般为聚甲基丙烯酸) 滴在模板旁边，由于虹吸作用，聚合物将填充模板的空腔；聚合物固化后脱模，再经过刻蚀就将图案从模板转移到基板上。工艺过程如图 1-25 所示。

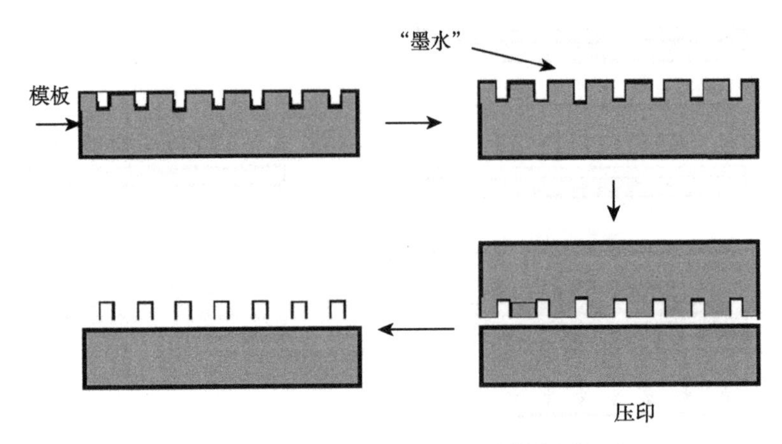

图 1-24　微接触纳米压印工艺过程

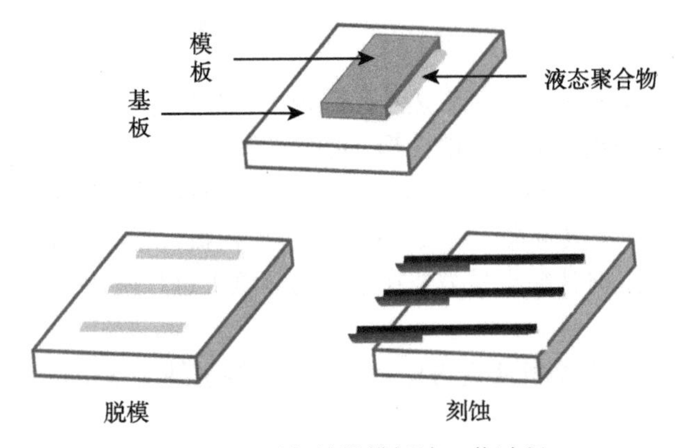

图 1-25　毛细管微模板法工艺过程

微接触压印不但具有快速、廉价的优点，而且它还没有洁净间的苛刻条件，甚至不需要绝对平整的表面。微接触压印还适合多种不同表面，具有操作方法灵活多变的特点。该方法的缺点是，在亚微米尺度压印时硫醇分子的扩散将影响对比度，并使印出的图形变宽。通过优化浸墨方式、浸墨时间，尤其是控制好印章上的墨量及分布，可以使扩散效应下降。

可以看出三种压印方法各有优点和缺点。

微接触压印是通过母版上的自组装分子层与基底接触后使分子层附着到基底表面完成图形转移的压印过程。此过程不需高温高压及紫外曝光，不会对基底造成破坏，且通过此工艺更容易控制基底表面的化学物理性能及图案表面的生物细胞，所以微接触压印在生物医学领域有较好的应用，特别是在微流体器件及生物芯片制作中更能发挥出其独特优势。但微接触压印一般采用软性模板，与硬模板技术相比，其压印图形的分辨率较低。

热压印技术主要利用压印胶的热塑性能，在压印过程中对压印胶采用高温 (一般在 150℃以上) 使得压印胶呈液态性，然后与母版接触并施加高压 (一般大于 30bar(1bar=10^5Pa)) 使得压印胶流动并充分填充母版凹槽，之后降温使压印胶冷却到玻璃化温度以下，使母版与胶脱离以完成整个压印过程。整个过程需要一个热冷的循环周期，所以生产效率较低，且高温高压会损伤母版，减少母版使用寿命，增加压印成本。另外，高温也限制了它的使用范围，使它不适用于生物芯片和集成电路等领域。

而紫外纳米压印技术是采用光敏性聚合物作为压印胶材料，通过一定的压力使胶填充完全后采用紫外曝光固化的方法使压印胶掩模成型固化。整个过程可在常温下进行，大大降低了热冷循环所用的时间，也不会对基底材料和母版造成损伤，进一步降低了压印成本。同时，一般紫外纳米压印中为保证紫外线的透射，母版材料通常选择透明硬性材料，这样有利于我们用光学方法进行层与层之间的高精度对准，使得紫外纳米压印适用于进行多层复杂结构的制作，极大地拓宽了压印的使用范围。同时，闪光–步进紫外纳米压印工艺可提高压印图形大面积均匀性，让我们仅用小面积母版即可以制作大面积的重复图形，降低了大面积生产成本，同时提高了规模化量产的能力，这些都推动了纳米压印技术代替普通光刻技术成为下一代纳米图形转移技术的发展进程。表 1-1 为三种纳米压印技术的比较。

表 1-1 三种纳米压印技术的比较

工艺	热压印	紫外纳米压印	微接触压印
温度	高温	室温	室温
目前尺寸	5nm	10nm	60nm
深宽比	1~6	1~4	/
多次压印	是	是	否
套刻精度	好	好	差

4) 纳米压印新技术

在纳米压印技术的发展历程中，近年来出现了一些新的实现方法，或者是在传统技术上进行改进，如激光辅助纳米压印技术、静电辅助纳米压印技术、气压辅助纳米压印技术、金属薄膜直接压印技术、超声波辅助熔融纳米压印技术、弹性掩模板压印技术和滚轴式纳米压印技术等。

1.4.2 纳米压印制备图形化蓝宝石衬底

相比于传统光刻，或者其他图像化技术而言，纳米压印在大面积、小尺寸方面有很大的优势。在以下的文献中分别都有报道。

(1) Huang 等 [45] 利用纳米压印技术制备纳米图形化蓝宝石衬底，选用直径为 240nm 的圆孔图案，图形间隔 450nm，深 165nm，呈六角形分布。结果显示，纳米级图形化蓝宝石衬底 LED 芯片的光强和出光率比普通蓝宝石衬底分别提高了 67% 和 38%。相对应的结果如图 1-26 所示。

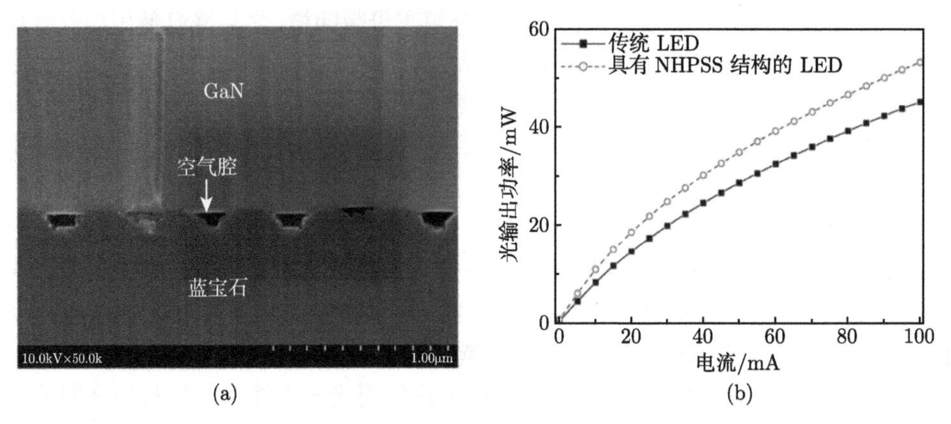

图 1-26　(a) 图形化蓝宝石衬底 LED 的电镜图；(b) 有/无图形化衬底 LED 特性曲线 [45]

(2) Lee 等 [46] 采用滚筒压印光刻和干法刻蚀来制造具有不同高度特征的凸形图形化蓝宝石衬底。利用软聚合物 PDMS 当作模具以复制硬硅模板的图案，并将印迹材料旋涂到 PDMS 模具上，最后使用滚筒印刷设备将其转印到蓝宝石基材上，过程如图 1-27 所示。然后使用电感耦合等离子体刻蚀来制造图形化蓝宝石衬底，采用不同的刻蚀参数可以调控出不同的刻蚀深度，刻蚀结果如图 1-28 所示。经过外延后

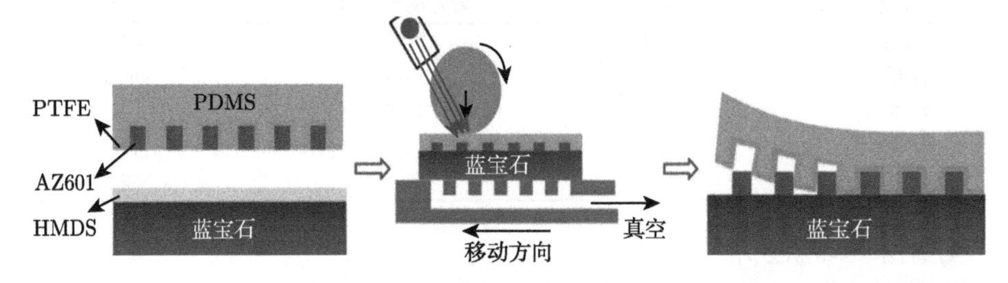

图 1-27　滚筒压印过程的示意图

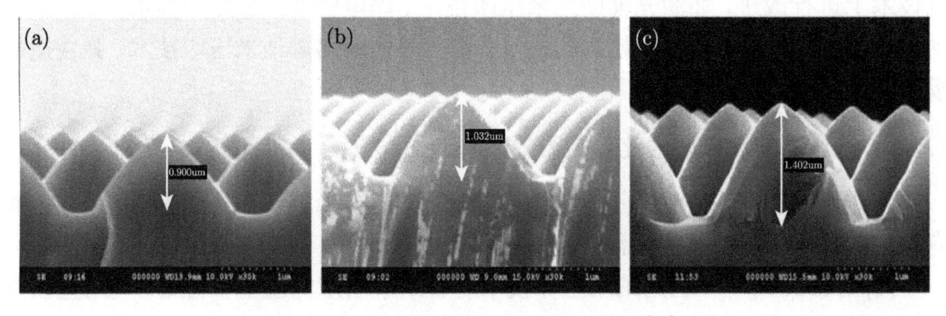

图 1-28　不同高度的凸形 PSS 衬底 [46]

生长和芯片处理，测量了相对应 LED 的电流–电压特性和光输出，如图 1-29 所示。结果表明，图形化蓝宝石衬底工艺不会降低传统 LED 的电学特性。

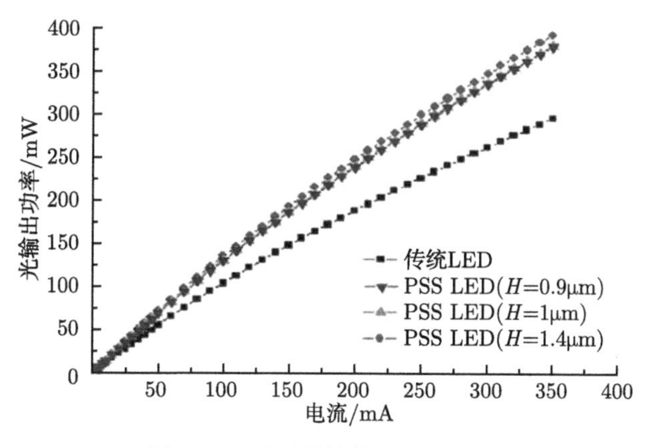

图 1-29 不同结构的光输出强度

尽管纳米压印具有大面积、纳米尺寸实现图形化衬底的优势，但由于纳米设备相对比较昂贵，需要专门的模板，在脱模工艺、模板制作工艺等方面还需进一步的完善和发展。

参 考 文 献

[1] Fujii T, Gao Y, Sharma R, et al. Increase in the extraction efficiency of GaN-based light-emitting diodes via surface roughening[J]. Applied Physics Letters, 2004, 84(6): 855-857.

[2] Lee T X, Gao K F, Chien W T, et al. Light extraction analysis of GaN-based light-emitting diodes with surface texture and/or patterned substrate[J]. Optics Express, 2007, 15(11): 6670-6676.

[3] Wu H, Zheng R, Guo Y, et al. Fabrication and characterisation of non-polar M-plane AlN crystals and LEDs[J]. Materials Research Innovations, 2015, 19(S5): S5-1153-S5-1155.

[4] Tadatomo K, Okagawa H, Ohuchi Y, et al. High output power InGaN ultraviolet light-emitting diodes fabricated on patterned substrates using metalorganic vapor phase epitaxy[J]. Japanese Journal of Applied Physics, 2001, 188(1): 121-125.

[5] Polyakov A Y, Smirnov N B, Govorkov A V, et al. Structural and electric properties of AlN substrates used for LED heterostructures growth[J]. Russian Microelectronics, 2011, 40(8): 629-633.

[6] Nakamura S. GaN growth using GaN buffer layer[J]. Japanese Journal of Applied Physics, 1991, 30(10A): L1705-L1707.

[7] Grandjean N, Leroux M, Laugt M, et al. Gas source molecular beam epitaxy of wurtzite GaN on sapphire substrates using GaN buffer layers[J]. Applied Physics Letters, 1997, 71(2): 240-242.

[8] Lin C F, Chi G C. The dependence of the electrical characteristics of the GaN epitaxial layer on the thermal treatment of the GaN buffer layer[J]. Applied Physics Letters, 1996, 68(26): 3758-3760.

[9] Huang C Y, Ku H M, Liao C Z, et al. MQWs InGaN/GaN LED with embedded micro-mirror array in the epitaxial-lateral-overgrowth gallium nitride for light extraction enhancement[J]. Optics Express, 2010, 18(10): 10674-10684.

[10] Ku H M, Huang C Y, Liao C Z, et al. Epitaxial lateral overgrowth of gallium nitride for embedding the micro-mirror array[J]. Japanese Journal of Applied Physics, 2011, 50(4): 453-455.

[11] Li X B, Yu T J, Tao Y B, et al. Epitaxial lateral overgrowth of InGaN/GaN multiple quantum wells on HVPE GaN template[J]. Physica Status Solidi, 2012, 9(3-4): 445-448.

[12] Wu Y R, Chiu C, Chang C Y, et al. Size-dependent strain relaxation and optical characteristics of InGaN/GaN nanorod LEDs[J]. IEEE Journal of Selected Topics in Quantum Electronics, 2009, 15(4): 1226-1233.

[13] Jha S, Qian J C, Kutsay O, et al. Violet-blue LEDs based on p-GaN/n-ZnO nanorods and their stability[J]. Nanotechnology, 2011, 22(24): 245202.

[14] Bai J, Wang Q, Wang T. Greatly enhanced performance of InGaN/GaN nanorod light emitting diodes[J]. Physica Status Solidi, 2012, 209(3): 477-480.

[15] Liu C H, Chuang R W, Chang S J, et al. Improved light output power of InGaN/GaN MQW LEDs by lower temperature p-GaN rough surface[J]. Materials Science & Engineering B, 2004, 112(1): 10-13.

[16] Tsai C M, Sheu J K, Lai W C, et al. Enhanced output power in GaN-based LEDs with naturally textured surface grown by MOCVD[J]. IEEE Electron Device Letters, 2005, 26(7): 464-466.

[17] Hu Y L, Liu D L, Wang B, et al. Characteristics of light extraction for surface-microcavity photonic crystal LED[J]. Acta Optica Sinica, 2017, 37(6): 0623004.

[18] Hu X L, Wen R L, Qi Z Y, et al. III-nitride ultraviolet, blue and green LEDs with SiO_2 photonic crystals fabricated by UV-nanoimprint lithography[J]. Materials Science in Semiconductor Processing, 2018, 79: 61-65.

[19] Wang J, Yang S, Li X, et al. Influences of patterned sapphire substrate morphology on the GaN-Based LED luminescence properties[J]. Semiconductor Technology, 2017, 42(5): 347-351.

[20] Che Z, Zhang J, Yu X, et al. Improvement of light extractionefficiency of GaN-based flip-chip LEDs by a double-sided spherical cap-shaped patterned sapphire substrate[C].

International Conference on Numerical Simulation of Optoelectronic Devices, IEEE, 2016.

[21] Su J C, Lee C H, Huang Y H, et al. In-situ mapping of electroluminescent enhancement of light-emitting diodes grown on patterned sapphire substrates[J]. Journal of Applied Physics, 2017, 121(5): 055705.

[22] Wang M T, Liao K Y, Li Y L. Growth mechanism and strain variation of GaN material grown on patterned sapphire substrates with various pattern designs[J]. IEEE Photonics Technology Letters, 2011, 23(14): 962-964.

[23] Suihkonen S, Svensk O, Lang T, et al. The effect of InGaN/GaN MQW hydrogen treatment and threading dislocation optimization on GaN LED efficiency[J]. Journal of Crystal Growth, 2007, 298: 740-743.

[24] Chang S J, Lin Y C, Su Y K, et al. Nitride-based LEDs fabricated on patterned sapphire substrates[J]. Solid-State Electronics, 2003, 47(9): 1539-1542.

[25] Huang H W, Huang J K, Lin C H, et al. Efficiency improvement of GaN-based LEDs with a SiO_2 nanorod array and a patterned sapphire substrate[J]. IEEE Electron Device Letters, 2010, 31(6): 582-584.

[26] Huang H W, Lin C H, Huang J K, et al. Investigation of GaN-based light emitting diodes with nano-hole patterned sapphire substrate (NHPSS) by nano-imprint lithography[J]. Materials Science & Engineering B, 2009, 164(2): 76-79.

[27] Feng Z H, Qi Y D, Lu Z D, et al. GaN-based blue light-emitting diodes grown and fabricated on patterned sapphire substrates by metalorganic vapor-phase epitaxy[J]. Journal of Crystal Growth, 2004, 272(1-4): 327-332.

[28] Kim D W, Jong C H, Kim K N, et al. High rate sapphire etching using BCl_3-based inductively coupled plasma[J]. Journal-Korean Physical Society, 2003, 42: S795-S799.

[29] Hsu Y P, Chang S J, Su Y K, et al. ICP etching of sapphire substrates[J]. Optical Materials, 2005, 27(6): 1171-1174.

[30] Lee J H, Lee D Y, Oh B W, et al. Comparison of InGaN-based LEDs grown on conventional sapphire and cone-shape-patterned sapphire substrate[J]. IEEE Transactions on Electron Devices, 2010, 57(1): 157-163.

[31] Yan F, Gao H, Zhang Y. High-efficiency GaN-based blue LEDs grown on nano-patterned sapphire substrates for solid-state lighting[J]. Proceedings of SPIE, 2008, 6841: 684103.

[32] Yao G Y, Fan G H, Li S T, et al. Improved optical performance of GaN grown on pattered sapphire substrate[J]. Journal of Semiconductors, 2009, 30(1): 7-10.

[33] Wuu D S, Wu H W, Chen S T, et al. Defect reduction of laterally regrown GaN on GaN/patterned sapphire substrates[J]. Journal of Crystal Growth, 2009, 311(10): 3063-3066.

[34] Wang W K, Wuu D S, Lin S H, et al. Efficiency improvement of near-ultraviolet InGaN

LEDs using patterned sapphire substrates[J]. IEEE Journal of Quantum Electronics, 2005, 41(11): 1403-1409.

[35] Park E H, Jang J, Gupta S, et al. Air-voids embedded high efficiency InGaN-light emitting diode[J]. Applied Physics Letters, 2008, 93(19): 191103.

[36] Shei S C, Lo H M, Lai W C, et al. GaN-based LEDs with air voids prepared by laser scribing and chemical etching[J]. IEEE Photonics Technology Letters, 2011, 23(16): 1172-1174.

[37] Lin C F, Chen K T, Huang K P. Blue light-emitting diodes with an embedded native gallium oxide pattern structure[J]. IEEE Electron Device Letters, 2010, 31(12): 1431-1433.

[38] Liu H, Li Y F, Wang S. Air-void embedded GaN-based light-emitting diodes grown on laser drilling patterned sapphire substrates[J]. AIP Advances, 2016, 6(7): 075016.

[39] Zhang M Y, Li Y F, Li Q, et al. Characteristics of GaN-based 500 nm light-emitting diodes with embedded hemispherical air-cavity structure[J]. Journal of Applied Physics, 2018, 123(12): 125702.

[40] Chou S Y, Krauss P R, Penstrom P J. Imprint of sub-25 nm vias and trenches in polymers[J]. Applied Physics Letters, 1995, 67(21): 3114-3116.

[41] Resnick D J, Dauksher W J, Mancini D, et al. Imprint lithography: Lab curiosity or the real NGL[C]. SPIE Microlithography Conference, 2003, 5037: 12-23.

[42] Colburn M, JohnsonS C, StewartM D, et al. Step and flash imprint lithography: A new approach to high-resolution patterning[J]. Emerging Lithographic Technologies III, 1999, 3676: 379-389.

[43] Xia Y, Kim E, Milan M A, et al. Microcontact printing of alkanethiols on copper and Its application in microfabrication[J]. Preparative Biochemistry, 1996, 143(3): 1070-1079.

[44] Wilbur J L, Kumar A, Biebuyck H A, et al. Micro contact printingofself-assembledmonolayers: Applications in microabrication[J]. Nanotechnology, 1996(7): 452-457.

[45] Huang H W,Lin C H,HungJ K, et al. Investigation of GaN-based light emitting diodes with nano-holepatterned sapphire substrate (NHPSS) by nano-imprintlithography[J]. Materials Science and Engineering, 2009, 164(2): 76-79.

[46] Lee Y C, Yeh S C, Chou Y Y, et al. High-efficiency InGaN-based LEDs grown on patterned sapphire substrates using nanoimprinting technology[J]. Microelectronic Engineering, 2013, 105: 86-90.

第 2 章　GaN 外延生长技术

2.1　外延生长技术简介

外延生长技术和工艺的发展推动着器件的进步，是器件生产的核心竞争力。目前，生长 GaN 材料的方法主要有分子束外延 (molecular beam epitaxy, MBE) 技术、氢化物气相外延 (hydride vapor phase epitaxy, HVPE) 技术、金属有机物化学气相沉积 (metal organic chemical vapor deposition, MOCVD) 技术等。这些技术各有优势，在 GaN 材料及其相关化合物半导体材料发展中起着重要的作用。本章介绍生长氮化物材料的相关外延技术方法，并重点介绍 GaN 材料的 MOCVD 外延生长。

2.1.1　MBE 技术

MBE 技术是以真空蒸发技术为基础的外延制膜方法，该方法始于 20 世纪 70 年代 [1]，是最早用于沉积固体薄膜的方法。这种方法是在超高真空 (10^{-9} Torr 以上 ($1\text{Torr}= 1.33322 \times 10^2\text{Pa}$)) 的条件下，将要蒸发的外延物质放在喷射炉中，然后在喷射室加热，最终使源物质由固态加热变成气态，从喷射炉的小孔射出形成分子束或原子束。分子束的分子与衬底表面相碰后，将一部分能量转给表面原子，通过物理吸附和化学吸附从而实现材料的外延生长，如图 2-1 所示 [2]。

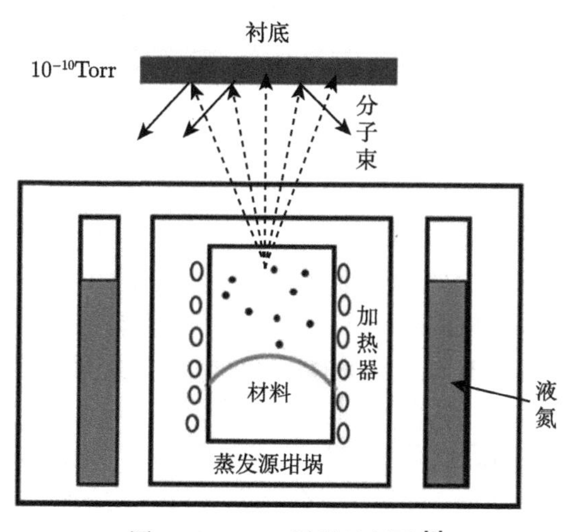

图 2-1　MBE 原理示意图 [2]

MBE 装置由超高真空系统、分子束发生系统、衬底装置系统、监测系统等构成。其超高真空系统一般是用不锈钢制成的，其极限真空度可达 10^{-11}Torr。分子束发生系统是由喷射炉、准直狭缝和挡板等构成的，分子束由喷射炉产生，其周围用液氮屏蔽其所产生的杂质。衬底装置系统一般由多个自由度的机械装置构成，可以调节衬底的位置，衬底可以通过样品夹固定在加热器上。监测系统在生长过程中，通常会增加很多材料分析设备如质谱仪、衍射仪、显微镜及膜厚测试仪等。MBE 技术生长材料时具有如下特点：① 具有超高的真空系统使得系统内残留气体很少，外延时受到沾污的机会较少，可以获得高纯度的 GaN 外延材料；② 由于其高真空，所以生长速度可以控制得很低而不至于受到严重的沾污。因此，其生长速率可以精确可调，通常其生长速率大约为 0.5μm/h；③ 由于 MBE 的衬底和分子源是各自独立的，具有较低的生长温度，生长过程中互扩散和热适配效应均较小；④ MBE 可以根据需要在喷射室内安放多个喷射炉，以及膜层成分可调整等独特优点，对生长半导体超薄层和复杂结构等十分有利。

用 MBE 技术生长 GaN 是利用其超高真空系统中的 Ga 的分子束提供 Ga 源，以氨气 (NH_3) 分子束提供 N 源，沉积在衬底表面并发生反应生成 GaN。这种 GaN 材料生长方法在生长过程中温度低，可减少 N 源挥发从而降低背景电子密度。另外，其生长速率慢，外延层质量高，表面或者界面可以达原子级光滑，并可以精准控制其厚度。然而，由于 NH_3 和 Ga 金属在低温下反应过慢，所以目前常用射频 (RF) 等离子体源位激发氮气 (N_2) 作为 N 源。在高纯度、低温、生长速率缓慢、可精准控制等条件下，MBE 技术可以实现高质量的 GaN 结晶质量。

2.1.2 HVPE 技术

HVPE 技术是人们早期生长 GaN 的体单晶的最常用的技术之一。1967 年，Maruska 和 Tietjen 等 [3] 报道第一次使用此方法在蓝宝石衬底上制备 GaN 外延层，拉开了人们对 GaN 材料的深度系统研究的帷幕。近年来，由于自支撑 GaN 衬底的需求及横向外延生长技术的出现，HVPE 技术成为制备 GaN 体单晶的较为理想的技术，所以此技术受到了人们的广泛关注。

HVPE 是一种常压热壁化学相沉积技术，它广泛地应用于制备Ⅲ～Ⅴ族半导体化合物，如 GaAs 和 InP。HVPE 生长系统一般情况分为四个部分，分别是炉体和反应器、输气管、气体配置系统、尾气处理系统等。典型的石英反应器采用双温区结构 [4]，具体的过程为：HCl 在 N_2 的载动下，进入反应器中，在低温区与镓舟中熔融的金属 Ga 发生反应，然后生成挥发性的氯化镓 ($GaCl_3$)，在载气的作用下进入高温反应区，于是在衬底表面与 NH_3 反应生成 GaN，最终未反应的尾气进入尾气处理系统而被吸收，如图 2-2 所示。在立式 HVPE 生长设备中改变生长参数调节 GaN 生长模式，利用应力释放生长和提高晶体质量生长两种模式调控生长高质量低应变的 GaN 厚膜 [5]。

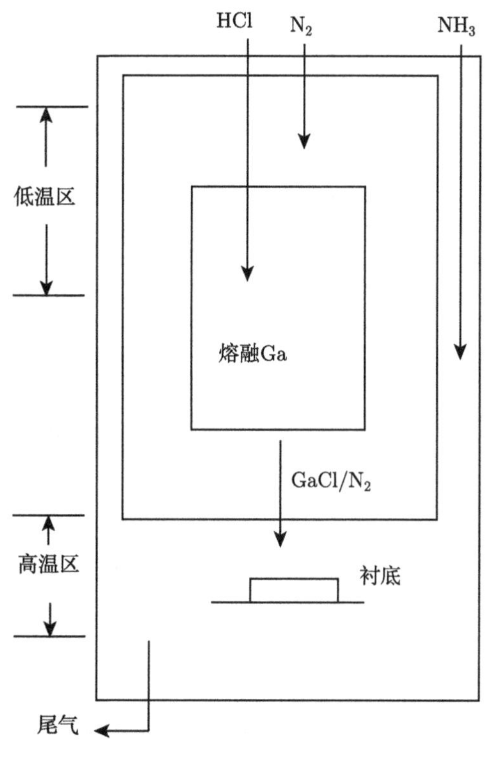

图 2-2 HVPE 立式反应器示意图 [4]

高质量的 GaN 材料和 GaN 自支撑衬底是制备 GaN 电子电力器件的重要材料基础。HVPE 技术与其他外延技术相比具有生长速率高、所需设备和工艺简单、材料成本较低等优点，常被用于生长厚膜 GaN 材料或 GaN 衬底 [6,7]。HVPE 外延生长 GaN 材料的生长速率通常为 0.05~0.3μm/min[8]。首先在蓝宝石衬底上外延，通过 MOCVD 等外延工艺生长几微米的 GaN 外延层，然后再通过 HVPE 外延工艺在该 GaN 外延层上继续外延生长几十至几百微米的 GaN 材料，形成厚膜 GaN 外延，或者通过剥离工艺将蓝宝石衬底去除，形成自支撑 GaN 衬底。在 HVPE 外延生长中，蓝宝石衬底和 GaN 外延层之间存在较大的晶格失配和热失配，随着 GaN 外延层的厚度增加，外延片翘曲严重，因此，HVPE 方法制备厚膜 GaN 或 GaN 衬底，需要克服外延片翘曲和材料应力等问题。

HVPE 外延生长 GaN 存在的缺点：HVPE 外延生长速率较快，但对比超晶格或多量子阱等精细结构的外延质量和材料生长控制不如 MOCVD 和 MBE。HVPE 是一种常压热壁化学相沉积技术，GaN 多晶会在石英管和反应壁等位置沉积；由于 HCl 气体具有腐蚀性，与水蒸气或杂质气体混合容易腐蚀反应系统；外延生长过程中的反应副产物包含 NH_4Cl 和 $GaCl_3$，容易凝结并堵塞排气口，需要对排气口进行保温或加热处理。

2.1.3　MOCVD 技术

MOCVD 技术是 20 世纪 60 年代由美国洛克威尔公司 Manasevit 首先对外提出的。截止到目前，MOCVD 技术是生长Ⅲ族氮化物的最好方法。图 2-3 为德国 AIXTRON 公司研发的用于工业化生产的 MOCVD 设备 [9]。

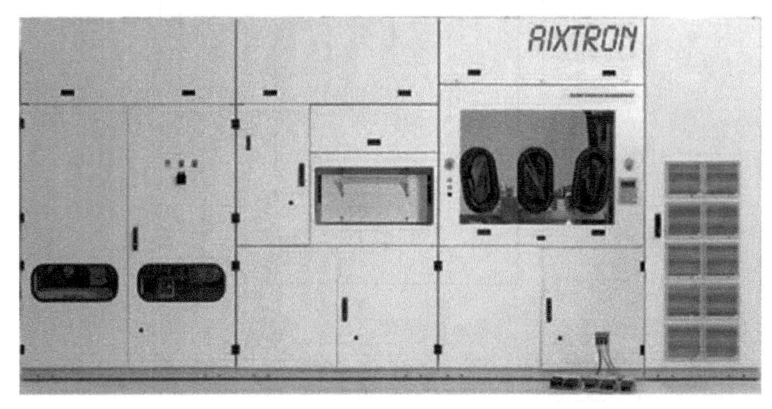

图 2-3　MOCVD 设备 [9]

MOCVD 设备主要由源材料运输系统，反应腔室系统，温度、流量、反射率等生长监控系统，尾气处理系统及安全报警系统等构成，它的生长原理如图 2-4 所示。

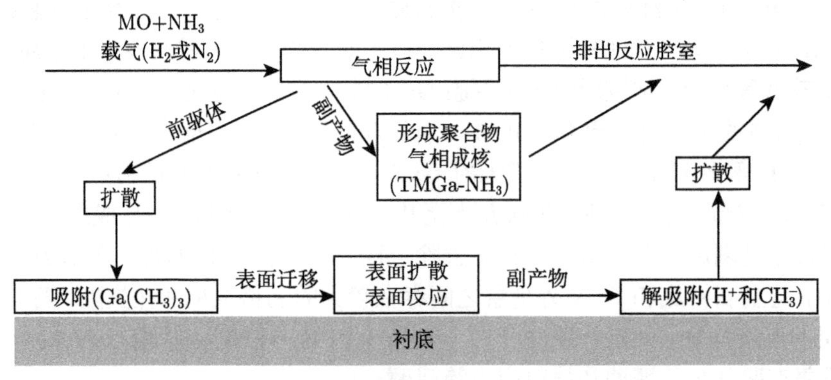

图 2-4　MOCVD 生长原理图 [10]

(1) 将 MO (金属有机) 源 (三甲基镓 (TMGa)、三乙基镓 (TEGa)、三甲基铟 (TMIn)、三甲基铝 (TMAl) 等) 通过载气 (H_2 或 N_2) 送入反应腔室，反应腔室为常压或者低压 (10^4 ~10^5Pa)；

(2) 反应物进入反应区域，高温 (800～1200℃) 使反应区内的反应物分解并发生其他气相反应，形成前驱体或者副产物；

(3) 生长的前驱体通过扩散达到衬底表面并被吸附，在衬底附近发生化学反应，生成 GaN 分子，发生的化学反应式如下：

$$\mathrm{Ga(CH_3)_3(气) + NH_3 \longrightarrow GaN(固) + 3CH_4(气)} \tag{2-1}$$

(4) 生成的 GaN 分子沿衬底表面迁移，沉积形成 GaN 薄膜；

(5) 表面反应得到的副产物及载气被泵抽离反应室并进入尾气处理系统。

通过 MOCVD 外延生长 GaN 过程复杂，异质外延生长可以分为以下三种基本生长模式：岛状生长、层–层状生长、层–岛状生长 [11]：

(1) 岛状生长 (Volmer-Weber, VW) 模式，如图 2-5(a) 所示，是当外延层与衬底的晶格失配在大于 10%时，衬底表面能远小于外延层表面能与界面能之和，衬底和外延层结合成键的能量较低，无法形成连续的浸润层，从而形成 3D 岛的形式。3D 岛状结构中存在很多位错，这是晶格失配引起的，这些位错将直接影响外延层结构晶体的质量。3D 岛不断长大逐渐与相邻的 3D 岛合并，最后形成近似 2D 的生长模式，但是其表面仍然存在 3D 岛状。

(2) 层–层状生长 (Frank-van der Merve, FM) 模式如图 2-5(b) 所示，当外延层与衬底之间失配很小而临界厚度很大时，衬底表面能大于外延层表面能与界面能之和，生长层会发生应变以使面内晶格常数与衬底的晶格常数匹配。这种生长方式生长的材料能够获得界面处无位错的、结晶质量高的外延层。

(3) 层–岛状生长 (Stranski-Krdstanow, SK) 模式如图 2-5(c) 所示，是当外延层中的应变表现为压应力且与衬底的晶格失配在 2%～10%时，衬底表面自由能大于外延层表面能与界面能之和。但是由于界面能比较小，首先会形成薄的二维外延层即浸润层，随后形成 3D 岛的形式，释放累积的晶格应变能。

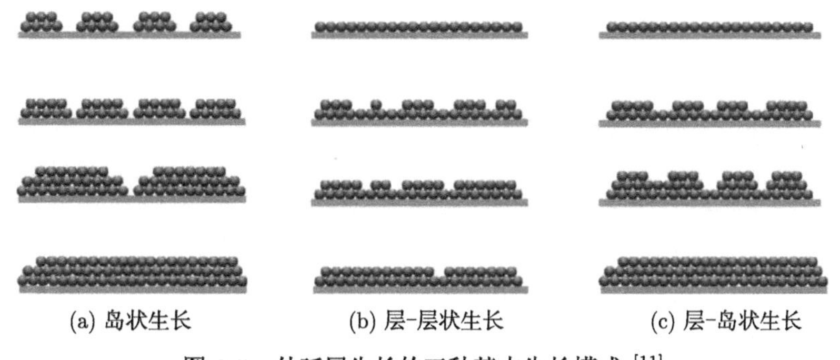

(a) 岛状生长　　(b) 层–层状生长　　(c) 层–岛状生长

图 2-5 外延层生长的三种基本生长模式 [11]

2.2　GaN 材料 MOCVD 外延生长

2.2.1　GaN 材料介绍

GaN 材料同 SiC、金刚石等半导体材料一样，具有较宽的禁带宽度、高击穿电场、高电子迁移速率、高的热导率，以及较强的抗辐照能力等性能，是制作高温、高压、高频率微波、大功率电子器件及光电子器件的理想材料，被誉为继第一代 Si、Ge 半导体，第二代 GaAs、InP 半导体之后的第三代半导体材料。

GaN 主要有纤锌矿 (wurtzite, WZ) 和闪锌矿 (zinc blende, ZB) 两种结构，其中 WZ 结构为密排的六方点阵，热稳定性良好，ZB 结构为面心立方点阵，间接带隙，为亚稳相，热稳定性差。目前，大多数高质量的 GaN 都是 WZ 结构，而 ZB 结构的 GaN 材料，较难通过外延方式获得。

WZ 结构 GaN 材料是直接带隙半导体，禁带宽度约 3.42eV，是制作短波长蓝光辐射器件的理想材料。GaN 基蓝光 LED 激发黄色荧光粉，混色成白光 LED 器件，以其节能、环保、寿命长、体积小等优点，成为第四代光源。InN、GaN、AlN 材料，以及组合而形成的三元或四元材料，禁带宽度从 0.7eV 至 6.2eV，覆盖了红外波段、可见光波段及紫外波段，如图 2-6 所示 [12]。半导体照明对III-V族宽禁带

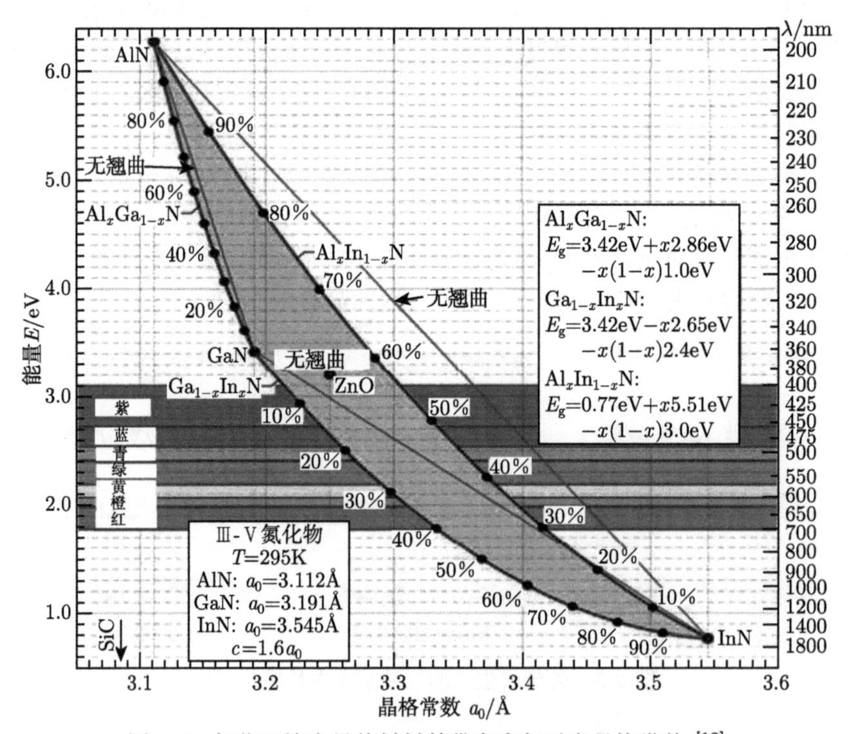

图 2-6　氮化III族半导体材料禁带宽度与对应晶格常数 [12]

半导体的快速发展起到了巨大的推动作用。目前，氮化III族半导体材料，可以较好地实现从近紫外至绿光波段的光辐射，并成功商品化。但对于深紫外波段，其主体材料组分中 Al 组分含量较高，导致材料质量、材料应力、p 型材料制备及欧姆接触等方面问题尚未完全解决。对于红黄光波段及红外波段，由于 In 组分含量较高，需要更低的外延生长温度，但在低温下 NH_3 分解效率降低、材料质量不佳等因素，所以黄绿光至红外波段 GaN 基光辐射器件尚处于研究阶段。GaAs、InP 等材料，其禁带宽度适合制作红黄光及红外波段光辐射器件，目前已商业化生产。

2.2.2 平面蓝宝石衬底 GaN 外延生长

MOCVD 外延生长 GaN 材料，多使用 NH_3 作为氮源，三甲基镓、三乙基镓、三甲基铝、三甲基铟等作为III族有机金属源，硅烷 (SiH_4) 和二茂镁 (Cp_2Mg) 分别为 n 型和 p 型半导体掺杂源，通过 H_2 或 N_2 载气，携带进入反应腔室，在 800~1200℃高温下发生反应，生成 GaN 或多元合金氮化物材料，并按一定的设计结构沉积在衬底上，形成光电子器件外延。

GaN 材料不能像 Si 或 GaAs 材料一样通过拉单晶方式获得，目前大尺寸 GaN 体材料尚无法直接制备。2000 年前后，波兰学者在高温、高压条件下仅成功制备出约 $1cm^2$ 的 GaN 单晶材料 [13]。GaN 基本依赖于异质衬底外延生长。在大多数情况下，使用单晶的蓝宝石作为外延衬底，虽然 6H-SiC 与 GaN 材料较蓝宝石具有更小的晶格失配 (约 3.5%)，但 6H-SiC 衬底过于昂贵，未被广泛使用。单晶硅衬底具有成本低、尺寸大、易于集成等潜在优势，随着外延技术的进步，单晶硅衬底上外延生长 GaN 的质量基本达到与蓝宝石衬底外延 GaN 质量相当的水平。但对于 LED 等光辐射器件，因硅衬底不透过蓝绿光，因此需要进行衬底转移或增加反射镜工艺以便降低衬底光吸收，提高出光效率，在 LED 行业未被广泛使用。其他潜在可能的衬底如 $LiAlO_2$、AlN、$MgAl_2O_4$、ZnO 等，也都进行了研究。由于异质衬底与 GaN 材料之间存在较大的晶格失配和热失配，所以早期直接在蓝宝石衬底上外延生长 GaN 材料存在较高的位错密度，晶体质量较差，无法生长出表面光滑的外延薄膜。1986 年，Akasaki 教授 (Nagoya University) 发现在 500℃下在蓝宝石衬底上先生长一层 30~40nm 的 AlN 缓冲层，再升高温度至 1000℃外延生长 GaN 层，可获得高品质的 GaN 材料薄膜，初步解决了晶格不匹配的问题。1990 年，Nakamura 博士采用低温 GaN 材料作为缓冲层，成功将 GaN 外延材料的缺陷密度降低至 $10^7 \sim 10^9 cm^{-2}$，使得 GaN 基材料器件成为可能 [14-16]。

MOCVD 外延生长高质量的 GaN 材料，几乎均使用 NH_3 作为氮源，需要通入过量比例的 NH_3，以保障获得充足的氮原子。为避免 H_2O、O_2 等杂质对外延生长的影响，通入的 NH_3 一般要求纯度大于 99.99999%，载气 (H_2、N_2) 的纯度大于 99.9999999%。为避免三甲基镓与 NH_3 在衬底表面混合发生反应，降低预反应比例，一般 MOCVD 设备都会对此进行特殊设计。

在蓝宝石衬底上外延生长 GaN 基 LED，由于 GaN 和 (0001) 面蓝宝石衬底之间存在约 14%的晶格失配和 80%的热失配，GaN 异质外延生长需要多个工艺阶段，包括衬底表面的预处理，低温缓冲层生长，高温 u-GaN 外延生长，n-GaN 生长，多量子阱结构及 p-GaN 生长等 [16-20]。

衬底表面预处理：衬底的清洁程度一方面影响外延的外观及质量，同时也会对反应腔体造成污染。目前大多蓝宝石衬底在包装前已做严格清洁，可以开盒使用。衬底放入反应腔之后，在 H_2 气氛下高温烘烤，通过 H_2 的还原性质，除去腔体环境及衬底表面的污染物。在外延生长之前，通入一定量的 NH_3，对蓝宝石衬底进行氮化处理。衬底在氮化过程中发生化学反应，NH_3 分解出的 N 原子会取代蓝宝石衬底表层的 O 原子，在衬底表面形成几个原子层厚度的 AlN 层。氮化温度、氮化时间及 NH_3 的流量都会影响 GaN 生长的质量 [21-27]。

低温缓冲层：外延生长温度在 450~600℃，层状生长 30nm 左右厚度的 GaN 缓冲层。该缓冲层由于在相对低温下生长，晶体质量差，同时存在立方相和六方相共存的现象 [26,27]。缓冲层生长完毕，将温度升高至 900℃以上，进行高温重结晶。由于立方相的 GaN 较六方相的 GaN 的热稳定性差，在升温过程中，立方相的 GaN 和结晶质量差的六方相的 GaN 率先分解，产生的 Ga 原子和 N 原子，一部分与未分解的晶体质量较好的 GaN 重新结合，形成 GaN 晶核，另一部分随气流排出腔体。重结晶是一个动态的过程，最终在蓝宝石衬底表面形成均匀的结晶质量较高的 GaN 晶核，为进一步 GaN 外延材料生长提供了较好的基础。在不同的外延生长工艺中，对低温缓冲层的处理也有一定的差异，也有过大量的尝试和研究，可以简要地分为 2D 生长模式、3D 生长模式、AlN 缓冲层，以及近几年出现的炉外磁控溅射 AlN 缓冲层。2D 生长模式，低温缓冲层外延生长温度约 600℃，高温约 1050℃退火后仅使缓冲层表层 GaN 形成晶核，缓冲层依然覆盖蓝宝石衬底，后续的高温 GaN 也以 2D 模式生长，若此层生长不当，后面的高温 GaN 反射率监控曲线会出现振荡低垂，外延膜层质量变差。3D 生长模式，低温缓冲层外延生长温度一般在 500℃左右，高温约 1050℃退火后，使反射率监控曲线降低至蓝宝石衬底反射率附近或更低，几乎所有的低温 GaN 均分解形成晶核，缓冲层对蓝宝石衬底不全覆盖，后续的高温 GaN 以 3D 模式生长，晶核长大合并，最终转变成 2D 模式生长，形成平整的外延膜层。AlN 缓冲层，是指在 MOCVD 中生长低温的 AlN 缓冲层，以及 AlGaN 缓冲层。炉外磁控溅射 AlN 缓冲层，将缓冲层工艺转移至炉外进行，采用磁控溅射等设备在蓝宝石衬底上沉积一层 AlN 单晶，一般厚度在 10~25nm，转移至 MOCVD 中直接外延生长高温 GaN 结构，缩短了 MOCVD 的外延生长时间，提高设备的生产效率，同时，随着外延技术不断进步，炉外溅射 AlN 缓冲层模式外延薄膜质量已达到或优于 MOCVD 外延 GaN 低温缓冲层。不同的缓冲层的生长工艺及参数也对外延片的翘曲度有较大的影响，进而影响外延片不同区域的一致性，一般会根据实际情况进行一定范围内的参数调整。

高温 u-GaN 外延生长：温度为 1000~1100℃进行高温 GaN 生长。通过调整温度、压力、V/III族元素的通入比例等工艺参数控制 GaN 的生长模式，在重结晶的晶核上外延生长高温 GaN 层。优先进行 3D 生长，使晶核横向迅速增大，逐步愈合，逐步转化至 2D 生长，并控制各晶面的生长竞争条件，得到晶向单一且表面平整的 GaN 外延层。

图 2-7 为 (0001) 蓝宝石衬底外延生长 5μm GaN 的反射率监控参考曲线，c 段低温 GaN 缓冲层外延厚度增加，GaN 材料折射率大于蓝宝石衬底折射率，监控曲线反射率升高。随着退火温度升高，低温缓冲层分解成核，表面变粗糙，反射率降低，至 f 位置开始通入大量镓源，改变工艺为适合 3D 外延生长的条件，晶核尺寸快速增大，之后晶核逐步合并，并逐步转化至 2D 生长，反射率曲线表现为稳定的周期振荡。反射率曲线的疏密程度反映了外延生长速率的快慢。

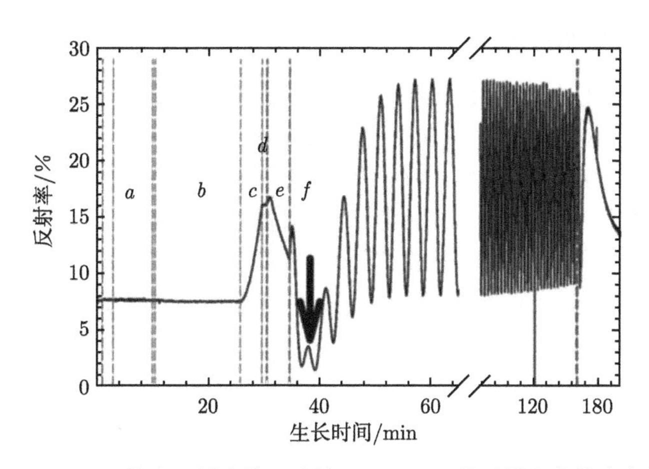

图 2-7 (0001) 蓝宝石衬底外延生长 5μm GaN 的反射率监控参考曲线

n-GaN 生长阶段：在高温 u-GaN 外延层基础上，继续生长 GaN 外延层，并通入一定量的 SiH_4 作为 n 型掺杂原子，形成 n-GaN。

量子阱生长阶段：对于生长 LED 等光辐射外延结构，需要生长量子阱，提高辐射复合效率。对于 GaN 基材料，由于 InGaN 的禁带宽度较 GaN 窄，通过调整铟 (In) 组分含量，可以轻松调整禁带宽度，因此一般采用 InGaN 作为多量子阱的阱层，GaN 或 AlGaN 作为垒层，可以实现从近紫外至绿光波段的光辐射。InGaN 三元材料中 In 的含量受外延温度影响明显，多通过调整量子阱的温度进行 In 含量或辐射波长的调节。同时，由于 In 对温度敏感，高温 In 掺入困难，外延温度过低，晶体质量变差，因此，多量子阱通常采用高低温生长方法，在略低的温度下生长 InGaN 阱层，升高温度生长势垒层。升温过程对量子阱亦有一定的破坏，势垒的生长温度不宜过高，同时还需要在升温生长势垒前，生长一薄层覆盖层对阱层进行保护，以获得高质量、高效率的量子阱结构。

p-GaN 生长阶段：量子阱外延生长结束之后，进行 p-GaN 层外延生长。p-GaN 一方面提供空穴，另一方面作为正极电极的接触层。作为空穴提供层，要求具有较高的空穴浓度和均匀的空穴分布。作为电极的接触层，需要有较低的接触电阻。p-GaN 材料一般用 Mg 作为掺杂原子。为不影响量子阱质量，p-GaN 的生长温度多控制在 1000°C以下，且多在 p-GaN 表面制作电极接触层，以降低接触电阻。由于 p-GaN 中 Mg 原子以 Mg—H 结合方式并入晶格，需要打断 Mg—H 键，对 p-GaN 进行激活。通常采用高温无氢气氛下热退火的方式处理，如在空气、N_2 或 O_2 中退火活化。GaN 基光辐射器件中，由于 p-GaN 中的空穴浓度较 n-GaN 中的电子浓度低，更难获得，一般会通过外延结构设计，提高电子和空穴在量子阱区域的复合效率，提升器件的性能。

2.2.3　横向外延生长技术

GaN 材料异质外延生长，位错密度较高。蓝宝石衬底外延生长 GaN，位错密度通常在 $10^8 cm^{-2}$ 以上。横向外延 (epitaxial lateral overgrowth, ELO) 技术，结合了 MOCVD、HVPE 等外延技术的选择性生长技术及外延生长的各向异性等特点，采用介质材料掩模的方式，阻断底层位错向外延层延伸，并在掩模上方横向外延生长合并，覆盖掩模，形成光滑外延层。横向外延技术可以有效降低 GaN 材料外延位错密度至 $10^7 cm^{-2}$ 以下。在 20 世纪 60 年代，就有 HVPE 外延生长各向异性的报道 [28]。在多种外延系统中，均用到了横向外延工艺降低位错密度，如 GaAs/Si。HVPE 中，用横向外延增加 GaAs 的生长速率制造重复使用的衬底 [29]。横向外延技术也在 Si 工艺中得到应用 [30]。对于激光二极管等器件，由于其工作电流密度高，位错影响其使用寿命，通常需要使用横向外延技术来降低外延层位错密度。基于横向外延技术的 GaN 基蓝光激光二极管，寿命达到 10000h 以上 [31]。一些 LED 及紫外探测器，为获得更好的性能，也使用该项技术。

选择区域外延 (selective area growth, SAG) 通常采用氧化硅或氮化硅等不适合外延材料生长且性质稳定的电介质材料作为掩模，在其上开窗口，暴露出衬底或底层外延层，在开窗口区域进行外延生长，外延结果取决于生长参数，如温度、压力、通入源的摩尔比例等。Kato 等 [32] 首次报道了 SAG 方式在蓝宝石上 MOCVD 外延生长 GaN，如图 2-8 所示，在外延生长的 GaN 层上沉积电介质掩模氮化硅，并开窗口，特定区域位置去除氮化硅，裸露出 GaN 层。继续外延生长，GaN 只在裸露区域生长，填充完窗口，横向外延开始，并形成晶面。除应用于横向外延技术方面，SAG 技术也可以应用于形成六边形的金字塔结构、六边形的微棱镜结构等 [33]。

图 2-8 SAG 方式外延生长 GaN[32]

外延生长的各向异性，与晶体的各个晶面的生长速率存在差异有关。研究各个晶面的生长变化，可以更好地解释晶体生长的各向异性现象。MOCVD 外延生长 GaN，生长温度较高，外延沉积是个动态过程，包括原子的沉积、表面迁移、分解及再结合等过程，原子或分子运动趋向于能量消耗最小的路径。

横向外延生长速率和各晶面的生长竞争取决于掩模开口位置的晶向和外延生长的工艺参数，包括温度、V/III比、压力、载气成分 (H_2、N_2)、掩模与开口的占空比 [34-37]。实验证实，开口晶面沿着 GaN 的 $\langle 1\bar{1}00\rangle$ 方向时，更易于 GaN 横向外延生长 [38]。表面形态随着温度的升高，条状的三角形逐渐转变成方条形，顶部为 (0001) 晶面。侧壁为 $(11\bar{2}0)$ 晶面 [35]。相反，当开口晶面沿着 GaN 的 $\langle 11\bar{2}0\rangle$ 方向时，由于晶面比较稳定，生长速率缓慢，不利于横向外延快速生长。沿 $\langle 1\bar{1}00\rangle$ 方向横向外延较沿 $\langle 11\bar{2}0\rangle$ 方向横向外延具有更快的外延生长速率 [34,39]。Hiramatsu 等 [37] 系统地研究了横向外延生长表面形貌与外延工艺条件及起始晶向的关系，如图 2-9 所示，在相同的压力 (80Torr) 下，随着温度的升高，(0001) 面变平滑，图形间隙缩窄，表明横向外延速率增加，至 1025℃，图形间隙闭合。随着温度继续升高，分解速率增大，图形间隙显露 (如 80Torr 和 1050℃)。在相同的温度下，随着压力的增加，图形趋于三角形生长。综上所述，在较高的温度和适当压力下，有利于横向外延生长。但是较高的温度下 GaN 的分解速率增加，因此需要适当地增加反应压力，降低 GaN 分解速率，或通入更多的 MO 源。通常采取升高温度并适当升高压力的方式来提高 GaN 的晶体质量。

外延生长条件中，载气 (H_2、N_2) 的通入比例也是影响横向外延的关键影响因素。相同温度和压力时，H_2 气氛下，GaN 的分解速率较 N_2 气氛增加，更容易使光滑表面，但横向生长速率降低；N_2 气氛下，与 H_2 的结果相反。调整 H_2/N_2 的比例，可有效影响横向外延生长 [40,41]。

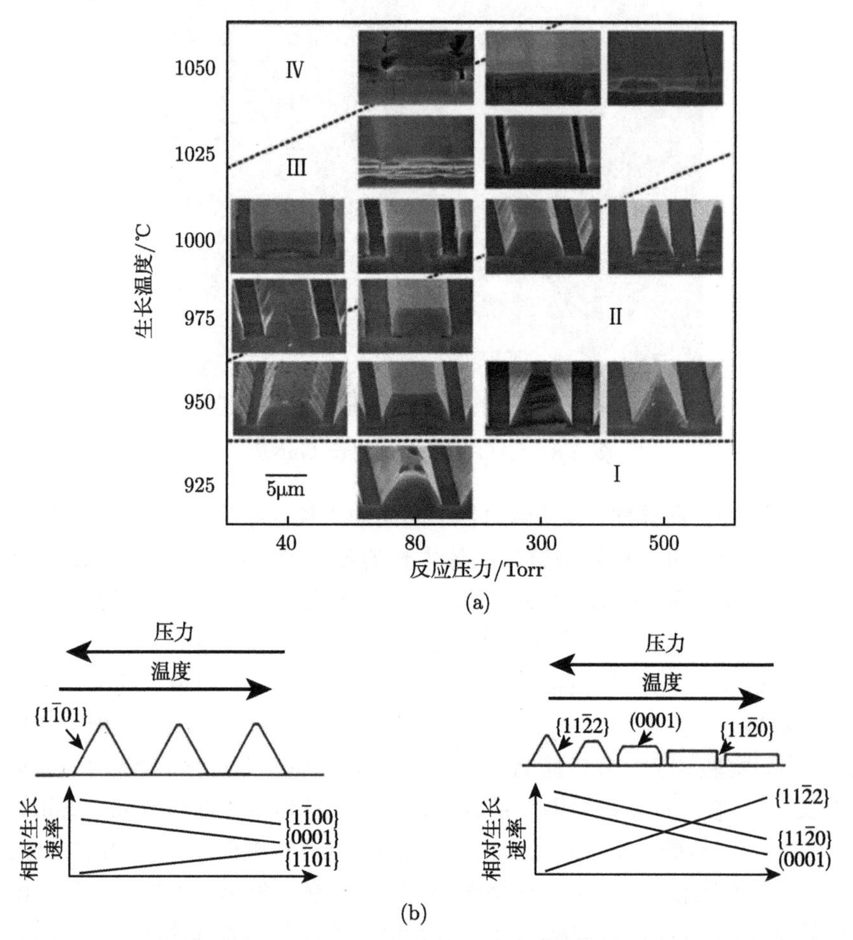

图 2-9　(a) 不同的温度和压力下，GaN 沿 ⟨1$\bar{1}$00⟩ 方向横向外延形貌 SEM 图；(b) GaN 横向外延形貌随温度和压力的变化 [37]

图 2-10 为 GaN 横向外延 TEM 剖面图 [42]，生长温度为 1120℃，生长厚度为

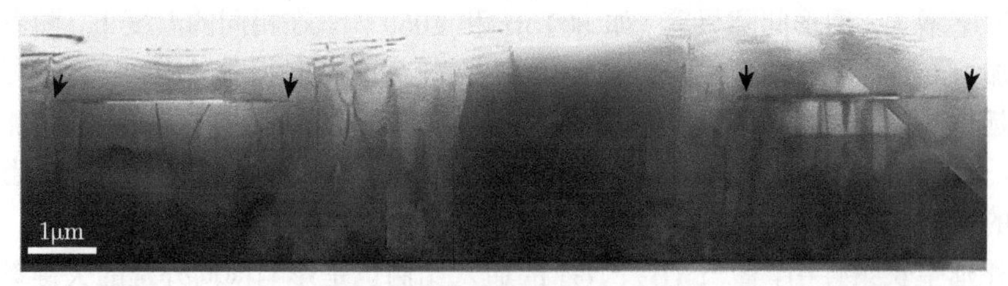

图 2-10　GaN 横向外延 TEM 剖面图，黑色箭头所指为掩模 [42]

1.75μm，掩模上方外延层完全闭合，并获得光滑外延表面。位错行为与预期一致，底部位错被掩模层阻断，掩模上方外延层位错密度明显降低。但低位错密度仅限于掩模上方区域，为此在一步横向外延技术基础上，可以进行多步横向外延，每次的掩模层位置彼此错开，可以将大部分位错阻断在底部外延层区域，降低位错对器件结构的影响。

2.2.4 图形化蓝宝石衬底 GaN 外延生长

平面蓝宝石衬底 (FSS) GaN 基 LED 外延出光效率低。对于蓝光波段，GaN 材料的折射率为 2.5，空气的折射率为 1，GaN 材料的折射率明显高于空气的折射率，光线从外延层出射至空气的过程中，临界角仅有 23°，大部分光线在外延层内发生多次全反射，最终被吸收并转化成热量，不仅降低了出光效率，同时，引起的热效应对 LED 的内量子效率、可靠性和寿命等也有不良影响。为解决平面蓝宝石衬底外延出光效率低的问题，可采用图形化蓝宝石衬底 (PSS)，即在蓝宝石衬底的外延生长面制作周期图形，破坏 GaN 外延材料和衬底的镜面接触面，PSS 图形散射光线，降低光线在 GaN 外延结构中的全反射概率，提高 LED 的出光效率，如图 2-11 所示。不同的 PSS 图形设计的出光效率存在差异，封装后比较，通常 PSS-LED 较 FSS-LED 输出光功率可提升 30%左右。

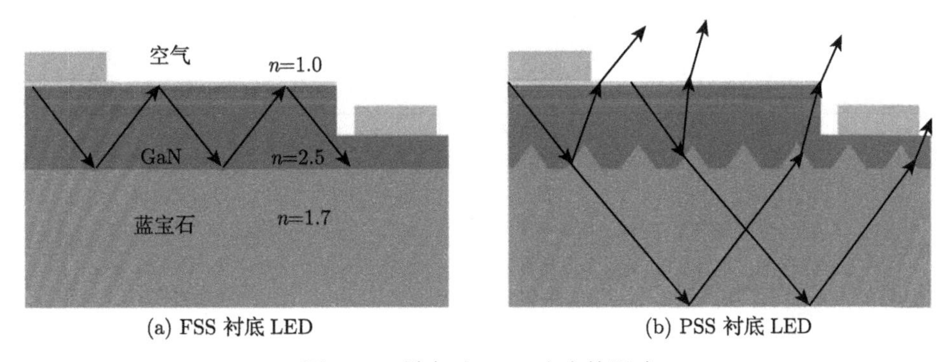

(a) FSS 衬底 LED (b) PSS 衬底 LED

图 2-11 衬底对 LED 出光的影响

PSS 图形一般为微米尺寸。近几年 PSS 尺寸规格变化可以归纳如下：

图形形状方面：2009 年前后，LED 产品中普遍存在圆柱形状、球冠形状、半球形状，以及湿法制作的典型三棱台形状等多种图形形状，至 2012 年以后，衬底图形逐步趋向于圆锥状 (剖面呈三角形，也有被称为三角形 PSS 衬底)，圆柱形基本被淘汰，湿法制备的典型三棱台形状也基本被淘汰。

图形周期方面：图形周期从 5~6μm 趋向于 3μm。图形的间距从 1~1.5μm 缩减至目前的 0.3μm。图形的占空比 (图形直径/间距) 方面：图形与间距之间的比值增加。图形高度方面：图形高度从 1.2μm、1.3μm 增加至 1.7~1.8μm。图形规格的变化趋势反映了两方面问题：一是工程方面，制作图形衬底的设备和工艺日益完善，制作间距小、深度深、周期小的图形等得以顺利实现；二是出光效率提升方面，在工程上可实现的范围内，众多衬底厂家技术趋于优化后的一致性，也就是目前市场主流的图形规格。表 2-1 给出了不同厂家 LED 产品的 PSS 规格参数。

表 2-1　不同厂家 LED 产品的 PSS 规格参数

序号	PSS 图形照片	图形规格	厂商代表
A		直径 4.4μm 间距 1.6μm 高度 1.2μm 周期 6.0μm	2009 年，以中国 E 公司为代表 的多家公司 柱状 PSS
B		直径 4.0μm 间距1.0μm 高度1.2μm 周期5.0μm	2009 年，以中国 E 公司为代表的多家公司 球冠状 PSS
C		直径 3.2μm 间距1.3μm 高度1.5μm 周期4.5μm	2009 年，中国 W 公司 半球状PSS
D		底边 3.8μm 间距1.4μm 高度 1.3μm 周期5.3μm	2009~2010 年 以中国G 公司为代表的多 家公司使用湿法制备的 典型三棱台形状PSS
E		直径 2.4μm 间距0.6μm 高度1.5μm 周期3.0μm	2010~2012 年 韩国、中国 均有使用 间距较大的圆锥状PSS
F		直径 2.6μm 间距 0.4μm 高度 1.6μm 周期3.0μm	2012~2014 年韩国、 中国均有使用 圆锥状 PSS，图形间距 缩小，图形高度增加
G		直径 2.7~2.8μm 间距0.2~0.3μm 高度1.7~1.8μm 周期3.0μm	2017~2018 年中国 广泛使用圆锥状 PSS， 图形间距进一步缩小， 图形高度进一步增加

目前市场上高效率 GaN 基 LED 外延广泛使用 PSS，PSS 外延技术应用了 SAG 和横向外延技术。外延生长条件与平面蓝宝石衬底 (FSS) 类似。

图 2-12 为 PSS MOCVD 外延生长 GaN 不同时间段的 SEM 俯视图 [29]。其中，图 2-12(a) 为外延生长之前 PSS 俯视图。图 2-12(b) 和 (c) 分别为 12min 和 24min PSS 上外延生长 GaN 状况。从图 2-12(b) 中看出，GaN 更易于从 PSS 图形间隙

的平坦区域的 c 面蓝宝石上生长，而 PSS 图形的侧壁及顶部较 c 面蓝宝石生长竞争处于劣势，外延沉积速率小于分解速率，导致图形侧壁及顶部 GaN 无法持续沉积生长。图 2-12(c) 中，图形间隙的 GaN 逐渐生长合并，向 2D 生长转变，并逐渐掩埋 PSS 图形。图 2-12(d) 中，GaN 外延层最终横向完全覆盖 PSS 图形，形成平整的 GaN 外延膜层。图 2-13 为 PSS 外延生长 GaN 的 TEM 剖面图，展示了 PSS 外

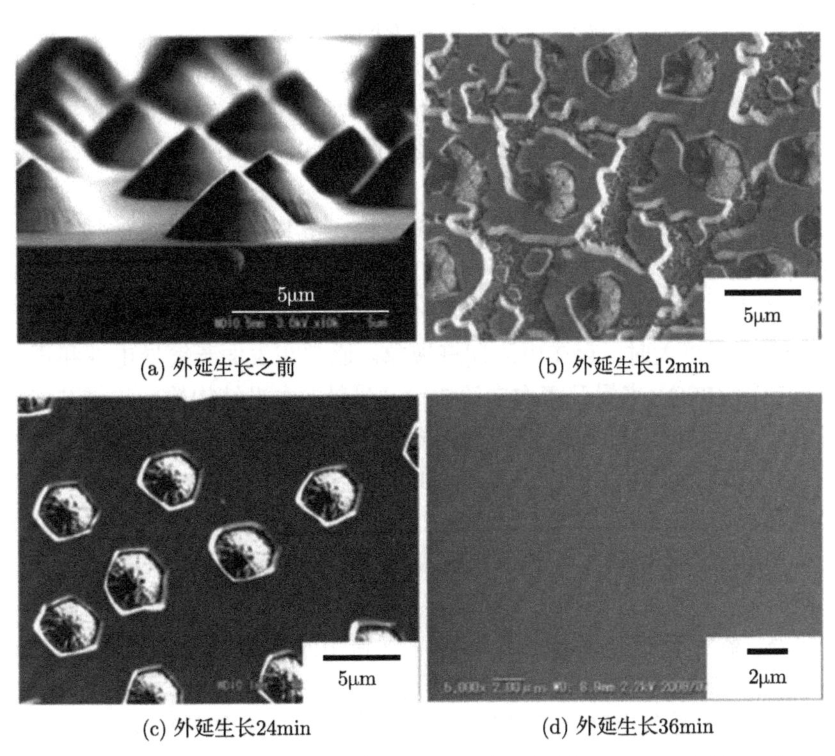

(a) 外延生长之前 (b) 外延生长12min

(c) 外延生长24min (d) 外延生长36min

图 2-12 PSS MOCVD 外延生长 GaN 不同时间段的 SEM 俯视图 [29]

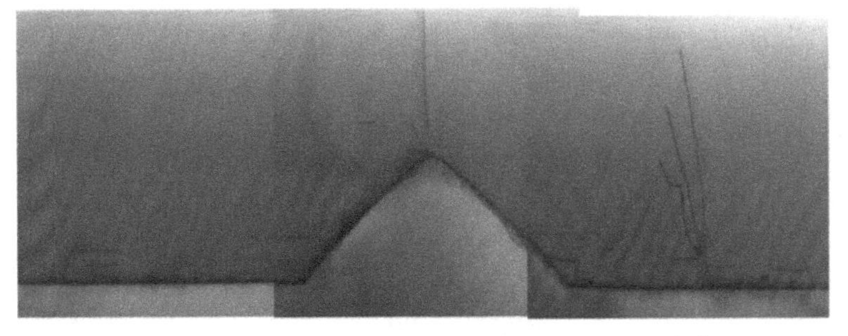

图 2-13 PSS 外延生长 GaN 的 TEM 剖面图 [29]

延生长 GaN 过程中的位错分布及位错变化。一些位错自 PSS 图形间隙的 c 面蓝宝石衬底与 GaN 界面产生，并折向 PSS 图形侧壁，最终湮灭消失，另一部分直接延伸至外延层内部。由于 PSS 图形侧壁未持续生长 GaN，无直接位错延伸至 GaN 膜层。一些位错产生自 PSS 图形顶部，GaN 外延层在 PSS 图形顶部合并生长过程中形成位错。

PSS 外延，GaN 生长起源于狭窄的图形间隙，可以认为这是一种 SAG 生长模式，GaN 层厚度增加并横向覆盖 PSS 图形，可以认为是横向外延模式。PSS 外延生长 GaN，结合了 SAG 和横向外延模式。在图形间隙区域，可以认为与 FSS 的位错密度相当，而图形区域的位错密度明显降低，PSS 外延晶体质量较 FSS 有明显提升。

目前 LED 的芯片结构主要分为水平结构、倒装结构、垂直结构。水平结构 LED 芯片如图 2-14(a) 所示，其工艺相对简单，也是最早常用的芯片结构。该芯片结构的特点是正负电极制作在芯片的同侧，电流横向流动，电流密度分布不均。特别是在电流密度较大时，存在电流拥挤现象。通常在表面蒸镀导电性和透明性较好的氧化铟锡 (ITO) 来提升表面电流扩展。另外，水平结构的 p-n 结热量通过蓝宝石衬底导出，而蓝宝石导热系数比金属要差，导致 LED 芯片热阻较大，所以水平结构 LED 芯片通常以 5mil×8mil，7mil×9mil，9mil×12mil (1mil = 25.4μm) 等小功率尺寸芯片为主。倒装结构 LED 芯片如图 2-14(b) 所示，是在水平结构的基础上，将水平结构芯片倒置在导热系数较高的基板上 (如陶瓷基板)，使得光线从蓝宝石一侧出射。这种芯片结构由于基板有更高的热导率，器件的散热能力将极大地提升。此外，蓝宝石的折射率比 GaN 低，使得出光界面由 GaN/空气结构变为蓝宝石/空气，全发射角度变大，从而提升了芯片的光提取效率。虽然倒装结构芯片可以改善 LED 散热与出光全反射角，但是该结构同样采取同侧电极结构，电流拥挤现象依然存在，而且其工艺难度比水平结构要更大一些。垂直结构 LED 芯片如图 2-14(c) 所示，该结构的主要特点是将外延和蓝宝石衬底分离，键合到另外一个导

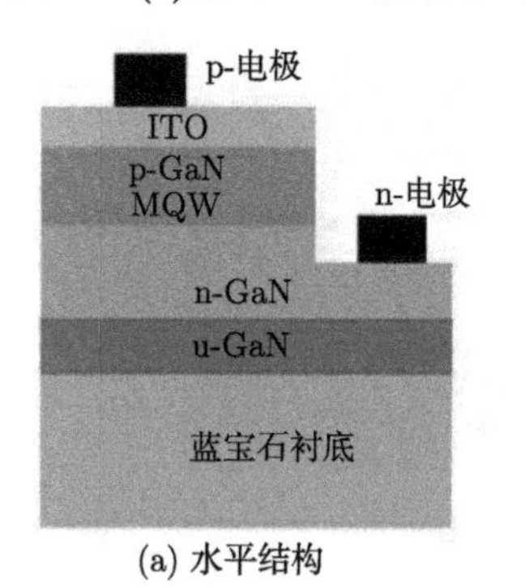

(a) 水平结构

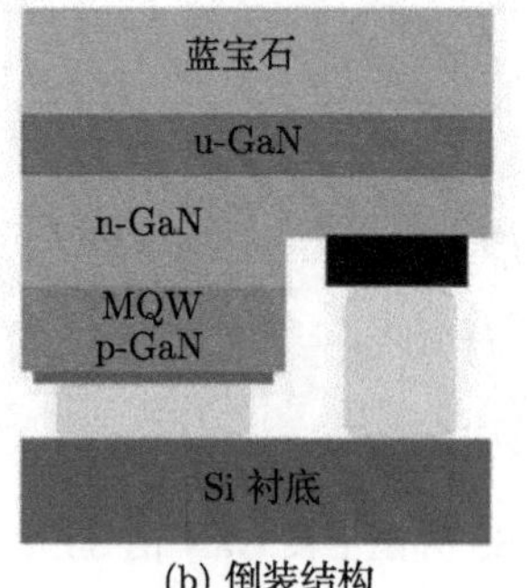

(b) 倒装结构

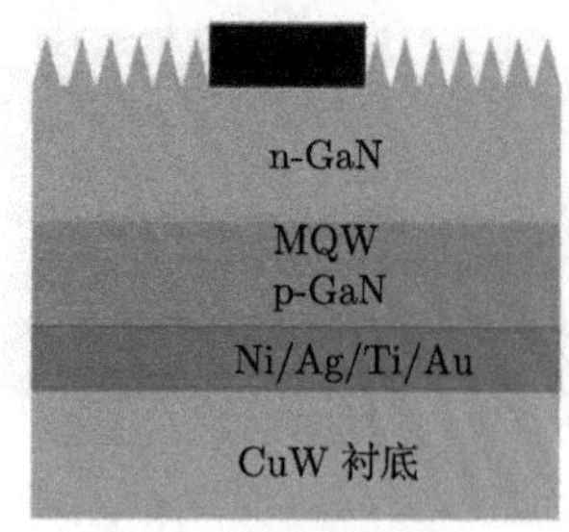

(c) 垂直结构

图 2-14　常见 LED 结构图

热性更好的衬底上，电极被置于芯片的上下两侧，非出光面的衬底整面都可以当作电极。垂直结构芯片克服了水平结构和倒装结构芯片的电流拥堵和散热等问题，常用于制作 40mil×40mil、65mil×65mil 等大尺寸芯片，并应用于大功率、高亮度领域。

2.2.5 半极性与非极性 GaN 外延生长

2014 年诺贝尔物理学奖颁给了日本科学家赤崎勇、天野浩和美籍日裔科学家中村修二，以表彰他们发明了蓝色发光二极管 (LED)，及因此带来的新型节能光源。氮化III族化合物半导体取得了较大成功，但尚存在一些问题需要解决。c 面蓝宝石衬底外延生长的 GaN 为极性材料，存在一些与极性相关的问题，如量子效率降低，大电流密度下效率随电流密度增大而降低，绿光和黄光辐射难获得等。外延生长半极性或非极性的 GaN 材料，可降低或消除量子阱结构的内建电场，被认为是解决此类问题的有效途径。GaN 的 a 面 $(11\bar{2}0)$ 及 m 面 $(10\bar{1}0)$ 称为非极性面，与 c 面 GaN 垂直，电场完全消失，无极化效应。极性面和非极性面之间不同角度的晶面，称为半极性面，如 $(11\bar{2}2)$ 面和 $(20\bar{2}1)$ 面，内建电场随着半极性面与非极性面夹角的减小而减小。图 2-15 展示了一些 GaN 材料的典型晶

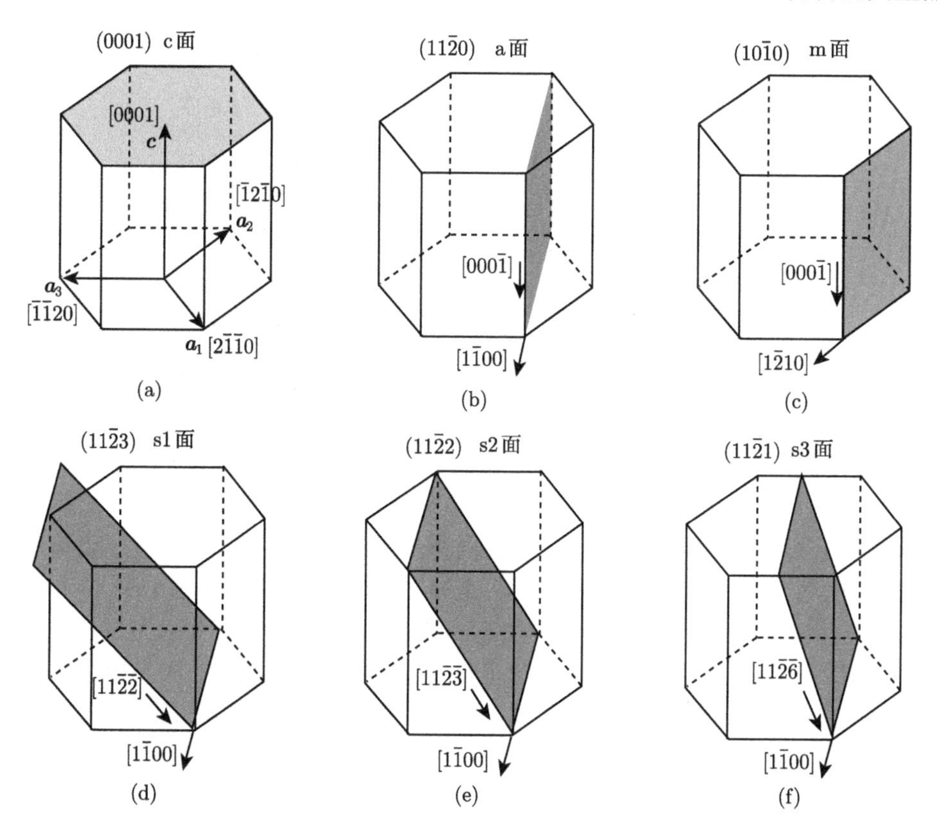

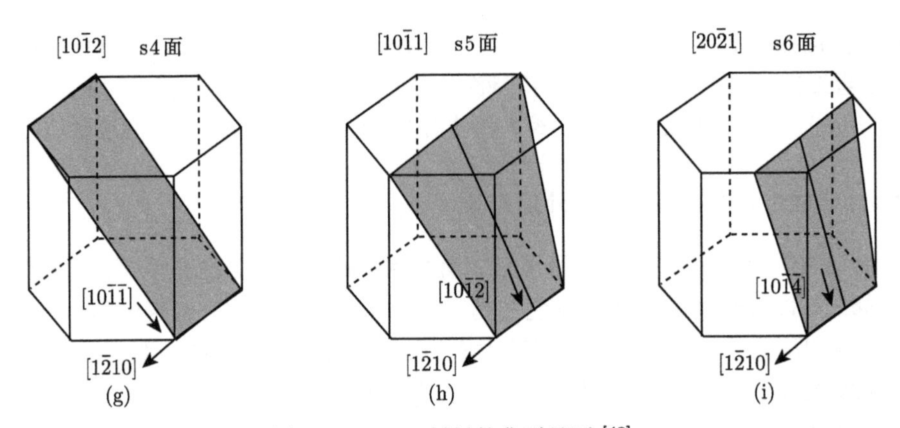

图 2-15　GaN 材料的典型晶面 [43]

面 [43]。InGaN 层在不同的晶面中，不同 In 组分对应的极化强度的关系如图 2-16 所示。

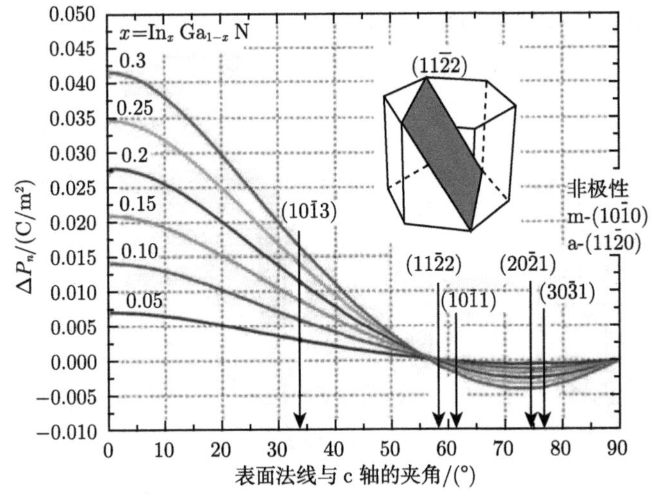

图 2-16　不同 In 组分，InGaN 极化强度与半极性面角度的关系 [44]

GaN 的非极性和半极性面可以通过多种方法获得。最直接的方式就是制作 GaN 的单晶体材料，然后按照需要的晶面角度进行切割，有一些研究小组验证了该方法 [45-49]。这种 GaN 体材料，大多是通过 HVPE 或热氨方法沿着 ⟨0001⟩ 方向生长获得。为获得非极性或半极性的 GaN，需要垂直于外延生长方向切割，即便采用 HVPE 这种较快的外延生长速率设备，也很难获得大尺寸的半极性或非极性 GaN，并且还需要解决外延生长厚度增加伴随的应力等问题。因此，还需要在异质外延生长非极性和半极性 GaN，更容易获得大尺寸外延。在过去的十几年中，在大量的衬底材料和不同的衬底晶面上尝试过异质外延生长非极性和半极性 GaN

材料，如蓝宝石衬底、硅衬底、SiC 衬底、尖晶石衬底、$LiAlO_2$ 衬底，以及这些衬底的不同晶面，列举主要部分如图 2-17 所示 [50]。

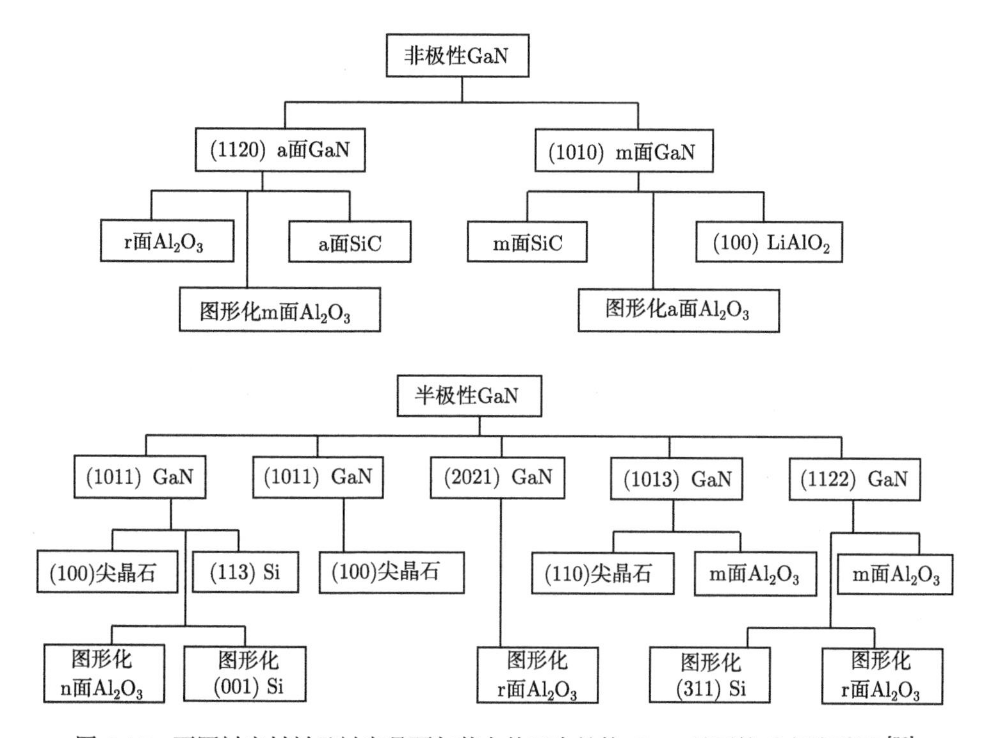

图 2-17 不同衬底材料及衬底晶面与其上外延生长的 GaN 晶面的对应关系图 [50]

图形衬底被证实可以异质外延生长非极性和半极性的 GaN。条形图形衬底，不同倾角对应衬底的不同晶向，调整裸露的衬底图形角度，可以对应地生长出不同晶面的 GaN 外延，同时该方法应用了横向外延方式，有助于降低位错密度 [50]。图 2-18 为在平面衬底和条形图形衬底上外延生长非极性和半极性 GaN 示意图。在 r 面蓝宝石衬底上，制作微米级宽度的掩模，通过干法刻蚀的方式制作条形图形衬底。100nm 厚度的 SiO_2 层沉积在表面，阻止 GaN 沿顶部生长。GaN 在平行于 c 面的刻蚀侧壁成核，并沿 c 方向持续外延生长，外延层合并后，获得 $(10\bar{1}1)$ 晶面 GaN。这种方法最先由 Tadatomo、Okada 等 [51,52] 和 Kato、Sawaki 等 [53,54] 提出，并在多种图形及硅衬底中得到验证。通过调整掩模改变衬底的图形角度，可以获得多种 GaN 的晶面，例如，在 a 面 PSS 上外延获得 m 面的 GaN 外延层，在 m 面和 c 面 PSS 上获得 a 面 GaN 外延层，$(11\bar{2}3)$ 蓝宝石衬底上生长 $(10\bar{1}1)$ 面 GaN，$(10\bar{1}2)$ 蓝宝石衬底上生长 $(20\bar{2}1)$ 和 $(10\bar{1}3)$ 面 GaN 等。以上所列只是其中的一部分，更多的衬底及不同的图形晶向上生长不同晶面的 GaN 有待发现。

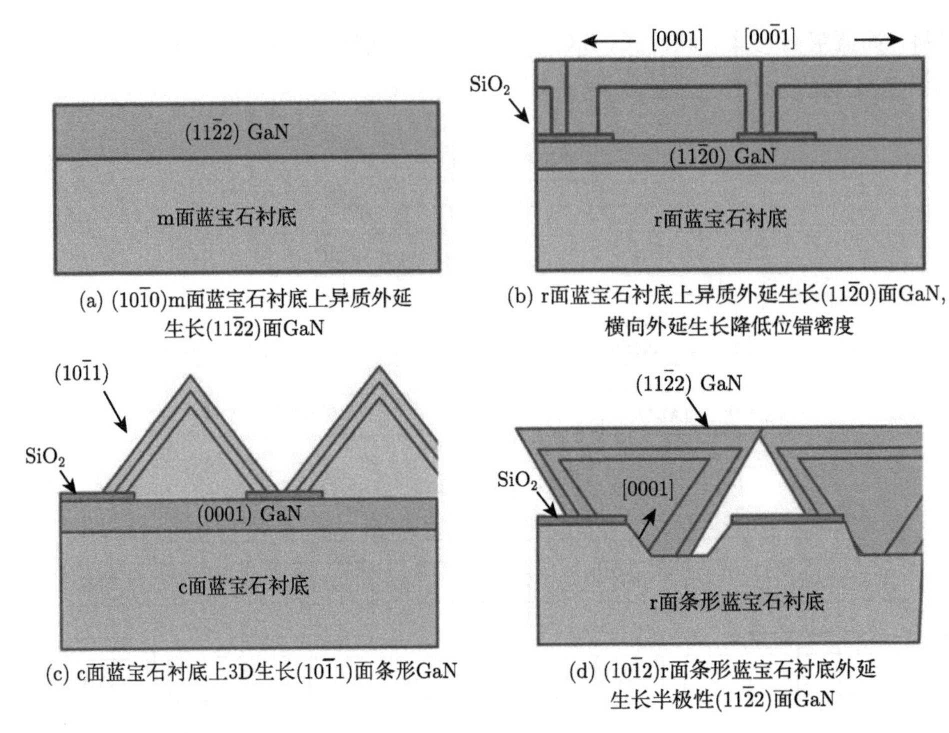

(a) (10$\bar{1}$0)m面蓝宝石衬底上异质外延生长(11$\bar{2}$2)面GaN

(b) r面蓝宝石衬底上异质外延生长(11$\bar{2}$0)面GaN，横向外延生长降低位错密度

(c) c面蓝宝石衬底上3D生长(10$\bar{1}$1)面条形GaN

(d) (10$\bar{1}$2)r面条形蓝宝石衬底外延生长半极性(11$\bar{2}$2)面GaN

图 2-18　图形衬底上外延生长非极性和半极性 GaN 示意图

参 考 文 献

[1] Cho A Y, Arthur J R. Molecular beam epitaxy[J]. Progress in Solid State Chemistry, 1975, 10(3): 157-191.

[2] 吴振辉, 黄炳忠. 分子束外延 [J]. 物理, 1980, 9(5): 467-471.

[3] Pankove J I, Nelson H, Tietjen J J, et al. $GaAs_{1-x}$ Pxinjection lasers[J]. IEEE Transactions on Electron Devices, 1967, 14(9): 630.

[4] Molnar R J, Götz W,Romano L T, et al. Growth of GaN by hydride vapor-phase epitaxy [J]. Journal of Crystal Growth, 1997, 178: 147-156.

[5] Ishibashi A, Kidoguchi I, Sugahara G, et al. High-quality GaN films obtained by air-bridged lateral epitaxial growth[J]. Journal of Crystal Growth, 2000, 221(1): 338-344.

[6] Laroche J R, Luo B, Ren F, et al. GaN/AlGaN HEMTs grown by hydride vapor phase epitaxy on AlN/SiC substrates[J]. Solid State Electronics, 2004, 48(1): 193-196.

[7] Paskova T, Darakchieva V, Valcheva E, et al. Hydride vapor-phase epitaxial GaN thick films for quasi-substrate applications: Strain distribution and wafer bending[J]. Journal of Electronic Materials, 2004, 33(5): 389-394.

[8] Molnar R J, Gtz W, Romano L T, et al. Growth of gallium nitride by hydride vapor phase epitaxy[J]. Journal of Crystal Growth, 1997, 178(1): 147-156.

[9] https://www.aixtron.com.

[10] 李晴飞. 黄绿光 InGaN/GaN 量子阱的能带调控和发光特性 [D]. 厦门: 厦门大学, 2014.

[11] 杨德超. 利用 SiN 插入层和新型图形化蓝宝石衬底提高 GaN 外延层质量的相关研究 [D]. 长春: 吉林大学, 2013.

[12] Shubert E F. Light-Emitting Diodes[M]. New York: Cambridge University Press, 2003.

[13] Grzegory I, Porowski S. GaN substrates for molecular beam epitaxy growth of homoepitaxial structures[J]. Thin Solid Films, 2000, 367(1): 281-289.

[14] Nakamura S. GaN growth using GaN buffer layer[J]. Japanese Journal of Applied Physics, 1991, 30(10A): L1705-L1707.

[15] Akasaki I , Amano H , Koide Y , et al. Effects of ain buffer layer on crystallographic structure and on electrical and optical properties of GaN and $Ga_{1-x}Al_xN$ ($0 < x \leqslant 0.4$) films grown on sapphire substrate by MOVPE[J]. Journal of Crystal Growth, 1989, 98(1-2): 209-219.

[16] Amano H , Sawaki N , Akasaki I , et al. Metalorganic vapor phase epitaxial growth of a high quality GaN film using an AlN buffer layer[J]. Applied Physics Letters, 1986, 48(5): 353.

[17] Ambacher O. Growth and applications of Group III-nitrides[J]. Journal of Physics D, 1998, 31(20): 2653.

[18] Morkoc H.Comprehensive characterization of hydride VPE grown GaN layers and templates[J]. Materials Science & Engineering R, 2001, 33(5): 135-207.

[19] Haffouz S, Kirilyuk V, Hageman P R, et al. Improvement of the optical properties of metalorganic chemical vapor deposition grown GaN on sapphire by an in situ SiN treatment[J]. Applied Physics Letters, 2001, 79(15): 2390-2392.

[20] Kuball M, Benyoucef M, Beaumont B, et al. Raman mapping of epitaxial lateral overgrown GaN: Stress at the coalescence boundary[J]. Journal of Applied Physics, 2001, 90(7): 3656-3658.

[21] Uchida K, Watanabe A, Yano F, et al. Nitridation process of sapphire substrate surface and its effect on the growth of GaN[J]. Journal of Applied Physics, 1996, 79(7): 3487-3491.

[22] Tokuda T, Wakahara A, Noda S, et al. Substrate nitridation effect and low temperature growth of GaN on sapphire (0 0 0 1) by plasma-excited organometallic vapor-phase epitaxy[J]. Journal of Crystal Growth, 1998, 183(183): 62-68.

[23] Kim K S, Lim K Y, Lee H J. The effects of nitridation on properties of GaN grown on sapphire substrate by metal-organic chemical vapour deposition[J]. Semiconductor Science & Technology, 1999, 14(14): 557.

[24] Keller S , Keller B P . Influence of sapphire nitridation on properties of gallium nitride grown by metalorganic[J]. Applied Physics Letters, 1996, 68(11): 1525-1527.

[25] van der Stricht W, Moerman I, Demeester P, et al. Study of GaN films grown by metalorganic chemical vapour deposition[J]. Journal of Crystal Growth, 1997, 170(1-4): 344-348.

[26] Vennegues P, Beaumont B, Vaille M, et al. Microstructure of GaN epitaxial films at different stages of the growth process on sapphire (0 0 0 1)[J]. Journal of Crystal Growth, 1997, 173(3): 249-259.

[27] Wu X H , Fini P , Keller S , et al. Morphological and structural transitions in GaN films grown on sapphire by metal-organic chemical vapor deposition[J]. Japanese Journal of Applied Physics, 1996, 35(Part 2, No. 12B): L1648-L1651.

[28] Shaw D W. Selective epitaxial deposition of gallium arsenide in holes[J]. Journal of the Electrochemical Society, 1996, 113(9): 904.

[29] Okada N , Murata T , Tadatomo K , et al. Growth of GaN layer and characterization of light-emitting diode using random-cone patterned sapphire substrate[J]. Japanese Journal of Applied Physics, 2009, 48(12): 122103.

[30] Jastrzebski L. SOI by CVD: Epitaxial lateral overgrowth (ELO) process—review[J]. Journal of Crystal Growth, 1983, 63(3): 493-526.

[31] Nakamura S, Senoh M, Nagahama S I, et al. Present status of InGaN/GaN/AlGaN-based laser diodes[J]. Journal of Crystal Growth, 1998, 189-190(11): 820-825.

[32] Hikosaka T, Narita T, Honda Y, et al. Optical and electrical properties of (1-101)GaN grown on a 7 degrees off-axis (001)Si substrate[J]. Applied Physics Letters, 2004, 84(23): 4717-4719.

[33] Akasaka T, Kobayashi Y, Ando S, et al. GaN hexagonal microprisms with smooth vertical facets fabricated by selective metalorganic vapor phase epitaxy[J]. Applied Physics Letters, 1997, 71(15): 2196-2198.

[34] Dupuis R D, Park J, Grudowski P A, et al. Selective-area and lateral epitaxial overgrowth of III-N materials by metalorganic chemical vapor deposition[J]. Applied Physics Letters, 1998, 73(3): 333-335.

[35] Nam O H, Zheleva T S, Bremser M D, et al. Lateral epitaxial overgrowth of GaN films on SiO_2 areas via metalorganic vapor phase epitaxy[J]. Journal of Electronic Materials, 1998, 27(4): 233-237.

[36] Marchand H, Ibbetson J P, Fini P T, et al. Atomic force microscopy observation of threading dislocation density reduction in lateral epitaxial overgrowth of gallium nitride by MOCVD[J]. Materials Research Society Internet Journal of Nitride Semiconductor Research, 1998, 3(3-4): 64.

[37] Hiramatsu K, Nishiyama K, Motogaito A, et al. Recent progress in selective area growth and epitaxial lateral overgrowth of III-nitrides: Effects of reactor pressure in

MOVPE growth[J]. Physica Status Solidi A, 1999, 176(1): 535-543.

[38] Kapolnek D, Keller S, Vetury R, et al. Anisotropic epitaxial lateral growth in GaN selective area epitaxy[J]. Applied Physics Letters, 1997, 71(9): 1204-1206.

[39] Nam O H, Bremser M D, Ward B, et al. Growth of GaN and $Al_{0.2}Ga_{0.8}N$ on patterened substrates via organometallic vapor phase epitaxy[J]. Japanese Journal of Applied Physics, 1997, 36(Part 2, No. 5A): L532-L535.

[40] Kawaguchi Y, Nambu S, Yamaguchi M, et al. Influence of ambient gas on the epitaxial lateral overgrowth of GaN by metalorganic vapor phase Epitaxy[J]. Physica Status Solidi A, 1999, 176(1): 561-565.

[41] Kawaguchi Y, Nambu S, Sone H, et al. Selective area growth (SAG) and epitaxial lateral overgrowth (Elo) of GaN using tungsten mask[J]. MRS Proceedings, 1998, 537: G4.1.

[42] Vennégués P, Beaumont B, Bousquet V, et al. Reduction mechanisms for defect densities in GaN using one- or two-step epitaxial lateral overgrowth methods[J]. Journal of Applied Physics, 2000, 87(9): 4175-4181.

[43] Romanov A E, Young E C, Wu F, et al. Basal plane misfit dislocations and stress relaxation in III-nitride semipolar heteroepitaxy[J]. Journal of Applied Physics, 2011, 109(10): 103522.

[44] Northrup J E. GaN and InGaN(112_2) surfaces: Group-III adlayers and indium incorporation[J]. Applied Physics Letters, 2009, 95(13): L659-L667.

[45] Paskova T, Evans K R. GaN substrates—progress, status, and prospects[J]. IEEE Journal of Selected Topics in Quantum Electronics, 2009, 15(4): 1041-1052.

[46] Fujito K, Kubo S, Fujimura I. Development of bulk GaN crystals and nonpolar/semipolar substrates by HVPE[J]. MRS Bulletin, 2009(34): 313-317.

[47] Motoki K, Okahisa T, Matsumoto N, et al, Preparation of large freestanding GaN substrates by hydride vapor phase epitaxy, using GaAs as a starting substrate[J]. Japanese Journal of Applied Physics, 2014, 40(2B): L140-L143.

[48] Motoki K, Okahisa T, Nakahata S, et al. Growth and characterization of freestanding GaN substrates[J]. Journal of Crystal Growth, 2002, 237(1):912-921.

[49] Kucharski R, Zając M, Doradziński R, et al. Non-polar and semi-polar ammonothermal GaN substrates[J]. Semiconductor Science & Technology, 2012, 27(2): 024007.

[50] Seong T Y, Han J, Amano H, et al. III-Nitride Based Light Emitting Diodes and Applications[M]. Amsterdam: Springer Netherlands, 2013.

[51] Okada N, Tadatomo K. Characterization and growth mechanism of nonpolar and semipolar GaN layers grown on patterned sapphire substrates[J]. Semiconductor Science & Technology, 2012, 27(2): 024003.

[52] Okada N, Oshita H, Yamane K, et al. High-quality {20-21} GaN layers on patterned sapphire substrate with wide-terrace[J]. Applied Physics Letters, 2011, 99(24): 082101.

[53] Kato T, Honda Y, Yamaguchi M, et al. Fabrication of GaN/AlGaN heterostructures on a (111)Si substrate by selective MOVPE[J]. Journal of Crystal Growth, 2002, 237(1): 1099-1103.

[54] Sawaki N, Hikosaka T, Koide N, et al. Growth and properties of semi-polar GaN on a patterned silicon substrate[J]. Journal of Crystal Growth, 2009, 311(10): 2867-2874.

第3章　刻蚀技术

在微细及纳米加工技术中，刻蚀是指从样品表面选择性地去除某一厚度，以形成具有特定结构的材料样式。在半导体器件流片等工艺过程中，微细加工刻蚀技术通常结合光刻步骤，从而刻蚀掉未受抗蚀胶保护的薄膜区域。其主要工艺流程如图 3-1 所示，在刻蚀完成后需使用去胶液清洗残余光刻胶。

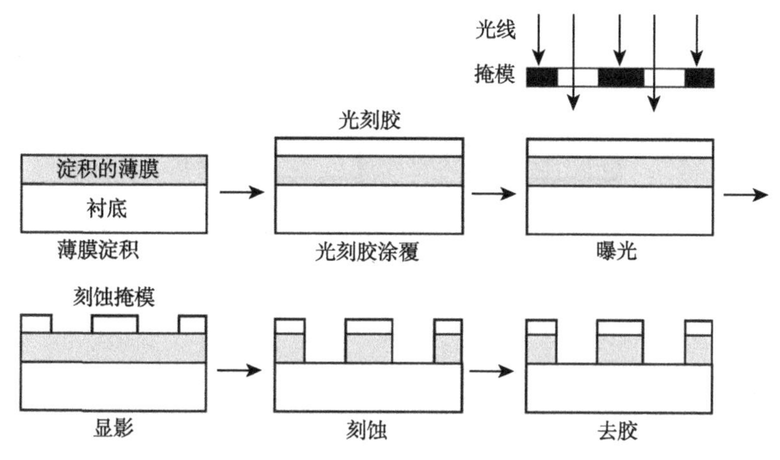

图 3-1　基本光刻–刻蚀工艺流程

微细加工中对刻蚀的主要技术要求如下所述。

(1) **刻蚀速率**　即单位时间刻蚀多少厚度的薄膜物质，高生产效率的需求往往需要较高的刻蚀速率。

(2) **刻蚀的选择性**　刻蚀过程要求去除光刻胶掩模开孔底部薄膜材料，同时要求尽可能避开未开口区域，即光刻胶保护层底部薄膜不受损伤 (这也与光刻效果有关)。对光刻胶底层物质的刻蚀通常称为钻刻，而暴露在光刻胶掩模窗口以内的待刻薄膜物质与上层保护光刻胶在刻蚀过程中的厚度减薄速度比称为刻蚀选择比。若对薄膜的刻蚀深度需求较大，则往往需要更厚的光刻胶保护，但较厚的光刻胶会造成旋涂不均匀、曝光显影效果差等问题，因而此时需要额外淀积其他更抗蚀的材料进行保护。

刻蚀的选择性对于确定合理的刻蚀工艺具有重大意义：首先，选择性决定了在一定光刻胶厚度下待刻蚀薄膜材料的最大刻蚀深度，以确保在刻蚀进程中作为刻蚀掩模的抗蚀胶层不被剥离，即选择比决定了达到一定刻蚀深度的最小抗蚀胶层厚度；其次，一般的刻蚀工艺规范都具有“过度”刻蚀的特点，以确保刻蚀过程能够完整地去除掩模窗口以下的薄膜物质并形成所需的微细结构，因而被刻蚀薄膜下面的衬底或者其他薄膜材料便会在刻蚀进程后期受到腐蚀，这样刻蚀工艺还要求对于衬底或其他下层薄膜物质具有选择性。

(3) **刻蚀的均匀性**　这一要求意味着光刻胶窗口所在部位下层的薄膜要有相同的刻蚀速率和刻蚀深度。刻蚀工艺均匀性的重要性不言而喻，在很大程度上决定了微细加工图形的质量。

(4) **刻蚀的方向性或各向异性**　理想的光刻以后的刻蚀过程希望是单方向、垂直向下的纵向刻蚀，即希望它是如图 3-2 所示的各向异性的。

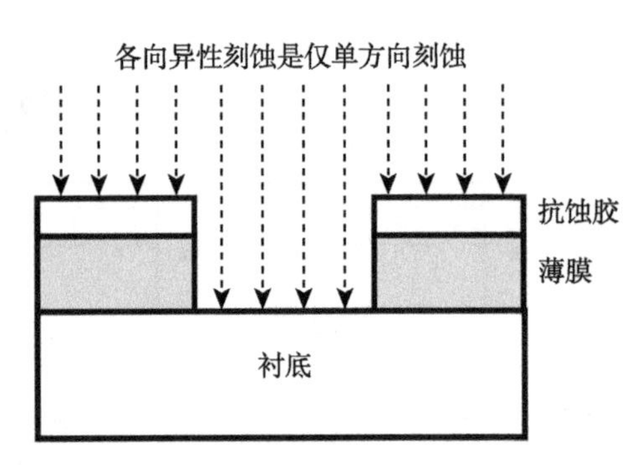

图 3-2　各向异性 (单纯纵向) 刻蚀示意图

但实际的刻蚀结果不仅仅是垂直于基片表面方向的、纵向的单向腐蚀 (R_V)，往往还伴有横向的腐蚀 (R_L)。各向同性腐蚀表现为在纵向和横向方向的刻蚀速率一样。图 3-3 是一个化学溶液湿法腐蚀硅产生的最终形貌示意图，可以看出抗蚀胶覆盖部分的下层氧化物也受到了刻蚀，这种横向的腐蚀造成了刻蚀工艺中的误差。因此，刻蚀的方向性也限制了刻蚀工艺能够形成的最小的沟槽微细结构的宽度或者说限制了刻蚀的分辨率。

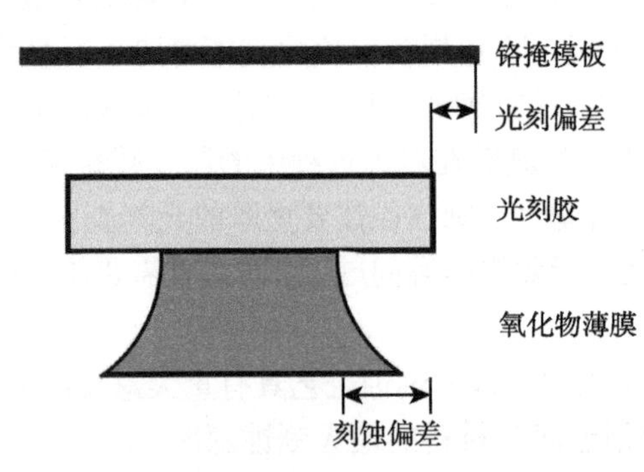

图 3-3　化学溶液湿法腐蚀硅产生的最终形貌示意图

刻蚀的各向异性性能可以用刻蚀速率的各向异性指数 A 来表示:

$$A = 1 - R_{\mathrm{L}}/R_{\mathrm{V}}$$

式中，R_{L} 和 R_{V} 分别代表横向和纵向的刻蚀速率。一般来说，刻蚀时不理想的各向同性是一个不利的因素，其横向刻蚀作用会造成钻刻和蚀刻等的偏差。而一般的光刻工艺中，理想的无偏差的刻蚀要求单纯的纵向单向腐蚀，即各向异性系数 $A = 1$。$A = 0$ 则意味着横向的刻蚀达到了与纵向刻蚀同等的地步，在某些领域也会体现出较大的应用价值。

(5) **分辨率和纵横比** 刻蚀过程的分辨率是受刻蚀的均匀性、选择性和各向异性等因素综合限制的。它决定了通过刻蚀过程能够形成的微细结构的最小特征尺度。纵横比是指刻蚀工艺能够形成的沟槽形微细结构的最大深度/宽度比值。显然横向刻蚀问题限制了刻蚀工艺能够实现的最大沟槽结构的纵横比参数，而刻蚀的纵横比同样受限于刻蚀进程的均匀性、选择性和各向异性等因素。干法刻蚀一般具有优于传统湿法刻蚀的分辨率和纵横比。

3.1 湿法 (化学/电化学) 刻蚀

湿法刻蚀是指使用含有化学腐蚀剂的溶液通过腐蚀和溶解作用去除暴露在抗蚀胶窗口位置的薄膜材料，一般希望抗蚀胶及被覆盖的衬底或其他下层薄膜物质大体不受刻蚀影响，而且在腐蚀过程中的化学反应生成物应当能够溶解于腐蚀液或者以气体形式逸出。湿法刻蚀有以下两点需要注意:

饱和效应 当刻蚀形成的结构包含精细的沟道或空腔时，该局部位置处溶液会变得不易流通，从而导致腐蚀溶液很快发生饱和。这一饱和效应导致了精细结构的形成速率非常缓慢，这时必须使用超声波或者通过搅拌等方式更新或加快刻蚀位置溶液的流动。

气泡 当溶解过程有气态的反应生成物时，还会出现气泡并黏附在样品表面阻碍进一步腐蚀或造成待腐蚀薄膜破碎，加适当功率的超声波同样能够搅动溶液从而减小气泡的附着。

3.1.1 化学刻蚀

所谓化学湿法刻蚀是指不需要额外引入电压、磁场等条件，仅在常温或高温环境下便可顺利进行化学反应的湿法腐蚀。对于常见的金属、绝缘体或者电介质材料，主要有如下对应的湿法腐蚀溶剂。

1. SiO_2/Si_3N_4 腐蚀

通常使用稀释的氢氟酸 (HF) 溶液来腐蚀 SiO_2，腐蚀液的组分配方为 H_2O:HF= 6:1 或 10:1 或 20:1(体积比)，从而实现不同速率的有效刻蚀。体积比为 6:1 的溶液对热氧化形成的 SiO_2 薄膜的腐蚀速率约为 120nm/min。HF 对硅材料腐蚀的化学反应为

$$SiO_2 + 6HF \longrightarrow H_2 + SiF_6 + 2H_2O \tag{3-1}$$

需要注意，HF 腐蚀液对 SiO_2 与 Si 材料有很高的选择腐蚀比，约为 100:1，并且在腐蚀过程中常常需要加入一些氟化铵溶液，利用它分解时产生的 HF 来补充刻蚀时 HF 的消耗。

另外一种重要的薄膜材料 —— 氮化硅 (Si_3N_4) 也可以使用 HF 来刻蚀，但在室温下刻蚀速率较低，例如，使用 HF 浓度为 20:1(体积比) 的缓冲 HF 腐蚀液，腐蚀速率仅为 1nm/min。而在 140~200℃ (沸腾状态) 下使用磷酸 (H_3PO_4) 作腐蚀剂可以达到更高的腐蚀速率。

2. Si 的腐蚀及 Ag 诱导腐蚀 Si 纳米线

Si 的湿法腐蚀普遍使用 HNO_3、HF 和醋酸 (限制硝酸的离解) 的混合液作为腐蚀剂。整体腐蚀包含了两个过程，首先是强氧化剂 HNO_3 使 Si 氧化，其次是 HF 腐蚀掉生成的 SiO_2，氧化与腐蚀过程几乎同时进行，最终可以实现非常高速的有效刻蚀。整体化学反应：

$$Si + HNO_3 + 6HF \longrightarrow H_2 + H_2SiF_6 + H_2O + HNO_2 \tag{3-2}$$

实际的刻蚀工艺中通常加入缓冲剂，以使腐蚀溶液在长时间的使用中能够保持最大的腐蚀能力。例如，上述的 SiO_2 膜和 Si 的腐蚀液中，常常加入氟化铵来防止氧化物材料在腐蚀过程中氟离子被耗尽，通过如下离解反应保持 HF 的浓度：

$$NH_4F \longrightarrow NH_3 + HF \tag{3-3}$$

因而这种缓冲剂通常称为缓冲氢氟酸，刻蚀过程称为缓冲氧化物刻蚀 (buffered oxide etching, BOE)。添加缓冲剂氟化铵后还能降低抗蚀胶的腐蚀速率，通过控制腐蚀溶液的 pH，使氧化刻蚀过程中抗蚀胶的剥离程度降到最低。

在微机械等需要形成特殊腐蚀沟槽结构时，常常利用晶态 Si 的强烈各向异性或定向腐蚀的性能。Si 本身是各向异性的晶体，其不同的晶面取向具有不同的腐蚀性能。很多学者已对 Si 单晶不同结晶方向的各向异性腐蚀进行了详细的研究，发现对于某些腐蚀剂，在某些结晶方向的腐蚀速率比其他方向大得多，能够体现出显著的选择性。Si 的 [111](米勒指数) 面是堆积程度最密集的晶面，通常此面的腐蚀

速率最低，[110] 和 [100] 面的腐蚀速率依次增高。由水、乙烯二胺和邻苯二酚组成混合腐蚀液，在 100~110℃下在垂直于 Si 的 ⟨100⟩、⟨110⟩ 和 ⟨111⟩ 晶面方向的腐蚀速率比为 50:30:3 (μm/h)。这样，⟨111⟩ 的晶面法线方向腐蚀速率特别低，导致了明显的各向异性腐蚀结果，腐蚀出的孔、腔的停留截面就是 ⟨111⟩ 的晶面。

如果衬底是 ⟨100⟩ 晶面，如图 3-4 所示，则能够获得良好的垂直向下的刻蚀结构，有人曾获得 600μm 深的几乎垂直边缘的结构，其侧面的光洁度达到 5nm。透过一个圆形的掩模针孔窗口，可以得到交角是 54.7° 的 V 形锥槽结构。当抗蚀胶掩模的窗口是矩形或条形时，得到的是倾斜边界的平底刻蚀结构。

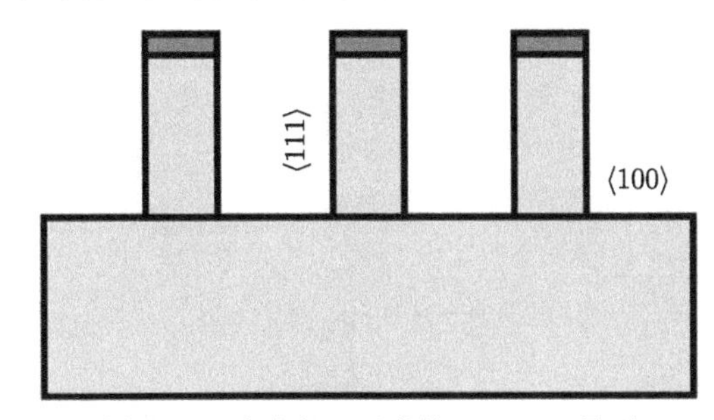

图 3-4 透过窗口形成的 Si⟨111⟩ 晶面

利用 KOH、异丙醇和水的混合溶液 (23.4:13.5:63) 对单晶 Si 腐蚀也可以达到非常高的各向异性。它对于 ⟨100⟩ 晶面法线方向的腐蚀速率比 ⟨111⟩ 晶面法线方向的腐蚀速率高 100~200 倍，在 80℃下甚至可以达到 400:1 的腐蚀速率差别。基于此可以实现纵横比非常大的 Si 基沟槽结构，或者如图 3-5 所示的 V 形槽结构。

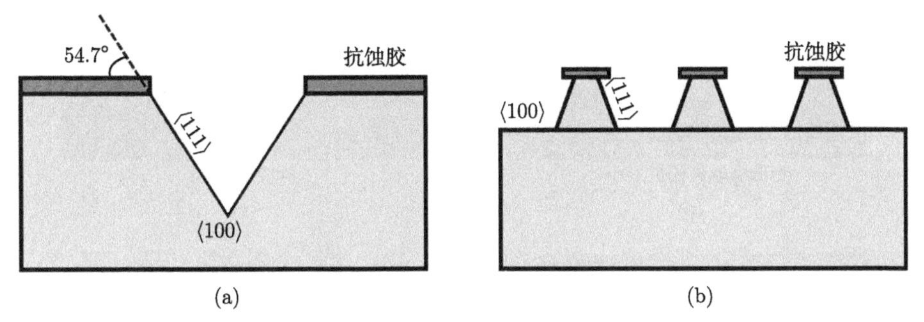

图 3-5 (a) 透过圆形针孔窗口得到的 V 形槽结构；(b) 通过窗口形成的 Si⟨100⟩ 晶面

Ag 诱导湿法刻蚀 Si 的工艺原理是利用局部微电池的方法对 Si 进行刻蚀。原理如图 3-6 所示，Si 作为阳极材料不断提供电子发生氧化反应，生成可溶于水的物质，而 H_2O_2 作为阴极材料在获得电子后不断生成水，发生还原反应 [1-3]。这样附着在 Si 衬底上的金属 Ag 颗粒就像挖掘机一样不断向正下方穿透，最终形成所需要的纳米结构，具体制备流程如图 3-7 所示。

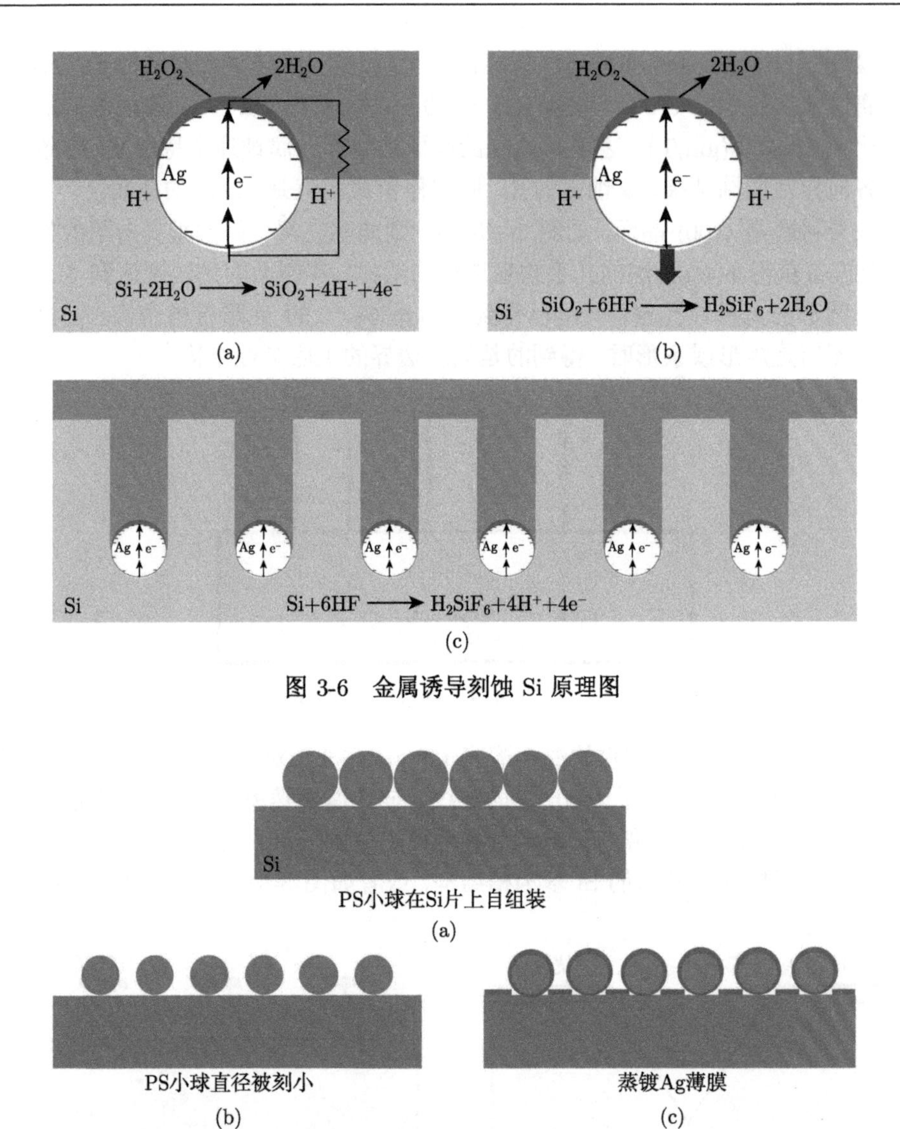

图 3-6　金属诱导刻蚀 Si 原理图

图 3-7　Ag 诱导湿法刻蚀 Si 纳米柱制备流程示意图

聚苯乙烯 (PS) 小球自组装工艺主要是利用小球在水面上的范德瓦耳斯力相互吸引密排从而形成六角密堆积的二维光子晶体阵列，而密排的 PS 小球单层膜是制备纳米结构的一个重要难点。下面主要针对 PS 小球组装制备单层密排膜进行工艺上的研究与说明，PS 小球自组装工艺主要可以分为四步，如图 3-8 所示。

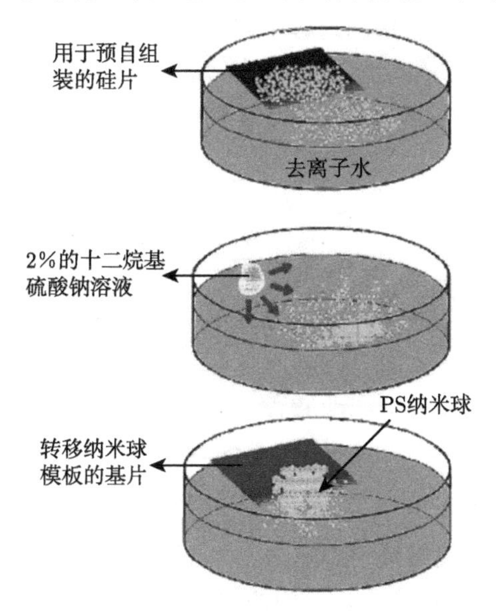

图 3-8 PS 小球自组装及转移示意图

(1) 首先进行 PS 小球乙醇分散液的制备。从 PS 小球水分散液中抽取一定量的溶液，再抽取一定的乙醇与小球水分散液进行混溶并放入超声仪中进行超声；

(2) 准备一个相对较大的培养皿，抽取约 30μL 的 PS 小球乙醇分散液，缓缓滴入培养皿中，接触水面后会明显观察到小球扩散的现象；

(3) 将少量十二烷基硫酸钠溶液滴入培养皿中以增加水表面张力，从而易于成膜；

(4) 将做好亲水处理的硅片 (实验片) 缓缓插入水中，将小球膜层转移到硅片上。

1) PS 小球分散液与无水乙醇比例对 PS 小球成膜质量的影响

在 PS 小球自组装的工艺流程中，配备小球乙醇分散液的最主要原因是乙醇比水挥发速度快，使得小球在水面上可以迅速散开，再通过范德瓦耳斯力让 PS 小球自组装形成单层膜。下面通过改变小球水分散液与无水乙醇的配比来观察其对成膜质量的影响。如图 3-9 所示，虽然无水乙醇对小球的扩散具有非常重要的影响，但这并不意味着无水乙醇越多越好。从图 3-9 中三个配比可以看出，PS 小球分散液与无水乙醇配比为 1:2 时组装成单层膜的密排性和周期性最好，1:4 时 PS 小球单层膜已有一些裂痕及小球缺失问题，而 1:6 时则几乎为无规则排列，成膜质量最差。这主要是因为无水乙醇在提升 PS 小球扩散能力的同时，也对 PS 小球水面自组装造成了一定的负面影响。实验中发现，随着无水乙醇比例的增大，相同体积小球/乙醇混合溶液所能够制备出的单层膜面积越来越小，这十分不利于进行大面积 PS 小球膜的制备；在转移膜层的过程中同样可以看出 PS 小球膜的稳定性随着混合溶液中乙醇的增加而降低。当乙醇浓度较小时，膜层转移到硅片表面并不会发生明显的变化；而当乙醇浓度较大时，转移过程中小球膜就会由于水面张力的变化而分散开。

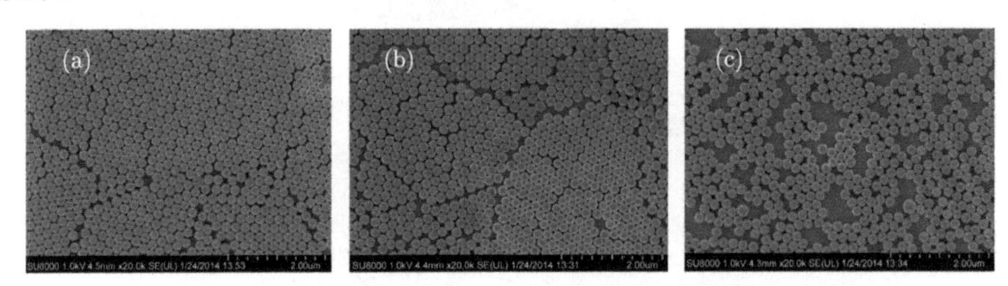

图 3-9 PS 小球分散液与无水乙醇不同配比的成膜 SEM 图

(a)，(b)，(c) 分别对应 1:2，1:4 与 1:6

2) 表面活性剂对成膜质量的影响

上述实验说明混合溶液中无水乙醇的比例越小，则形成单层膜的质量越好。但进一步观察可以发现即使 1:2 的混合溶液制备形成的 PS 膜层也依然存在一定程度的缺陷。影响成膜质量的另一个重要因素是水的表面张力，张力越小成膜质量便越好；反之则越差，难以成膜。调研发现，十二烷基硫酸钠是实验中最常用的水表面活性剂之一，其具有环保、廉价、易溶于水等特性而被制成溶液来提高成膜质量。图 3-10 中可以发现，在加入了一定量的十二烷基硫酸钠溶液后小球的密排程度都有了明显改善，但仍体现出不利的一面。当溶液浓度配比为 1:2 时，PS 小球薄膜明显重叠在一起，形成了双层薄膜，甚至在某些位置形成了多层膜，这种结构对于最终纳米结构的制备会带来很多意想不到的不利影响；在 1:4 的情况下小球薄膜密排形式进一步加强，几乎没有重叠部分；而 1:6 情况下的 PS 小球密排程度大大提升，但与 1:4 的相比仍有不少缺陷存在。由此可以确定，实现单层 PS 膜需选用的 PS 小球分散液与无水乙醇的比例为 1:4，且在水面上扩散完成后加入少许十二烷基硫酸钠溶液，最后再将水面上的 PS 小球薄膜转移到硅片上。

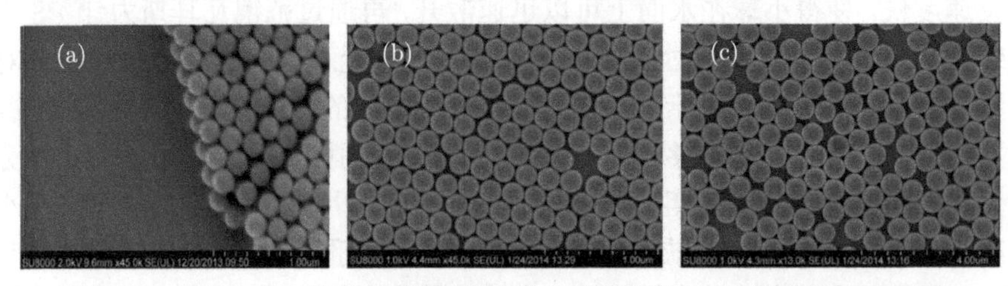

图 3-10 加入十二烷基硫酸钠情况下混合溶液不同配比的成膜 SEM 图

(a)，(b)，(c) 分别对应 1:2，1:4 与 1:6

3) PS 小球刻蚀工艺

通过水面自组装及转移的方式可以得到排布紧密规律的单层 PS 薄膜，但后期的诱导刻蚀硅工艺需要周期性排列的小球间具有一定的间距，以便蒸镀 Ag 薄膜实现诱导刻蚀。这一步则主要是通过 PS 小球薄膜的刻蚀来实现。在该步工艺中主要调节的变量有 ICP(在 3.2.1 小节会详细介绍) 上下电极功率、氧气流量、腔室压强和刻蚀时间等。其中 ICP 刻蚀机的上电极功率主要影响反应腔室内的等离子体均匀性，从而间接影响整片 PS 小球薄膜的刻蚀均匀度；下电极功率主要是控制刻蚀小球的速率，过大的下电极功率会导致 PS 小球的畸变；氧气流量主要影响氧气和 PS 小球的反应速率，在实验过程中反应速率应适中，所以最好是将氧气流量设为恒定值；腔室压强是指在反应过程中腔室所保持的压强值，它与氧气流量同时控制刻蚀反应的速率，所以也不能轻易变化；而最重要的影响参量是刻蚀时间，成熟的 PS 小球薄膜刻蚀工艺应该在控制上下电极功率、氧气流量、腔室压强不变的情况下，调节刻蚀时间来实现不同结构的 PS 小球掩模。尽管各设备不同，鉴于刻蚀趋势的一致性，本书基于北京金盛微纳科技有限公司 ICP-5000 设备对 PS 小球进行刻蚀，相关实验参数设置如下，包括上下电极功率 (RF_1，RF_2)、氧气流量 (O_2 FR) 和腔室压强 (CP) 四个参数，通过改变刻蚀时间 (ET) 来制备不同结构的 PS 小球掩模，具体参数如表 3-1 所示。

表 3-1 PS 小球刻蚀工艺参数表

ID	RF_1/W	RF_2/W	O_2 FR/sccm①	CP/Pa	ET/s
1	300	150	50	1	80
2	300	150	50	1	100
3	300	150	50	1	120
4	300	150	50	1	140

由图 3-11 中看出，随着刻蚀时间的增加，PS 小球的直径不断减小，在这种情况下只需要改变刻蚀时间就可以有效控制 PS 小球掩模的微观结构。如图所示，当刻蚀时间为 80s 时，PS 小球的平均直径约为 625nm；当刻蚀时间为 100s 时，PS 小球的平均直径约为 611nm；当刻蚀时间为 120s 时，PS 小球的平均直径约为 582nm；当刻蚀时间为 140s 时，PS 小球的平均直径约为 565nm。通过拟合曲线斜率可得平均刻蚀速率约为 1nm/s。

前面通过干法刻蚀的方法刻蚀 PS 小球，从而得到合适尺寸、间距的 PS 小球掩模，后续利用热蒸镀的方法在样品表面蒸镀金属银网状薄膜，去除 PS 小球后便可以得到表面具有银网状薄膜的硅衬底。接下来通过湿法刻蚀工艺来进行银诱导刻蚀硅工艺。在湿法刻蚀硅衬底的工艺环节中，刻蚀与溶液之间的关系是决定刻蚀

① sccm: standard cubic centimeter per minute，气体流量单位。

形貌好坏的关键。其中关键的三个影响因素为：过氧化氢 (H_2O_2) 浓度、刻蚀时间和表面清洗。由于氢氟酸的浓度对硅表面形貌影响不大，而过氧化氢的浓度对刻蚀形貌有着决定性的作用，首先对过氧化氢的浓度和刻蚀形貌的关系进行分析说明。

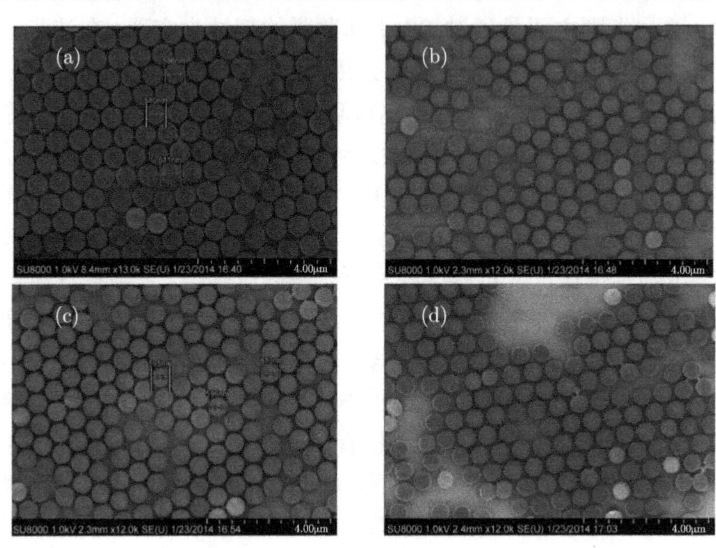

图 3-11　670nm PS 小球薄膜不同刻蚀时间 SEM 图

(a) 80s；(b) 100s；(c) 120s；(d) 140s

4) 过氧化氢浓度对硅纳米柱刻蚀工艺的研究

过氧化氢作为阴极的主要反应物具有非常重要的作用，它的浓度变化与刻蚀形貌关系紧密。由于氢氟酸的浓度对刻蚀形貌影响很小，所以对比氢氟酸和过氧化氢的浓度来对形貌进行调控，从而研究过氧化氢在刻蚀形貌中的作用。这里通过对比四个具有代表性的氢氟酸与过氧化氢的浓度比值来进行讨论，分别是 10:0.5、10:1、10:1.5 和 10:2，在这些浓度下刻蚀的形貌如图 3-12 所示。在图中可以明显看出过氧化氢浓度的改变对表面形貌的影响巨大。当浓度比值为 10:0.5 时，过氧化氢浓度偏低，纵向刻蚀速率不高，因而在纵向刻蚀进行的过程中，横向刻蚀也会发生。图 3-12(a) 中可以看出，纳米圆柱的边并不是垂直的，而是稍微带一些倾斜角。当比值为 10:1 时，由于过氧化氢的浓度上升，纵向刻蚀速率提高，纳米圆柱的侧边倾斜角几乎达到 90°，完全垂直于衬底面。当过氧化氢浓度进一步提升为 10:1.5 时，原电池反应加剧，银诱导刻蚀中金属银离子受到反应的影响不能够垂直向下进行反应，导致纳米圆柱侧面上被刻蚀成不规则形状，期望的规律的二维光子晶体形貌逐渐被破坏。当浓度比为 10:2 时，过氧化氢与接触到的所有面积的硅衬底发生氧化反应生成二氧化硅，结合氢氟酸与二氧化硅的反应，此时原电池反应已经不是刻蚀反应中的主导因素，而过氧化氢和硅发生的氧化反应，以及氢氟酸刻蚀二氧化硅成为影响纳米结构的主导因素。所以为了能够得到高深宽比及比较准直的圆柱形貌，需要选用 10:1 的浓度比值作为最佳刻蚀工艺参数。

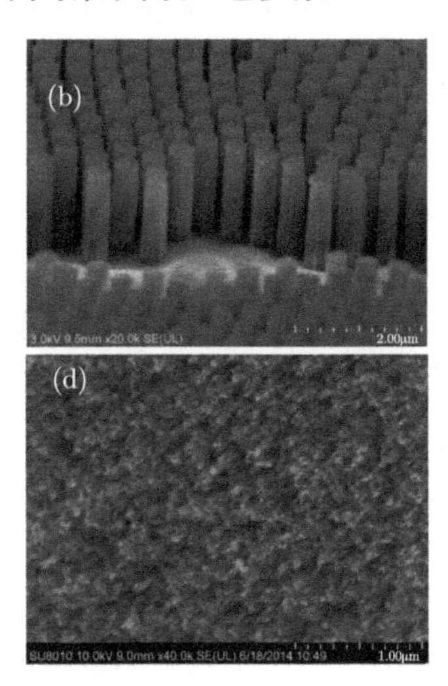

图 3-12 不同过氧化氢浓度下的刻蚀形貌 ($HF:H_2O_2$)

(a) 10:0.5；(b) 10:1；(c) 10:1.5；(d) 10:2

5) 刻蚀时间与刻蚀深度对硅纳米柱的影响关系

前面相关实验已得到了合适的过氧化氢浓度 ($HF:H_2O_2 = 10:1$) 能够实现对硅衬底准直性纵向刻蚀。这里主要讨论刻蚀时间与刻蚀形貌的关系。如图 3-13 所示，保持前面相关工艺条件不变，当刻蚀时间为 3min 时，已经有非常规整的硅纳米柱结构产生，高度约为 600nm；随着刻蚀时间增加到 5min，硅纳米圆柱结构的直径明显减小，同时深度也明显变大，测量发现圆柱的直径由 450nm 变为 350nm，而高度由 600nm 加深到 1500nm。继续增加刻蚀时间，纳米圆柱深度不再明显改变，反而圆柱的直径进一步减小，由 350nm 变为 200nm。可以近似地认为，在这种工艺条件下，直径的减小速率约为 35nm/min，而当刻蚀时间在 5min 以内时，纵向刻蚀速率约为 450nm/min。

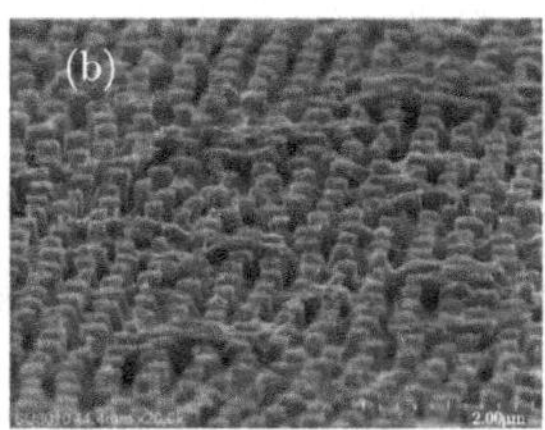

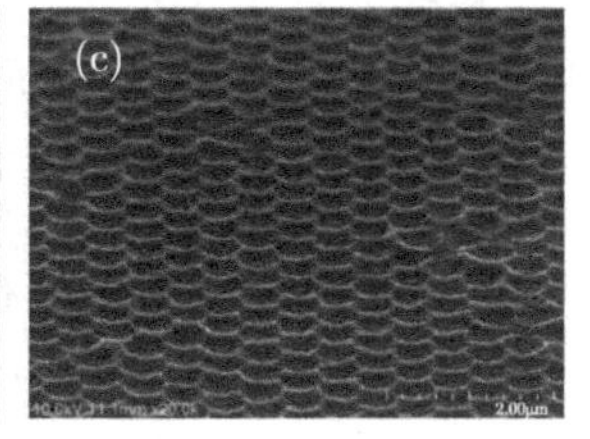

图 3-13 不同刻蚀时间的纳米结构形貌

(a) 3min；(b) 5min；(c) 10min

3. 砷化镓的腐蚀及砷化镓基自卷曲微管制备

对于砷化镓 (GaAs) 目前已研制出多种多样的腐蚀剂，由于 GaAs 晶格结构的特点，砷晶面的化学活泼性高于镓晶面，因而其腐蚀速率更高一些。腐蚀的一般过程包括：GaAs 在溶液中发生离解，砷和镓均失去电子形成正离子，这些正离子与溶液中的氢氧根发生反应，生成砷和镓的氧化物，再通过与酸或者碱作用，形成可溶的盐类或复合物。

一种常用的 GaAs 腐蚀剂是强氧化剂过氧化氢 (H_2O_2) 与硫酸的混合物 (体积比 H_2SO_4:H_2O_2:H_2O=8:1:1)。它对 Ga(111) 晶面的腐蚀速率可以达到 800nm/min，而且提高温度时腐蚀速率会明显增高。使用腐蚀成分浓度较低的溶液则会使腐蚀的各向异性增加。

更有意思的是对于 GaAs 基三元化合物 Al_xGaAs，该高 Al 组分材料能够非常轻易地溶解于 HF 溶液中，基于此，高 Al 组分 AlGaAs 及 AlAs 材料常用来作为湿法腐蚀层实现顶层 GaAs 薄膜的有效剥离，其中一个非常重要的用途便是制备 GaAs 自卷曲微管 [4-6]，其主要制备流程如图 3-14 所示。

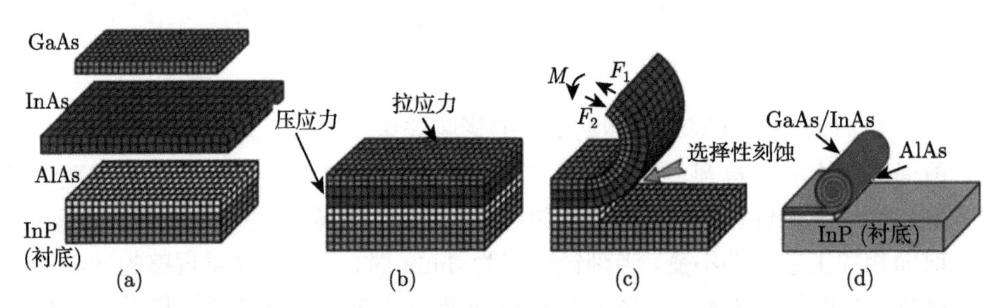

图 3-14　通过腐蚀 AlAs 材料实现应力诱导 InAs/GaAs 双层薄膜卷曲结构示意图 [7]

(1) 基于 GaAs/InGaAs 材料构建合适应力的应力薄膜，MOCVD 生长过程中，在该有源应力薄膜底部生长一定厚度的高 Al 组分 AlGaAs 材料作为湿法刻蚀牺牲层；

(2) 利用光刻、上述湿法腐蚀的方法制备特定尺寸、比例的薄膜样式；

(3) 将样品置于 HF:H_2O(1:2) 溶液中执行一定时间的腐蚀，完全去除掉 AlAs 牺牲层，便可得到如图 3-15 所示的卷曲管形貌图。

4. GaN 湿法腐蚀

GaN 材料主要以两种晶体结构存在：闪锌矿结构和纤锌矿结构。前者属立方晶系，阴阳离子中心重合。但由于晶相很不稳定，通常 GaN 主要以六方纤锌矿结构存在，如图 3-16 所示。

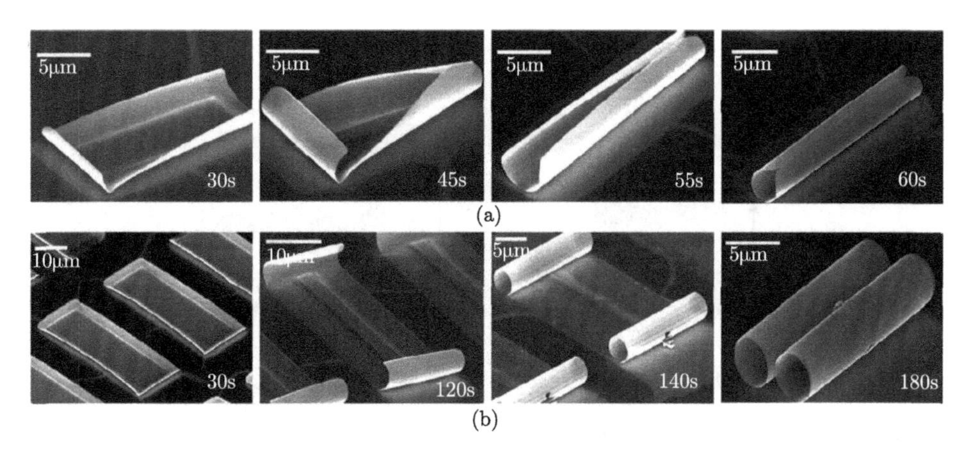

图 3-15 不同掩模尺寸下 InAs/GaAs 应力薄膜在底部 AlAs 牺牲层被刻蚀后形成的卷曲管形貌图 [8]

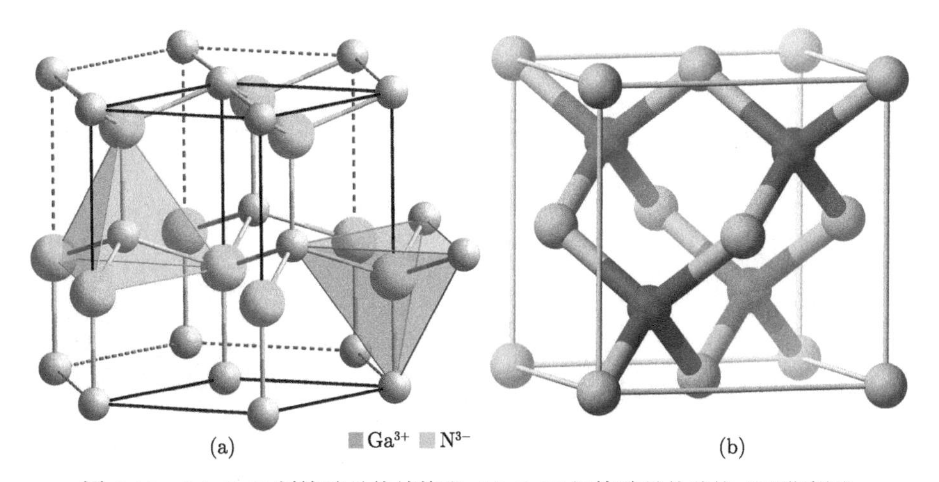

图 3-16 (a) GaN 纤锌矿晶体结构和 (b) GaN 闪锌矿晶体结构 (后附彩图)

六方密堆积结构使 GaN 材料体现出极高的稳定性，但阴阳离子中心不重合导致了明显的自发极化现象 [9,10]。沿平行于 c 轴方向生长的 GaN 材料，若顺着 [0001] 方向自下而上表现为 N 原子层在下、Ga 原子层在上，则称之为 Ga 极性面；反之，则为 N 极性面，如图 3-17 所示。

Ga 极性面和 N 极性面并不等价，两种极性面的 GaN 材料对应了完全不同的物理、化学性质，且相对而言 Ga 极性面稳定性更强。通常以 MOCVD 方法生长的 GaN 薄膜主要表现为 Ga 极性，而高质量 N 极性薄膜主要通过 MBE 方法生长。加热条件下利用 KOH 溶液能够实现对 GaN 材料的腐蚀。基于缺陷腐蚀的机理，Ga 极性 GaN 材料腐蚀后表现出 α、β、γ 型 V 坑, 对应了螺位错、刃位错及混合型位错 [11]。对该实验最有力的验证是 TEM 图片，如图 3-18(e)~(g) 所示, 根据 TEM 衍

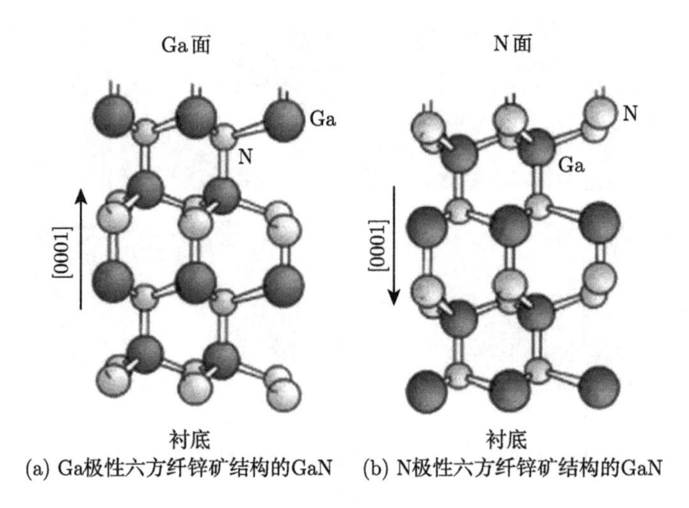

(a) Ga极性六方纤锌矿结构的GaN　(b) N极性六方纤锌矿结构的GaN

图 3-17　不同极性的六方纤锌矿 GaN 晶体结构示意图

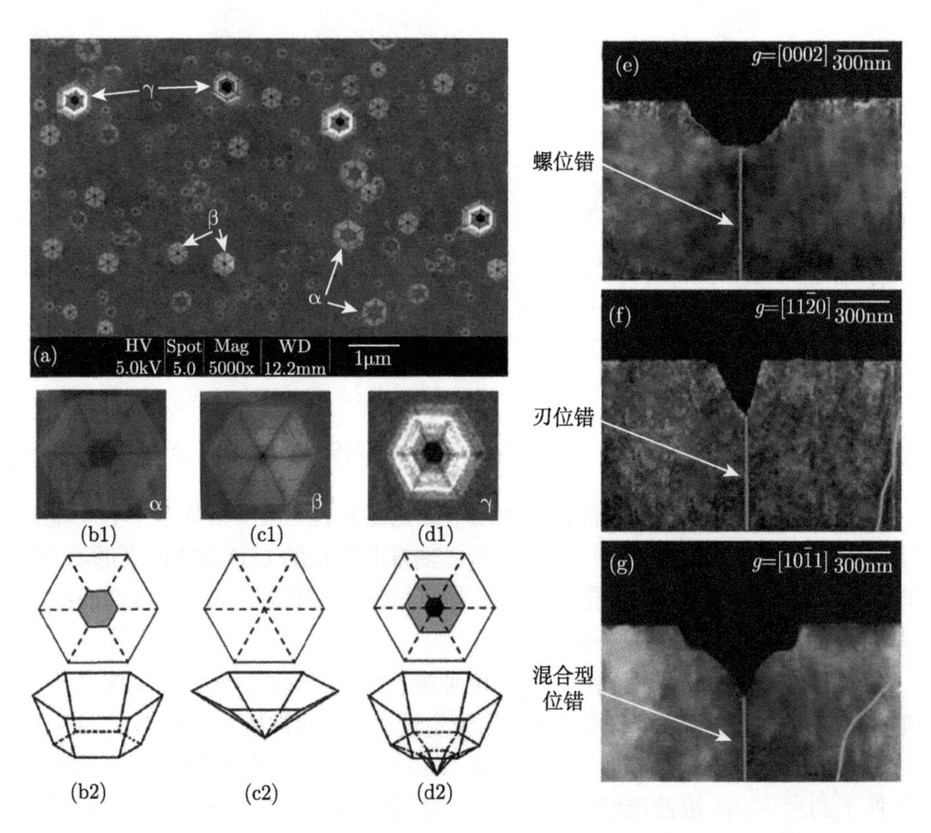

图 3-18　被 KOH 腐蚀过的 GaN 表面的三种典型 α、β、γ 型腐蚀坑 (a) 的 SEM 三维图((b1), (c1), (d1)) 和三维结构图 ((b2), (c2), (d2)) 及其 TEM 图 ((e), (f), (g))

射对比图原理中位错的消像准则，螺位错和混合型位错在 $g = [0002]$ 时可见，刃位错和混合型位错在 $g = [11\bar{2}0]$ 时可见，其他如 $g = [10\bar{1}1]$ 等衍射矢量可显示所有类型的位错，如图 3-19 所示，位错顶部的腐蚀坑截面形状与位错类型一一对应，这也证明了 Ga 极性面的化学稳定性对不同类型的位错坑的形成发挥着重要作用。

N 极性 GaN 材料腐蚀后形成的金字塔结构，如图 3-19 所示，常用于垂直结构 LED 表面粗化处理，从而光提取效率显著提高。垂直结构 LED 器件的核心工艺流程是将镀了反射镜及 p 面电镜的 Ga 极性面与新的金属衬底键合并通过深紫外激光器激光剥离的方法实现 N 面氮化镓与蓝宝石衬底的脱附 [12]。利用加热条件下 KOH 溶液对样品部分区域的腐蚀，能够有效实现表面粗化效果从而解决 GaN 样品全反射角较小的问题，提高样品外量子效率。图 3-19(a)，(b) 分别对应不同温度 [13] 与不同时间 [14] 的 KOH 腐蚀效果图。

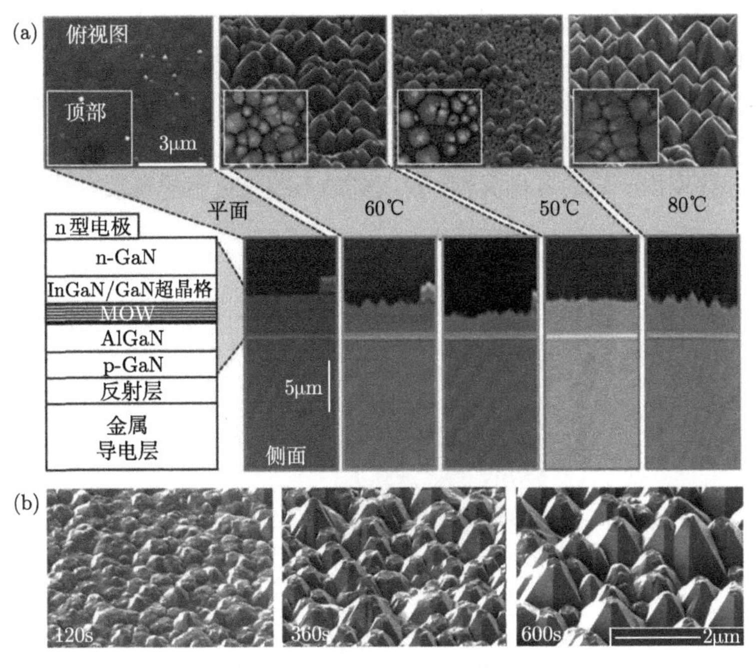

图 3-19 垂直结构 GaN-LED 器件 N 极性面在 KOH 溶液中腐蚀 (a) 不同温度 (b) 不同时间后的 SEM 形貌图

3.1.2 电化学刻蚀

湿法刻蚀还可以在电解槽中进行，在液体中加入电极，被刻蚀的样品通常也作为另一个电极进行通电，部分刻蚀过程中需要额外增加特定能量的光照 (通常为汞灯或者激光) 从而提供化学反应所需的电子 (空穴)，这种电化学刻蚀用加 (光) 电的方法辅助驱动化学反应，从而可以制备出特殊的样品形貌或实现对某些特别稳定的材料的有效湿法刻蚀。

1. **多孔硅刻蚀**

理论上，硅作为非直接带隙半导体有着很低的电子–空穴复合效率，这导致体硅材料不能有效应用于发光器件中。Lehmann Petrova-Koch 等 [15,16] 和 Canham[17] 几乎同时分别发现通过多孔硅结构可以实现硅材料发光，"多孔" 意味着材料内有着数以十亿计的纳米微孔。在传统的类似于光栅、波导结构的被动式硅基光学微腔中引入发光多孔硅可以实现有效的集成式光电子器件。

多孔硅的获得主要通过电化学刻蚀的方法，它是电化学溶解时固体/电解液界面电化学反应 (阳极电流) 的结果。如图 3-20 所示，最简单的刻蚀装置是在待刻蚀硅样品上直接施加正电势从而驱动电流流向 Si/HF 界面。正电势会驱动空穴从半导体流向 Si/HF 界面，这样一来，界面处的硅原子被空穴包围而与衬底结合力减弱，使之很容易被溶解移除。在刻蚀过程中，空穴密度越高则对应着更高的刻蚀速率。然而假设阳极电流控制着空穴向界面传输，那么在刻蚀电压一定的情况下，空穴密度应该保持一致，对应溶解速率恒定而且应该体现出各向同性的腐蚀效果。但实验结果却体现出一定的各向异性，说明刻蚀形貌与更多的参数有关。

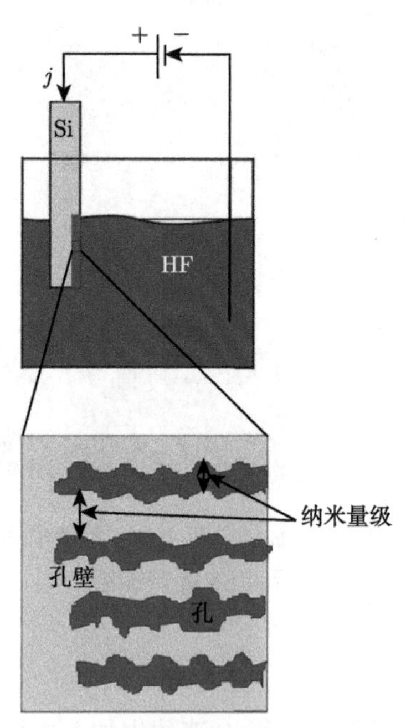

图 3-20　基本电化学刻蚀装置示意图及多孔硅刻蚀形貌示意图

多孔硅自首次实现后，鉴于其重大的应用价值，其主要影响参数被深入研究。多孔形貌主要与如下刻蚀条件关系密切：衬底掺杂浓度、电解液浓度、电流密度、刻蚀电压、电解液温度及电化学刻蚀单元设计等。对于多孔结构，单纯从形貌 (孔径) 上考虑主要有如下三个级别的定义：

微孔或纳米孔 (micropores 或 nanopores)：孔径和孔间距小于 2nm，这对应了能够实现发光的多孔硅结构的尺寸，如图 3-21(a) 所示。

中孔 (mesopores)：几何尺寸在 2~50nm，这种中孔的形成不能实现硅材料的发光，尽管整体上对应了明确的刻蚀方向，但孔壁较为粗糙且有很多刻蚀分支，如图 3-21(b) 所示。

大孔 (macropore)：几何尺寸大于 50nm，类似于中孔结构，大孔硅同样不能实现有效发光。然而这种结构对应了最为规则的形貌样式，有着平整的孔壁和规律的刻蚀传播方向，如图 3-21(c) 所示。

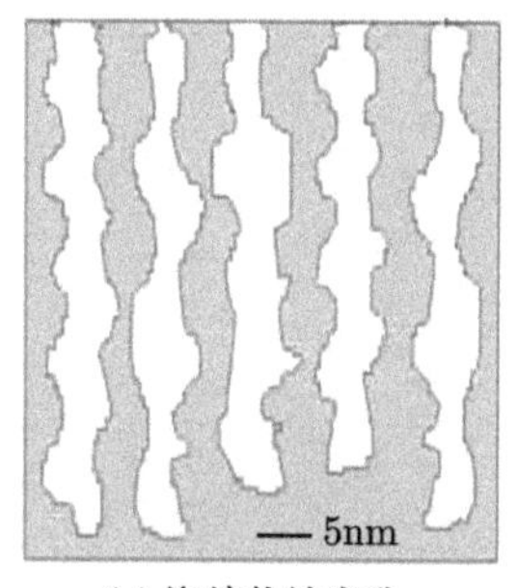

(a) 海绵状纳米孔

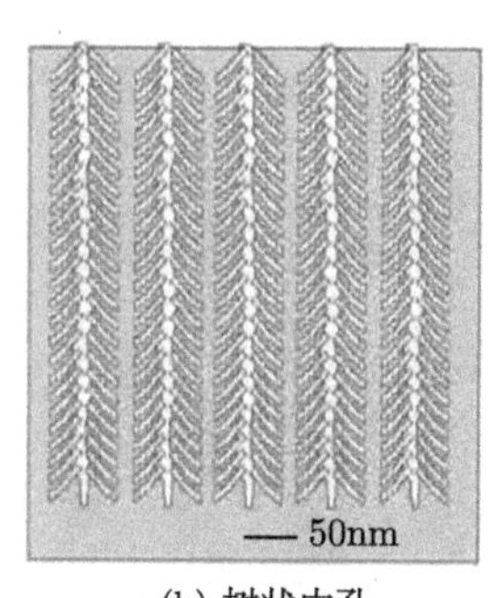

(b) 树状中孔

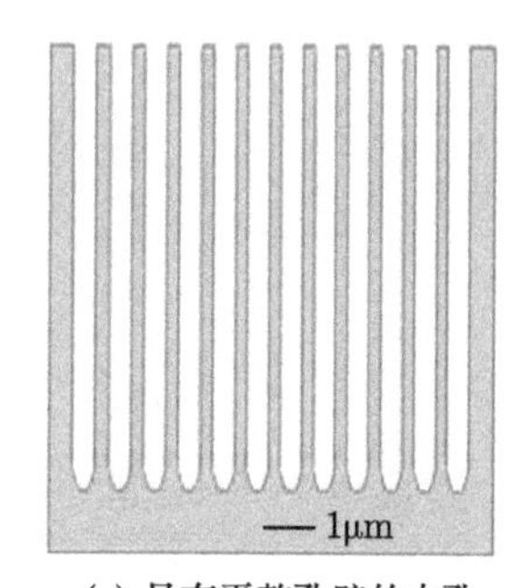

(c) 具有平整孔壁的大孔

图 3-21 三种类似的多孔硅结构示意图

上述三种样式的多孔硅类型与刻蚀参数的关系可以从电流–电压关系图中得到有效分析。图 3-22 分别展示了对于 p-Si 和 n-Si 材料 Si/HF 单元电流–电压曲线。曲线对应了两段区域，分别是多孔结构形成区域和电抛光区域。

1) n-Si 中大孔结构

在背面照光的情况下，n 型材料大孔的形成机理可以按照图 3-23 所示空间电荷区解释 [18,19]。背面光源光子能量高于材料禁带宽度时会在材料中激发出电子–空穴对。相比传统的正面照光，从背面引入激发光子时，空穴在晶圆背面产生后可以自由扩散到整个材料，并促进形成 Si/HF 界面处孔的顶端附件形成空间电荷区 (SCR)。如果孔间距等于两倍空间电荷区宽度会导致空穴很难穿透大孔，孔壁便基本不会产生新的刻蚀分支。也就是说优先的刻蚀始终会发生在刻蚀孔尖端，对应着空穴密度最大的位置，从而形成了规则的刻蚀大孔结构。图 3-24 展示了通过背面照光后电化学刻蚀形成的非常规则的、具有一定周期性的大孔硅基结构形貌图。

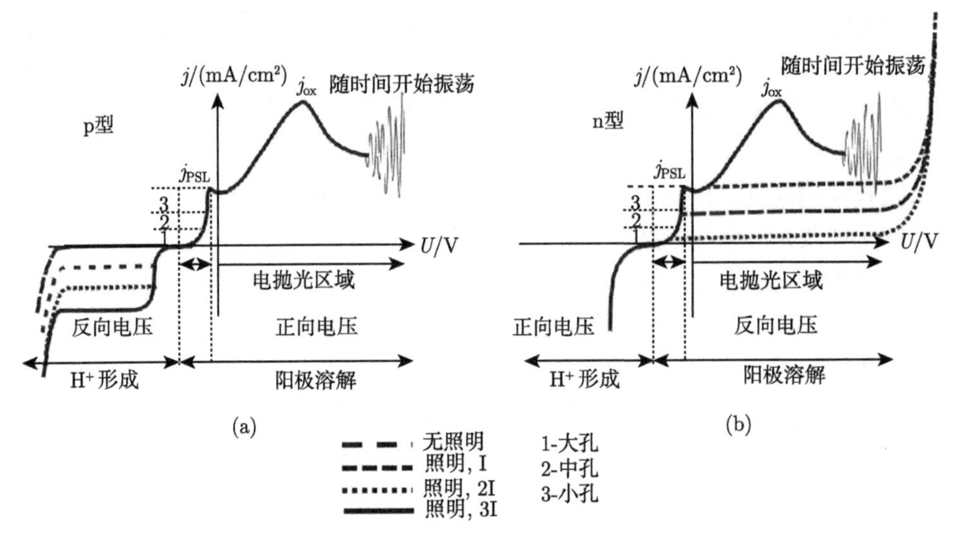

图 3-22　背照明条件下 Si/HF 溶液界面电流–电压特性

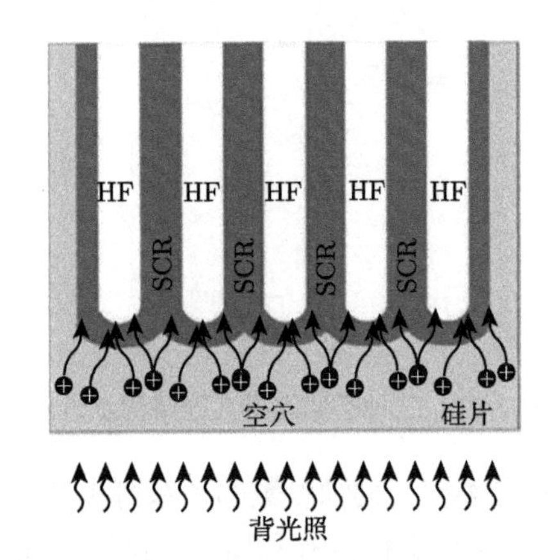

图 3-23　空间电荷区模型示意图

空穴通过背面照光激发产生并扩散到正面实现刻蚀

然而，空间电荷区模型仅对 n 型硅有用，而不能用于解释 p 型硅的多孔化刻蚀。原因是空穴作为 p-Si 的多数载流子在材料内部均有大量分布，在理论上会对应材料整体非常均匀的溶解刻蚀，但这种推断与实验中得到大孔结构 p 型硅相矛盾。

在 n-Si 刻蚀中，定义大孔形貌的主要参数包含孔径、孔间距 (壁厚) 及孔的刻蚀传输方向。关于大孔孔径与电流密度的关系，Lehmann 总结出如下计算公式：

$$\left[\frac{d}{a}\right]^2 = \frac{j}{j_{\mathrm{PSL}}} \tag{3-4}$$

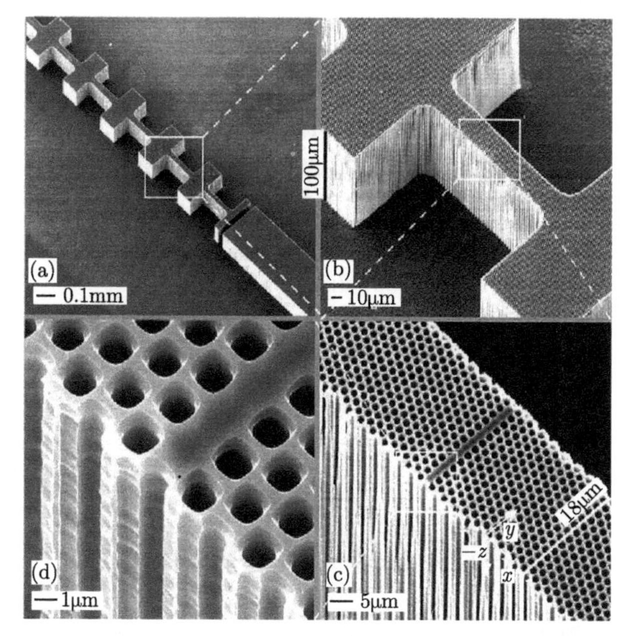

图 3-24 通过背面照光后电化学刻蚀形成的大孔硅基结构形貌图

其中，a 为相邻两个孔中心距离；d 为孔径；j 为电流密度；$j_{\rm PSL}$ 为 PSL 电流密度，可以通过图 3-22 电流–电压关系曲线获得。单纯考虑该公式意味着孔径 d 和 a 之间可以是任何比例，但相关实验已经证明孔径 d 始终与 Si/HF 界面空间电荷区宽度处于同一个量级，对于 n 型硅孔壁厚度可以认为等于两倍空间电荷区宽度：

$$d_{\rm wall} = a - d = 2d_{\rm SCR} \tag{3-5}$$

通过上面两式可以给出多孔结构的大致形貌，然而为了获得具有较大纵横比的平整大孔，需要不断调整相关刻蚀参数，包括 HF 浓度、刻蚀电压、温度、电解液流速等。

2) p-Si 中大孔结构

在 n-Si 大孔结构被发现四年以后，Propst [20] 才在 p-Si 中成功制备出多孔结构。他们采用的是有机溶液作为刻蚀电解液：HF 与氰甲烷或二甲基甲酰胺等有机溶剂的混合溶液。有机溶剂主要用于减少电解液中的水分子数量从而使之体现出较小的氧化能力，以避免 p-Si 被完全电抛光而不是刻成多孔结构。图 3-25 展示了制备出的大孔 p-Si 形貌图。

如前所述，空间电荷区模型不能用于解释 p-Si 中大孔形貌的形成。因而需要建立新的物理化学模型来描述这种各向异性腐蚀形成规则大孔结构。目前一种比较受认可的解释是电解液中粒子造成 Si 材料的表面钝化使表面和孔壁溶解速率不

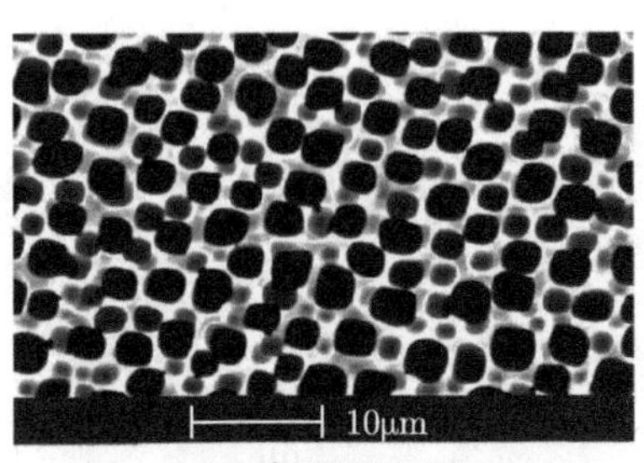

(a) 表面 SEM 图

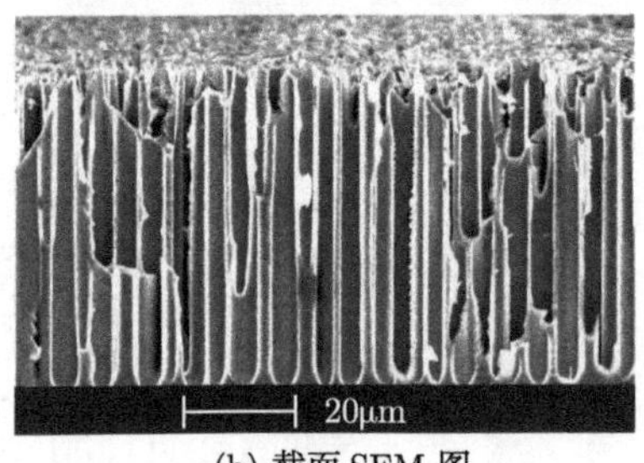

(b) 截面 SEM 图

图 3-25 (100) 面 p-Si 刻蚀形成的大孔结构形貌图

同。孔尖端的钝化行为远弱于孔壁，从而使 p-Si 材料连续性地向下刻蚀，而不发生孔壁的腐蚀。钝化行为的区别源于暴露出来的不同晶面。这种基于不同晶面的钝化行为的模型被称为 CB(current burst) 模型。CB 模型认为对孔壁的钝化效果是电解液中氢离子造成的。这种 "氢钝化" 描述了刻蚀过程中电解液中腐蚀硅材料并在刻蚀后新的表面覆盖氢离子的程度及速率。

2. 多孔 GaN 刻蚀

相比传统湿法腐蚀手段，电化学刻蚀的优势在于能够实现对 GaN 材料在室温下的有效选择性刻蚀，并且不区分 Ga 极性与 N 极性面，与材料缺陷无关。

最初对于 n-GaN 材料采用光辅助电化学刻蚀，由 Minsky 等 [21] 利用 325nm He-Cd 激光器作为激光源，将样品放在 KOH 或 HCl 溶液中进行光致电化学反应，两种溶液中分别获得了大约 400nm/min 和 40nm/min 的刻蚀速率。反应中的空穴由光照诱导产生，并最终参与 GaN 材料的氧化反应。这也意味着入射光能量需要足够大，从而使牺牲层可以有效吸收能量大于禁带宽带的光子并激发产生电子–空穴对。空穴参与氧化反应，而过剩电子则在阴极附近发生还原反应。生成的 GaN 材料溶解到电解液中，从而完整实现对 GaN 材料的刻蚀。Youtsey 等 [22] 通过计算总的电荷数进一步验证了该刻蚀原理：

$$2\,\mathrm{GaN} + 6\,\mathrm{h}^{+} \longrightarrow 2\,\mathrm{Ga}^{3+} + \mathrm{N}_2 \tag{3-6}$$

然而受限于激光源及对应的牺牲层材料需求，尤其是样品结构比较复杂时，这种禁带宽度选择性光电化学刻蚀开始表现出一系列弊端。另外，光辅助刻蚀不能实现对重掺杂 n-GaN 或者 p-GaN 材料的刻蚀，原因在于少数载流子存在隧穿现象与能带弯曲效应。因而直接通过电源引入空穴的掺杂浓度选择性电化学刻蚀 (阳极刻蚀) 越来越受到关注，如图 3-26 所示，其主要原理是：半导体/电解液接触后在界面形成表面电荷区，因为 n-GaN 表面费米能级与溶液电化学势平衡过程而上升，诱导界面处形成向上弯曲的能带结构，使得空穴可以在此处实现累积。通电以后，空穴流入样品，并漂移、扩散至空穴扩散长度区与表面电荷区，实现在弯曲能带处的有效局域后，便实现了该表面处 Ga 原子的氧化过程 [23,24]。

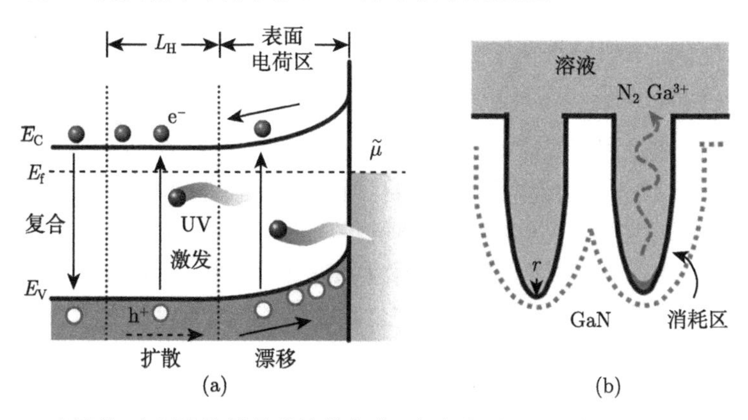

图 3-26 (a) 半导体/电解液接触导致能带弯曲，空穴在界面处累积；(b) GaN 材料在电解液中进行刻蚀，刻蚀孔径与耗尽层宽度有关

半导体/电解液结 (SEJ) 介绍

首先考虑非简并 n 型半导体和电解液的接触。如图 3-27 所示，假设溶液化学势 E_{redox} 低于半导体费米能级 E_{F}，电子便会通过 SEJ 从半导体流向溶液直到实现能级平衡，即 $E_{\mathrm{F}} = E_{\mathrm{redox}}$。而这一过程会造成能带相对费米能级向上弯曲，导致 SEJ 界面处半导体区域电子数少于体材料内电子数，类似于肖特基势垒或 p-n 结，因而空间电荷区也被称为耗尽区。

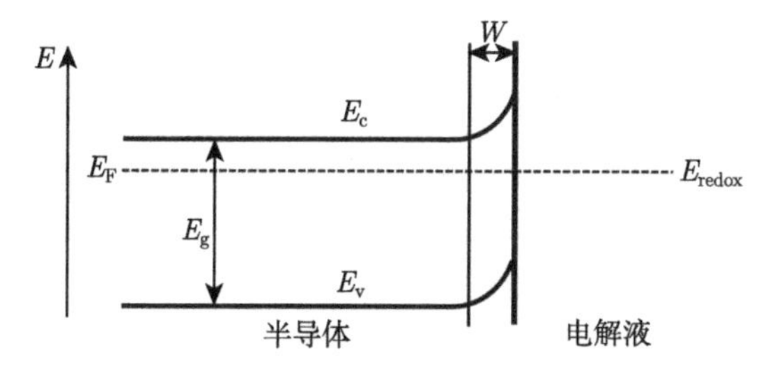

图 3-27 半导体电解液接触后能带示意图

影响刻蚀过程的空间电荷区主要参数为电场分布与空间电荷区宽度。在刻蚀孔形成过程中，空间电荷区宽度被认为是孔壁的最小宽度。如果考虑耗尽区，空间电荷区层电荷密度为 $q \cdot N_\mathrm{d}$，N_d 为半导体掺杂浓度，该区域的电场和空间电荷区宽度分别为

$$E_\mathrm{sc} = \frac{q \cdot N_\mathrm{d}}{\varepsilon} \tag{3-7}$$

$$W_\mathrm{sc} = \sqrt{\frac{2\varphi\varepsilon}{qN_\mathrm{d}}} \tag{3-8}$$

由此可见，当减小掺杂浓度时，空间电荷区宽度增加。当然，在 GaN 与溶液界面，空间电荷区电场由压降 (U_sc) 及其宽度 (W_sc) 决定。而在弯曲形貌处 (局部曲率半径小于空间电荷区宽度)，空间电荷区电场为

$$E_\mathrm{sc} = U_\mathrm{sc}/r \tag{3-9}$$

刻蚀孔的形成过程可描述如下 [25]：在初始阶段，样品表面会被随机刻蚀出微孔结构，进而空穴优先传输到电场集中的孔顶端，导致如图 3-28(a)，(b) 所示结构的产生；由于表面产生的空穴同时会传输到孔壁附近，因而除了微孔底端会发生纵向刻蚀外，同时也有对孔壁和样品表面的刻蚀 (对应图 3-28(b)，(c))。当到达某一个临界深度时，顶面会开始被优先刻蚀，并完全腐蚀掉某一厚度 (对应图 3-28(c)，(d))，这主要是因为：① 在较深的孔洞底部，离子不能实现顺利扩散；② 空穴也不能顺利到达孔的底端。

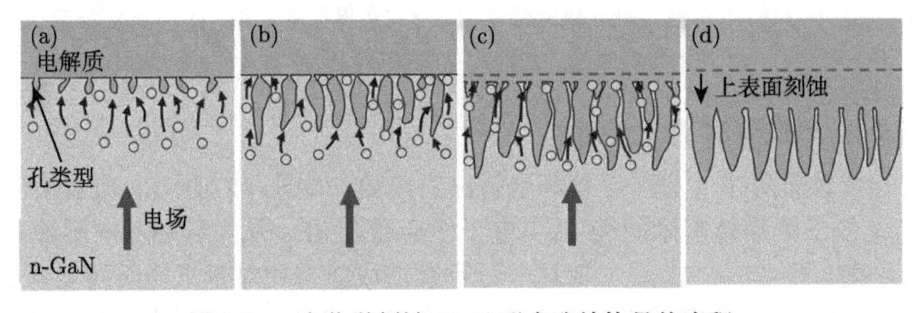

图 3-28　电化学刻蚀 GaN 形多孔结构具体流程

(a) 表面率先刻蚀出微孔；(b)，(c) 微孔向下扩展成条形沟道；(d) 继续增大刻蚀电压或时间实现对某一厚度 GaN 层的完全刻蚀

通过对样品掺杂浓度、刻蚀电压、刻蚀时间及电解液等参数进行调控，可以实现对 GaN 材料从多孔化刻蚀到完全电抛光状态 (即完全腐蚀掉某一厚度) 的转化。多孔化 GaN 材料 (图 3-29(a)) 一方面可以有效释放异质外延造成的薄膜内应力，另一方面可以有效提高光线散射概率，增加光提取效率 [26,27]。同时多孔化 GaN 材料相比体材料具有完全不同的有效折射率，因而基于此可以制备出反射性能优秀的分布式布拉格反射镜 (DBR) 结构 [28,29]，如图 3-29(b) 所示。通过合理调控样品生

长参数与刻蚀参数，也可以实现 GaN 多层薄膜的有效完整剥离 (图 3-29(c))[30,31]，从而制备出自支撑 GaN 薄膜基的白光 LED[32] 及自卷曲微管器件 (图 3-29(d))[33]，尤其自卷曲微管器件对于光学微腔的研究具有极其重要的价值。

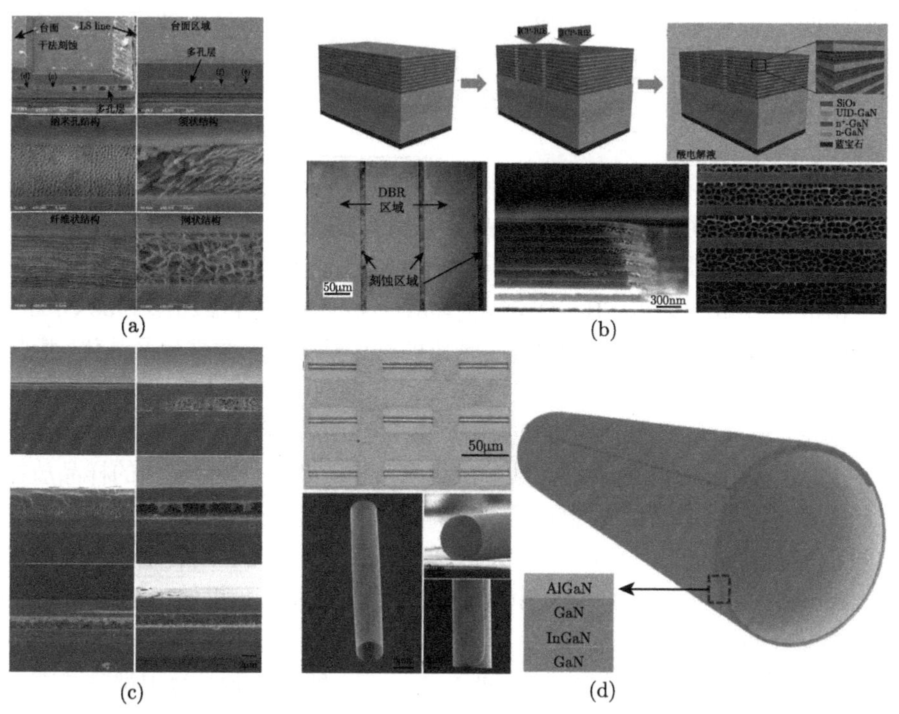

图 3-29 (a) 多孔化 GaN 结构 [27]；(b) 多孔 GaN 作为 DBR 层 [29]；(c) 电化学刻蚀实现 GaN 薄膜的有效完整剥离 [30]；(d) 基于电化学刻蚀与应力诱导制备 GaN 自卷曲微管器件 [33]

3. GaN 微盘制备

如图 3-30 所示，基本制备思路是利用 SiO_2 微球作为掩模，结合 ICP 刻蚀技术制备 GaN 微米柱结构，之后利用电化学刻蚀技术制备出底部悬空、类似蘑菇状的 GaN 微盘结构。

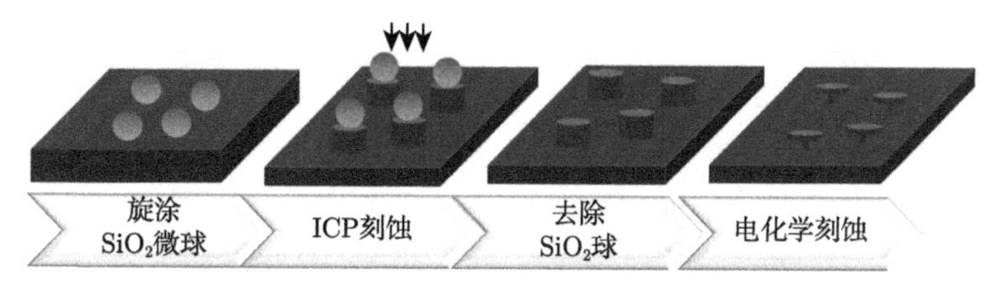

图 3-30 GaN 微盘的制备流程示意图

选用 SiO_2 微球作为刻蚀的掩模，有如下好处：① SiO_2 微球表面光滑，其近乎完美的球形结构非常适合制备圆形度极好的微盘；② SiO_2 微球和 GaN 有很高的刻蚀选择比，能达到 5:1，可以使刻蚀后的微盘有很好的陡直度；③ SiO_2 微球的尺寸选择性高，从几百纳米到几十微米，可以制备各种不同尺寸的微盘；④ SiO_2 微球价格便宜，操作简便，比传统光刻方法更节约时间和成本；⑤ 作为刻蚀的掩模材料，SiO_2 微球的去除也十分方便，置于 HF 溶液中浸泡或者超声数分钟，就可去除干净。

类似于 PS 小球，为了将 SiO_2 微球转移到 GaN 衬底上，首先需要将样品进行预处理。由于实验中选用的 SiO_2 微球自身带有羟基官能团，具有一定的亲水性，为了增加微球和样品之间的黏附力，我们同样需要对样品进行亲水处理。实验中，采用食人鱼溶液 (Piranha 溶液，H_2SO_4:H_2O_2=3:1(体积比)) 对样品加热 (150°C)30min，目的是除去样品表面的所有有机物，同时还可以对材料的表面进行羟基化，增强其表面的亲水性。

实验中，将直径为 5μm 的 SiO_2 微球 (2.5%，w/v) 和去离子水，按 1:50 进行稀释，并超声 5~10min，使其均匀地分散到溶液中。接着，将待旋涂的样品放在匀胶机的托盘上，并用微量注射器取适量稀释后的 SiO_2 微球悬浊液，缓慢地滴在样品中间。调整匀胶机转速至 500r/min，时间为 300s，至样品表面看不见明显的水膜为止。实验过程中可以通过调整 SiO_2 悬浊液的浓度和匀胶机的转速来调整 SiO_2 微球在样品表面分布的疏密程度。

实验中，样品基本结构为 GaN 重掺杂层 (约 500nm 厚) 与顶部含有源层的 GaN 薄膜，有源层内为未掺杂 GaN 层。根据电化学刻蚀掺杂浓度选择性，重掺杂牺牲层能够在较低电压下被完全腐蚀掉，同时可以保证顶部有源层薄膜不被影响。通过选择 HNO_3 溶液作为刻蚀电解液，设置刻蚀电压为 12~22V，并取不同的刻蚀时间，最终制备出如图 3-31 所示的具有不同直径支撑柱的标准光滑形貌的 GaN 圆盘结构。

(a) 12V/120s

(b) 15V/120s

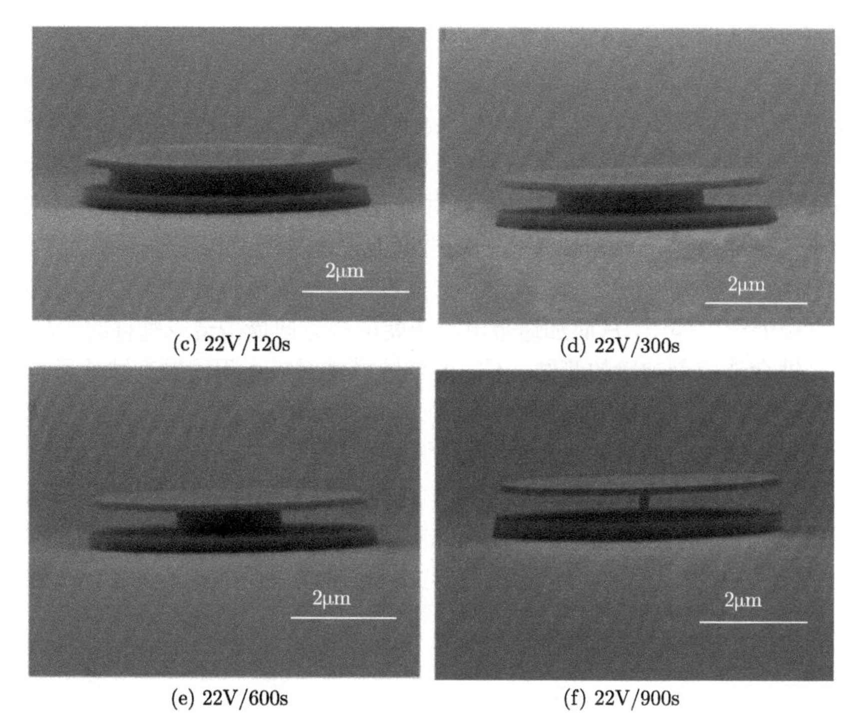

(c) 22V/120s (d) 22V/300s

(e) 22V/600s (f) 22V/900s

图 3-31 不同条件下电化学刻蚀得到的 GaN 圆盘形貌图

3.2 干法刻蚀

在早期的集成电路制造工艺里，湿法刻蚀曾获得了非常广泛的应用，但现在实验上却更多地被干法刻蚀替代。其主要原因之一是湿法刻蚀难以实现垂直向下的各向异性刻蚀。干法刻蚀主要是指等离子体刻蚀，而目前应用最广泛的是电感耦合等离子体刻蚀机，因而本章着重对该部分内容进行讲解。

反应离子刻蚀属于干法刻蚀的一种，结构上属于电感耦合式，在反应腔中通入气体，控制真空抽气系统使环境维持在低压 (1~20mTorr) 状态，利用下电极 13.56MHz 低功率射频产生偏压，使电浆中离子或自由基轰击或与基板反应产生刻蚀，例如，要刻蚀硅时通入 CF_4 从而在电浆中分解 F^- 与硅反应进行刻蚀：

$$CF_4 \longrightarrow 2F + CF_2(CF_4\text{在电浆中分解产生 }F^-) \tag{3-10}$$

$$Si + 4F^- \longrightarrow SiF_4(Si\text{ 与 }F^-\text{反应形成挥发性 }SiF_4) \tag{3-11}$$

反应离子刻蚀反应腔中有两个电极，下电极接射频电源并通水冷却，并可通入氦气作为热传导介质帮助冷却，被刻蚀晶圆放在下电极板上，而上电极为分气盘，刻蚀气体由上方均匀注入反应腔室，反应尾气由腔体下方四周的抽气管路排出。

反应离子刻蚀模式可分为物理性及化学性刻蚀。所谓物理性刻蚀是指利用高动能的离子轰击不需要的材质部分，一般常用惰性气体如氩气等。而化学性刻蚀则是电浆中的离子或自由基与欲去除的材质反应生成挥发性气态物质并将其排出；若希望垂直的刻蚀壁一般需要使用物理性刻蚀，这是因为物理性刻蚀为各向异性的刻蚀，而化学性刻蚀一般会表现为各向同性。其本质原因是射频 (RF) 激发电浆时会在电极处产生偏压，从而加速带电离子朝电极方向撞击造成垂直的蚀刻壁；而化学性刻蚀会造成刻蚀壁的侧蚀。不同的刻蚀模式对应了不同的刻蚀效果 (如刻蚀速率、均匀度、选择比及刻蚀轮廓的不同)，此外，制程压力及不同刻蚀气体比例对刻蚀效果也有非常大的影响，例如，可以调节刻蚀速率与选择比等。射频功率及自偏压大小也是反应离子刻蚀的重要参数。选择适当的刻蚀气体与条件可得到所需的刻蚀效果，而各种参数的掌握对制程的重复再现与良率提升又有着重要的影响。图 3-32 展示了 ICP 设备结构示意图与崇文科技有限公司 Nasca-20 Plus 型号 ICP 设备实物图。

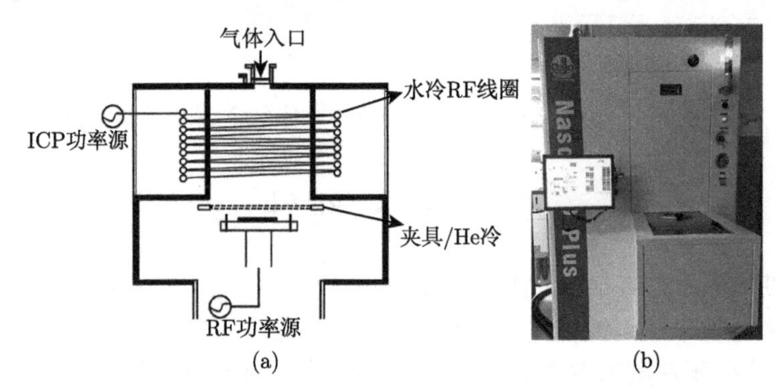

图 3-32　ICP 设备 (a) 结构示意图与 (b) 实物图

1. 单晶硅纳米线干法刻蚀工艺研究

对比上节讲述的 Ag 诱导腐蚀形成硅纳米柱结构，本节讲述利用干法刻蚀工艺制备硅纳米柱。干法刻蚀硅衬底一般是以利用 CF_4 或六氟化硫 (SF_6) 气体与硅发生反应生成气态 SiF_x 为基础来进行电感耦合等离子体刻蚀，具体反应方程如下：

$$\mathrm{Si} + \mathrm{SF_6}(\text{气}) \longrightarrow \mathrm{SiF}_x(\text{气}) + \mathrm{SF}_{6-x}(\text{气}) \tag{3-12}$$

通过反应方程式可以看出六氟化硫与硅发生反应的生成物都是气体，由于在反应过程中腔室压强保持不变，所以生成物会不断地被分子泵抽走，这样反应会不断执行，腔室内与硅发生反应的氟离子会不断通过通入的等离子体化的六氟化硫得到补充，硅片就这样逐渐被刻蚀下去。

干法刻蚀制备硅基纳米结构主要用到的实验材料有单晶硅片、聚苯乙烯 (PS) 小球、去离子水、无水乙醇、丙酮、六氟化硫等。在进行硅基纳米结构的制备前应该对硅片表面进行严格的清洗处理，具体处理环节如下：

(1) 将硅片放入氯仿中超声清洗 5min 左右，用来清洁硅片表面；

(2) 将硅片放入丙酮中去除表面残留氯仿；

(3) 将硅片放入去离子水中超声 5min 左右，用于去除表面的残留丙酮；

(4) 将硅片用氮气吹干后放入浓度约为 10%的 HF 溶液中浸泡 30s 左右，其主要目的是将硅片上被氧化的二氧化硅去除，从而去除硅片表面的各种杂质离子；

(5) 将硅片放入去离子水中去除硅表面残留的 HF 溶液。

通过以上五个步骤就可以基本得到所需的实验用硅片，之后便可以进入如图 3-33 所示的干法刻蚀制备纳米线的基本工艺流程。主要可以分为以下四步：

(1) 在硅片表面将 PS 小球自组装成单层膜作为掩模；

(2) 通过 ICP 刻蚀机用氧气对 PS 小球进行刻蚀从而得到 PS 小球掩模；

(3) 通过 ICP 刻蚀机用六氟化硫对底层硅衬底进行刻蚀；

(4) 用四氢呋喃、氯仿等有机溶剂去掉残余小球得到有序的纳米圆柱阵列。

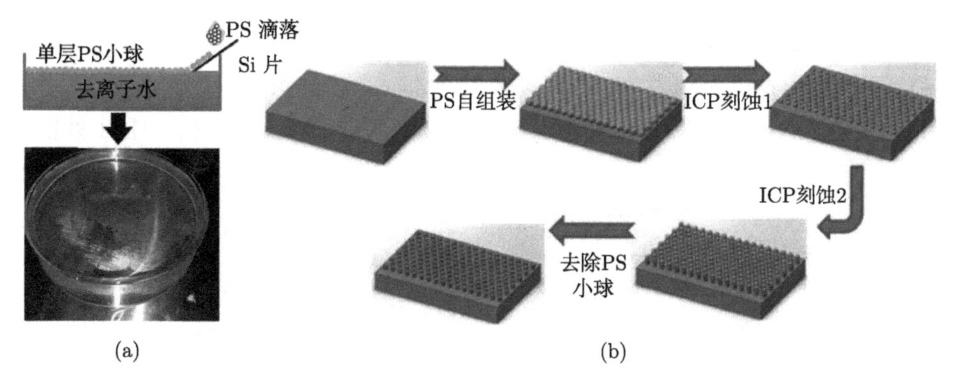

图 3-33 (a) PS 小球自组装过程；(b) 干法刻蚀硅衬底制备硅纳米线工艺流程图

通过上一步的 PS 小球薄膜刻蚀工艺形成所需的掩模之后，使用 ICP 刻蚀机继续对未被 PS 小球掩模覆盖的硅衬底进行刻蚀，这样有 PS 小球的部分因受保护而免受刻蚀，而未被覆盖的部分不断向下刻蚀，从而形成硅基纳米圆柱形貌。这里主要研究刻蚀气体及刻蚀时间对硅基纳米结构形成的影响。

1) 氩气对刻蚀形貌的影响

在干法刻蚀硅的相关工艺中一般使用六氟化硫进行硅基衬底的刻蚀，而在刻蚀过程中为了能够增加刻蚀硅的刻蚀速率，一般还会使用氩气进行硅片表面轰击来加快反应速率。由于氩气产生的等离子体能量很大，考虑到在轰击硅衬底的同时也会对掩模 PS 小球造成影响，所以在确定上下电极功率、六氟化硫流量、腔室压强和刻蚀时间不变的情况下改变氩气的流量来观察其对刻蚀形貌的影响。其具体刻蚀工艺条件如表 3-2 所示。

表 3-2　衬底硅刻蚀工艺参数表 (有氩气)

ID	RF_1/W	RF_2/W	Ar/SF_6/sccm	CP/Pa	ET/s
1	400	200	30/50	2	100
2	400	200	15/50	2	100
3	400	200	5/50	2	100
4	400	200	3/50	2	100

图 3-34 中 (a)，(b) 为刻蚀后样品表面 SEM 形貌图 (6 万倍)，图 3-34(c) 的放大倍数为 8 万倍，图 3-34(d) 的放大倍数为 10 万倍，拍摄角度均为倾斜 15°。放大倍数的不同是为了能够针对不同的刻蚀形貌来观察纳米结构，而倾斜角则是为了更加直观立体地呈现出纳米结构。当氩气流量分别为 30sccm 和 15sccm 时刻蚀表面几乎已经没有纳米结构，只剩下一些凸出的小点，这是由于氩气流量通入过大，先轰击了未被掩模覆盖的部分硅衬底而形成纵向的刻蚀。而在向下刻蚀的过程中，随着硅圆柱裸露部分的增加，氩气同时存在向下刻蚀。但是如果只是这个原因，那么最终形成的形貌应该为圆锥形而不是小圆点。图 3-34(c)，(d) SEM 图为此提供了重要的原因补充。通过观察这两幅图发现，当氩气流量为 5sccm 时纳米圆柱依然还存在，并且在其上有很少的 PS 小球残余。而随着氩气通入量的进一步减少，纳米圆柱上残留的

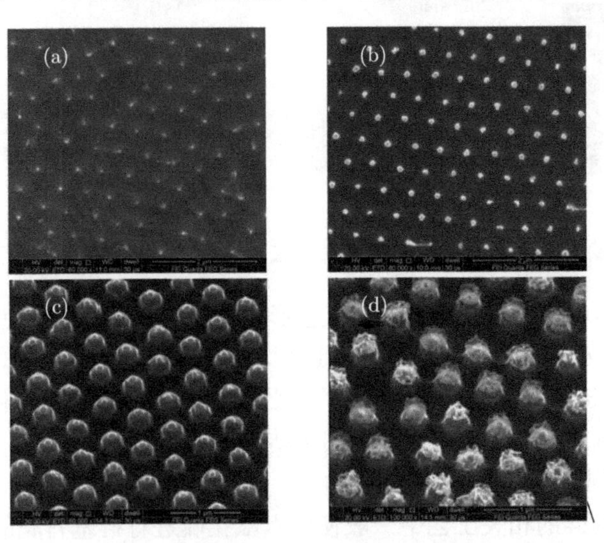

图 3-34　有 PS 小球作掩模的硅衬底在不同氩气流量下的 SEM 形貌图

(a) 30sccm；(b) 15sccm；(c) 5sccm；(d) 3sccm

PS 小球就越来越完整。通入氩气后不能形成良好的硅基纳米结构刻蚀形貌的最主要因素是 PS 小球对氩气的抗刻蚀性较差，所以下面的实验主要是围绕在不通入氩气的情况下来刻蚀衬底硅，并以此研究是否能够得到硅基纳米圆柱纳米结构。

2) 六氟化硫对刻蚀形貌的影响

氩气在等离子体情况下能量过大，在增加硅基刻蚀速率的情况下同时对 PS 小球也加速腐蚀，并且相对于硅衬底来说 PS 小球抗氩气刻蚀度更差，不能作为在六氟化硫和氩气气氛下的掩模材料，所以本节主要研究只通入六氟化硫气体时的表面形貌。具体工艺参数如表 3-3 所示。

表 3-3 衬底硅刻蚀工艺参数表 (无氩气)

ID	RF_1/W	RF_2/W	Ar/SF_6/sccm	CP/Pa	ET/s
1	400	200	0/100	2	100
2	400	200	0/50	2	100
3	400	200	0/30	2	100

在本次实验中特别增加了六氟化硫的气流量作对比，从而寻找一个最佳的气流量来得到良好的二维光子晶体纳米圆柱结构。在拍摄 SEM 图时采取不同的放大倍数及拍摄角度来得到更加直观且具有说服力的结果。图 3-35(a) 的工艺中六氟化硫气流量为 100sccm，SEM 图放大倍数为 8 万倍，倾斜角为 15°，可以明显看出小球严重变形，虽然硅衬底已经刻蚀为纳米圆柱，但是若是需要进一步刻蚀硅时，PS 小球便不再具备掩模效果，可以预知得出的形貌应与通入氩气相似。而这时减小六氟化硫的气流量为 50sccm，如图 3-35(b) 所示，放大倍数为 8 万倍，倾斜角为 15° 的纳米结构 SEM 图上已经明显看出小球表面比较光滑，不再存在如图 3-35(a) 一般严重形变的情况，但是仔细观察可以发现小球已经发生椭圆形变，进一步增加刻蚀时间是否会使 PS 小球严重形变便成为不确定因素。再次减小六氟化硫气流量为 30sccm，如图 3-35(c) 所示，其放大倍数为 15 万倍，倾斜角为 15° 下的 SEM 图与图 3-35(b) 并无十分巨大的差别，因而小球是否依然发生形变成为实验中最大的关键点，所以进一步对比了 30sccm 六氟化硫气流量下硅纳米结构的侧视图 3-35(d)，其放大倍数为 16 万倍，在该高倍数情况下能够清晰看出硅衬底刻蚀了约 300nm 深，且最重要的是纳米结构上方的 PS 小球掩模几乎没有发生形变，完全可以胜任掩模的作用。

3) 刻蚀时间对刻蚀形貌的影响

确定六氟化硫气流量为 30sccm 后，通过改变刻蚀时间来得到高深宽比的硅圆柱纳米结构，其主要工艺参数如表 3-4 所示。

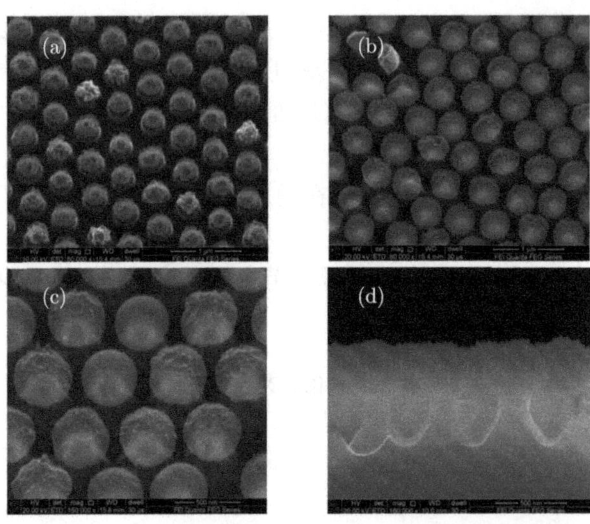

图 3-35　有 PS 小球作掩模的硅衬底在不同六氟化硫流量下的 SEM 图

(a) 100sccm；(b) 50sccm；(c) 30sccm；(d) 30sccm 侧视图

表 3-4　衬底硅刻蚀工艺参数表 (时间)

ID	RF_1/W	RF_2/W	SF_6/sccm	CP/Pa	ET/s
1	400	200	30	2	50
2	400	200	30	2	100
3	400	200	30	2	150

如图 3-36 所示，三幅图均为刻蚀工艺完成后去掉小球的 SEM 侧视图，其中图 3-36(a) 放大倍数为 18 万倍，可以看出小球没有完全去除干净，这方面问题将在下文讨论。而在本图中，不考虑圆锥上方类似于子弹头形貌的 PS 小球残留物，通过测量可以得出在 50s 刻蚀工艺中，刻蚀的纳米结构高度约为 150nm；图 3-36(b) 的放大倍数为 8 万倍，刻蚀 100s 后纳米结构高度约为 250nm；图 3-36(c) 的放大倍数亦为 8 万倍，刻蚀 150s 后纳米结构高度约为 360nm。这样便可以知道六氟化硫对硅的刻蚀速率为 2~3nm/s。

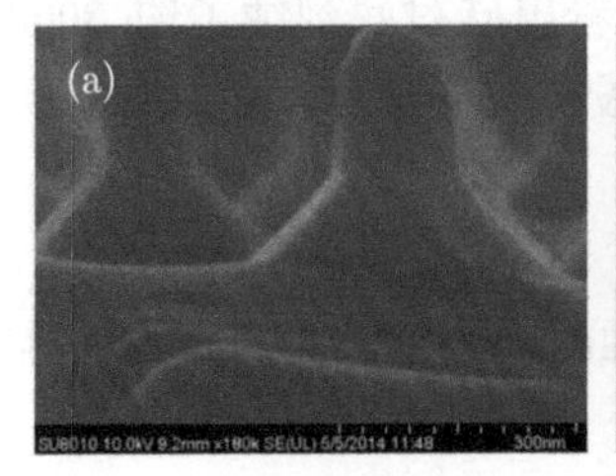

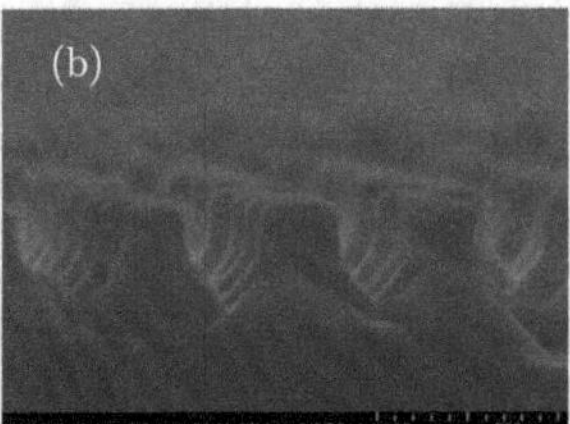

图 3-36　去 PS 小球后的硅衬底在不同刻蚀时间下的 SEM 图

(a) 50s；(b) 100s；(c) 150s

4) PS 残留物去除工艺

在上文通过对比实验说明了最佳刻蚀工艺条件，在刻蚀得出硅基纳米结构后需要将 PS 小球掩模去除得到硅基纳米结构。由于 PS 为高分子聚合物，且在作为掩模的过程中与六氟化硫发生氟代产物，极难溶于大部分有机溶剂，所以一般需要选用四氢呋喃作为去小球溶液来进行超声和长时间浸泡去小球流程。图 3-37(a)，(b)，(c) 均为倾斜 30° 放大倍数为 6 万倍的斜视图：图 3-37(a) 为在强有机溶剂四氢呋喃溶液中浸泡 1h 后的表面形貌图，可以明显看出硅纳米结构上面粘附了一层很厚的 PS 残留层；在图 3-37(b) 中发现浸泡 24h 后 PS 残留层有了非常明显的减少；当浸泡时间上升为 1 星期时，PS 残留层就被完全去掉了 (图 3-37(c))。

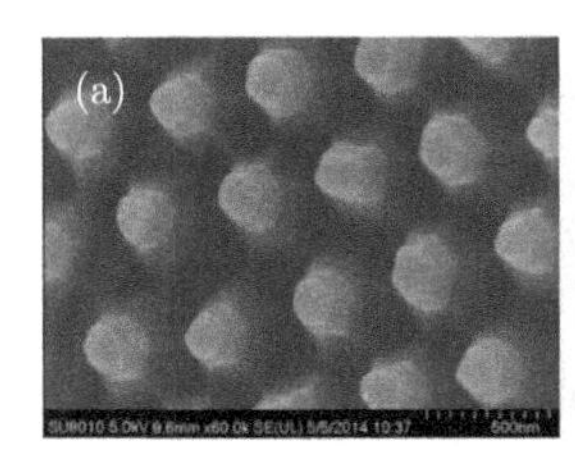

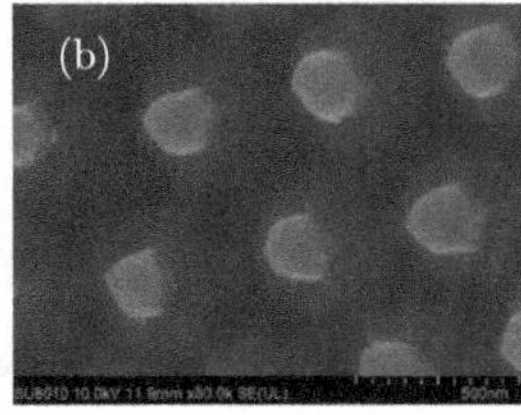

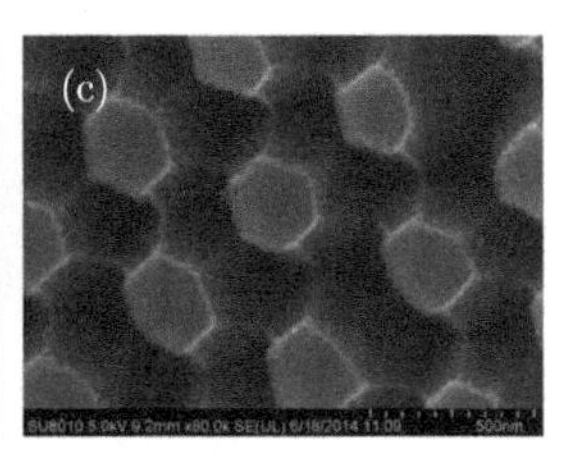

图 3-37 在四氢呋喃中浸泡不同时间后的硅表面对比图

(a) 1h；(b) 24h；(c) 7d

2. 准三维蝴蝶结结构制备

超材料具有自然界材料没有的独特光学性质，不仅使人们对光学材料、电磁材料及一些相关的基本物理概念有了更深刻且全面的认识，而且给光学领域注入了新的活力，超材料目前在隐身技术、通信技术、完美透镜、新型信息技术等领域体现出广阔的应用前景。蝴蝶结纳米天线具有将电场集中在尖端的作用，很多研究小组研究过其在电磁领域的应用。二维蝴蝶结纳米天线结构可作为制备二维超材料的基本结构 [34-37]，而三维蝴蝶结结构 [38] 能实现更广泛的应用价值。图 3-38 展示了一种典型的二维蝴蝶结形貌图及其电场增强效果图 [37]。

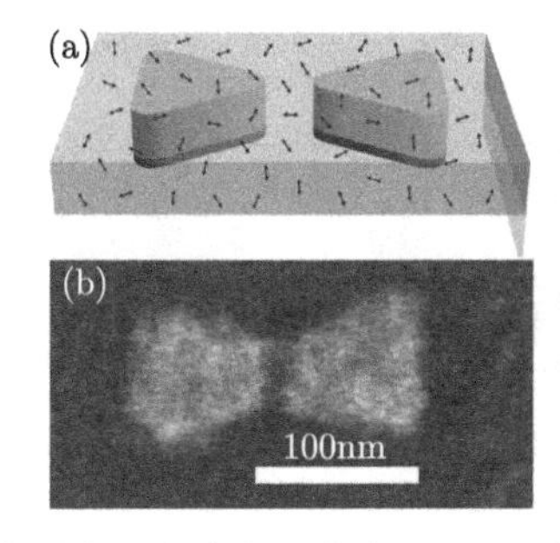

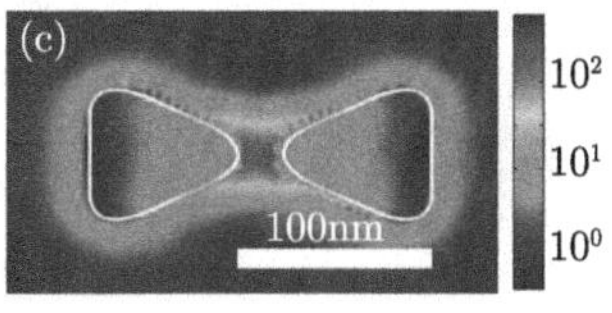

图 3-38 (a) 金纳米天线涂在基底为 PDMS 的单分子 (TPQDI) (黑色箭头) 上；(b) 金纳米天线形貌图；(c) FDTD 仿真所得纳米天线尖端电场增强效果 (后附彩图)

目前对这种三角结构的金属纳米天线结构制备，主要通过化学合成、电子束直写等方式实现，本书着重介绍利用纳米小球作为掩模，结合后续蒸镀和刻蚀流程制备三维或二维蝴蝶结结构，基本制备原理如图 3-39 所示。

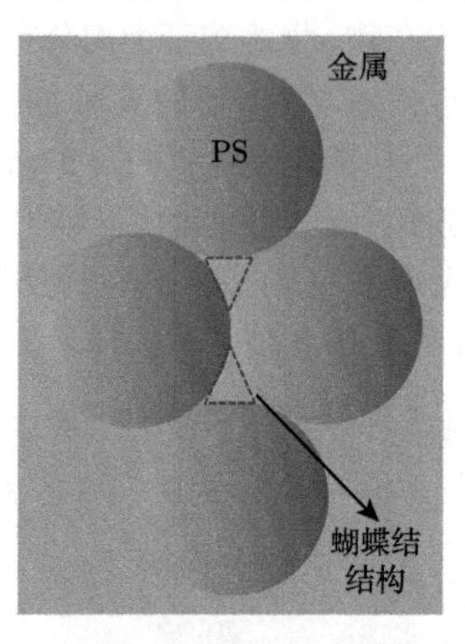

图 3-39　利用 PS 小球制备金属纳米蝴蝶结结构

如图 3-39 所示，二维蝴蝶结制备流程大概如下：PS 小球自组装形成单层膜；通过 ICP 或氧等离子体去胶机刻蚀 PS 小球，调节其直径与间隙；蒸镀或溅射用于蝴蝶结等离子体增强所需金属材料。而本书三维蝴蝶结的制备流程与之类似，唯一区别在于对衬底的三维加工，从而诱导 PS 小球阵列的三维排布，其主要流程如下 (对应图 3-40)。

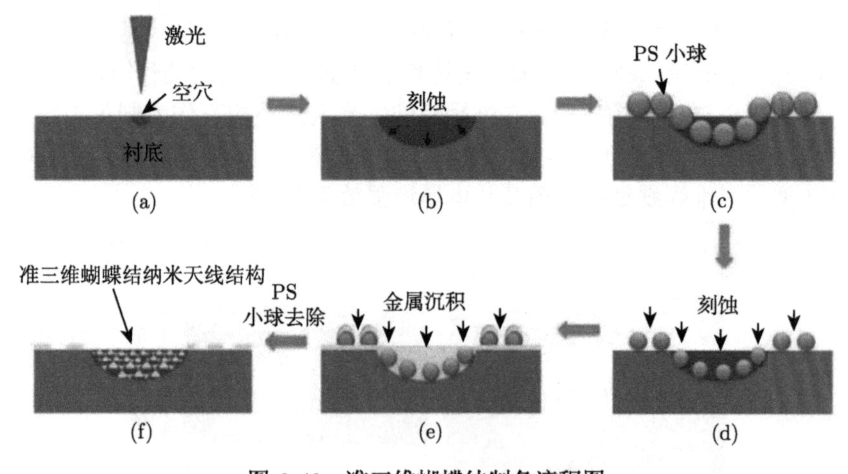

图 3-40　准三维蝴蝶结制备流程图

(1) 采用激光直写技术，利用 355nm 纳秒激光器在硅 (玻璃) 衬底上制备出直径 15μm 以内的微米孔阵列 (图 3-40(a))。激光器受电脑控制可以高效地制备孔阵列，制备出的样品用丙酮、乙醇和去离子水进行清洗。

(2) 根据不同的衬底结构，采用化学溶液对样品进行腐蚀，增大微米孔的直径(图 3-40(b))，直径的大小可由腐蚀的时间来控制，腐蚀后的样品用去离子水进行清洗，腐蚀后的样品如图 3-41 所示，这表明在玻璃和硅衬底上都可以得到六角形的微孔。从图 3-41(a)~(f) 可以清楚地看出，在刻蚀过程开始时，酸溶液需要很短的时间来扩大和平整化激光辐照引起的微孔，在玻璃和硅衬底上形成凹凸结构。图 3-41(c) 表明在玻璃基板上可以实现均匀的微孔分布，图 3-41(f) 显示了硅衬底上的均匀微孔分布。随着腐蚀时间的增加，微孔的直径增大，微孔内表面变得更加光滑。图 3-42 表示统计的腐蚀孔径与腐蚀时间的关系，说明了通过调节湿法刻蚀时间可以实现玻璃和硅衬底上的微孔的不同直径。

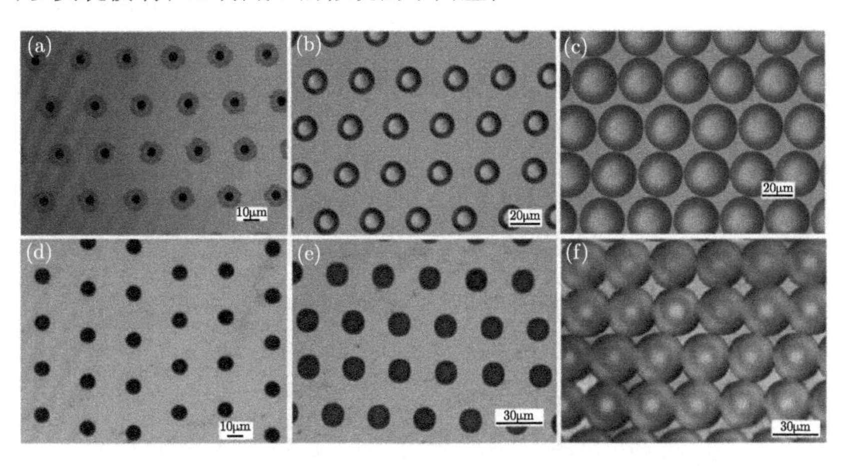

图 3-41 激光直写衬底并经过化学腐蚀后的效果图

玻璃衬底 (a) 0min；(b) 5min 和 (c)13min；硅衬底 (d) 0min；(e) 3min 和 (f) 18min

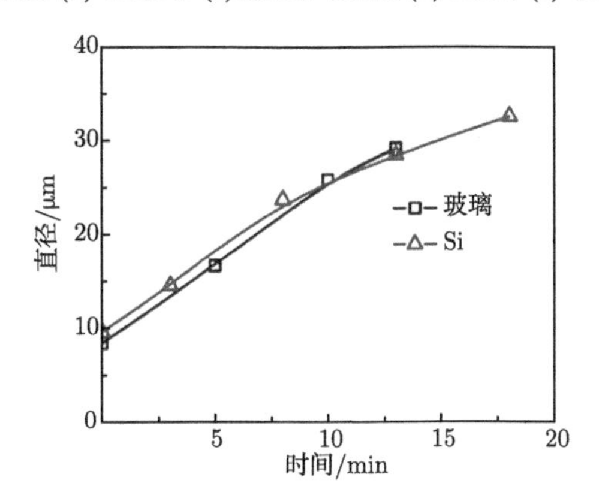

图 3-42 激光打孔后，利用 HF(约 8%) 或 HF(约 5%)/HNO_3(约 25%) 混合溶液腐蚀玻璃或硅衬底过程中腐蚀孔径与腐蚀时间的关系

(3) 采用自组装技术在衬底表面制备一层 PS 小球阵列 (图 3-40(c))，用作制备准三维蝴蝶结纳米天线结构的掩模。

(4) 采用氧等离子体刻蚀 PS 小球 (图 3-40(d))，通过刻蚀的时间来控制其直径大小。

(5) 采用电子束蒸发或热蒸发的方式在样品表面沉积一层金属薄膜 (图 3-40(e))。

(6) 采用氯仿溶液去除 PS 小球，即可在孔内的曲面上得到准三维蝴蝶结纳米天线结构 (图 3-40(f))。

图 3-43 是 SEM 观察 Si 衬底上均匀分布的微孔、PS 小球和准三维弓形纳米天线的图像。图 3-43(b) 和 (c) 显示在等离子体刻蚀前后可以实现均匀的 PS 小球。在较低区域，图 3-43(d) 和 (g) 展示了具有最小间隙尺寸约 70nm 的准三维蝴蝶结纳米天线，三边长度分别约为 140nm、135nm 和 135nm。在图 3-43(e) 和 (h) 中分别给出了中间区域最小间隙大小的准三维蝴蝶结纳米天线，其三边长度分别约为 115nm、150nm 和 150nm。而对于高区域的准三维蝴蝶结纳米天线，如图 3-43(f) 和 (i) 所示，最小的间隙大小约为 55nm。按照图 3-44 所示，这里定义三个区域来简化说明，低、中、高区域分别代表 PS 小球重叠区域与垂直方向夹角近似范围 (0，20°)，(20，40°)，(40，60°)。

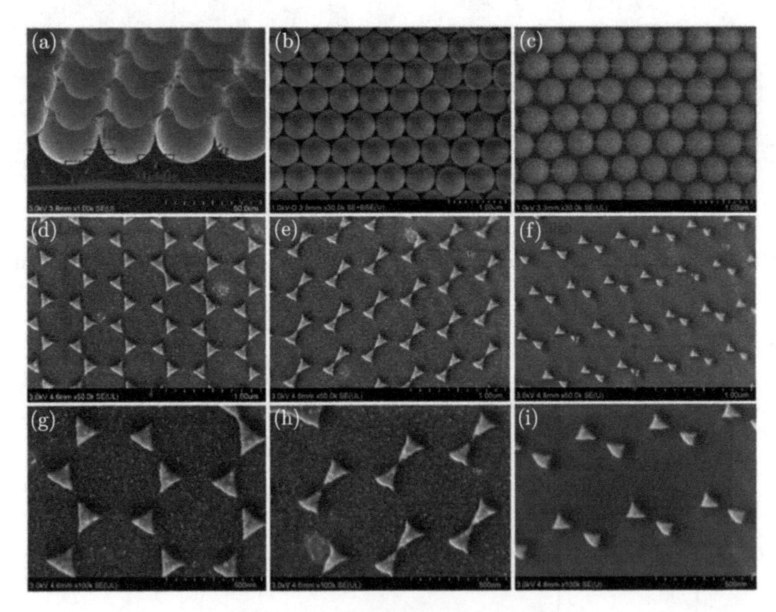

图 3-43 实验测得的 SEM 图

(a) 化学刻蚀 18min 的衬底的斜视图；(b) PS 小球制备在平面基板上的俯视图；(c) PS 小球在氧等离子体刻蚀约 50s 后的俯视图；(d) 和 (g) 是孔曲面下部分布的准三维蝴蝶结纳米天线结构；(e) 和 (h) 是孔曲面中部分布的准三维蝴蝶结纳米天线结构；(f) 和 (i) 为孔曲面较高位置处分布的准三维蝴蝶结纳米天线结构

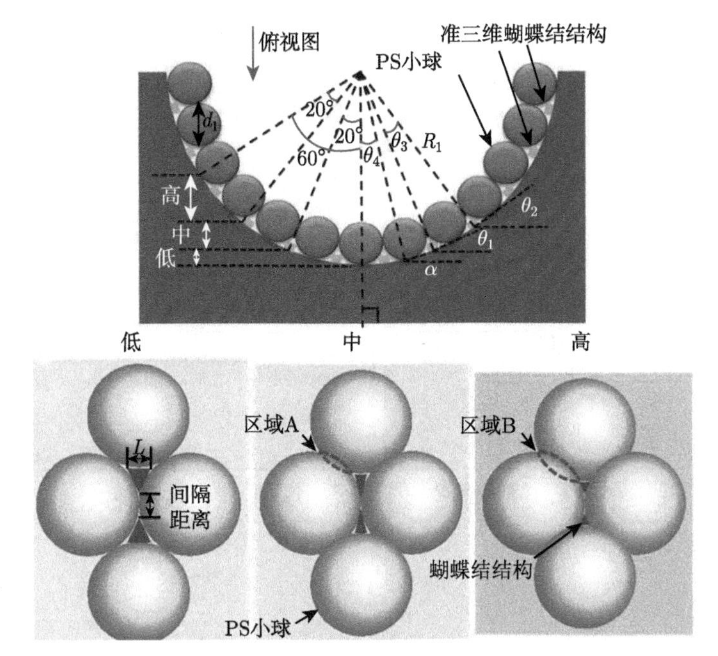

图 3-44 在三维微孔结构中对应可以实现不同尺寸、间距的蝴蝶结结构

3.3 激光刻蚀

激光微细加工是微纳加工技术中发展很快的一个新的分支。目前，研究人员普遍认为它是现代微细加工强有力的工具之一。激光刻蚀技术是利用激光辐照来去除表面或样品内部物质的加工形式。它不但能够实现传统意义的薄膜刻蚀，而且可以用来实现三维微结构的制造，制备出的微纳尺度样品结构对于超小 MEMS 器件加工、超疏水等方面具有重要的应用价值 (图 3-45)[39-41]。

激光刻蚀通常使用波长很短的紫外线激光源与超短脉冲结合的激光束照射工件。一般波长很短的激光光子能量很高，例如，KrF 激光光子能量为 5.0eV，ArF 激光光子能量为 6.4eV，F_2 激光光子能量高达 7.9eV。这些光子能量已经达到或超过一般有机聚合物的基元共价键的能量。表 3-5 为一些有机聚合物的基元共价键能量表。

通过短波长光子照射，可以直接打断一些工件物质的化学键使其离解，伴随光照导致的升温、熔化与气化作用而以很高的速度被去除掉，而未被光照的样品部分则不受影响。刻蚀后形成的结构端面光洁、质量好。短波长的准分子激光对金属和无机非金属材料的光化学作用通常比有机聚合物弱，相应的阈值能量也更高。另一种广泛应用于微纳加工技术的激光源是超短脉冲宽度的激光器，20 世纪 80 年代

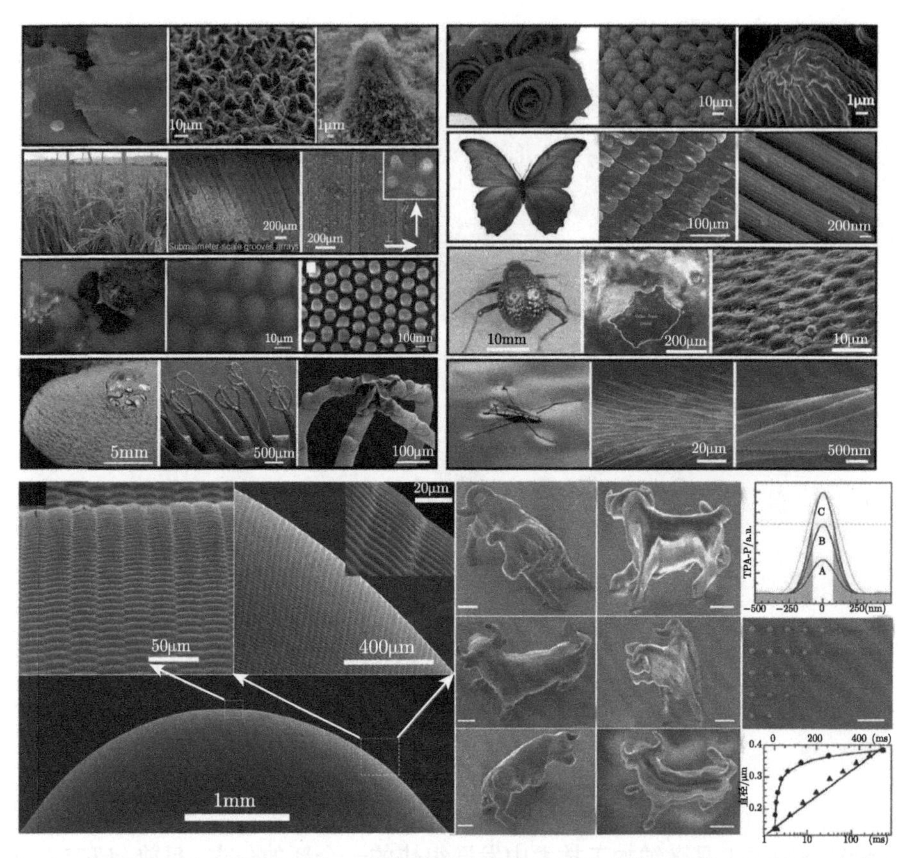

图 3-45　上图为利用飞秒激光微加工制备的多类超疏水结构 [40]，左下图为利用飞秒激光制备的三维复眼结构 [41]，右下图为制备的“纳米牛”[39]

表 3-5　一些有机聚合物的基元共价键能量表

键型	键能/eV	键型	键能/eV
C═H	3.5	N—H	4.06
C—H	4.31	O—H	4.80
C—C	3.58	F—F	1.61
C═C	6.33	Cl—Cl	2.51
C ≡ H	8.67	Br—Br	1.95
C—N	3.16	I—I	1.56
C—O	3.71	H—F	5.86
C—F	5.04	H—Cl	4.47
C—Cl	3.52	H—Br	3.82
C—Br	2.95	H—I	3.10
C—I	2.26		

出现的飞秒激光器，在 90 年代以后出现的宽带可调谐激光晶体和自锁模技术的影响下获得了非常大的进展。以掺钛蓝宝石飞秒激光器为代表，单个飞秒脉冲能量可能达到焦耳的量级，其峰值的光功率可能达到 GW 甚至 TW 量级。飞秒激光器独特的高峰值功率特点使它实际上可以去除任何物质，而且在极短的持续时间范围内热量来不及传递开，使加热和加工区被限制在很小的范围，没有热扩散的作用，而未被激光照射的部分不会受到加热和热污染损伤的影响。在飞秒激光加工时，由于光强度特别高，光物质作用和伴随的能量转移具有多光子作用的特点。一般聚焦激光束的束斑光强空间分布通常接近于高斯分布的形式；其中心区的光能密度大，多光子作用概率较高，因而可以视为激光束具有更小的多光子作用的束斑半径。

在刻蚀时，可以选择材料和工艺条件，使得多光子吸收、多光子作用电离形成等离子体的过程作为起主要作用的刻蚀过程，以提高激光刻蚀加工的分辨率和精度。一般来说，激光束原来的聚焦光强分布的半峰值宽度约为 1μm，而多光子过程的等效光强分布函数要狭窄得多，再加以多光子作用的阈值也较高，其超过阈值的多光子作用的束斑半径则减小到 1/3 左右。所以，飞秒加工刻蚀的范围限于聚焦光斑中心附近，具有很高的进入纳米领域的高分辨率和高精度。

光刻蚀的实际过程非常复杂，有相当多的物理–化学过程在起作用。其中包括：

光吸收：在材料表面部分光能量被反射，部分能量透入材料。其中一部分或大部分被吸收或是耦合到材料内部。在准分子激光的短波长段，很多材料的反射系数并不大，大部分能量都可以被材料有效吸收。

光化学过程：即前述的打断化学键，导致离解的光致化学反应过程，这一过程既然是光子的“量子”起作用，自然存在一个最低的“阈值”能量 F_0。当材料对光的吸收率为 α，光子能量为 F 时，光化学离解的刻蚀速度可以表示如下：

$$v_{\mathrm{d}} = \frac{\ln\left(F/F_0\right)}{\alpha} \tag{3-13}$$

光热升温过程：加热升温将导致物质的熔化、气化，以及形成高温等离子体的次级过程，其结果也导致加热区物质的去除。光的加热作用与光化学作用是同时存在的。但对于脉宽达到纳秒或更长的激光束而言，通常认为加热相关的物理过程在刻蚀中起主导作用。在主要考虑通过物质气化的刻蚀作用时，其刻蚀速率可近似表示为

$$\ln v_{\mathrm{d}} = \ln k_0 - \frac{Ec_p \ln\left(F/F_{0\mathrm{t}}\right)}{R\alpha_{\mathrm{eff}}\left(F - F_{0\mathrm{t}}\right)} \tag{3-14}$$

式中，F 为照射光子的能量；$F_{0\mathrm{t}}$ 为热刻蚀的阈值能量；E 为气化能；R 为气体常数；c_p 为物质的比定压热容；k_0 是一个常数因子；α_{eff} 为材料对光的有效吸收率。

物质的迁徙与去除：除了上述的加热–升温–气化物质去除过程，还可能出现形成局部高温高压的等离子体。等离子体的形成、演化与运动，以及伴随的物质的去

除过程相当复杂，通常只能通过数值模拟加以分析计算。在高温等离子体形成以后的演化过程中，往往伴随着强烈的膨胀、喷发和类似爆炸的冲击作用，这些作用也对刻蚀过程产生重要影响。相应的物理过程包括能量的转移、物质的离解与电离、电离气体中电子与离子的运动、等离子体的演化发展与运动等。

激光微加工系统主要有两种形式：**扫描式和投射式**。其中扫描式不需要掩模，所有微细结构的图形信息完全存储在计算机中，通过对聚焦激光束的扫描和通断控制来直接“写出”微细图形结构。扫描式激光刻蚀加工系统首先将激光器发出的激光通过光路控制和聚焦 (透镜) 系统形成微细的光斑，再通过工作台运动或者通过光偏转器使激光束偏转扫描的方法，控制聚焦束斑在加工工件表面的位置，实现高精度的直写加工。在工作台扫描运动的系统里，工作台需要具有多自由度快速精密运动的性能。除了基本的 X-Y-Z 三维运动以外，还需要有相应的旋转运动功能。

目前技术上可行的激光束偏转扫描器有旋转棱镜反射式偏转器、振动式反射镜偏转器、电光扫描偏转器和声光扫描偏转器。反射镜和棱镜偏转器一般都是光学系统的固定方向偏转器，但可以通过使棱镜或反射镜机械地旋转运动的方法改变扫描方向。这种方式原理简单，虽然速度上受到限制，但其扫描偏转角度大，受温度等环境因素影响小，光的损耗少，而且适用于不同波长的光，所以至今仍然是一种常用的技术方案。

电光偏转器的可控偏转基于多种电光效应工作：电光效应是指在电场的作用下，晶体材料的折射率会随电场发生变化的效应，可以利用电控的电光效应来达到光束偏转的目的，目前已经研究开发出了多种电光偏转器的设计。晶体里光传播是各向异性的，具有双折射的现象，电控的双折射现象也可用来光束扫描。例如，图 3-46 中，B 是一个具有双折射效应的方解石晶体，它能够使沿光轴方向入射的非

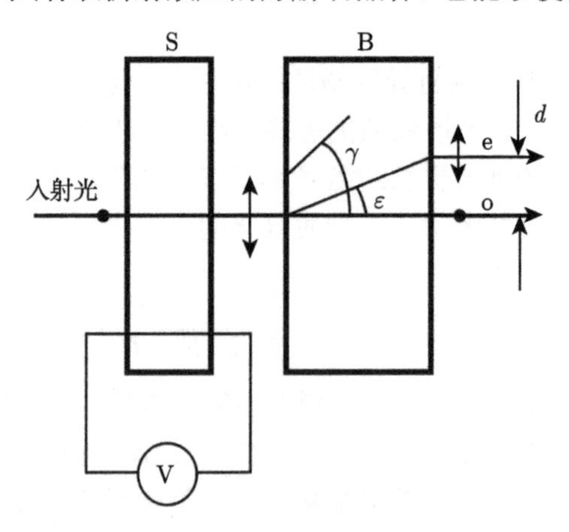

图 3-46　数字电光扫描器偏转单元示意图

偏转光分离为寻常光线 (o 光) 和非寻常光线 (e 光)，其分离角度为

$$\theta = \arctan \frac{n_{\mathrm{e}}^2 - n_{\mathrm{o}}^2}{2n_{\mathrm{e}}n_{\mathrm{o}}} \tag{3-15}$$

式中，n_{o} 和 n_{e} 分别为寻常光折射率和非寻常光折射率。

如上，S 是一个电光晶体，它的各向异性使得不同偏振方向的光线的相移不同，而施加电场可以使其各向异性电光系数变化；在施加“半波电压”时，B 晶体入口的 o 光方向的线偏振光，在其出口面将变成 e 光方向的线偏振光。因此，S 晶体施加适当电压可以实现一个固定的光扫描量 d。

声光扫描器的基本原理是弹光材料里的声光布拉格反射现象。在一个具有弹光性能的介质中激励起声波，声波是机械位移式振动的传播，介质中的原子–离子的机械振动式位移，导致介质内出现应力和应变；对于一个具有弹光效应的物质，在其中入射声波与反射声波相干产生驻波声场时，其应力和应变的驻波场将导致光折射率的变化，这一折射率的变化具有波动网栅的形式，导致介质内出现折射率的体光栅。光波在这种光栅中传播时，不同光栅面产生散射波之间的相干叠加，导致在某些特定的方向出现衍射波束，这就是声光布拉格反射或布拉格衍射。如图 3-47 所示，对于简化的一维平面光栅，布拉格反射衍射束的偏转角度由以下的布拉格条件决定：

$$2\theta_{\mathrm{B}} = \frac{\lambda_{\mathrm{l}}}{2m\lambda_{\mathrm{s}}} = \frac{\lambda_{\mathrm{l}}}{2mv_{\mathrm{s}}} f_{\mathrm{s}} \tag{3-16}$$

式中，λ_{l} 为介质中光波的波长，λ_{s}、v_{s}、f_{s} 分别为介质中声波的波长、相速度和频率，m 是正整数。从该式可以看出，声波的激励频率变化，介质中声波波长和折射率光栅的周期长度便随之变化，导致光束的偏转角的变化，从而实现光束的扫描。

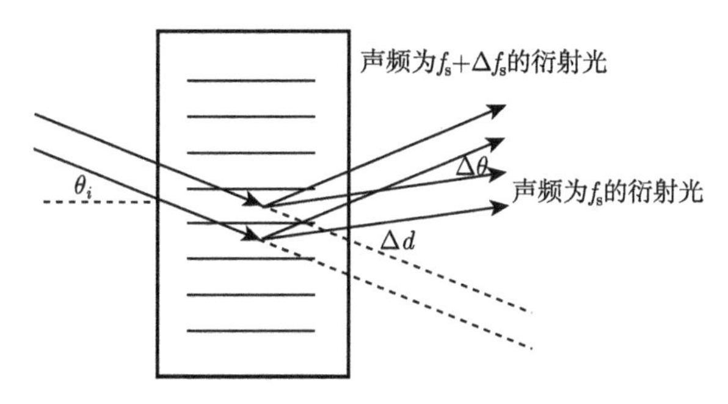

图 3-47　简化的一维平面光栅的衍射效应

声光偏转器也有快速扫描的优点。图 3-48 为一个使用声光扫描偏转系统控制的激光直写微加工系统的示意图。

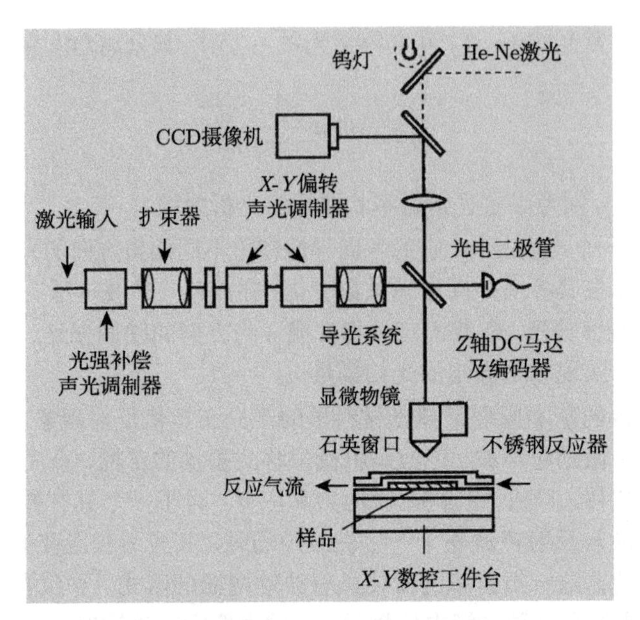

图 3-48　声光扫描偏转系统控制的激光直写微加工系统的示意图

它可以用来通过选择性刻蚀进行微细图形结构的刻蚀加工，加工时既不需要先行的光刻工序，也不需要掩模；设备中的弹光物质为氧化碲，通过叉指换能器将电信号馈入，在氧化碲内激励起超声波，其中心频率为 102MHz，上图中右侧的光电二极管用来采集光强信号，并通过封闭的反馈环来补偿整个扫描场中光强的不均匀性。

投射式激光刻蚀加工：扫描直写式微加工灵活方便，但是在每一时刻只是在一个直径很小的激光束斑照射位置进行刻蚀加工，其生产速率难以提高。所以，更加有利于大规模批量生产的是使用掩模的投射式加工系统。投射式激光刻蚀加工系统的构成非常类似于投射式光学光刻曝光系统，这里仍然使用一个掩模、一个照明系统和一个投射 (聚焦成像) 光学系统。只是这里的工作台上是待加工的工件基片，是选择刻蚀的对象而不是抗蚀胶。

投射式激光刻蚀系统的刻蚀部位和刻蚀掉的图形部位直接与掩模的窗口部位对应从而实现了选择性刻蚀。原则上省去了光刻工序，所以具有简化工艺的优点。而光源一般使用产生远紫外线的准分子激光器。图 3-49 是一个投射式激光刻蚀微加工系统的光路原理图，其中图 3-49(b) 是光路拉直了的简化光路图。

可以看出，在照明光学系统部分，同样使用了使照明光均匀的元部件，光路中还设有光束整形器、控制与调节光束参量的光衰减器，图上的 CCD 摄像机用来进行准直和对中的调整。而为了实现三维的刻蚀加工，可以使用多块掩模、多次刻蚀的方法，使用具有灰度的掩模代替二元掩模板，或者通过变化激光的重复频率或脉冲功率，做到相应的调整照明光的光能密度。

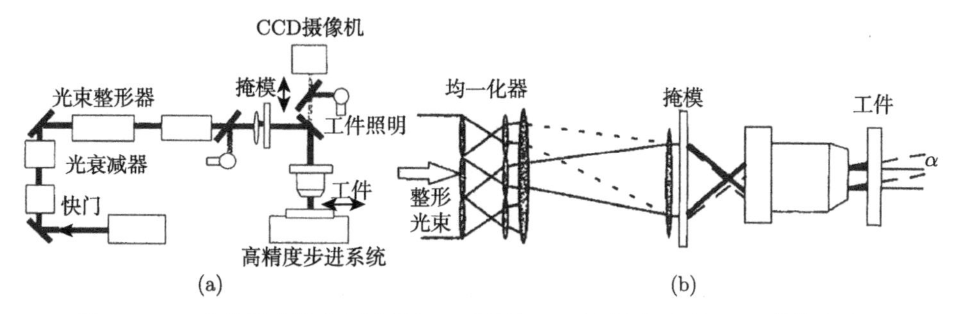

图 3-49　一个投射式激光刻蚀微加工系统的 (a) 光路原理图和 (b) 简化光路图

飞秒高峰值功率激光与有机聚合物的介质作用有很多在科学上引人注目的特点，其中之一是双光子作用下的聚合作用 (two phonton polymerization, 2PP)。具有光敏聚合性质的低分子物质在强激光电场的双光子光化作用之下发生聚合，使得光照的部位生成能够抵抗化学腐蚀的、具有长链和交链的高分子聚合物，甚至使液态的光敏物质转化为固态，而未发生双光子作用的部位则在之后的化学刻蚀中被去除，从而生成微细结构。这种类似光刻与刻蚀技术的结合，使用飞秒激光器并利用其多光子作用，其分辨率可以达到纳米级的领域；其次现代光学技术已可能在聚焦区域产生具有复杂空间分布的光场，因而 2PP 技术得以成功制造出具有非常复杂、特殊的三维微细结构。

本章详细介绍了利用刻蚀技术对材料进行微纳尺度精细加工，并着重讲解了硅基材料纳米线结构、GaN 多孔结构、GaN 自支撑薄膜结构的制备流程。通过 PS 小球自组装或 SiO_2 小球旋涂的方法可以在平整薄膜或具有三维结构的薄膜样品表面制备出单层周期性六方排布的纳米结构，通过与金属沉积或 ICP 干法刻蚀等后续工艺相结合，能够制备出具有特定光学增强效果的纳米结构阵列。本章主体内容为刻蚀工艺参数的实验与分析，是相关微纳尺度样品制备过程中最重要的环节之一。

参 考 文 献

[1] Peng K, Lu A, Zhang R, et al. Motility of metal nanoparticles in silicon and induced anisotropic silicon etching[J]. Advanced Functional Materials, 2008, 18(19): 3026-3035.

[2] Liu K, Qu S, Zhang X, et al. Anisotropic characteristics and morphological control of silicon nanowires fabricated by metal-assisted chemical etching[J]. Journal of Materials Science, 2012, 48(4): 1755-1762.

[3] Huang Z, Geyer N, Werner P, et al. Metal-assisted chemical etching of silicon: A review[J]. Adv. Mater, 2011, 23(2): 285-308.

[4] Cendula P, Malachias A, Deneke C, et al. Experimental realization of coexisting states of rolled-up and wrinkled nanomembranes by strain and etching control[J]. Nanoscale, 2014, 6(23): 14326-14335.

[5] Kipp T, Welsch H, Strelow C, et al. Optical modes in semiconductor microtube ring resonators[J]. Phys. Rev. Lett., 2006, 96(7): 077403.

[6] Li X. Strain induced semiconductor nanotubes: from formation process to device applications[J]. Journal of Physics D: Applied Physics, 2008, 41(19): 193001.

[7] Prinz V Y. A new concept in fabricating building blocks for nanoelectronic and nanomechanic devices[J]. Microelectronic Engineering, 2003, 69(2-4): 466-475.

[8] Chun I S, Challa A, Derickson B, et al. Geometry effect on the strain-induced self-rolling of semiconductor membranes[J]. Nano Lett., 2010, 10(10): 3927-3932.

[9] Simon J, Langer R, Barski A, et al. Spontaneous polarization effects inGaN/Al_xGa_{1-x} Nquantum wells[J]. Physical Review B, 2000, 61(11): 7211-7214.

[10] Park S H, Chuang S L. Spontaneous polarization effects in wurtzite GaN/AlGaN quantum wells and comparison with experiment[J]. Applied Physics Letters, 2000, 76(15): 1981-1983.

[11] Lu L, Gao Z Y, Shen B, et al. Microstructure and origin of dislocation etch pits in GaN epilayers grown by metal organic chemical vapor deposition[J]. Journal of Applied Physics, 2008, 104(12): 123525.

[12] 王宏，云峰，刘硕，等. 晶圆键合和激光剥离工艺对 GaN 垂直结构发光二极管芯片残余应力的影响 [J]. 物理学报, 2015, 64(2): 028501.

[13] Kwack H S, Lim H S, Song H D, et al. Experimental study of light output power for vertical GaN-based light-emitting diodes with various textured surface and thickness of GaN layer[J]. AIP Advances, 2012, 2(2): 022127.

[14] Zhang L, Tan W S, Westwater S, et al. High brightness GaN-on-Si based blue LEDs grown on 150 mm Si substrates using thin buffer layer technology[J]. IEEE Journal of the Electron Devices Society, 2015, 3(6): 457-462.

[15] Lehmann V, Gösele U. Porous silicon formation: A quantum wire effect[J]. Applied Physics Letters, 1991, 58(8): 856-858.

[16] Petrova-Koch V, Muschik T, Kux A, et al. Rapid-thermal-oxidized porous Si-The superior photoluminescent Si[J]. Applied Physics Letters, 1992, 61(8): 943-945.

[17] Canham L T. Silicon quantum wire array fabrication by electrochemical and chemical dissolution of wafers[J]. Applied Physics Letters, 1990, 57(10): 1046-1048.

[18] Lehmann V. Formation mechanism and properties of electrochemically etched trenches in n-type silicon[J]. Journal of The Electrochemical Society, 1990, 137(2): 653.

[19] Lehmann V. The physics of macropore formation in low doped n-type silicon[J]. Journal of The Electrochemical Society, 1993, 140(10): 2836.

[20] Propst E K. The electrochemical oxidation of silicon and formation of porous silicon in acetonitrile[J]. Journal of The Electrochemical Society, 1994, 141(4): 1006.

[21] Minsky M S, White M, Hu E L. Room-temperature photoenhanced wet etching of GaN[J]. Applied Physics Letters, 1996, 68(11): 1531-1533.

[22] Youtsey C, Adesida I, Bulman G. Highly anisotropic photoenhanced wet etching of n-type GaN[J]. Applied Physics Letters, 1997, 71(15): 2151-2153.

[23] Elafandy R T, Majid M A, Ng T K, et al. Exfoliation of threading dislocation-free, single-crystalline, ultrathin gallium nitride nanomembranes[J]. Advanced Functional Materials, 2014, 24(16): 2305-2311.

[24] Tseng W J, van Dorp D H, Lieten R R, et al. Anodic etching of n-GaN epilayer into porous GaN and its photoelectrochemical properties[J]. The Journal of Physical Chemistry C, 2014, 118(51): 29492-29498.

[25] Kumazaki Y, Watanabe A, Yatabe Z, et al. correlation between structural and photoelectrochemical properties of GaN porous nanostructures formed by photo-assisted electrochemical etching[J]. Journal of the Electrochemical Society, 2014, 161(10): H705-H709.

[26] Zhang Y, Sun Q, Leung B, et al. The fabrication of large-area, free-standing GaN by a novel nanoetching process[J]. Nanotechnology, 2011, 22(4): 045603.

[27] Huang K P, Wu K C, Fan F H, et al. InGaN light-emitting diodes with multiple-porous GaN structures fabricated through a photoelectrochemical etching process[J]. ECS Journal of Solid State Science and Technology, 2014, 3(10): R185-R188.

[28] Park J, Kang J H, Ryu S W. High diffuse reflectivity of nanoporous GaN distributed bragg reflector formed by electrochemical etching[J]. Applied Physics Express, 2013, 6(7): 072201.

[29] Zhang C, Park S H, Chen D, et al. Mesoporous GaN for photonic engineering——highly reflective GaN mirrors as an example[J]. ACS Photonics, 2015, 2(7): 980-986.

[30] Park J, Song K M, Jeon S R, et al. Doping selective lateral electrochemical etching of GaN for chemical lift-off[J]. Applied Physics Letters, 2009, 94(22): 221907.

[31] Jang L W, Jeon D W, Chung T H, et al. Facile fabrication of free-standing light emitting diode by combination of wet chemical etchings[J]. ACS Appl. Mater. Interfaces, 2014, 6(2): 985-989.

[32] Feng L, Li Y, Xiong H, et al. Freestanding GaN-based light-emitting diode membranes on $Y_3Al_5O_{12}$:Ce_3+crystal phosphor plate for efficient white light emission[J]. Applied Physics Express, 2016, 9(8): 081003.

[33] Li Y, Feng L, Su X, et al. Whispering gallery mode lasing from InGaN/GaN quantum well microtube[J]. Opt. Express, 2017, 25(15): 18072-18080.

[34] Giloan M, Astilean S. Visible frequency range negative index metamaterial of hexagonal arrays of gold triangular nanoprisms[J]. Optics Communications, 2012, 285(6): 1533-

1541.

[35] Melchior P, Bayer D, Schneider C, et al. Optical near-field interference in the excitation of a bowtie nanoantenna[J]. Physical Review B Condensed Matter, 2011, 83(23): 1941-1955.

[36] Ni X, Emani N K, Kildishev A V, et al. Broadband light bending with plasmonic nanoantennas[J]. Science, 2012, 335(6067): 427.

[37] Kinkhabwala A, Yu Z, Fan S, et al. Large single-molecule fluorescence enhancements produced by a bowtie nanoantenna[J]. Nature Photonics, 2009, 3(11): 654-657.

[38] Zhao Y, Yun F, Huang Y, et al. Metamaterial study of quasi-three-dimensional bowtie nanoantennas at visible wavelengths[J]. Sci. Rep., 2017, 7: 41966.

[39] Kawata S, Sun H B, Tanaka T, et al. Finer features for functional microdevices[J]. Nature, 2001, 412(6848): 697, 698.

[40] Yong J, Chen F, Yang Q, et al. Superoleophobic surfaces[J]. Chem. Soc. Rev., 2017, 46(14): 4168-4217.

[41] Deng Z, Chen F, Yang Q, et al. Dragonfly-eye-inspired artificial compound eyes with sophisticated imaging[J]. Advanced Functional Materials, 2016, 26 (12): 1995-2001.

第 4 章　表面等离激元局域增强效应

表面等离激元 (surface plasmon，SP) 作为在金属和介质界面传播的电磁场表面波模式，其具有高度的近场增强效应、超衍射极限的光场局域性及对介质环境的高度敏感性等。利用这些不同于传统光子模式的特性，可以增强光与物质的相互作用，例如，增强发光器件的光辐射、太阳能电池中的光吸收、增强光学非线性效应等；因此在各种微纳光电子器件中有着广泛的应用前景。最近十多年间，我们共同见证了基于表面等离激元的半导体光电器件的一系列研究与进展。本章主要介绍表面等离激元局域增强效应及其在半导体光电器件方面的最新应用及发展状况。

4.1　表面等离激元及其基本原理

4.1.1　表面等离激元

关于表面等离激元最著名的例子可追溯到拜占庭时期 (公元 4 世纪) 的 Lycurgus 杯。首次观察到表面等离激元的科学研究大约可追溯到 20 世纪初。1902 年，Wood 教授首次描述了由表面等离激元激发引起的金属衍射光栅的反常衍射现象 [1]；1904 年，Garnett 利用当时新发展的金属德鲁德理论 (Drude theory) 和瑞利爵士 (Lord Reyleigh) 推导的小球的电磁特性，解释了掺杂有金属颗粒的玻璃呈现彩色的原因 [2]。1908 年，为了更深入地理解这一问题，Gustav Mie 提出了现在被广泛运用的球形颗粒的米氏 (Mie) 光散射理论 [3]。1968 年，Ritchie、Otto、Kretschmann 以及 Raether 提出了多种在金属薄膜上光学激发表面等离激元的方法，表面等离激元的研究取得了重要进展 [4,5]。1970 年，Kreibig 等第一次利用表面等离激元的概念描述了金属纳米颗粒的光学性质 [6]。所有这些科学发现都为现在表面等离激元光子学的蓬勃发展奠定了坚实的基础。纵观发展历史，表面等离激元光学逐渐从基础研究向应用研究过渡。目前基于表面等离激元的研究正处于许多关键技术研究的交叉领域，各种基于等离激元的半导体光电子学器件和技术都得到快速发展，包括无源波导、发光器件、光伏电池、生物传感器等。

表面等离激元，本质上属于一种电磁波，是存在于导体与电介质分界面处的集体电荷振荡，源于特定波长的光与金属介质交界面处自由电子的相互作用。在作用过程中，光子能量转化为自由电子的集体振荡，这种能量的转化只有当光子与表面等离子体动量相匹配时才能发生。这种振荡具有多种形式，从沿着金属表面自由传播的电磁波到金属颗粒上的局域电子振荡都属于这一范畴，因此，通常我们把表面等离激元又分为表面等离极化激元 (surface plasmon polariton, SPP) 和局域表面等离激元 (localized surface plasmon, LSP)。二者的主要区别是，SPP 主要产生于平整金属层的表面，自由电子集体振荡形成的电磁波沿着金属表面传播；而 LSP 则是在粗糙的金属表面结构或者是起伏的金属纳米颗粒与入射电磁波相互作用下，由于受到边界条件的限制，在金属的粗糙结构表面上所产生的一种不能进行传播的限制模式 [7]。SPP 和 LSP 都具有近场局域增强的特性。

1. SPP

下面简要描述一下 SPP 的基本特征。如图 4-1 所示，SPP 是金属与介质层之间进行相互耦合而产生的一种混合模式，该模式存在于金属与介质界面处。当金属受到特定波长的外界光波激发时，金属中的自由电子受到外加电场的作用而发生集体的运动，金属表面电荷密度的分布就会变得不均匀而产生极化。极化使得金属表面局部产生过剩的正 (负) 电荷，但是由于库仑力的吸引和排斥作用，同时又会产生线性恢复力，最终使得电偶极子都以一个特定的频率发生集体振荡，从而以电磁波的形式表现出来，并沿着交界面进行传播，即所谓的 SPP。

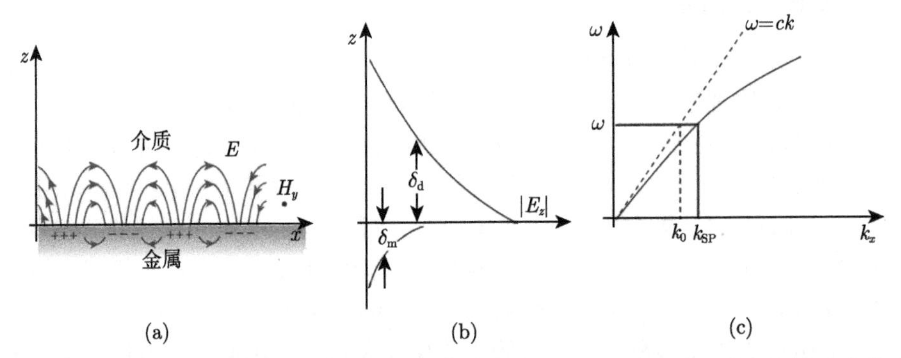

图 4-1　(a) 金属/介质交界面处 SPP 电磁场示意图；(b) SPP 在垂直于交界面方向上的电场强度分布；(c) SPP 模式与自由空间中传播光子的色散曲线对比 [8]

在理想的光滑金属表面，SPP 模式理论上可以进行自由的传播。但在实际情况下，由于金属中存在着损耗，SPP 的传播距离变得非常有限，能够沿着金属表面进行传播的范围通常只有几百纳米至微米量级 [7,8]。SPP 的传播长度与金属和介质的介电常数有关；金属的介电常数实部的绝对值越大，虚部越小，则 SPP 传播长度越大。在 SPP 作为信号传输波导的应用中，SPP 的损耗是制约其应用的最重要的问题。为了增大 SPP 的传播长度，一方面需要进行合理的结构设计，尽量减小波导的损耗；另一方面也可以考虑在波导中加入增益材料，对损耗进行补偿。

由 SPP 的电场分布可以看出，SPP 在垂直于金属和介质层交界面的法线方向，电场强度会随着距离的增大而呈现指数衰减特性 [7,8]，这样的场分布为一种倏逝波的场分布。将 SPP 在金属和介质中的穿透深度定义为电场振幅衰减为界面处 $1/e$ 时的深度，以波长 600nm，银和空气界面的 SPP 为例，则此时 SPP 在银中的穿透深度为 24nm，在空气中的穿透深度为 390nm。可见 SPP 在金属中衰减非常快，而在介质中衰减较慢。SPP 在金属和介质中的穿透深度相加也远小于波长，也就是说 SPP 可以把电磁波的模场局域在亚波长范围。正是因为 SPP 的这种超衍射极限的局域性，基于 SPP 的光波导可以有效减小光子器件的尺寸。因此 SPP 成为纳米光子学中非常引人注目的发展方向。

考虑到 SPP 的色散特性，通过求解近似边界条件下的麦克斯韦 (Maxwell) 方程组可得到表面等离激元的色散关系，即表面等离激元的波矢 k_{SP} 为

$$k_{\mathrm{SP}} = k_0\sqrt{\frac{\varepsilon_{\mathrm{d}}\varepsilon_{\mathrm{m}}}{\varepsilon_{\mathrm{d}}+\varepsilon_{\mathrm{m}}}} \tag{4-1}$$

式中，k_0 为自由空间光子波矢；ε_{d}、ε_{m} 分别为介质、金属的介电常数。

从色散曲线及公式 (4-1) 可以看出，在同一频率 ω 下，自由空间传播的光子的波矢总小于 SPP 的波矢。这是包括波导模式等各种非自由传播模式的固有特性。因此，SPP 不能由自由入射的光波直接激发，而需要进行波矢的匹配。SPP 的另一个重要性质是对电场的近场局域增强。近场增强强度大小与金属、介质的介电常数有关。由于材料的色散特性，不同入射波长的增强倍数也不同。SPP 的近场电磁场增强特性在薄膜太阳能电池中的增强光吸收等方面有着广泛的应用，后面章节将会详细讨论。

2. LSP

除光滑金属表面传播的 SPP 之外，还有一种常见的在粗糙金属表面、金属纳米颗粒或其他纳米结构中共振的 LSP。如图 4-2 所示，LSP 是由于金属纳米颗粒

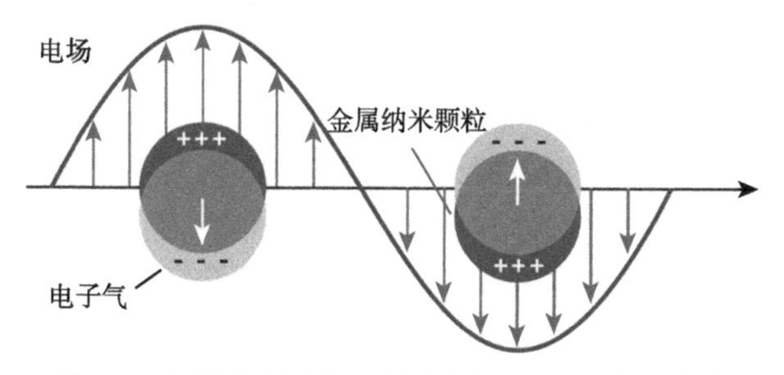

图 4-2 金属纳米颗粒周围激发的 LSP 示意图 [7,9]

或纳米结构中的自由电子气在入射光电场下集体振荡，而纳米颗粒或结构的表面对振荡电子提供一个库仑引力，这样离子和自由电子形成类似偶极子的振荡。这样形成的表面等离激元就不能以波的形式传播于金属表面，而共振模式只能被局域在这些微纳结构表面附近纳米尺度内。

不同于 SPP，LSP 是局域共振，可以由入射光在纳米颗粒或纳米结构上的散射直接激发，不需要波矢匹配。当颗粒尺寸远小于入射波长时，颗粒中的入射电场几乎没有相位变化，整个结构中的自由电子气以相同的相位来回振荡。LSP 的振荡可以看作一个偶极子的振荡，这样的近似称为静电场近似。

表面等离激元共振时，当金属颗粒的自由电子振荡频率与入射光的频率正好一致时，电子振荡与入射光发生共振。LSP 被局域在颗粒周围，LSP 的模式体积非常小 [10]，使得金属颗粒周围的电磁场显著增强。理论计算发现 [11]，入射光的能量大量耦合进金属颗粒使得颗粒表面的局域电磁场极大地增强，而消光 (散射 + 吸收) 效率也大幅度增加 [12]，颗粒近场的电场和散射、吸收截面都得到共振的增强。金属纳米颗粒的 LSP 共振峰对应消光截面的最大值，而颗粒的尺寸也会影响散射/吸收比例。当金属颗粒尺寸远小于入射光波长时，根据点偶极子近似和准静态近似理论，可以得出一个关于颗粒的吸收横截面 C_{abs} 和散射横截面 C_{scat} 的相对方程 [13]：

$$C_{\text{abs}} = k\text{Im}[\alpha] \tag{4-2}$$

$$C_{\text{scat}} = \frac{k^4}{6\pi}|\alpha|^2 \tag{4-3}$$

式中，颗粒复极化率 α 与颗粒的体积成正比。由方程 (4-2),(4-3) 可知，当颗粒的尺寸较大时，光的散射占主导；当颗粒的尺寸较小时，光的吸收则占主导。当颗粒尺寸与入射场波长可比拟时，还需考虑四极子、八极子等高阶模式的影响。

LSP 共振波长与金属材料、波长、颗粒形状、大小，以及周围介质的光学性质都有关系。且由于其强的场增强效应，LSP 共振对这些参数都非常敏感。这些性质在增强荧光、传感、增强拉曼等方面已经得到广泛的应用。

4.1.2 表面等离激元的激发方式

LSP 可以由入射光直接激发而无须波矢匹配，通常不需要特殊条件就能够较容易地激发 LSP。然而，前面提到，SPP 有着大于同频率自由空间光波的波矢，通常情况下不能被普通光波直接激发，因此需要借助特殊的手段或结构方能激发该模式，下面主要介绍几种常见的 SPP 激发方式 [14]。

SPP 要想与自由空间光子进行耦合，必须进行波矢的匹配。常见的波矢匹配方式如图 4-3 所示，图 4-3(a)~(c) 是三种不同的棱镜耦合结构，Krestchman 结构和 Otto 结构其原理都是基于高折射率棱镜提供更大的波矢，在特定入射角度下入射光在棱镜面内部分的波矢恰好与空气/金属界面处的 SPP 一致，此时共振光隧穿并耦合到 SPP。由于倏逝波的作用范围非常小，所以介质厚度要远小于光波长才能有效地激发 SPP。图 4-3(e) 中的光栅衍射耦合是利用周期性光栅结构产生衍射波，其波矢与光栅矢量叠加后有可能与 SPP 相匹配，从而激发 SPP。图 4-3(d), (f) 都是点源结构，其原理是利于倒格矢进行补偿。与光栅结构不同在于，点源傅里叶变换后可以提供从零到无穷大所有空间频率的波矢，其中总有满足波矢匹配条件的部分。正是因此，点源激发效率较低。总之，在 SPP 的实际应用中，做任何结构的设计都要注意波矢匹配，保证高效率地激发 SPP。

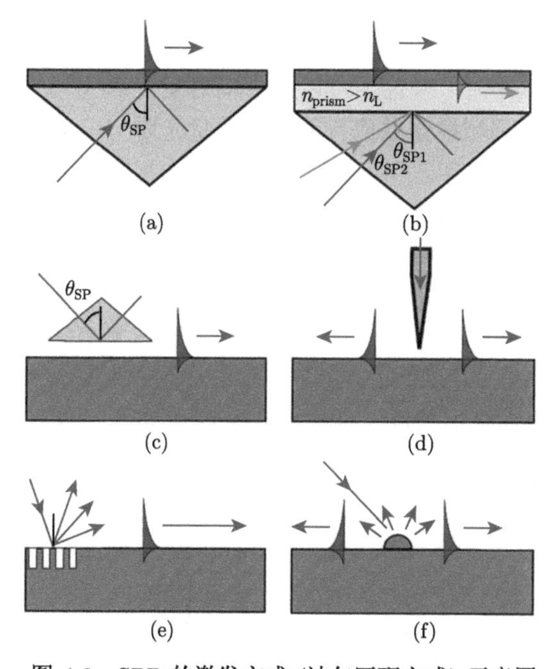

图 4-3 SPP 的激发方式 (波矢匹配方式) 示意图

(a)Krestchman 结构；(b) 双层 Kreschman 结构；(c)Otto 结构；(d) 扫描近场光学显微镜探针激发；(e) 光栅衍射；(f) 表面形貌衍射 [14]

4.2 表面等离激元局域增强新型半导体光电器件

本节主要介绍表面等离激元局域增强效应在半导体纳米激光器、发光二极管 (LED)、太阳能电池和光探测器方面的最新应用及发展状况。

4.2.1 表面等离激元耦合半导体 LED

随着半导体照明产业的快速发展，高光效 LED 芯片需求持续增长，进一步提高半导体 LED 的发光效率仍然是科学界研究的热点问题 [15]。在众多的增强 LED 发光效率的方法中，利用 SP 耦合提高发光效率是增强器件发光的有效途径。SP 能够增强 LED 的发光效率，为高效 LED 芯片的研究提供了可行的方案。近年来，国内外研究小组在利用 SP 增强半导体 LED 发光效率的理论和实验中，取得了很多有价值的结果，利用 SP 近场局域耦合增强 LED 量子阱的内量子效率，并对 SP 耦合 LED 的辐射进行有效提取。SP 结合合理的 LED 结构既能增强 LED 的内量子效率，又能增强 LED 的光提取效率。

1. SP 耦合增强内量子效率基本机理

早期，珀塞尔 (Purcell) 等已提出激子自发辐射速率与态密度有关，当自发辐射的有效模式体积减小时，理论上可以提高辐射复合率 [16]。后来，Yablonovitch 等从理论上提出 SP 局域增强效应有助于增强量子阱 (quantum well，QW) 的发光 [17,18]。据此，在 2004 年，Okamoto 等第一次从实验上验证了 SP 能够大幅度增强 InGaN/GaN 量子阱 LED 的光致发光强度 (photoluminescence，PL)[19]。实验中，在距离 QW 层 10nm 的表面通过热蒸发的方式沉积一层厚度为 50nm 的银、铝或金薄膜，样品结构如图 4-4(a) 所示。如图 4-4(b) 所示，沉积银、铝样品可以分别增强蓝光 PL 谱 14 倍、8 倍，其中银样品的内量子效率 (IQE) 提高了 6.8 倍；而镀金样品未观测到 PL 强度增强；插图扫描电子显微镜图显示所沉积金属呈纳米谷状分布，该纳米级粗糙形貌可以有效地进行 SPP 波矢匹配，把表面传播的 SPP 模式转化为辐射发光模式。

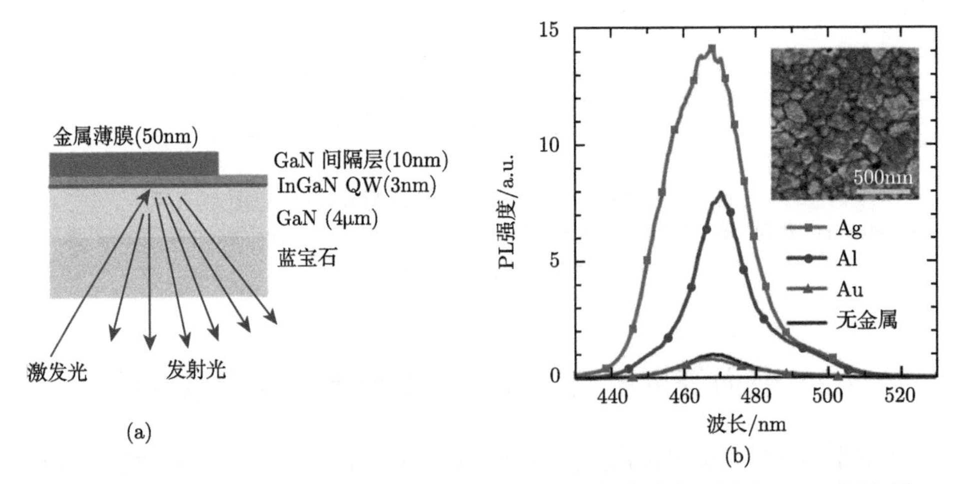

图 4-4　(a)InGaN/GaN-QW 器件沉积金属样品结构和实验测量示意图；(b) 不同金属 SP 耦合增强蓝光 QW 发光 PL 谱 [19]

前面 Purcell 效应已经提到，由于 SP 模式的态密度比 InGaN-QW 要大很多，QW-SP 的耦合速率应当非常快，因此，理论上此新的复合通道可以大幅加快 QW 的自发辐射速率。时间分辨光致发光 (time-resolved photoluminescence，TRPL) 测量方法可以用来研究器件的载流子复合速率。研究者通过 TRPL 测量发现，SP 耦合的 LED 的确可以大幅加快载流子的辐射复合速率 [20−22]。如图 4-5 所示，表面有/无银层时的 InGaN-QW 辐射寿命分别约为 200ps 和 6ns，沉积银的样品复合速率提高了近 30 倍。初始 QW 的 PL 衰减速率 k_{PL} 为

$$k_{\mathrm{PL}} = k_{\mathrm{rad}} + k_{\mathrm{non}} \tag{4-4}$$

式中，k_{rad} 为辐射复合速率；k_{non} 为非辐射复合速率。当存在 SP-QW 耦合时，PL 的衰减速率 k^*_{PL} 为

$$k^*_{\mathrm{PL}} = k_{\mathrm{rad}} + k_{\mathrm{non}} + k_{\mathrm{SP}} \tag{4-5}$$

式中，k_{SP} 为 SP-QW 耦合速率。因此，当 SP-QW 耦合时，沉积银的样品的复合速率更快，并且复合速率与发光波长密切相关。当发光波长越靠近银薄膜的 SP 共振波长 410nm 时 [19,23]，PL 衰减速率明显越快，同时计算得到的 Purcell 增强因子 $F_{\mathrm{p}}(\omega)$

$$F_{\mathrm{p}}(\omega) = 1 + \frac{k_{\mathrm{SP}}(\omega)}{k_{\mathrm{rad}}(\omega)} \tag{4-6}$$

也逐渐增大。而且，$F_{\mathrm{p}}(\omega)$ 与色散曲线的斜率 $(\mathrm{d}k/\mathrm{d}\omega)$ 又非常吻合，后者又与 SP 的态密度成正比，因此，这也印证了辐射速率的加快完全是 SP 态密度的增大所致。

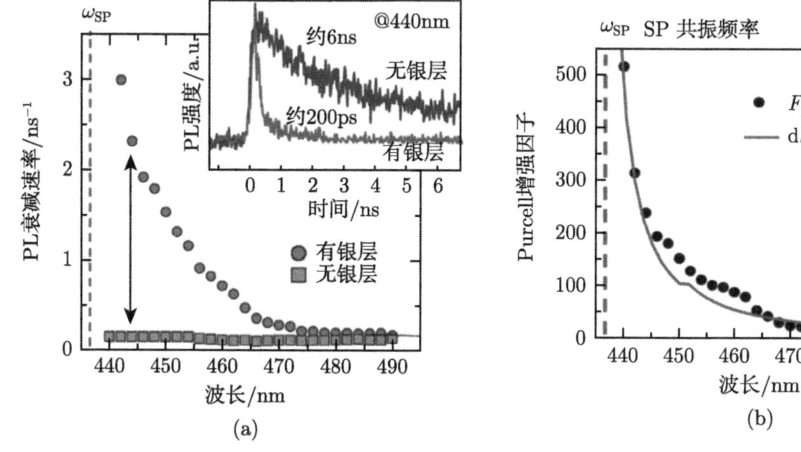

图 4-5 (a) 有/无金属银层时 InGaN/GaN-QW 的 PL 衰减速率；(b) 时间分辨 PL 谱测量计算所得的 Purcell 增强因子 [22]

2. SP 耦合增强 LED 器件结构

根据 SP 耦合增强制备高效 LED 发光器件是最重要的目标。基于 SP 耦合增强器件内量子效率技术，设计电注入工作下的高亮 LED 新型结构器件，其关键在于如何构建有效的激子 -SP 耦合和 SP- 光子耦合过程。综合文献研究发现，SP 耦合高效 LED 可能的几种器件结构设计如图 4-6 所示 [21,24,25]。图 4-6(a) 为最简单的基于典型 LED 的 SP 耦合结构。金属既作为电极又作为等离子体的激发材料。这种结构的特点是金属层与 InGaN-QW 层必须足够近才能获得良好的 SP 耦合。因为 SP 增强发光比随 GaN 隔离层的厚度增加而指数降低，因此，p 型 GaN 层必须非常薄 (10～20nm)。这就使得这样的 SP- 耦合器件结构很难在实际应用中实现，主要有两个原因：①10nm 厚度的 GaN 层 p 型掺杂非常困难；②p-GaN 层太薄很难获得良好的欧姆接触。图 4-6(b) 同样是一种简单结构，金属纳米颗粒/结构分布于外延片顶部，金属距离 QW 层较远无法实现 SP-QW 的有效耦合。但是，QW 发出的光子可与表面的金属进行 LSP 耦合，进而可能提高光提取效率。为了使 SP-QW 进行耦合，金属纳米颗粒或结构应当嵌入靠近 QW 层的附近，如图 4-6(c) 所示。这样就能够使嵌入的金属颗粒与 QW 发生局域 SP 耦合效应。图 4-6(d) 为另一种有望

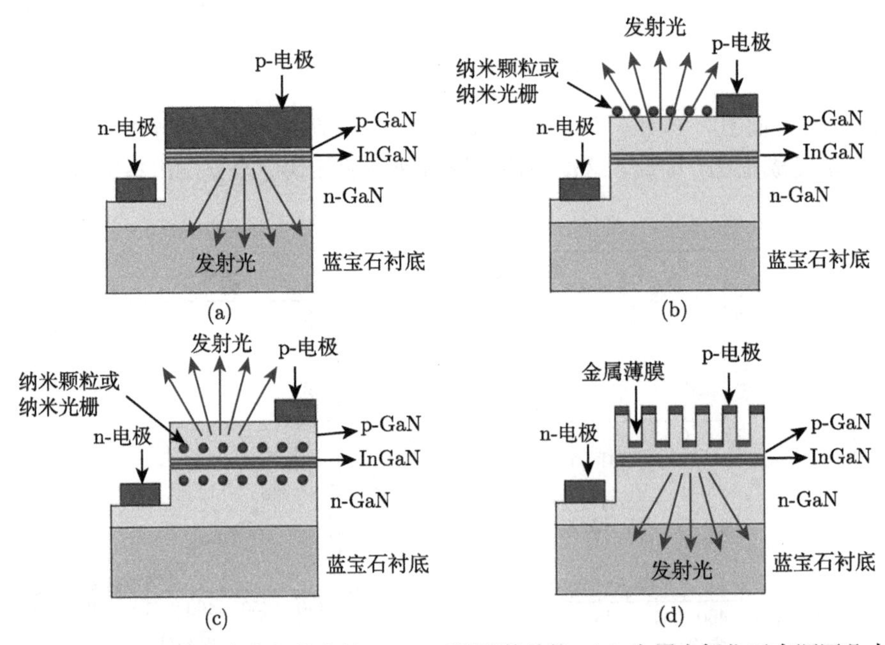

图 4-6　基于 SP 耦合电注入的高效 LED 可能器件结构：(a) 金属电极位于有源区几十纳米内；(b) 金属纳米颗粒/结构分布于外延片顶部；(c) 金属颗粒嵌入距离有源区几十纳米内；(d)p-GaN 制作成二维纳米结构 [21]

实现 SP 耦合的器件结构，器件表面包含了一种通过光刻和干法刻蚀结合制备的二维纳米结构。在该器件中，能够同时实现距离 QW 较厚区域的电子注入和较薄区域的 SP 耦合，该器件结构应当能够同时确保良好的欧姆接触和 SP 增强效应。

近年来，有许多课题组报道了基于以上介绍 SP 耦合结构的 SP 增强 LED 器件。表 4-1 总结了一些具有代表性的 SP 耦合增强 InGaN/GaN 基 LED 的实验结果。Yeh 等第一次报道了 SP 耦合的 InGaN/GaN 单量子阱 LED 结构 [26]，他们的 LED 结构包括 10nm p-AlGaN 电流阻挡层和 70nm p-GaN 隔离金属和 QW。此结构金属距离 QW 80nm，很难实现有效的 SP 耦合，因此，通过提高光提取效率获得了 1.5 倍的发光增强。该课题组还报道了通过 Ag 蒸发并退火形成的纳米颗粒 (NP)[27]，以及电子束刻蚀制备的 Ag 纳米光栅结构 [28]。Sung 等报道了一种基于 Au NP 的 SP-LED[29,30]，蓝光和绿光 LED 最多增强了 2 倍。

表 4-1 SP 耦合增强 InGaN/GaN 基 LED 部分实验结果总结

结构	发光波长/nm	增强因子	相关文献
Ag 薄膜 + 电流扩展层	440	1.5	Yeh 等 [26]
Ag/NP	550	1.5	Yeh 等 [27]
Ag 纳米光栅	510	2	Shen 等 [28]
Au NP	480	1.8	Sung 等 [29]
Ag NP (距离 200nm)	480	1.26	Sung 等 [30]
p-GaN 嵌入 Ag NP	460	1.3	Kwon 等 [31]
p-GaN(20nm) 表面 Au NP	530	1.86	Cho 等 [32]
p-GaN 嵌入 Ag NP+SiO_2 纳米盘	450	1.72	Cho 等 [33]
纳米孔阵列填入 Ag	507	2.8(PL)	Lu 等 [34]
p-GaN 嵌入 Ag 纳米三角 + SiO_2 微米盘	450	1.15	Kao 等 [35]
p-GaN 嵌入 Ag 纳米柱	530	1.75	Chen 等 [36]
p^+-GaN(20nm) 表面 Ag NP	460	2	Okada 等 [37]

Kwon 等利用了如图 4-6(c) 所示的 SP-LED 结构 [31]，首先把 Ag 纳米颗粒置于 InGaN-QW 层上方，随后生长 GaN 层覆盖 Ag，器件结构如图 4-7 所示。金属层距离多量子阱为 20nm，可有效激发 SP。然而，该方法在高温生长 GaN 的过程中，大部分 Ag 颗粒已被破坏，因此，SP 耦合 PL 强度只增强了 2 倍，由于 Purcell 效应 PL 衰减寿命从 140ps 缩短到 80ps，在 100mA 下 EL 增强了 13 倍。同一个组的 Cho 等制作了类似的 LED 结构 [32]，但未生长 GaN 覆盖 Au 颗粒，而是使用 20nm 厚的 p-GaN 隔离层。他们还尝试过在嵌入的 p-GaN 里使用 SiO_2 纳米盘来保护 Ag 颗粒 [33]，然而，利用这些方法得到的发光增强都不超过 2 倍。因此，这种结构的高效 LED 器件设计还需进一步改善。

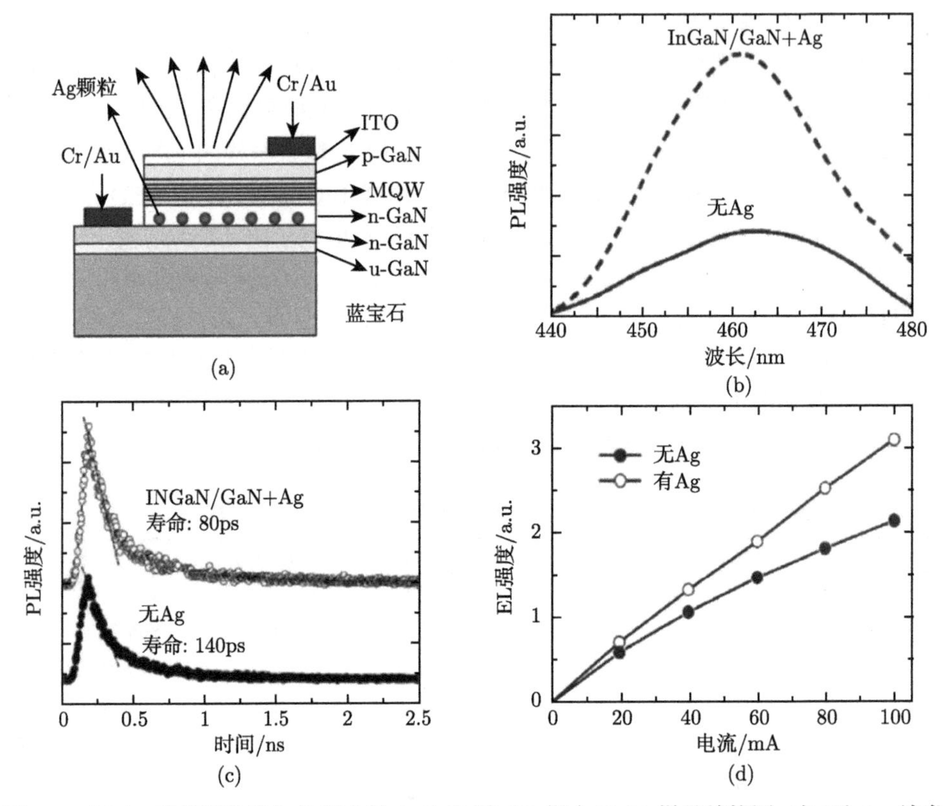

图 4-7　(a)Ag 纳米颗粒嵌入外延中的 InGaN 基 SP 耦合 LED 样品结构图；有/无 Ag 纳米颗粒时的 (b)PL 谱、(c)PL 衰减寿命和 (d)EL 强度图 [31]

Lu 等尝试过使用如图 4-6(d) 所示的 Ag-SP LED 器件结构 [34]，具体的器件结构如图 4-8 所示。采用电子束刻蚀结合 ICP-RIE 干法刻蚀制作的纳米孔阵列的直径为 200nm、周期为 400nm。p-GaN 的原始厚度为 150nm，纳米孔刻蚀深度是 110nm，沉积在纳米孔内的 Ag 距离 QW 为 40nm，可满足 SP-QW 共振要求。最终 507 nm 绿光 PL 强度增强了 2.8 倍。Kao 等也制备了类似的耦合结构 [35]，利用 PS 纳米球掩模沉积 Ag 薄膜在 p-GaN 表面制备出纳米三角结构并沉积 SiO_2 层保护，获得了 1.15 倍的 SP 发光增强。Chen 等利用 p-GaN 嵌入 Ag 纳米柱的类型结构 LED[36]，发光强度增强了 1.75 倍。

近来，Okada 等尝试通过控制 p 型掺杂浓度，在 20nm 超薄的 p^+-GaN 层上沉积 Ag 纳米颗粒后用 ITO 覆盖的方法制备了 Ag-SP LED 结构 [37]。由于重掺杂的 p^+-GaN 层在较薄厚度下即可获得良好的欧姆接触，该种 SP-LED 的 EL 强度增强了 2 倍，如果能够进一步优化金属的选择和器件结构设计，有可能获得更大的增强。

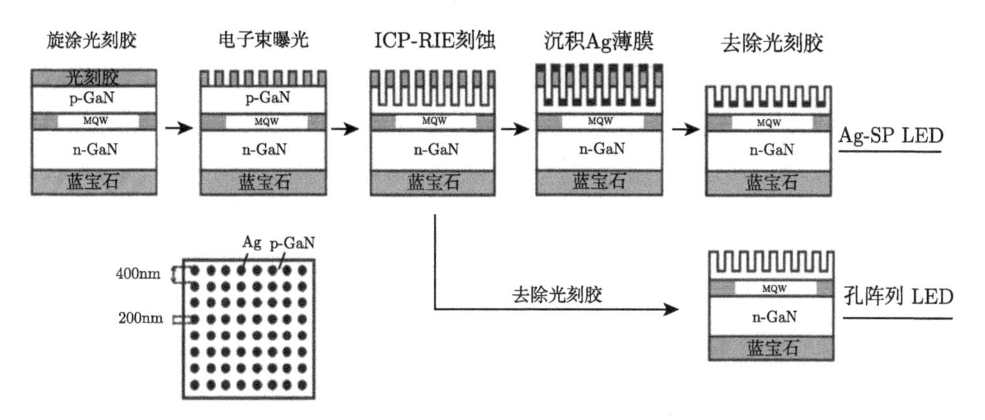

图 4-8 Ag-SP LED 和纳米孔阵列 LED 制作过程示意图 [34]

3. SP 耦合增强绿光 LED

目前，InGaN/GaN-QW 基蓝光 LED 的发光效率已经很高，然而，在紫外 (UV)、绿光发光波段 LED 的发光效率还很低。图 4-9 为 LED 的外量子效率 (EQE) 随发光波长的变化关系图 [38]。明显可见，波长在小于 365nm 的紫外波段 LED 的外量子效率急剧下降；同样地，当波长位于 550nm 左右的绿光波段时，绿光 LED 的外量子效率同样急剧下降到低谷状态，该效应通常被称之为“绿光缺口”(green gap)，所以，研制高效绿光 LED 是当前所面临的一大挑战。

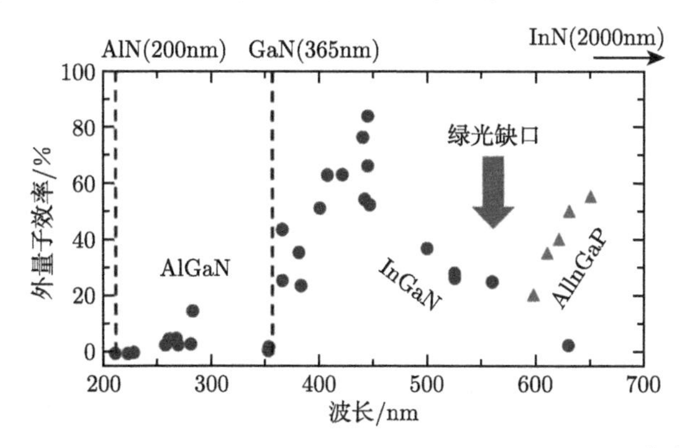

图 4-9 LED 的外量子效率随发光波长的变化关系图 [38]

我们研究发现，SP 增强发光的机制正好可以用来提高绿光 LED 的外量子效率。如果能够恰当调控 SP 频率与发光波长的匹配条件，有望制备出高效率的绿光 SP-LED。其中，调节 SP-QW 耦合可以通过选择合适的金属并设计适当的纳米结构来控制。作者所在课题组提出使用 Ag 纳米柱阵列嵌入 p-GaN 型的结构来制备 SP 增强绿光 LED 的实验方案。首先，我们采用 Ag 纳米柱阵列与 QW 耦合实现 LSP 增强绿光 LED 的发光效率。只有当 Ag 纳米柱与 QW 距离足够近时 (约 50nm 以内)，才能产生较强的 SP-QW 耦合作用，而如果 p-GaN 太薄会导致 LED 器件空穴难以注入、漏电过大甚至不能发光。为了解决此问题，我们采用聚苯乙烯 (polystyrene，PS) 纳米球作为掩模在较厚的 p-GaN 表面制作纳米孔阵列，然后在纳米孔中填入金属 Ag，这样就在 p-GaN 中制备出纳米孔阵列结构的同时降低了 QW 与 Ag 的距离，具体制作工艺流程如图 4-10 所示 [39,40]。

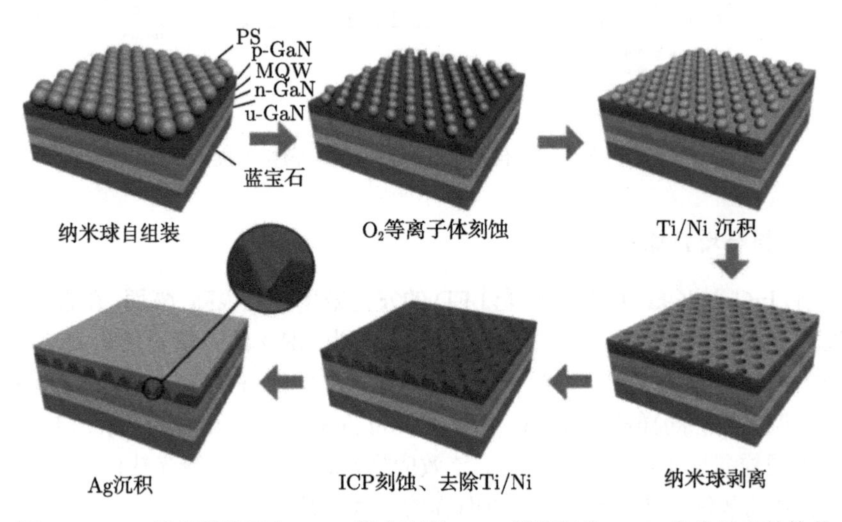

图 4-10　Ag 纳米柱阵列与 QW 耦合实现 LSP 增强绿光 LED 发光效率结构的制作工艺流程图 [39,40]

首先在蓝宝石衬底上依次生长厚度为 2μm 的 u-GaN，2μm 的 n-GaN，5 对绿光多量子阱结构以及 130nm 的 p-GaN。采用此外延片制造 LSP 耦合 LED 结构的具体制造流程如下：①利于浓硫酸、过氧化氢混合溶液对 p-GaN 表面进行亲水性处理，然后在具有亲水性的 p-GaN 表面自组装单层六角密堆排列的 PS 纳米球阵列；②利于 O_2 等离子体与 PS 纳米球的反应对 PS 纳米球进行刻蚀，通过控制 O_2 等离子体的刻蚀时间来控制 PS 的尺寸，制作出直径不同的纳米球阵列；③用 PS 纳米球作为掩模，在 p-GaN 表面用电子束蒸发金属 Ti 或 Ni 作为纳米孔的刻蚀掩模，然后利用氯仿去掉 PS 球，就在 p-GaN 表面形成金属纳米孔掩模；④以金属纳米孔作为掩模，采用 Cl_2/BCl_3 等离子体对 p-GaN 进行 ICP 干法刻蚀，通过控制 ICP 刻蚀时间和气体比例，可以精确控制纳米孔结构的刻蚀深度和形状，干法刻蚀完毕后用 HF/NH_4F 溶液去掉金属，就在 p-GaN 表面制备出了纳米孔阵列；⑤通过电子束蒸发沉积金属 Ag 到具有纳米孔阵列的 p-GaN 表面，金属填入到孔中就形成了 Ag 纳米柱阵列，对应步骤的 SEM 图如图 4-11 所示。

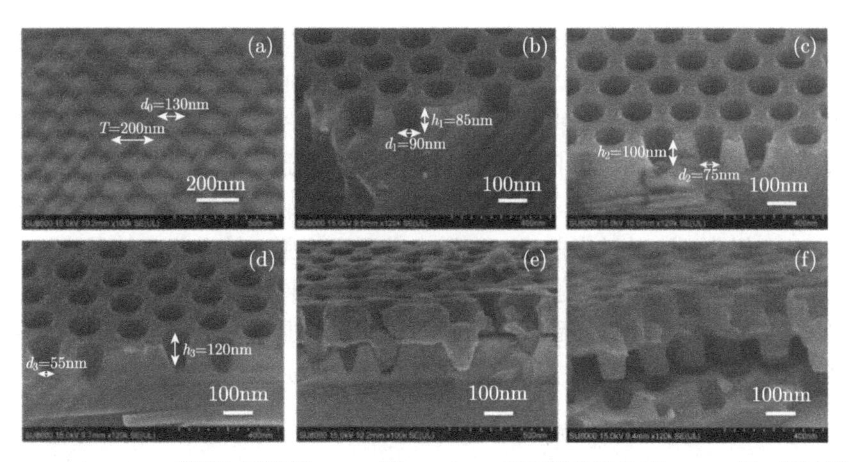

图 4-11 (a)p-GaN 表面金属掩模 SEM 图；p-GaN 表面纳米孔阵列 SEM 图，刻蚀深度分别为 (b)85nm，(c)100nm 和 (d)120nm；(e)Ag 纳米柱嵌入 p-GaN 的 SEM 图；(f)Ag 纳米柱从 p-GaN 分离出来的 SEM 图 [39]

图 4-12(a) 为无 Ag 纳米柱阵列及 QW 距离 Ag 纳米柱阵列分别为 55nm、40nm 和 20nm(分别对应纳米柱刻蚀深度 85nm、100nm 和 120nm) 的绿光 LED 的常温 PL 光谱。虽然这三种 Ag 纳米柱阵列的 LSP 共振峰都在 530nm 左右 (图 4-12(b))，但是当 Ag 纳米柱与 QW 距离为 55nm 时，PL 测试结果并无发光增强效果。当 Ag-QW 距离降低为 40nm 时，PL 谱发生轻微的增强。只有当 Ag-QW 距离进一步减小到 20nm 时，PL 谱强度发生显著增强。从 PL 测试结果也可以看出，当 Ag-QW 距离大于 40nm 时，两种几乎无耦合；当间距小于 40nm 后 Ag 纳米颗粒才与 QW 开始发生耦合；当距离减小到 20nm 时二者发生强烈耦合并显著提高绿光 QW 的发光效率，相比于没有 Ag 纳米柱结构的 LED，PL 强度最大增强了 1.75 倍。

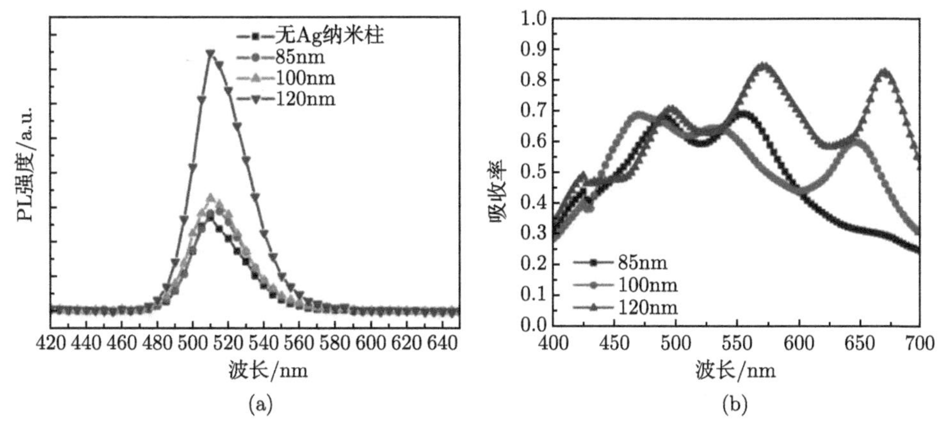

图 4-12 (a) 常温下不同 Ag 纳米柱刻蚀深度的 LED 结构的 PL 谱；(b)FDTD 模拟的不同高度的 Ag 纳米柱阵列的吸收曲线 [39]

为了进一步说明 Ag 纳米柱与 QW 的距离对 QW-SP 耦合增强发光效率的影响，建立了 Ag 纳米柱与 QW 的耦合模型，并利用 FDTD 模拟软件进行了分析。图 4-13 为三种 Ag 刻蚀深度的纳米柱阵列在 520nm 光波激发下的电场分布图。从图中可见，在 520nm 光激发下，Ag 纳米柱与入射光进行耦合并在金属 Ag 附近发生了显著的电场增强。随 Ag-QW 间距的减小，Ag 纳米柱产生的电场逐渐开始覆盖到了 QW 部分，这时对应的 PL 光谱也是逐渐增强。结合仿真结果进一步验证了使用 Ag 纳米柱阵列可以有效实现 SP-QW 耦合来增强绿光 LED 的发光效率，但只当 Ag 纳米柱与 QW 间距约 20nm 时增强较为显著；当 Ag 纳米柱距离 QW 大于 40nm 时，二者无法发生耦合，亦未能提高 LED 发光效率。

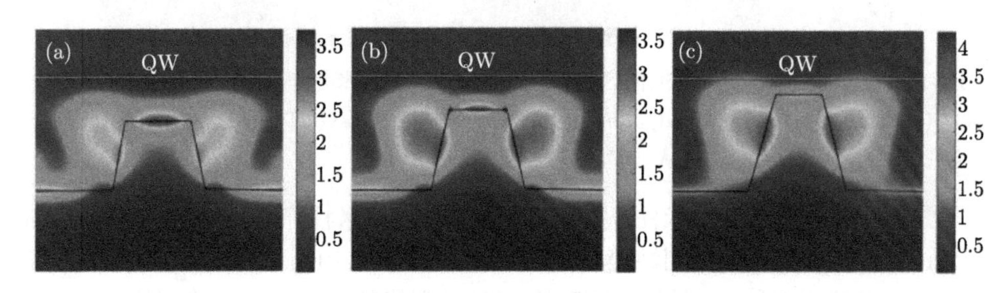

图 4-13　深度分别为 (a)85nm，(b)100nm 和 (c)120nm 的 Ag 纳米柱阵列在 520nm 光波激发下的电场分布图 [39](后附彩图)

由于 SP 共振峰对金属/介质交界面的几何形状和尺寸非常敏感，实验发现，通常的 Ag 纳米柱阵列的共振带的半峰宽 (FWHM) 和峰值强度一般分别只有 120nm 和 30%。相较纳米柱而言，Ag 纳米锥阵列的共振光谱带宽更宽且共振强度更强。因此，在金属纳米孔作为掩模之后，我们还尝试了通过精确控制 ICP 的射频功率及压强等工艺参数，制备出 Ag 纳米锥阵列替换上述的 Ag 纳米柱阵列，进一步研究了 Ag 纳米锥阵列 SP-QW 的耦合增强发光。

图 4-14 为所制备的 Ag 纳米锥阵列结构 SEM 图，为了方便对比有/无 SP 耦合效应，共设置了两种 Ag 纳米锥阵列结构：Cone-1、Cone-2 Ag 两种纳米锥阵列结构的 Ag-QW 距离分别约为 200nm、20nm。其中 Cone-1 结构 Ag-QW 间距远大于理论上的 SP 在 GaN 中的穿透深度 (约 50nm)；对于 Cone-2 结构，由上可知，该 Ag-QW 间距能够实现显著的 SP-QW 耦合增强效应。

图 4-15(a) 为常温下两种 Ag 纳米锥阵列结构的 PL 谱。Cone-1 相比于无纳米锥的平面结构 PL 强度略微增强，该增强因子源自于纳米锥结构本身的光散射效应。而 Cone-2 结构的 PL 强度为参考样品的 2.75 倍，由此可见，由纳米锥结构本身对光提取的影响只占总体 PL 增强倍率中极小的一部分。图 4-15(b) 为两种 Ag 纳米锥阵列结构的 TRPL 谱，二者强度都随时间单指数衰减。其中 Cone-1、Cone-2

结构的衰减寿命分别为 1.39ns 和 0.73ns，Cone-2 样品衰减更快, 是因为 SP-QW 耦合加快了 QW 的辐射复合速率。

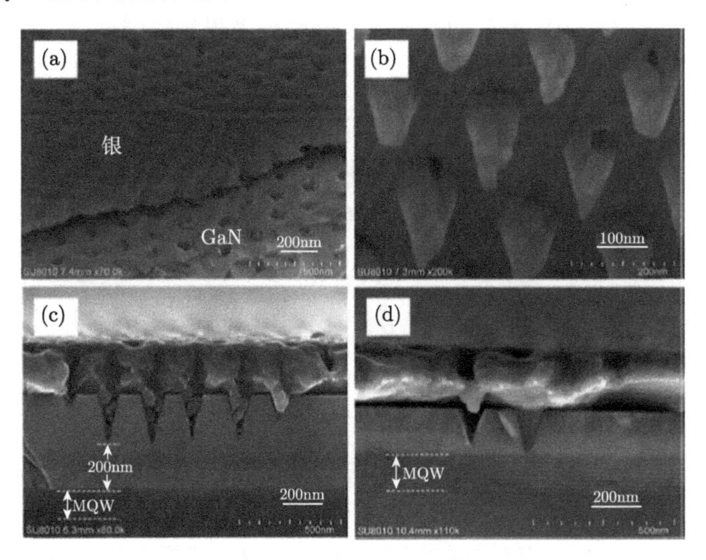

图 4-14 (a)p-GaN 表面的 Ag 纳米锥阵列 SEM 图; (b)Ag 纳米锥与 p-GaN 分离后的 SEM 图; (c)Cone-1 Ag 纳米锥阵列结构 (Ag-QW 距离约 200nm) 横截面 SEM 图; (d)Cone-2 Ag 纳米锥阵列结构 (Ag-QW 距离约 20nm) 横截面 SEM 图 [40]

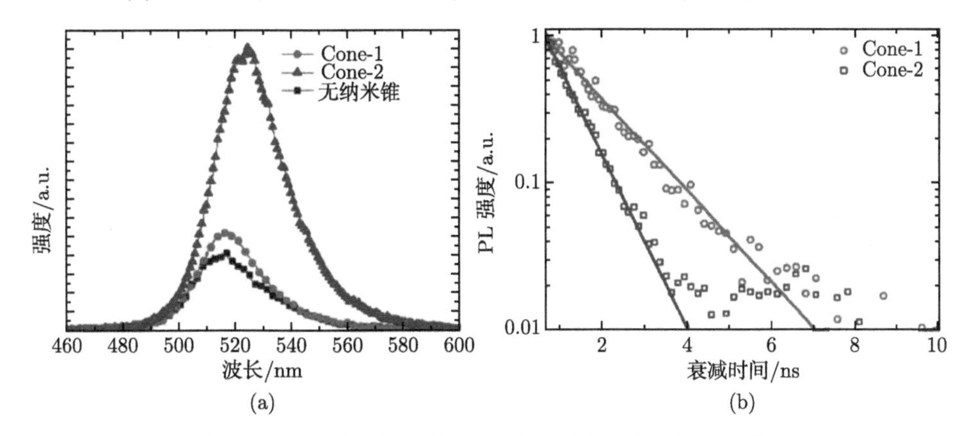

图 4-15 (a) 常温下两种 Ag 纳米锥阵列结构的 PL 谱; (b) 两种 Ag 纳米锥阵列结构的 TRPL 谱 [40]

另外，参考样品和 Cone-1 结构的 QW 发光峰值波长在 515nm，而 Cone-2 结构的峰值波长为 524nm，该显著的发光峰红移也印证了 SP-QW 耦合。如图 4-16 所示，Ag 纳米锥结构的吸收谱为宽带，对应的 LSP 吸收峰位于 570nm，而 QW 本征发光峰在 515nm。相比于没有纳米锥结构的参考样品，Cone-2 结构的 EL 谱增强比例在 543nm 时达到最大。LSP 共振峰大于 QW 发光峰的波长，且最大增强比例发生在 543nm，因此，导致经 SP 耦合后的 PL 发光峰红移。而且，纳米锥结构的宽带特性，使得 QW 更多的发光波长能够被覆盖到较强耦合范围内，增强了 SP-QW 共振耦合后的发光强度。

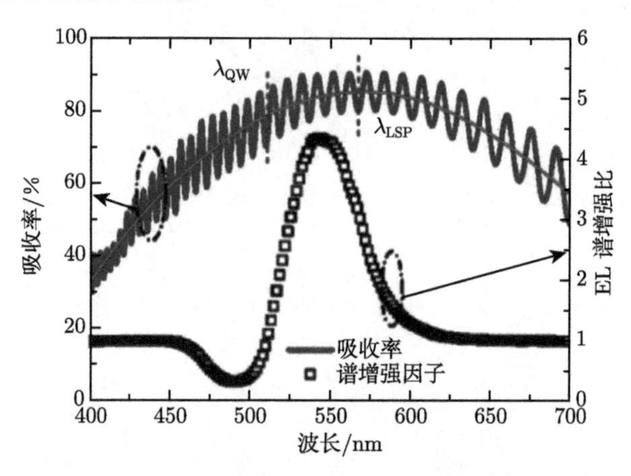

图 4-16　测量的 Ag 纳米锥结构的吸收谱和 Cone-2/参考样品的 EL 谱增强比 [40]

图 4-17(a) 为 FDTD 模拟计算得到的 Ag 纳米柱和 Ag 纳米锥结构的吸收谱曲线对比图。在同样条件下，Ag 纳米柱结构的吸收谱半峰宽 (FWHM) 只有 100nm，而 Ag 纳米锥结构的大约为 200nm，更能覆盖到绿光–红光区域，且与实验测量的吸收谱 (图 4-16) 相一致。图 4-17(b) 进一步模拟了 Ag 纳米锥结构在 570nm 光波激发下的电场强度分布图，模拟结果显示，强电场强度区域主要位于靠近 Ag 纳米锥的侧壁，虽然在 QW 处电场强度已衰减，但也足以与 QW 进行有效耦合。总

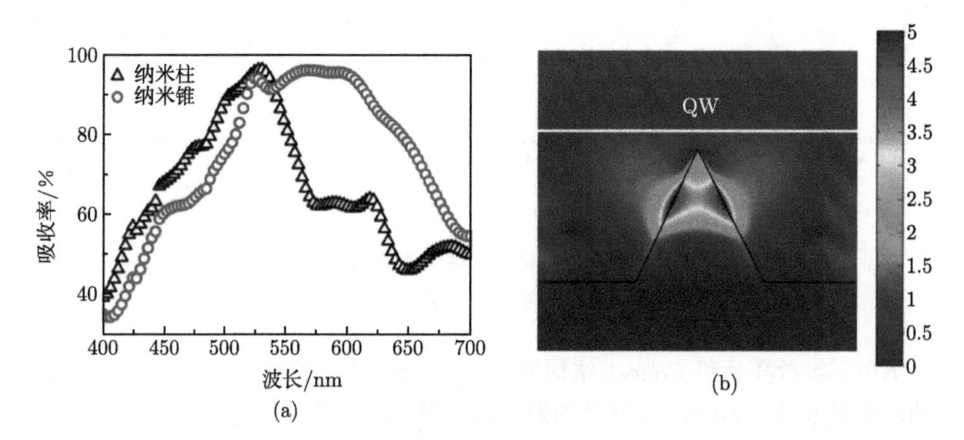

图 4-17　(a) 模拟的 Ag 纳米柱、纳米锥结构的吸收谱；(b) 模拟的 Ag 纳米锥结构的电场强度分布图 [40](后附彩图)

之，Ag 纳米锥结构相比 Ag 纳米柱结构具有更宽的吸收光谱，增强 SP-QW 的耦合 LED 的发光效率效果更佳。

4. SP 耦合增强 UV LED

由于紫外 (UV)、深紫外 (DUV) LED 在杀菌、光刻、光存储及生物方面等具有各种多样化的用途，所以制备高效的 UV LED 意义重大。然而，如图 4-9 所示，在波长小于 365nm 的 UV 波段 LED 也面临外量子效率急剧下降的问题。主要原因有二：其一，受限于空穴注入层 p-GaN 对 UV 的吸收及全反射，导致 DUV LED 的 LEE 特别低；其二，由于高 Al 组分 AlGaN QW 的极化特性，出射的 UV 为平行于 c 轴的横磁模式 (TM)，很难从 (0001) 面提取出来。

如图 4-18 所示，首先，SP 效应可以通过控制各种金属的纳米结构实现在不同波长下的共振以提高内量子效率，包括在 UV 波段。此外，通过 SP 耦合有可能将 TM 波耦合为 SP 模式发光从而提高 LEE[41]。考虑到 Al 的 SP 共振频率恰好分布在 DUV 波段，近来，将 Al 应用于 UV 波段的 SP 应用越来越多。Geo 等报道，SP 共振能够增强 UV LED 的光提取，311nm 波段 LEE 提升了 1.23 倍，294nm 为 1.59 倍，以及 280nm 提升了 2.36 倍 [41]。在该实验中，PL 发光增强完全是由于 LEE 的提升，这是因为 p-GaN 厚度 (Al 与 QW 距离) 为 90nm 不可能增强内量子效率。

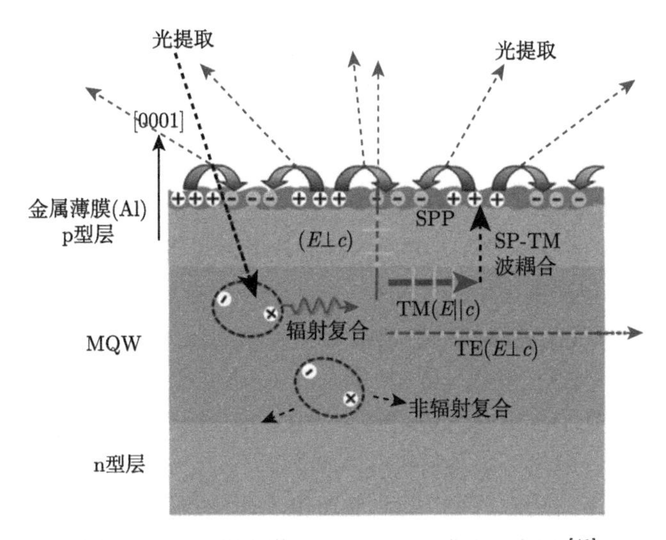

图 4-18　SP 耦合增强 DUV LED 发光示意图 [41]

图 4-19 为一种新型 Al 层嵌入型 SP 增强 AlGaN 基 346nm 发光的 UV LED 结构 [42]。LSP 耦合由嵌入的 Al 微米柱来提供，微米柱阵列是由光刻结合干法刻蚀所制备，其直径为 5μm，高为 10μm。Al 层一直植入 p-AlGaN 电子阻挡层。由于

LSP 耦合，变温 PL 测量发现有 Al 的结构相比于没有 Al 的结构内量子效率提升了 45%。

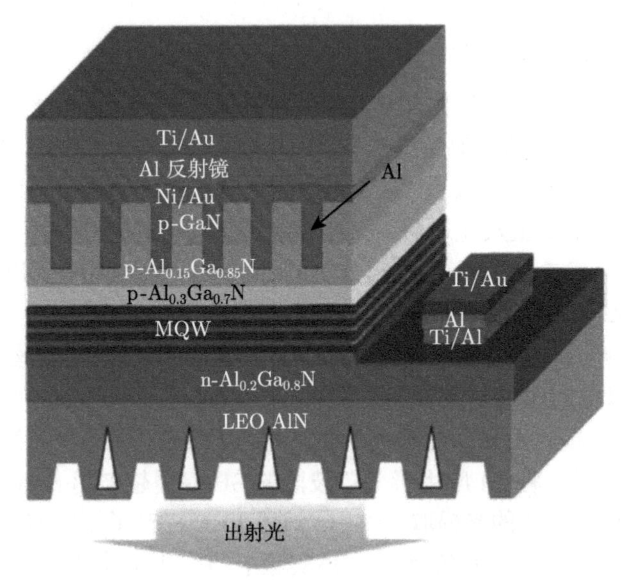

图 4-19　新型 Al 层嵌入型 SP 增强 AlGaN 基 346nm 发光的 UV LED 结构示意图 [42]

据报道，还可以考虑使用贵金属钯 (Pd) 的纳米颗粒 [43] 以及铟/SiO_2 的核壳结构 [44] 来实现 UV 及 DUV 波段的 SP-QW 耦合增强 LED 的发光效率。

5. SP 耦合 LED 抑制量子效率 Droop 效应

在大电流密度注入下，无论是有机还是无机 LED，都面临量子效率严重下降的问题，常称之为 Droop (下降) 效应。目前业界对量子效率下降的原因尚未有定论，但该问题的出现严重阻碍了大功率 LED 的应用推广。

已有研究表明，可以借助于 SP-QW 耦合提供的额外发光通道来抑制非辐射复合及 Droop 效应，模拟也发现，当 SP 耦合的 Purcell 因子大于 2 时，在 $200A/cm^2$ 下发光增强 36% 且 Droop 效应几乎可以忽略 [45]。然而，在直接通过实验来证实 SP 能够抑制 Droop 效应方面还有待深入研究。

如图 4-20(a),(b) 所示，作者所在课题组利用光刻胶压印结合 ICP 干法刻蚀的方法，在蓝光 LED 外延片的 p-GaN 层表面制备出超大宽深比 (width-to-depth, 500:1) 的镀银微槽结构 (microgroove)。通过精确控制刻蚀工艺，使得微槽的最底部距最上层 QW 的距离约为 20nm[46]。此外，如图 4-20(c),(d) 所示，考虑到金属薄膜的粗糙度对 SP 散射出光效率有较大影响，在 ICP 刻蚀之后，采用 KOH 湿法刻蚀方法来进一步修饰微槽表面的纳米级粗糙度，获得微槽不同位置的纳米颗粒尺寸均约为 30nm，据研究该粗糙度下更有利于 SP 模式向外辐射光子 [47]。随后，通过热蒸发的方式在微槽表面蒸镀 30nm 银薄膜，即形成 SP-QW 耦合强度随微槽不同位置渐变的结构。在接下来的显微光致发光 (μPL) 测试中，405nm 连续激光通过显微物镜从蓝宝石面聚焦到样品表面，最小聚焦光斑半径约为 2.5μm，激发的蓝光穿过蓝宝石面被同侧收集。样品置于电动控制的 x-y 位移台，通过逐点扫描微槽不同位置的 PL 信号来探测 SP-QW 的耦合行为。基于显微 PL 的较高空间分辨能力，系统研究了蓝光 LED 的 QW 与 SP 的耦合特性。

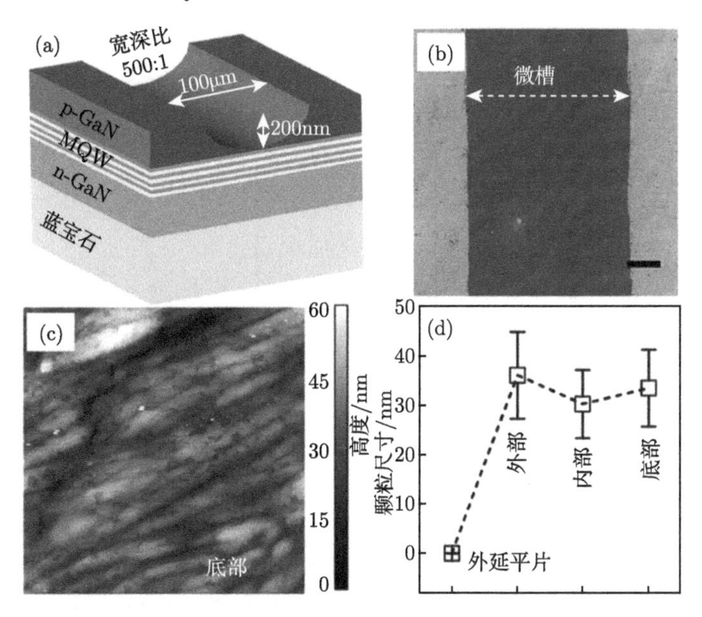

图 4-20 p-GaN 表面微槽 (a) 示意图和 (b)SEM 图，比例尺 20μm；(c) 微槽底部形貌 AFM 图，5μm×5μm；(d) 微槽不同位置的统计表面颗粒尺寸 [46](后附彩图)

在较小激发光功率密度 $1.06\times10^3\mathrm{W/cm^2}$ 的室温下，如图 4-21(a),(b) 所示，对于未镀银的样品整个微槽区域的 PL 强度变化较小，与在槽外相比，在微槽底部的 PL 谱强度约有 1.25 倍的增强。基于光反射的理论计算发现，由于在槽底 QW 与银的距离较近，该部分 PL 强度的增强应为由反射回来的激光再次激发 QW 以及微槽形状引起 LEE 变化所致。该 PL 增强因子代表所有由微槽形状的改变所引起的 PL 强度变化，在随后的 SP-QW 耦合效应研究时，该因子都会从整体的 PL 增强因子里被剔除。对于镀银的样品，如图 4-21(c),(d) 所示，整个微槽区域的 PL 谱强度变化较大，与在槽外相比，在微槽底部的 PL 谱强度约有最大达 21.5 倍的增强。然后，剔除上述对应位置的微槽形状致 PL 强度变化因子，PL 强度在槽底部相比于槽外的 PL 净增强因子约为 18 倍。

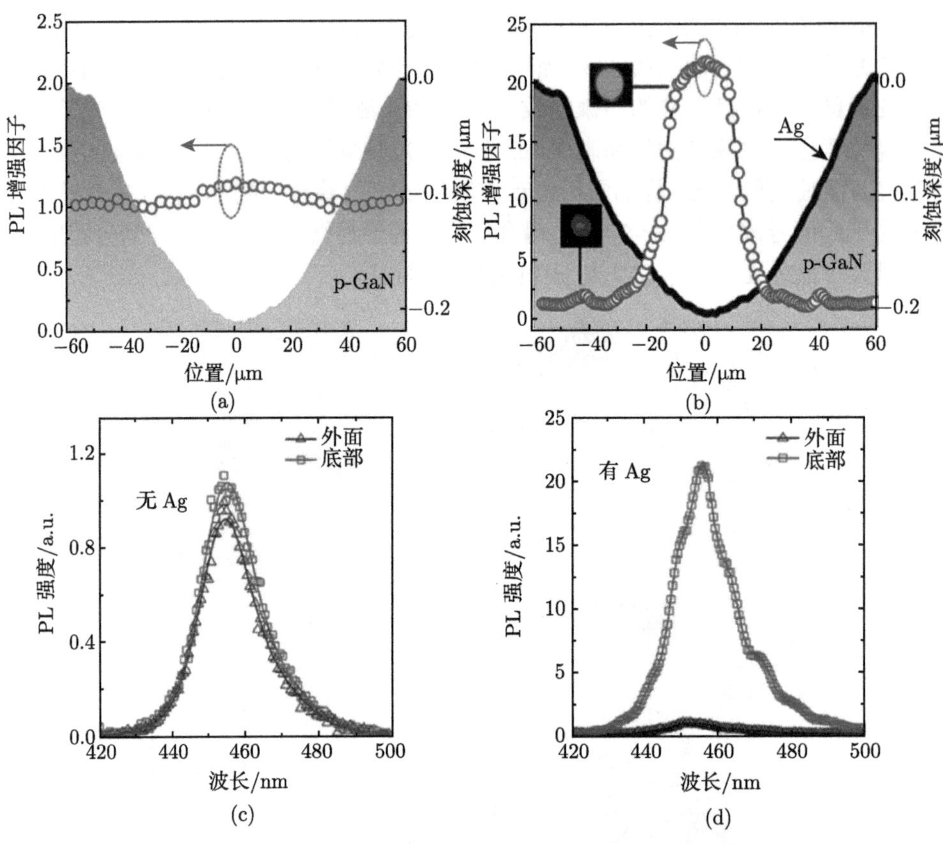

图 4-21　室温下微槽不同位置 (a) 无 Ag 和 (b) 有 Ag 的 PL 增强因子分布；微槽外面与槽底部的 (c) 无 Ag 和 (d) 有 Ag 的 PL 谱；激发功率密度为 $1.06\times10^3\mathrm{W/cm^2}$[46]

为了得到微槽不同位置对应的内量子效率分布，本实验进一步测量了镀银样品微槽的变温 PL 强度分布。如图 4-22(a) 所示，镀银样品在不同位置的归一化 PL 强度曲线在不同温度下的变化规律：在室温下，PL 强度对扫描位置的变化非常敏感 (即金属与 QW 的间距)，但随着温度降低，PL 强度随位置的变化越来越小。槽底部相比于槽外在 10K 时只有 12%的增强，这与常温下的未镀银样品的 1.25 倍微槽形状致强度变化因子非常相近。由此可见，在室温下 SP 的增强效应非常明显，但在 10K 下几乎可以忽略。通常认为在 10K 时非辐射复合可以忽略不计，内量子效率近似为 100%。如图 4-22(b) 所示，我们通过计算镀银样品在 300K 与 10K 下的 PL 强度比例 ($\mathrm{PL}_{\text{有Ag@300K}}/\mathrm{PL}_{\text{有Ag@10K}}$) 就可以获得微槽不同位置的内量子效率分布。测量发现，随着金属与 QW 间距的逐渐缩小，槽外的内量子效率约为 3.65%，而在微槽底部的内量子效率高达 45.1%，较槽外内量子效率有 12.4 倍的增强。图 4-22(c) 为室温下镀银样品在不同位置的 PL 净增强因子分布曲线。通过对比图 4-22(b) 与 4-22(c) 容易发现二者高度相似，二者的 Pearson 相关系数高达 0.97，这说明 SP 耦合通过 QW 到 SP 的快速能量传递所建立的更高效的辐射复合通道，可以显著提升绿光 LED 有源区的内量子效率。而且，SP-QW 耦合效应并不会一成不变。随金属与 QW 间距逐渐增大，SP-QW 耦合效应会明显减弱。此外，随温度的逐渐减低，QW 的内量子效率逐渐提升，SP-QW 耦合增强效应也会明显减弱，直到在 10K 时 SP 耦合增强可忽略不计。

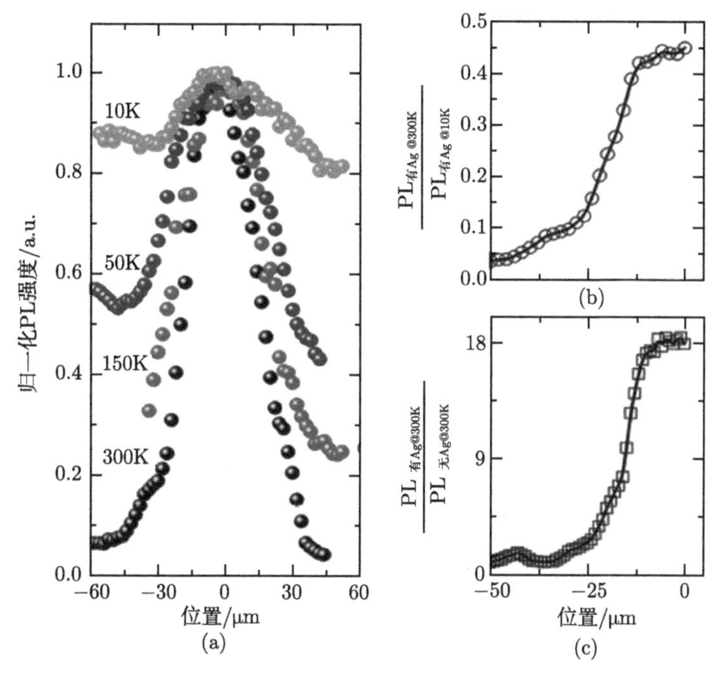

图 4-22 (a) 微槽不同位置在不同温度下的归一化 PL 强度分布；常温下镀 Ag 微槽不同位置对应的 (b) 内量子效率和 (c)PL 净增强因子分布 [46]

为了进一步揭示 SP-QW 耦合效应与载流子浓度的变化关系，本实验测量了变激发功率密度下的 μPL。图 4-23(a) 为不同激发功率密度下相对外量子效率在微槽不同位置的变化。这里，“D” 代表微槽表面金属与顶层 QW 的间距。在任何功率密度下，相对外量子效率值都随着 D 从槽外 ($D_{\max}$= 220nm) 到槽底 ($D_{\min}$ = 20nm) 移动逐渐增大。更重要的是，在高功率密度下，外量子效率在槽外表现出非常严重的 Droop 效应，效率下降明显，高达 0.78。然而，随着 Ag 与 QW 间距的逐渐缩小，Droop 效应越来越不明显。在到达 Ag-QW 最小间距 20nm 即槽底时，Droop 效应几乎可以忽略。如图 4-23(b) 所示，随着从槽外到槽底部，Droop 比率 (($\text{Max}_{\text{EQE}}-\text{EQE}_{\text{@maxexcitation}}$)/ Max_{EQE})) 从大于 40%一直降到不到 5%，而在槽底部计算得到的对应 Purcell 因子最大为 1.75。由此可见，SP 耦合不仅能够增

强内量子效率，同时也能够在高载流子浓度下有效抑制 Droop 效应。

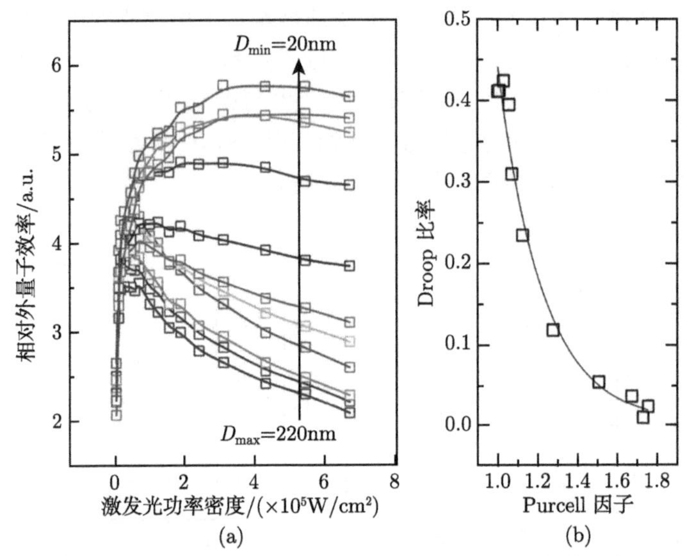

图 4-23　(a) 在不同激发功率密度下微槽不同位置的相对外量子效率分布；(b) 计算的微槽不同位置的 Purcell 因子与 Droop 比率的对应关系 [46]

相比于制备 GaN 基 SP-LED 结构有较大技术挑战，在有机 LED 器件上更容易制备和应用 SP 耦合器件结构。我们同样研究过利用金属纳米蝴蝶结型结构产生的 SP 效应来抑制有机发光二极管 (OLED) 的 Droop 效应 [48]。

图 4-24 为金属纳米领结型结构的制作流程示意图。先通过纳米 PS 球掩模的

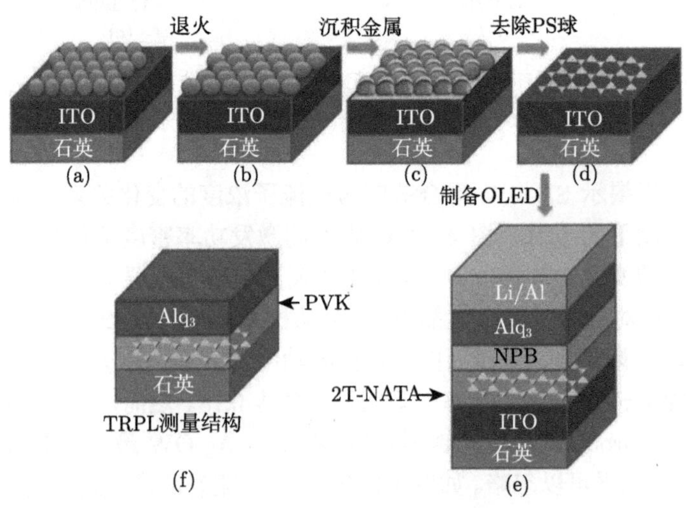

图 4-24　金属纳米领结型结构的制作流程示意图 [48]

方式在 ITO 薄膜上获得 Au/Sn 合金金属纳米领结型结构，随后在其上采用旋涂 OLED 发光层以及蒸镀金属电极完成 OLED 器件的制作。

图 4-25 为 PS 纳米球退火 0s 和 5s 后，以及对应制备的 Au/Sn 合金金属纳米领结型结构 SEM 图和 OLED 发光薄膜的 AFM 图。随加热持续时间从 0s 延长到 5s，PS 球模板之间的空隙逐渐变小，金属领结型纳米结构的边长从 80nm 缩小到 65nm。在金属纳米结构之上旋涂 25nm 厚的 2T-NATA 薄膜后，表面形貌仍然较为平整，因此，所沉积的金属纳米结构不会影响到 OLED 的电学性能。

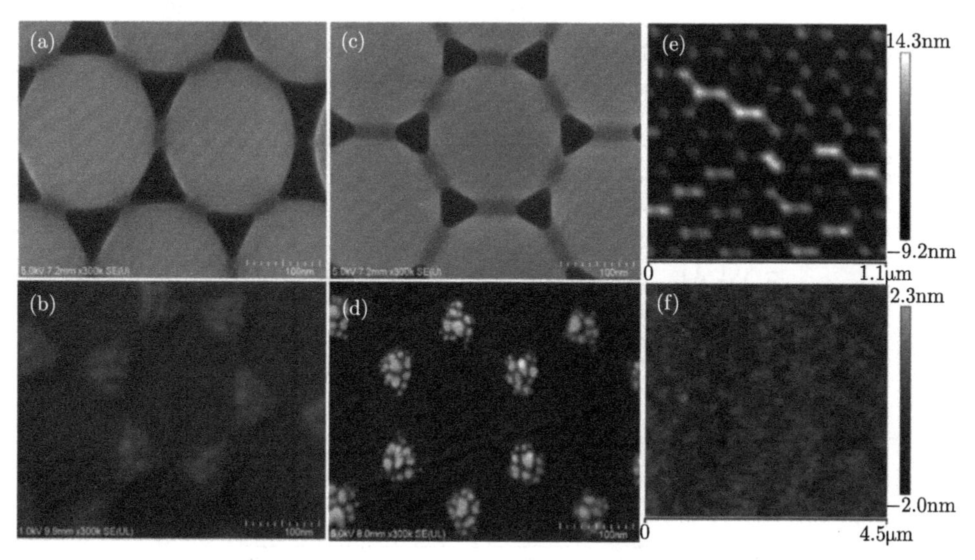

图 4-25　PS 纳米球退火 (a)0s 和 (c)5s 的 SEM 图；金属纳米领结型结构对应 PS 球 (b)0s 和 (d)5s 退火的 SEM 图；旋涂 2T-NATA 薄膜 (e) 前、(f) 后的 AFM 图 [48](后附彩图)

如图 4-26 所示，首先利用 3D FDTD 模拟软件研究了 Au/Sn 合金的纳米领结型结构的光学性质。通过光学仿真发现，在不同原子之间存在非常强的双原子耦合 LSP 现象。测量消光谱发现，退火改变尺寸的 Au/Sn 合金领结型结构局域在 560~780nm 波段具有更宽的共振峰，更有利于使 LSP 共振能与发光光子能量进行匹配。TRPL 实验结果也验证了强 LSP 耦合所引起的复合速率加快。

如图 4-27 所示，OLED 器件的磷光层为 2T-NATA (20nm)/TAPC (15nm)/mCP:Firpic (15nm)/TPBi (40nm)/LiF (1nm)/Al (100nm)。由图可见，在 250mA/cm^2 电流注入密度下退火 5s 所制作的变尺寸的金属纳米领结型结构的 OLED 器件较未退火金属结构器件的电流效率增强了 32.7%，从 10.1cd/A 增加到 13.4cd/A。相应地，效率下降比例从 43.6%被抑制到 25.9%。总之，使用 Au/Sn 合金纳米领结型结构能够在 OLED 中与发光层产生较强的 LSP 共振耦合，进而能够有效抑制大电流密度下的效率下降问题。

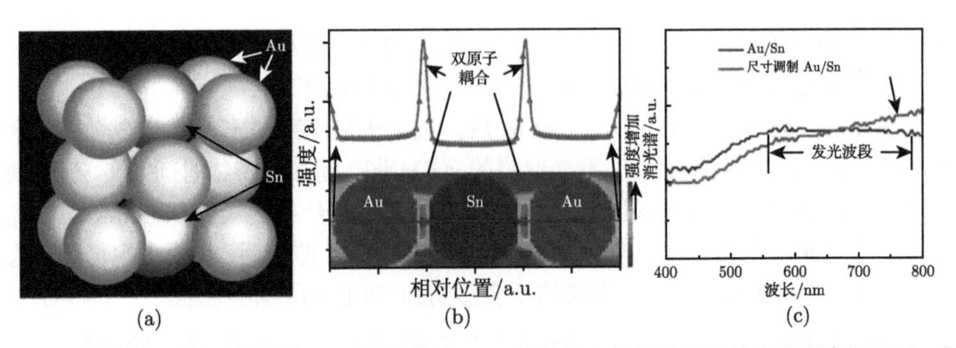

图 4-26　(a)Au/Sn 金属合金的双原子模型；(b) 模拟的合金横截面处的电场强度图；(c) 对应的测量消光谱 [48](后附彩图)

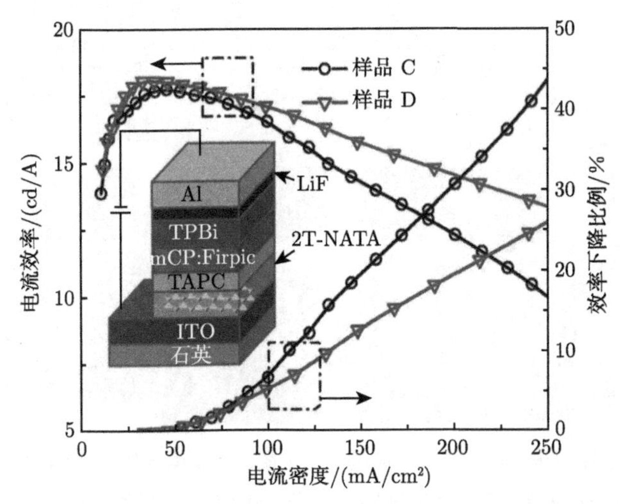

图 4-27　不同电流下蓝色磷光 OLED 的电流效率和效率下降比例曲线 [48]

综上所述，借助 SP 局域耦合增强效应有望能够解决大功率下 LED 量子效率下降的难题，为高亮 LED 的应用推广起到重要作用。

4.2.2　半导体纳米等离子体激光器

自 1960 年第一台红宝石激光器发明以来，激光器朝着更小体积、更快调制速度、更大功率、更高效率等方向飞速发展。然而，由于采用传统光学反馈谐振腔的激光器无法超越半波长谐振腔极限，因此微纳米激光器在尺度上无法再继续缩小。

基于表面等离子体的纳米激光器与传统激光器不同，它利用导体中表面等离子激元的激发来实现光场的三维限制和传输，从而将谐振腔的尺寸压缩到深亚波长甚至纳米量级。加之现代微纳加工技术的逐步成熟，也为亚波长乃至纳米量级激光器的研制提供了成熟的技术条件，半导体纳米等离子体激光器在光互连、生物探测、医疗、纳米光刻、数据存储等领域有着广泛的应用前景。本小节重点综述基于表面等离激元的半导体纳米激光器的研究进展、应用和研究前景。

1. 纳米颗粒表面等离激元激光器

2003 年，首先由 Bergman 和 Stockman 从理论上提出了表面等离子体放大受激辐射新型激光器的概念 [49]，不同于依赖光学模式与增益介质之间的作用，该激光器的反馈来自于金属纳米结构所激发的 LSP 与附近的光增益介质之间的近场耦合，其基本模型是由金属纳米球提供 LSP，在金属纳米球周围或者表面分布有增益介质，如图 4-28(a) 所示。

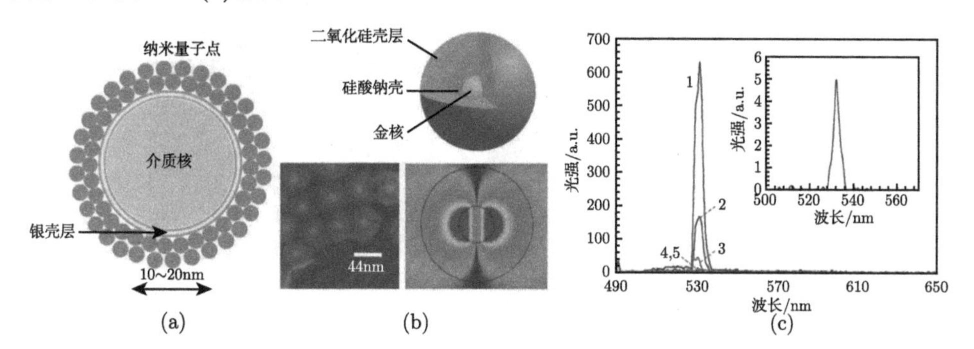

图 4-28 (a) 表面等离子体纳米激光器的初始设计示意图 [49]；(b) 首次实验上实现的纳米颗粒表面等离子体激光器的结构示意图 [50]；(c) 不同泵浦强度下的受激辐射谱

在 2009 年，该理论被 Noginov 等从实验上成功验证 [50]。如图 4-28(b), (c) 所示，该实验使用的是金属核心外包染料分子的结构，通过化学自组装的方法合成，其中金属核直径为 14nm，整个纳米球尺寸为 44nm。当外来电磁场激发 LSP 并在金属表面产生共振时，由于共振增强效应和小尺寸效应，局域近场增强了 6 倍，所获得的增益完全弥补了金属的吸收损耗。实验验证了表面等离子体激元模式耦合成为光子模式的受激辐射，其激射波长为 531nm。当泵浦能量较低时，原子跃迁的能量几乎没有传递给表面等离子体激元，发光很弱。当泵浦能量提高到阈值以上时，主要是表面等离子体激元振荡引起的激射发光。然而，该种激光器都是由集体分布的纳米颗粒组成的，这种方式无法获得单一器件形式的激光结构。

2. 纳米线表面等离子体激光器

在表面等离子体纳米激光器中应用更多的是基于 SPP 模式的等离子体纳米腔结构。通常情况下，此类激光器的增益介质是纳米线。纳米线产生的光子与金属层耦合形成表面等离子体激元，该激元沿纳米线方向传播，在纳米线两端反射形成的法布里–珀罗 (Fabry-Perot, F-P) 腔内传输振荡，被增益介质放大并实现激射。

2009 年，Oulton 等首次在实验上制备出了单一器件形式的表面等离子体激光器 [51]，其光学模式尺寸比衍射极限小近百倍，被称为深亚波长表面等离子体激元激光器。如图 4-29 所示，该器件使用了一种混合型表面等离子体激元光波导，其组成自下而上可分为 3 个部分，依次是一层金属银，5nm MgF_2 间隙层和高增益 CdS 半导体纳米线，CdS 纳米线通过化学气相沉积和溶液旋涂等方法制备于 MgF_2 薄膜上。如图 4-30 所示，使用 405nm 波长的激光器进行光泵浦，激射波长为 489nm。采用该结构实现了较强的模式限制，激子自发辐射速率提高到原来的 6 倍，自发辐射因子达到 0.8，这使得阈值大幅度降低。这类结构能够实现远程表面等离子体

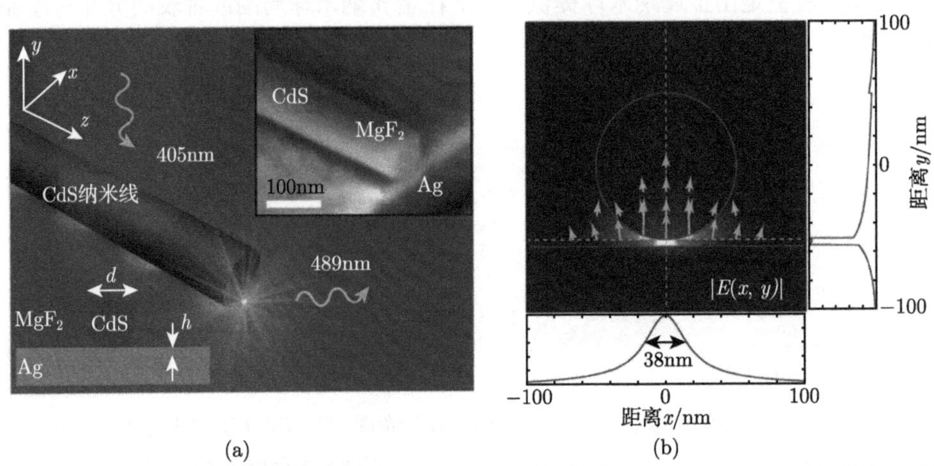

图 4-29　(a) 纳米线表面等离子体激光器原理图及微观结构的 SEM 图；(b) 纳米线与金属膜之间的模式分布 [51]

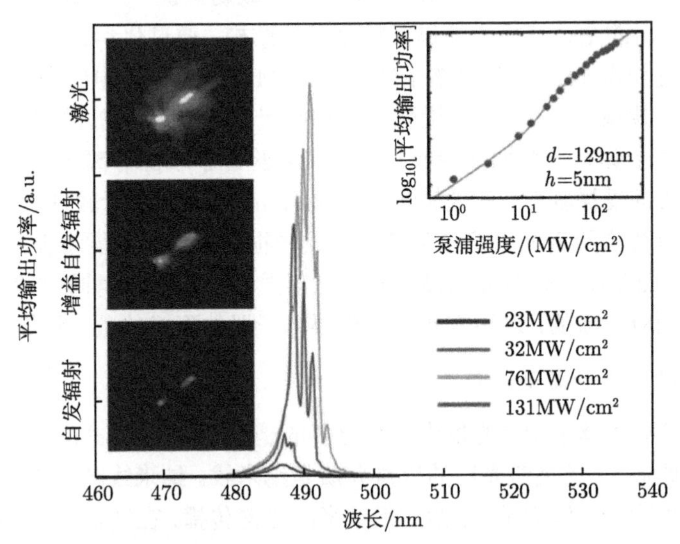

图 4-30　等离子体激光的激光振荡与输出功率对泵浦强度的非线性响应 [51](后附彩图)

激元波传输，原因在于实际传输的模式主要位于间隙层形成的微腔中，这样金属中的能量损耗极大地降低，再加上微腔增强效应使得 SPP 传播得更远。

如图 4-31 所示，2012 年，Lu 等首次成功实现了连续波 (CW) 工作下激光泵浦、低阈值的等离子体纳米激光器 [52]，模拟的 3D 模式体积仅约为 $3.3\times10^{-2}\lambda^3$。该激光器具有优良性能的关键在于，所用金属为原子级粗糙度的外延生长 Ag 薄膜；GaN 中的 InGaN 纳米柱作为增益介质，其中纳米柱的长度仅为 470nm，横截面边长为 30nm。正因为等离子体金属材料以及强增益介质的优良选择，等离子体纳米激光器具有低激射阈值、内在损耗低的 CW 工作的性能。

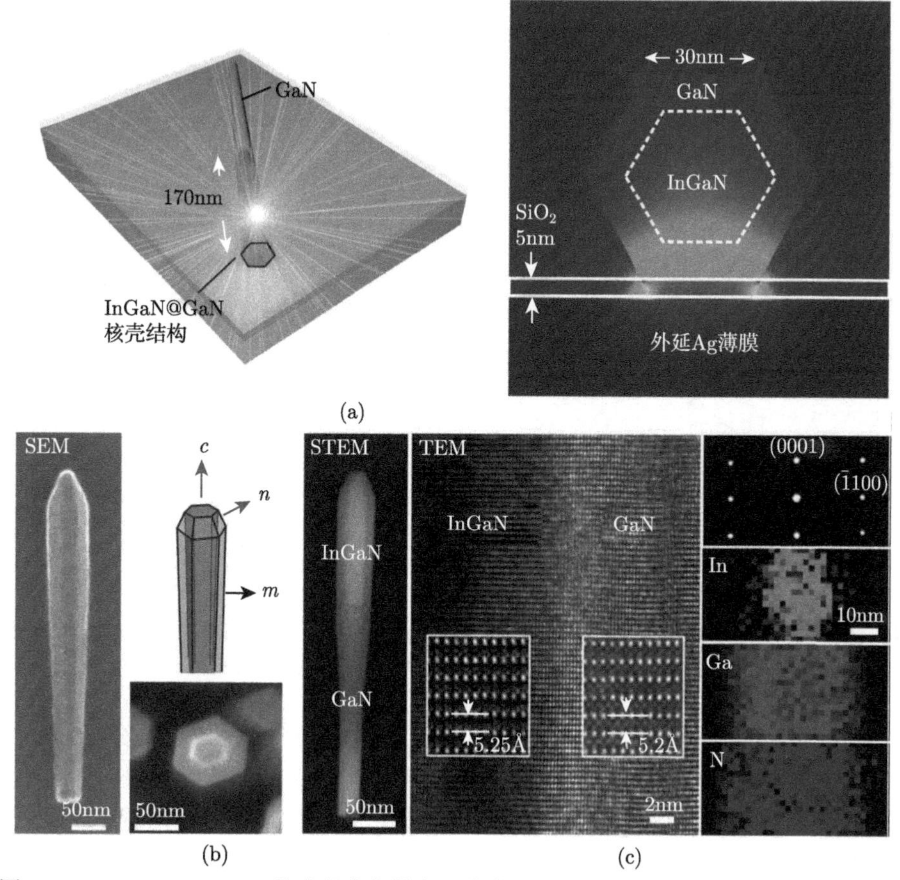

图 4-31 (a)InGaN@GaN 核壳纳米柱等离子体激光示意图；InGaN@GaN 核壳纳米柱的 (b)SEM 图以及 (c)STEM、TEM 图 [52]

如图 4-32 所示，在 405nm CW 激光泵浦下，在较低的激发功率密度下 (860W/cm^2) 为发射谱为自发辐射模式，当激发功率密度 ⩾4.7kW/cm^2 时，就能观测到尖锐的激射谱线。在双对数坐标下，激射强度与泵浦功率密度呈现 “S” 型特性，且激射后伴随明显的线宽变窄现象。8K 和 78K 下的激射阈值分别为 2.1kW/cm^2、3.7kW/cm^2。该阈值比之前报道的文献记载要低几个数量级，因此，能够首次实现等离子体纳米激光器的 CW 工作。

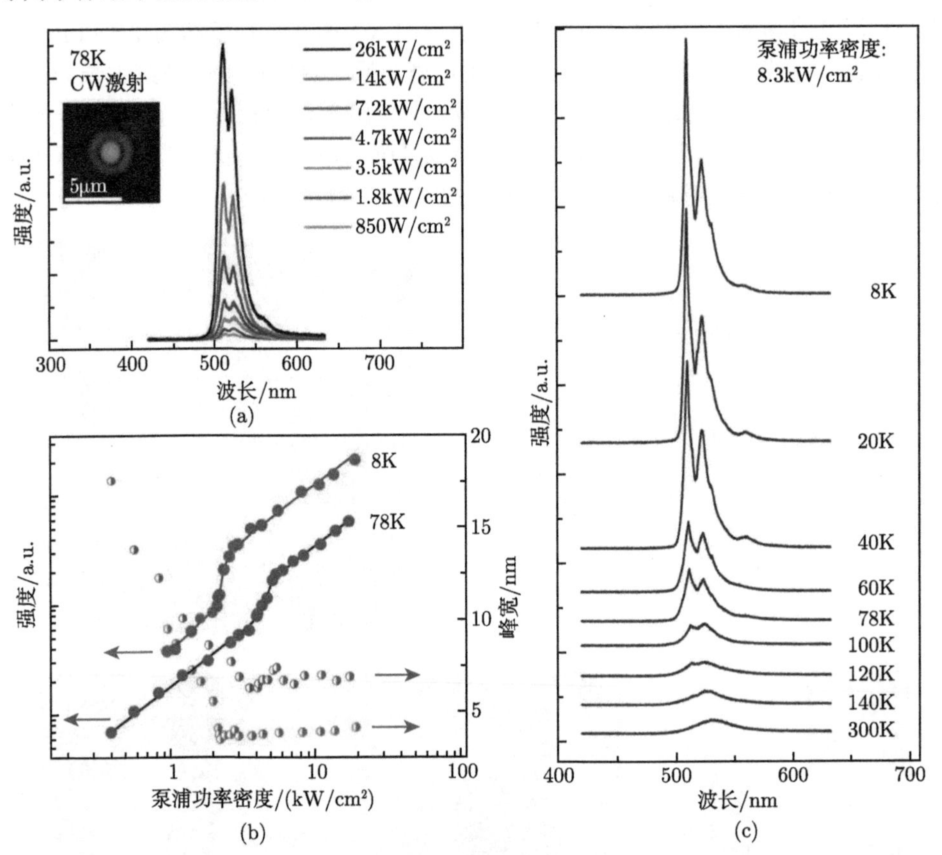

图 4-32　(a) 不同功率 CW 405 nm 激光泵浦的激射谱；(b) 不同温度下等离子腔的激射阈值；(c)8～300K 不同温度下的激射特性 [52]

近来，Zhang 等 [53] 报道了一种可以在室温下运行的低阈值 UV 单模表面等离子体纳米激光器。如图 4-33 所示，该激光器中所用的增益介质为 GaN 纳米线，所用 SPP 共振金属为 Al 薄膜，间隙层为 SiO_2 薄膜，激射波长是 GaN 材料的本征带边辐射波长，约为 370nm。

在室温下，该 UV 表面等离子体纳米激光器的激射特性表征结果如图 4-34 所示。由 SEM 图可见，实验中所使用的 GaN 纳米线的长度为 15μm，直径为 100nm。测量所用泵浦激光为 355nm 纳秒圆极化激光。在激发功率密度低于激射阈值时 (约 0.5MW/cm^2)，在非常宽的 GaN 纳米线带边发射谱上可见明显的 F-P 振荡模式，且电场方向沿纳米线轴向部分的发光强度要强于垂直于轴向部分的发光强度。通过变激发功率发射谱测量可得其激射阈值为 3.5MW/cm^2，相比于其他室温下运行的表面等离子体纳米激光器件，该激光器的激射阈值 (约 GW/cm^2) 要低 3 个数量级。

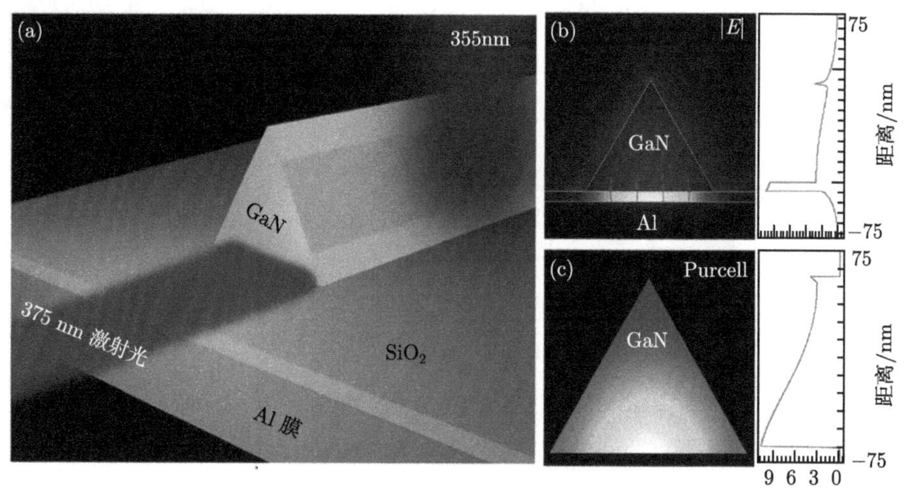

图 4-33 GaN 纳米线 UV 表面等离子体纳米激光器 (a) 器件示意图；(b) 横截面电场强度分布；(c)Purcell 因子分布 [53]

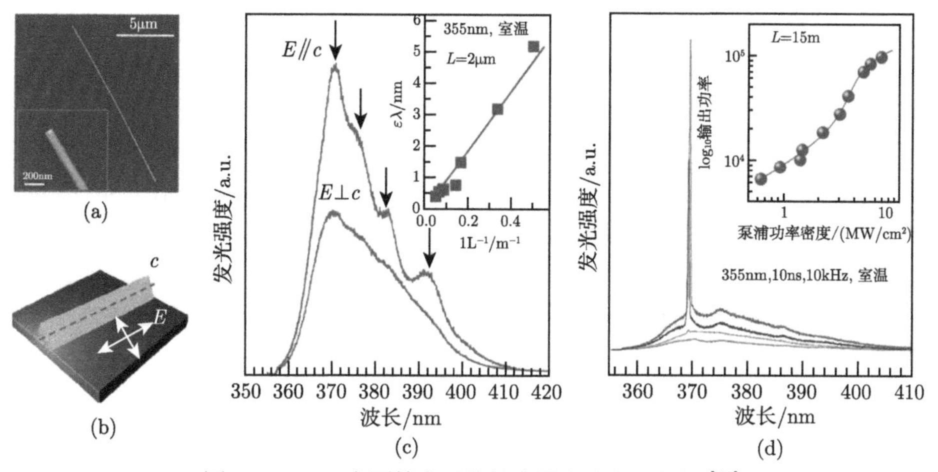

图 4-34 UV 表面等离子体纳米激光器室温表征 [53]

(a)GaN 纳米线 SEM 图；(b) 极化测量方式示意图；(c)0.5MW/cm^2 低于阈值时的自发辐射谱；(d) 变功率发射谱

2014 年，Lu 等又报道了一种可以覆盖全可见光光谱的低阈值表面等离子体纳米激光器结构 (图 4-35)[54]。该激光器使用了 $In_xGa_{1-x}N$@GaN 核壳纳米柱的发光结

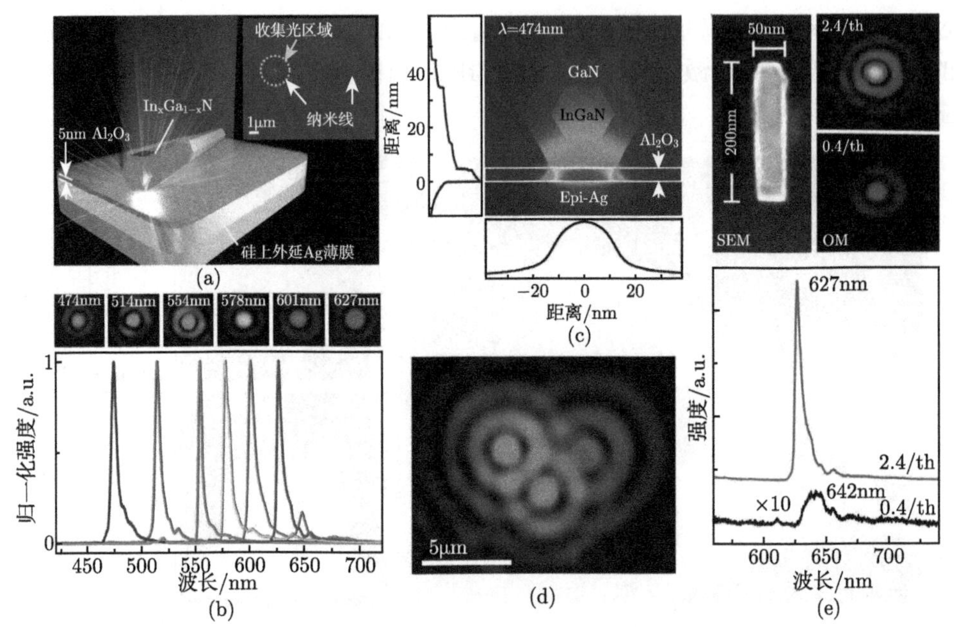

图 4-35　全可见光光谱的 InGaN@GaN 纳米柱表面等离子体纳米激光器 (a) 器件结构示意图；(b) 全光谱单模激射图像；(c)474nm 激光模拟能量分布；(d)RGB 激射图；(e) 极小型 627nm 激光 [54]

构以及外延生长的 Ag 薄膜作为增益介质。$In_xGa_{1-x}N$@GaN 核壳纳米柱通过滴注稀释悬浮液的方式沉积到 Al_2O_3 介电层上面。通过改变激光器中内核 $In_xGa_{1-x}N$ 纳米柱的 In 组分掺入比例，就可以获得从蓝光 (468nm) 一直到红光 (642nm) 不同颜色的激光。为了满足激射特性，纳米柱长度通常为 100~250nm，直径为 30~50nm。此实验使用了更短的纳米柱从而可以获得单模激射，且极化率接近 100%。另外，该实验所用的间隙层不是传统的 SiO_2 而是通过原子层沉积 (ALD) 技术所生长的 Al_2O_3 介电层。高质量的、精确控制厚度的介电层，能够提供极为出色的大范围均匀光限制作用。

3. 金属–介质–金属结构纳米激光器

金属–介质–金属 (MIM) 结构纳米激光器利用金属层包裹的纳米柱状体构成的谐振腔，增益介质位于纳米柱中。MIM 结构的特点是利用表面等离子体激元只能在金属表面传播的横波特性，使得两层金属表面等离子体激元耦合在一起，在中间的介质层中传播，从而构造深亚波长光波导结构。MIM 结构已经被用来实现多种表面等离子体激元发光器件。

Hill 等于 2007 年报道了第一个在低温下 (77K) 电泵浦的圆柱形金属纳米腔面发射纳米激光器 [55]，其结构如图 4-36(a) 所示。其中一个半导体圆柱被包裹在

Si_3N_4 绝缘层和金属腔中。增益介质为 InGaAs/InP 双异质结结构，位于圆柱体的中间，上下为掺杂的低折射率 InP 波导层。光子在金属腔内振荡，被顶面的金属反射镜反射，在底面出光。由于微腔增强效应，器件的自发辐射因子达到 0.46，光限制因子约为 0.2，器件阈值最低达 3.5μA (10K)。出光波长为 1418nm，纳米柱直径为 (260±25)nm，高度 h=300nm，Si_3N_4 厚度约为 25nm。器件的半导体纳米柱结构采用 MOCVD 方法生长，然后采用自上而下的电子束曝光和反应离子刻蚀工艺制备而成，随后通过等离子体增强化学气相沉积法制备 Si_3N_4 绝缘层并生长金层。

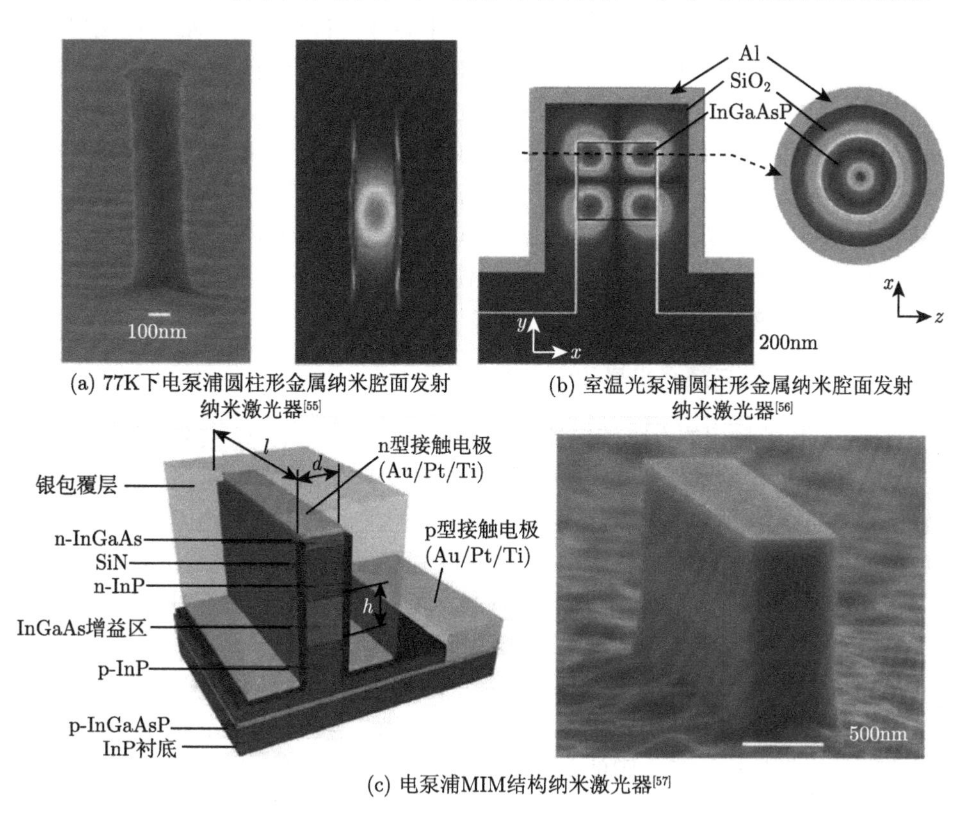

(a) 77K下电泵浦圆柱形金属纳米腔面发射纳米激光器[55]

(b) 室温光泵浦圆柱形金属纳米腔面发射纳米激光器[56]

(c) 电泵浦MIM结构纳米激光器[57]

图 4-36 典型的金属包裹型半导体纳米激光器器件结构

Nezhad 等于 2010 年采用类似结构实现了圆柱形金属纳米腔面发射激光器室温光泵浦工作 [56]，其结构如图 4-36(b) 所示。器件在三个维度上的尺寸都小于光在真空中的波长。与前者不同的是，Nezhad 等所采用的结构中的纳米柱先完全由绝缘介质层 SiO_2 包覆，然后再包有一层 70nm 厚的 Al，增益介质为 InGaAsP /InP 多量子阱。柱状有源区由电子束曝光和干法刻蚀制成，直径为 420~490nm，绝缘介质为 200nm 厚的 SiO_2。整个样品在生长完铝金属层后，顶面用 SU-8 胶粘在玻璃上，再用选择性 HCl 溶液去掉柱状体底部的 InP 衬底，使有源区底部暴露在空气中，用于直接光泵浦。纳腔 Q 值为 1030，阈值泵浦功率密度为 700W/mm^2，出光波长为 1430nm，阈值增益约为 130cm^{-1}。

2009 年，Hill 等采用 MIM 结构实现电泵浦表面等离子体激元激光器 [57]，该器件结构如图 4-36(c) 所示。器件的半导体脊状波导由电子束曝光和干法刻蚀等工艺制备而成，上表面有电流注入窗口，侧面为绝缘介质 Si_3N_4，厚度为 20nm。器件外包覆金属银。增益介质为 InGaAs /InP 双异质结。侧壁的银层和光子相互作用，形成表面等离子激元，沿着银侧壁在介质和半导体内传播，被一端的银反射镜反射，在另一端的端面向外辐射光子。图中的 $h = 300\text{nm}$，半导体脊宽为 90~350nm 不等。其中一个典型尺寸是 $d = 130\text{nm}$ (±20nm)，腔长为 3μm 的器件，其阈值只有 40μA，78K 时 Q 值达到 370，在 180μA 的工作电流下激射光谱的半高宽为 0.7nm；另外一个典型尺寸是 $d = 310\text{nm}$，工作于室温 (298K)，阈值约为 6mA，TM 模 Q 值达到 340，激射光谱的半高宽是 0.5nm，在这个宽度下已经能够支持一个室温激射的横电模式 (TE)，其 Q 值达到 320。实验测量在电注入下工作，脉冲宽度为 28ns，重复频率为 1MHz。

4.2.3 表面等离激元耦合半导体太阳能电池

目前，市场上使用的太阳能电池主要是晶体硅太阳能电池，它的市场占有率超过 80%。单晶硅电池由于结晶完美，载流子迁移率非常高，因而在实验室里的最高转换效率可以达到 25%[58]，是目前市场上应用最多的太阳能电池。晶体硅太阳能电池或存在成本太高或存在效率过低的问题，为了进一步平衡造价和转化效率，科学家开始研究并制造无机薄膜太阳能电池。无机薄膜材料主要有非晶硅、碲化镉 (CdTe)、砷化镓 (GaAs)、铟镓氮 (InGaN) 等。

与传统晶体硅太阳能电池相比，薄膜太阳能电池的半导体吸收层更薄，为了最大限度地利用太阳光，提高光生电流，须采用陷光技术。1996 年，Stuart 等首先将金属纳米颗粒应用于太阳能电池，他们在 165nm 厚的非晶硅薄膜太阳能电池上加了一层银纳米颗粒，器件在 800nm 波长下的电流密度增强了 17 倍 [59]。之后他们改用金纳米颗粒，在 500nm 附近使电池的电流密度提高了 80%[60]。由此，金属纳米晶体开始在薄膜太阳能电池领域引起广泛关注。根据金属纳米粒子在太阳能电池中位置的不同，在增强太阳能电池光吸收的作用上，表面等离激元结构在保持其光学厚度不变的情况下可以提供以下三种主要方式来减少物理光电吸收层厚度：金属纳米粒子散射，如图 4-37(a) 所示，太阳能电池通过金属纳米粒子的表面散射进行光捕获，光被多次、高角度散射地捕获到半导体薄膜中，导致在电池内有效光程增加；近场增强，如图 4-37(b) 所示，嵌入半导体中的金属纳米粒子通过 LSP 激发进行光捕获，激发了等离子体的近场促使半导体中产生电子空穴对；SPP

增强光吸收，如图 4-37(c) 所示，金属半导体界面上通过表面等离子体的微激发进行光捕获。波纹型金属背板表面将入射光转化为 SPP 模式，在半导体层平面传播 [61]。Catchpole 和 Polman 在 2008 年建立了将金属纳米粒子加入太阳能电池中的物理模型，物理模型证明金属纳米粒子利用散射作用提高器件对入射光的利用率 [62]；并发现纳米金属颗粒尺寸与形状对耦合光效率有显著影响，空气中 Ag 纳米粒子共振时散射截面远大于其几何截面，是其 10 倍左右 [63]。可见金属纳米粒子的散射作用对半导体陷光影响非常大。

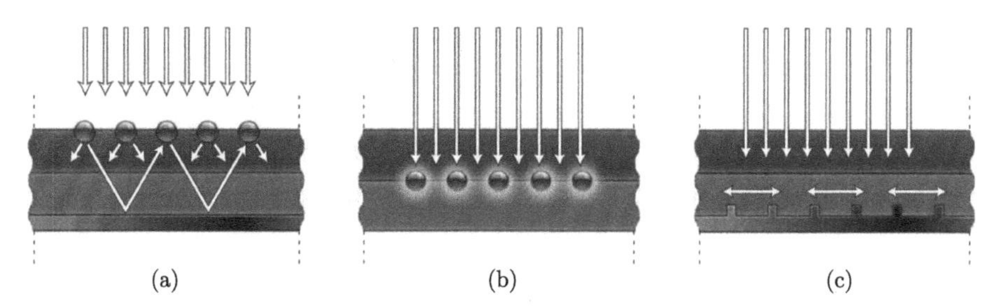

图 4-37 等离子体作用在薄膜太阳能电池的光捕获图 [61]

1. 金属纳米颗粒表面等离子体散射

Stuart 和 Hall 首先将等离子体纳米颗粒应用于太阳能电池，利用银纳米颗粒的散射将入射光耦合到半导体吸收层中，使得器件在 800nm 波长下的电流密度增强了 17 倍 [59]。然后广泛应用于薄膜太阳能电池中：通过等离子体纳米颗粒将更多的入射光散射到 GaAs 基太阳能电池 [64] 和量子阱结构太阳能电池 [65]。金属纳米粒子的形状和大小是决定散射效率的关键因素，如图 4-38(a) 所示。对于较小的金属纳米颗粒，其有效的偶极矩更接近半导体层，可以使更多的入射光散射到半导体吸收层中。事实上，无限接近半导体衬底的点偶极子，可以将 96%的入射光散射到衬底中。图 4-38(b) 为利用一阶散射模型推导出的 800nm 入射光在太阳能电池中的传播路径长度增量。对于硅上 100nm 直径的银半球，电池的有效吸收长度增强了 30 倍 [66]。这些光陷阱效应在等离子体共振光谱的峰值处最为明显，等离子体的共振峰可以通过改变周围基质的介电常数来调整。例如，空气中的 Ag 或 Au 纳米颗粒的共振峰分别在 350nm 和 480nm 处，通过将它们嵌入 SiO_2、Si_3N_4 或硅，它们的共振峰可以在 500~1500nm 光谱范围内红移。此外，虽然图 4-38 展示了小金属纳米颗粒可以耦合更多入射光的优势，但是非常小的粒子就会有明显的欧姆损耗。欧姆损耗与体积 V 成比例，而散射与 v^2 成比例，因此使用较大的粒子有利于提高散射率。例如，空气中 150nm 直径的 Ag 颗粒具有高达 95%的反照率。因此，我们在设计等离子体纳米阵列时，要综合考虑金属纳米颗粒的散射和欧姆损耗，根据太阳能电池的材质找到大小合适的纳米颗粒。

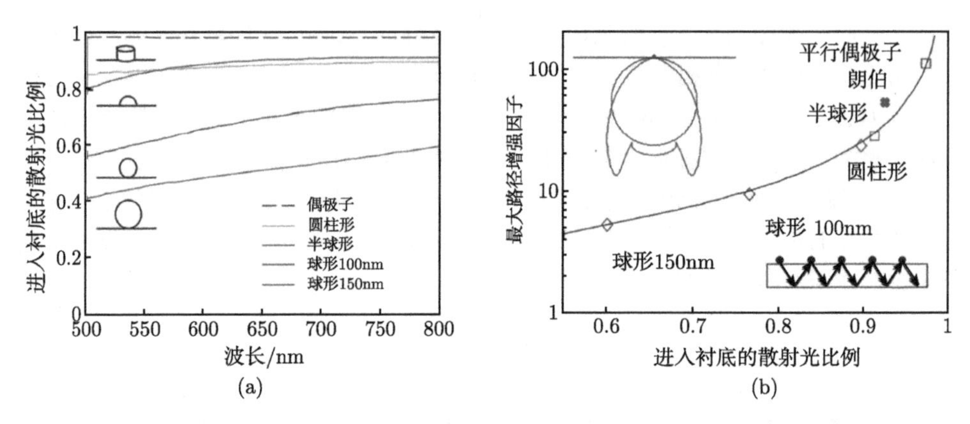

图 4-38 (a) 不同大小和形状的 Ag 纳米颗粒将入射光散射到太阳能电池的比例；(b) 利用一阶散射模型推导出的 800nm 入射光在太阳能电池中的传播路径长度增量 [66]

2. 金属纳米颗粒嵌入局域等离子体耦合

在薄膜太阳能电池中可以利用金属纳米颗粒的局域等离子体共振效应。金属纳米颗粒附近产生局域场增强，使光聚集从而增强半导体吸收层的光吸收。此时纳米颗粒以类似“天线”的形式将入射能量以 LSP 模式存储。例如，将直径 25nm 的 Au 颗粒嵌入折射率为 1.5 的介质中，当入射波长为 850nm 时，纳米颗粒会有很强的近场增强效果 (图 4-39)。反照率低的 (5~20nm 直径) 纳米颗粒局域场增强效应更为明显。这些纳米颗粒在载流子扩散长度较小的材料中特别有用。

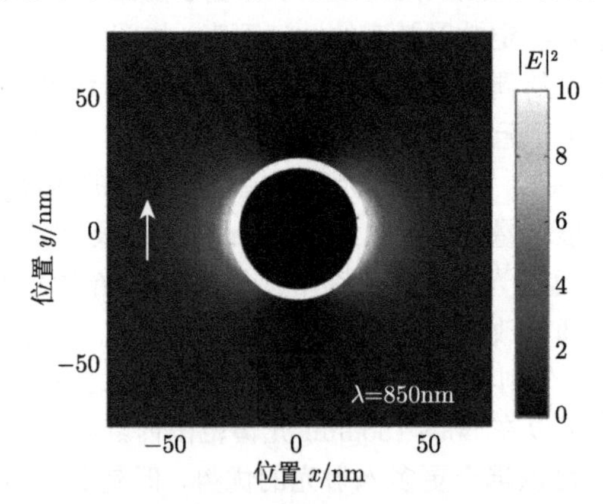

图 4-39 金属纳米颗粒的局域近场增强图 [67](后附彩图)

许多实验结果已经表明太阳能电池因为等离子体近场耦合增强了光生电流。Wang 等通过理论计算出在 InGaN 基太阳能电池的吸收层中嵌入银纳米颗粒可以使电池的转换效率提高 27%。他们设计了如下模型：在太阳能电池的顶部有一层

80nm 厚的 ITO 层，然后是 200nm 厚的 n-GaN，100nm 厚的 i-InGaN，120nm 厚的 p-GaN，最后是欧姆接触的金属层，该结构与激光剥离蓝宝石后的垂直结构的 LED 类似，在 InGaN 吸收层中嵌入直径为 40nm 的球形 Ag 纳米颗粒，如图 4-40(a) 所示。当一束 580nm 的光入射时，就会在 Ag 纳米颗粒附近产生很强的局域场，这些能量就会被周围的 InGaN 本征吸收层吸收，进而提高 InGaN 基太阳能电池对光的吸收，如图 4-40(b) 所示。图 4-41 显示出有/无 Ag 纳米颗粒时 InGaN 基太阳能电池的短路电流密度和输出功率密度曲线 [67]。第一组和第二组数据分别是最大

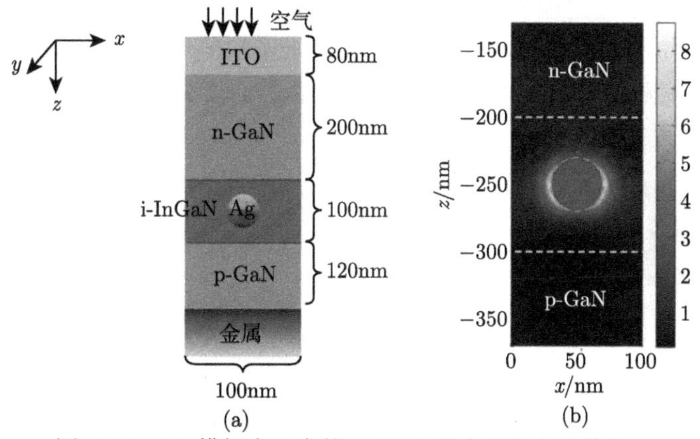

图 4-40 (a) 模拟窗口中的 InGaN 基太阳能电池结构；(b) Ag 纳米颗粒周围电场大小分布 [67](后附彩图)

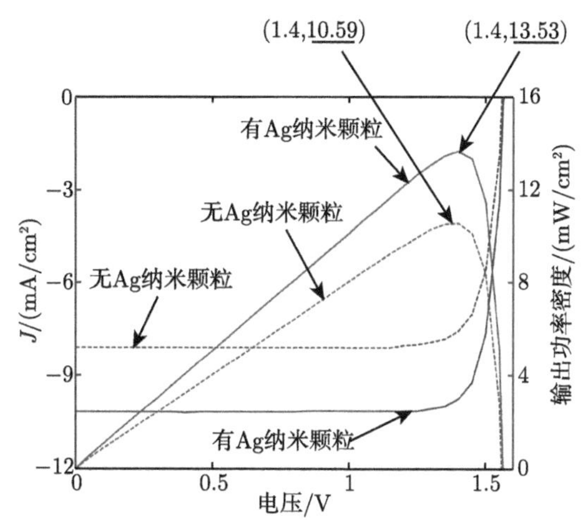

图 4-41 有/无 Ag 纳米颗粒时 InGaN 基太阳能电池的短路电流密度和输出功率密度曲线 [67]

功率密度时的电压和对应的最大功率密度。从图中可以看出开路电压都是 1.51V，说明 Ag 纳米颗粒并不影响太阳能电池的开路电压；而有 Ag 纳米颗粒的电流密度从 8.08mA/cm^2 增加到 10.17mA/cm^2，转换效率从 10.59%提高到 13.53%，提高了 27.76%。

最近，韩国科学技术研究院通过干法刻蚀 p-GaN 制作微米孔阵列的方式将 Ag 纳米颗粒 (直径平均 75nm) 填充在 p-GaN，微米孔阵列直径为 2μm，间距为 4μm，底部距离量子阱吸收层只有 20nm，这样可以保证 Ag 纳米颗粒的局域场能够和吸收层耦合，同时未被刻蚀的区域可以起到电流扩展的作用，将光生载流子传输到电极中，其制作流程如图 4-42 所示。通过纳米颗粒的局域等离子体共振效应提高了 InGaN 基太阳能电池对入射光的吸收，如图 4-43 所示，使其电流密度提高了 9.1%，提高了太阳能电池的转换效率 [68]。

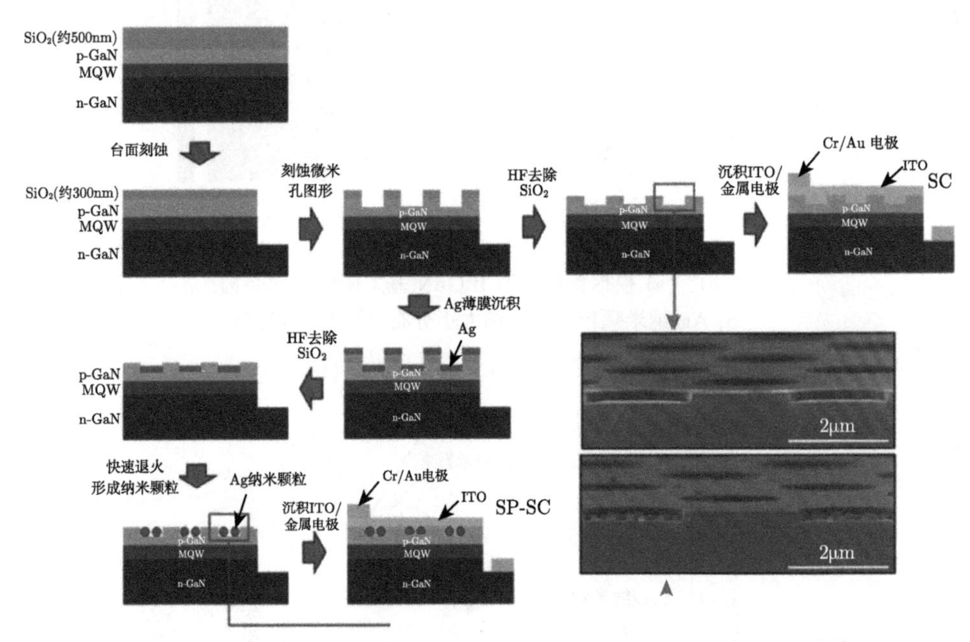

图 4-42　有/无 Ag 纳米颗粒的 InGaN 基太阳能电池制作流程图 [68]

3. 金属光栅背板表面等离激元耦合

利用光栅激发表面等离子体波，使光学波转换成为 SPP 沿着金属与半导体的接触面在太阳能电池中横向传输 [69]，其尺寸比光吸收长度大几个数量级，这将有效地增加太阳能电池对太阳光的光吸收，进而提高光电转换效率。由于金属电极是太阳能电池设计中的基本组成部分，因此这种等离激元耦合概念可以很自然地被应用。在红外光谱中，SPP 的传播长度是很大的。例如，对于 Ag/SiO_2 界面，在 800~1500nm 的光谱范围中，SPP 传播长度在 10~100μm。

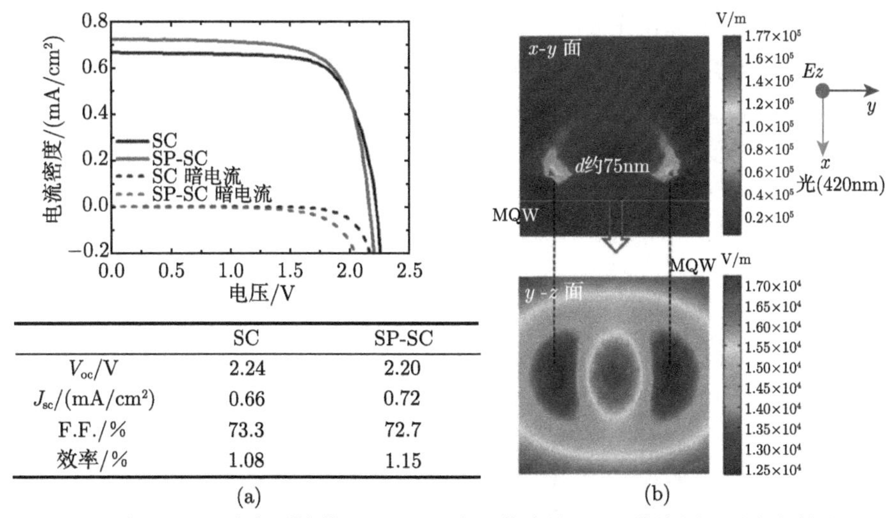

	SC	SP-SC
V_{oc}/V	2.24	2.20
J_{sc}/(mA/cm^2)	0.66	0.72
F.F./%	73.3	72.7
效率/%	1.08	1.15

图 4-43 (a) 有/无 Ag 纳米颗粒的 InGaN 基太阳能电池 J-V 曲线图和对应参数表；(b) 入射波长 420nm 时的 Ag 纳米颗粒在 x-y 面和 y-z 面的局域电场分布图 [68](后附彩图)

2009 年，Pala 等通过在 Si 薄膜表面的 SiO_2 设计一层一维周期 Ag 光栅结构，如图 4-44(a) 所示，由图 4-44(b)~(d) 比较可以看出，纳米光栅结构能产生明显的

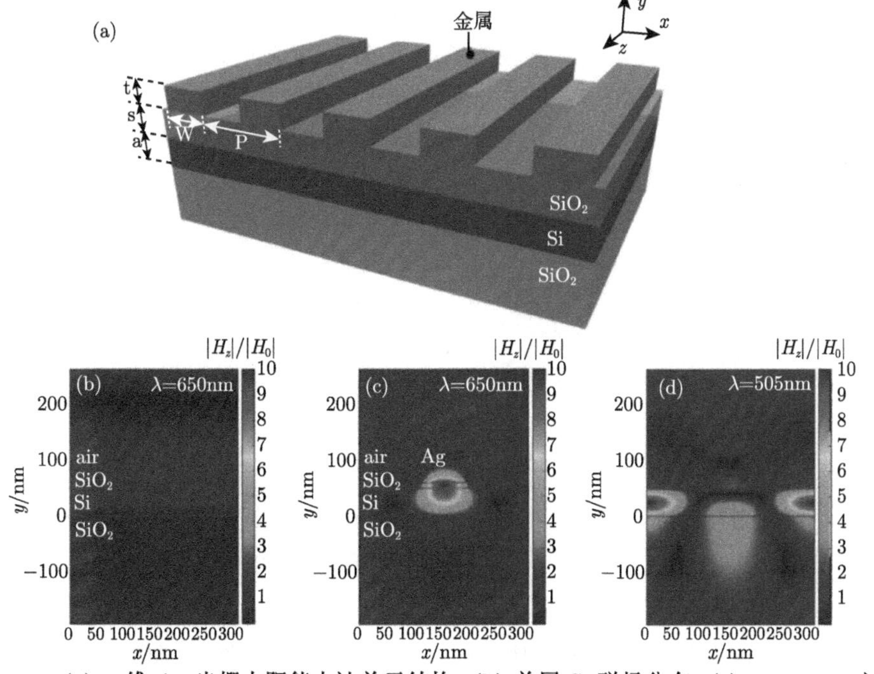

图 4-44 (a) 一维 Ag 光栅太阳能电池单元结构；(b) 单层 Si 磁场分布；(c)650nm TM 波下的磁场分布；(d)505nmTM 波下的磁场分布 [70](后附彩图)

场增强作用，使光聚集在光栅附近，有利于光生载流子的产生。通过计算，这种结构相对于单层硅薄膜太阳能电池的短路电流可以提高 43%[70]。

2010 年，Wang 等通过设计如图 4-45 所示太阳能电池结构，在 100nm 厚的 a-Si 底面设计了横向光栅周期为 350nm 的 Ag 光栅衬底结构，与单层硅相比有 30%的光吸收增强效果 [71]。

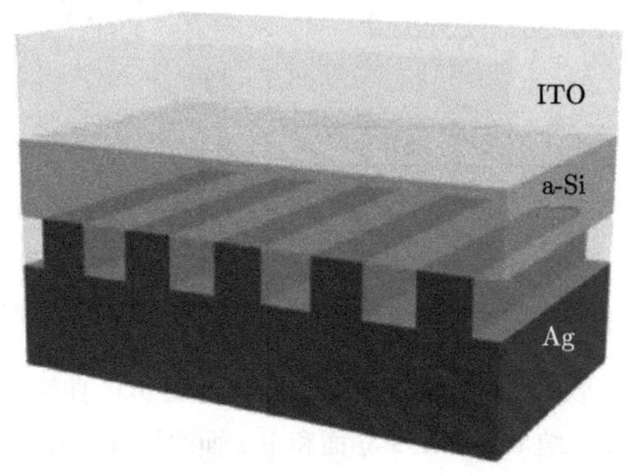

图 4-45　具有 Ag 光栅衬底结构的太阳能电池模型 [71]

通过比较图 4-46(a), (c) 可以发现，图 4-46(c) 在 760nm 光波入射下有更大的电场增强效果，这说明纳米光栅结构引起了共振红移，增强了长波长的光吸收。由图中可以看出，Ag 光栅附近有局域的场增强效应，光波经过金属光栅结构激发出 SPP，实现了光学模式的转换，SPP 在底面横向传输，能有效地增强太阳能电池对光的吸收。目前，诸多前沿的研究工作都在从理论和实验上寻找最优的纳米微结构来提高太阳能电池的转换效率。

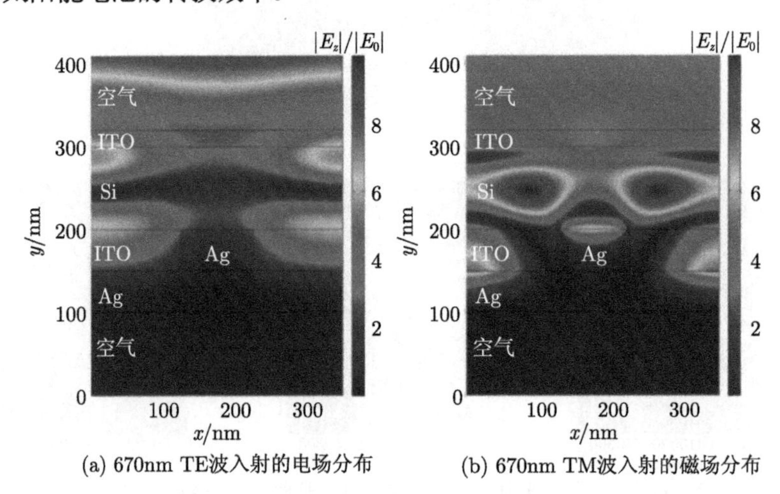

(a) 670nm TE波入射的电场分布　　(b) 670nm TM波入射的磁场分布

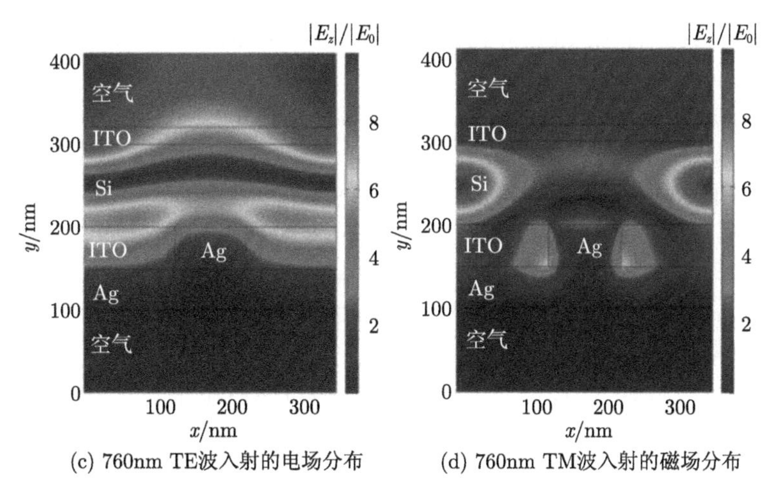

(c) 760nm TE波入射的电场分布 (d) 760nm TM波入射的磁场分布

图 4-46 太阳能电池中激发 SPP 的电磁场分布 [71](后附彩图)

参 考 文 献

[1] Wood R W. On a remarkable case of uneven distribution of light in a diffraction grating spectrum[J]. Philosophical Magazine, 1902, 4 (19-24): 396-402.

[2] Garnett J C M. Colours in metal glasses and in metallic films[J]. Philosophical Transactions of The Royal Society of London Series A-containing Papers of A Mathematical or Physical Character, 1904, 203: 385-420.

[3] Mie G. Articles on the optical characteristics of turbid tubes, especially colloidal metal solutions[J]. Annalen Der Physik, 1908, 25 (3): 377-445.

[4] Otto A. Excitation of nonradiative surface plasma waves in silver by method of frustrated total reflection[J]. Zeitschrift für Physik A Hadrons and Nuclei, 1968, 216 (4): 398-410.

[5] Ritchie R H, Arakawa E T, Cowan J J, et al. Surface-plasmon resonance effect in grating diffraction[J]. Physical Review Letters, 1968, 21(22): 1530.

[6] Kreibig U, Zacharias P. Surface plasma resonances in small spherical silver and gold particles[J]. Zeitschrift Fur Physik, 1970, 231(2): 128-143.

[7] Raether H. Surface Plasmons on Smooth and Rough Surfaces and on Gratings[M]. Berlin: Springer, 1988: 4-39.

[8] Barnes W L, Dereux A, Ebbesen T W. Surface plasmon subwavelength optics[J]. Nature, 2003, 424 (6950): 824.

[9] Willets K A, van Duyne R P. Localized surface plasmon resonance spectroscopy and sensing[J]. Annual Review of Physical Chemistry, 2007, 58: 267-297.

[10] Moskovits M. Surface-enhanced spectroscopy[J]. Reviews of Modern Physics, 1985, 57(3): 783-826.

[11] Kreibig U, Vollmer M. Optical Properties of Metal Clusters[M]. New York: Springer, 2013.

[12] Xia Y, Halas N J. Shape-controlled synthesis and surface plasmonic properties of metallic nanostructures[J]. MRS Bulletin, 2005, 30 (5): 338-348.

[13] Bohren C F, Huffman D R. In Absorption and Scattering of Light by Small Particles[M]. New York: Wiley, 1983.

[14] Zayats A V, Smolyaninov I I. Near-field photonics: surface plasmon polaritons and localized surface plasmons[J]. Journal of Optics A: Pure and Applied Optics, 2003, 5 (4): S16.

[15] Schubert E F, Miller J N. Light-Emitting Diodes, Devices[M]. New York: John Wiley & Sons, Inc., 1999.

[16] Purcell E M. Spontaneous emission probabilities at radio frequencies[J]. Physical Review, 1946, 69(11-1): 681.

[17] Gontijo I, Boroditsky M, Yablonovitch E, et al. Coupling of InGaN quantum-well photoluminescence to silver surface plasmons[J]. Physical Review B, 1999, 60 (16): 11564-11567.

[18] Neogi A, Lee C W, Everitt H O, et al. Enhancement of spontaneous recombination rate in a quantum well by resonant surface plasmon coupling[J]. Physical Review B, 2002, 66 (15): 1533051-1533054.

[19] Okamoto K, Niki I, Shvartser A, et al. Surface-plasmon-enhanced light emitters based on InGaN quantum wells[J]. Nature Materials, 2004, 3 (9): 601-605.

[20] Okamoto K, Funato M, Kawakami Y, et al. High-efficiency light emission by means of exciton–surface-plasmon coupling[J]. Journal of Photochemistry and Photobiology C: Photochemistry Reviews, 2017, 32: 58-77.

[21] Okamoto K, Kawakami Y. Enhancements of emission rates and efficiencies by surface plasmon coupling[J]. Physica Status Solidi C: Current Topics In Solid State Physics, 2010, 7(10): 2582-2585.

[22] Okamoto K, Niki I, Scherer A, et al. Surface plasmon enhanced spontaneous emission rate of InGaN/GaN quantum wells probed by time-resolved photoluminescence spectroscopy[J]. Applied Physics Letters, 2005, 87 (7): 1687.

[23] Liebsch A. Surface plasmon dispersion of Ag[J]. Physical Review Letters, 1993, 71 (1): 145.

[24] Okamoto K, Kawakami Y. High-efficiency InGaN/GaN light emitters based on nanophotonics and plasmonics[J]. IEEE Journal of Selected Topics in Quantum Electronics, 2009, 15 (4): 1199-1209.

[25] Okamoto K. Plasmonics for Green Technologies: Toward High-efficiency LEDs and Solar Cells [M]. London: InTech, 2012.

[26] Yeh D M, Huang C F, Chen C Y, et al. Surface plasmon coupling effect in an InGaN/GaN single-quantum-well light-emitting diode[J]. Applied Physics Letters, 2007, 91 (17): 601.

[27] Yeh D M, Huang C F, Chen C Y, et al. Localized surface plasmon-induced emission enhancement of a green light-emitting diode[J]. Nanotechnology, 2008, 19 (34): 345201.

[28] Shen K C, Chen C Y, Chen H L, et al. Enhanced and partially polarized output of a light-emitting diode with its InGaN/GaN quantum well coupled with surface plasmons on a metal grating[J]. Applied Physics Letters, 2008, 93 (23): 153305.

[29] Sung J H, Kim B S, Choi C H, et al. Enhanced luminescence of GaN-based light-emitting diode with a localized surface plasmon resonance[J]. Microelectronic Engineering, 2009, 86 (4-6): 1120-1123.

[30] Sung J H, Yang J S, Kim B S, et al. Enhancement of electroluminescence in GaN-based light-emitting diodes by metallic nanoparticles[J]. Applied Physics Letters, 2010, 96 (26): 3885.

[31] Kwon M K, Kim J Y, Kim B H, et al. Surface-plasmon-enhanced light-emitting diodes[J]. Advanced Materials, 2008, 20 (7): 1253.

[32] Cho C Y, Lee S J, Song J H, et al. Enhanced optical output power of green light-emitting diodes by surface plasmon of gold nanoparticles[J]. Applied Physics Letters, 2011, 98 (5): 601.

[33] Cho C Y, Kim K S, Lee S J, et al. Surface plasmon-enhanced light-emitting diodes with silver nanoparticles and SiO_2 nano-disks embedded in p-GaN[J]. Applied Physics Letters, 2011, 99 (4): 601.

[34] Lu C H, Lan C C, Lai Y L, et al. Enhancement of green emission from InGaN/GaN multiple quantum wells via coupling to surface plasmons in a two-dimensional silver array[J]. Advanced Functional Materials, 2011, 21 (24): 4719-4723.

[35] Kao C C, Su Y K, Lin C L, et al. Localized surface plasmon-enhanced nitride-based light-emitting diode with Ag nanotriangle array by nanosphere lithography[J]. IEEE Photonics Technology Letters, 2010, 22(13): 984-986.

[36] Chen H S, Chen C F, Kuo Y, et al. Surface plasmon coupled light-emitting diode with metal protrusions into p-GaN[J]. Applied Physics Letters, 2013, 102 (4): 041108.

[37] Okada N, Morishita N, Mori A, et al. Fabrication and evaluation of plasmonic light-emitting diodes with thin p-type layer and localized Ag particles embedded by ITO[J]. Journal of Applied Physics, 2017, 121 (15): 153102.

[38] Fujita S. Wide-bandgap semiconductor materials: For their full bloom[J]. Japanese Journal of Applied Physics, 2015, 54 (3): 030101.

[39] Huang Y, Yun F, Wang Y, et al. Surface plasmon enhanced green light emitting diodes with silver nanorod arrays embedded in p-GaN[J]. Japanese Journal of Applied Physics, 2014, 53 (8): 080401.

[40] Liu H, Li Y, Huang Y, et al. Broadband localized surface-plasmon-enhanced green light-emitting diodes by silver nanocone array[J]. Japanese Journal of Applied Physics, 2015, 54 (12): 122101.

[41] Gao N, Huang K, Li J, et al. Surface-plasmon-enhanced deep-UV light emitting diodes based on AlGaN multi-quantum wells[J]. Scientific Reports, 2012, 2(1): 816.

[42] Cho C Y, Zhang Y, Cicek E, et al. Surface plasmon enhanced light emission from AlGaN-based ultraviolet light-emitting diodes grown on Si (111)[J]. Applied Physics Letters, 2013, 102 (21): 211110.

[43] Xiong Y J, Chen J Y, Wiley B, et al. Size-dependence of surface plasmon resonance and oxidation for pd nanocubes synthesized via a seed etching process[J]. Nano Letters, 2005, 5 (7): 1237-1242.

[44] Magnan F, Gagnon J, Fontaine F G, et al. Indium@silica core-shell nanoparticles as plasmonic enhancers of molecular luminescence in the UV region[J]. Chemical Communications, 2013, 49 (81): 9299-9301.

[45] Yang W, He Y, Liu L, et al. Practicable alleviation of efficiency droop effect using surface plasmon coupling in GaN-based light emitting diodes[J]. Applied Physics Letters, 2013, 102 (24): 241111.

[46] Li Y, Wang S, Su X, et al. Efficiency droop suppression of distance-engineered surface plasmon-coupled photoluminescence in GaN-based quantum well LEDs[J]. AIP Advances, 2017, 7(11): 115118.

[47] Xu X, Funato M, Kawakami Y, et al. Grain size dependence of surface plasmon enhanced photoluminescence[J]. Optics Express, 2013, 21 (3): 3145-3151.

[48] Zhao Y, Yun F, Huang Y, et al. Efficiency roll-off suppression in organic light-emitting diodes using size-tunable bimetallic bowtie nanoantennas at high current densities[J]. Applied Physics Letters, 2016, 109 (1): 183303.

[49] Bergman D J, Stockman M I. Surface plasmon amplification by stimulated emission of radiation: Quantum generation of coherent surface plasmons in nanosystems[J]. Physical Review Letters, 2003, 90 (2): 027402.

[50] Noginov M A, Zhu G, Belgrave A M, et al. Demonstration of a spaser-based nanolaser[J]. Nature, 2009, 460 (7259): 1110-1168.

[51] Oulton R F, Sorger V J, Zentgraf T, et al. Plasmon lasers at deep subwavelength scale[J]. Nature, 2009, 461 (7264): 629-632.

[52] Lu Y J, Kim J, Chen H Y, et al. Plasmonic nanolaser using epitaxially grown silver film[J]. Science, 2012, 337 (6093): 450-453.

[53] Zhang Q, Li G, Liu X, et al. A room temperature low-threshold ultraviolet plasmonic nanolaser[J]. Nature Communications, 2014, 5(1): 4953.

[54] Lu Y J, Wang C Y, Kim J, et al. All-color plasmonic nanolasers with ultralow thresholds: Autotuning mechanism for single-mode lasing[J]. Nano Letters, 2014, 14 (8): 4381-4388.

[55] Hill M T, Oei Y S, Smalbrugge B, et al. Lasing in metallic-coated nanocavities[J]. Nature Photonics, 2007, 1 (10): 589-594.

[56] Nezhad M P, Simic A, Bondarenko O, et al. Room-temperature subwavelength metallo-dielectric lasers[J]. Nature Photonics, 2010, 4 (6): 395-399.

[57] Hill M T, Marell M, Leong E S P, et al. Lasing in metal-insulator-metal sub-wavelength plasmonic waveguides[J]. Optics Express, 2009, 17 (13): 11107-11112.

[58] Green M A, Emery K, Hishikawa Y, et al. Solar cell efficiency tables (version 37)[J]. Progress in Photovoltaics Research & Applications, 2011, 19 (1): 84-92.

[59] Stuart H R, Hall D G. Absorption enhancement in silicon-on-insulator waveguides using metal island films[J]. Applied Physics Letters, 1996, 69 (16): 2327-2329.

[60] Stuart H R, Hall D G. Island size effects in nanoparticle-enhanced photodetectors[J]. Applied Physics Letters, 1998, 73 (26): 3815-3817.

[61] Atwater H A, Polman A. Plasmonics for improved photovoltaic devices[J]. Nature Materials, 2010, 9 (3): 205-213.

[62] Catchpole K R, Polman A. Plasmonic solar cells[J]. Optics Express, 2008, 16 (26): 21793-21800.

[63] Mertz J. Radiative absorption, fluorescence, and scattering of a classical dipole near a lossless interface: A unified description[J]. Journal of the Optical Society of America B, 2000, 17 (17): 1906-1913.

[64] Nakayama K, Tanabe K, Atwater H A. Plasmonic nanoparticle enhanced light absorption in GaAs solar cells[J]. Applied Physics Letters, 2008, 93 (12): 2327.

[65] Derkacs D, Chen W V, Matheu P M, et al. Nanoparticle-induced light scattering for improved performance of quantum-well solar cells[J]. Applied Physics Letters, 2008, 93 (9): 223507.

[66] Catchpole K R, Polman A. Design principles for particle plasmon enhanced solar cells[J]. Applied Physics Letters, 2008, 93 (19): 093105.

[67] Wang J Y, Tsai F J, Huang J J, et al. Enhancing InGaN-based solar cell efficiency through localized surface plasmon interaction by embedding Ag nanoparticles in the absorbing layer[J]. Optics Express, 2010, 18 (3): 2682-2694.

[68] Shim J P, Choi S B, Kong D J, et al. Ag nanoparticles-embedded surface plasmonic InGaN-based solar cells via scattering and localized field enhancement[J]. Optics Express, 2016, 24 (14): A1176.

[69] Raether H. Surface Plasmons on Smooth and Rough Surfaces and on Gratings[M]. Berlin: Springer, 1988.

[70] Pala R A, White J, Barnard E, et al. Design of plasmonic thin-film solar cells with broadband absorption enhancements[J]. Advanced Materials, 2010, 21 (34): 3504-3509.

[71] Wang W, Wu S, Reinhardt K, et al. Broadband light absorption enhancement in thin-film silicon solar cells[J]. Nano Letters, 2010, 10 (6): 2012-2018.

第 5 章 LED 器件电注入机理剖析

InGaN/GaN 基 LED 相比于其他光源存在效率高、寿命长、响应快和显色性好等优势 [1]，因而被广泛应用于一般照明以及显示器件。尽管 LED 的商业化获得了巨大成功，但是一些限制 LED 发光效率进一步提高的科学问题仍然存在。在大电流密度注入条件下 LED 发光效率发生显著下降 (efficiency droop) 的问题则是其中之一 [2]。为了解释该效率 Droop 现象，研究人员提出了许多不同的物理机制，例如，载流子的退局域化 [3,4]，俄歇非辐射复合增强 [5,6]，自发辐射减少 [7]，电子泄漏 [8]，以及低效的空穴注入 [9] 等。而导致 GaN 基 LED 空穴注入效率低下的主要原因是低效的 Mg 掺杂和较差的空穴流动性 [10,11]。元素 Mg 的掺入是为了形成 p 型的III-V族半导体，但是由于 Mg 存在较大的激活能以及 Mg-N-H 复合物的形成和自补偿效应 [12]，p-GaN 中空穴浓度低；另外，空穴相比于电子具有更大的有效质量，导致了更低的空穴迁移率。由于空穴的注入效率低下 (相比于电子)，大多数载流子在靠近 p-GaN 的少数几层量子阱中发生复合，载流子在量子阱中分布不均，有效利用量子阱区域小，注入同样的电流大小时，在复合发生的量子阱区域载流子密度更大，更容易发生由于俄歇非辐射复合导致的效率下降；此外，未能与空穴在量子阱中发生复合的多余电子会直接注入 p-GaN 层造成电子泄漏现象。上述问题在大电流密度注入条件下显得尤为显著。因此改善空穴注入效率问题对于抑制 LED 发光效率下降起着关键作用。

5.1 LED 电注入基本理论

半导体 LED 是一种典型的工作在正向偏置电压条件下，能将电能转换为光能的器件。LED 最基本的结构是由 p 型掺杂的半导体和 n 型掺杂的半导体组成的 p-n 结。在正向偏压下，高浓度电子和空穴分别从 n 型半导体层和 p 型半导体层注入有源区发生复合，如图 5-1 所示。但是如果仅仅是这种简单的 p-n 结结构，光电转换效率会非常低下，绝大部分载流子不会在有源区发生复合产生光子，电能会通过其他形式的热能耗散掉。因此为了使更多的电能可以转化为光能，引入了异质结结构。这种异质量子阱结构如今广泛应用于高亮度、超高亮度 LED 器件 [13]，以 GaN 基 LED 为例，它的能带结构示意图如图 5-2 所示。从图中可以看到异质结结构主要可以分为三个部分：宽带隙半导体材料、窄带隙半导体材料、宽带隙半导体材料。在 GaN 基 LED 中一般为 GaN/InGaN/GaN 异质结结构。这种异质结结构会在窄带隙半导体区域形成一个能带势阱。当势阱层厚度足够薄时，其中的载流子会发生能级分裂现象，由此复合效率大大提高。为了进一步提高载流子复合效率，重复该异质结构，形成多量子阱 (MQW) 结构的有源区。多量子阱结构的引入提高了载流子的复合效率，但是只有其中发生辐射复合的部分可以产生光子，其他发生非辐射复合的载流子对将能量以热能形式释放。由此可见，要提高 LED 的发光效率需要提高其辐射复合效率，抑制非辐射复合效率。尽管可以采取各种措施让辐射复合占优势，但非辐射复合也不可能完全消失。

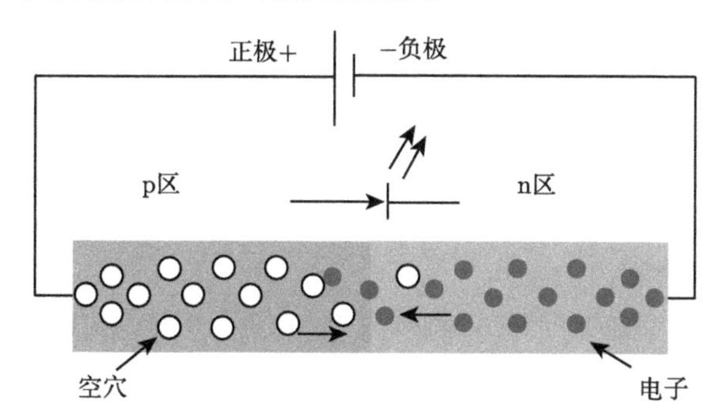

图 5-1 半导体 LED 基本工作原理示意图

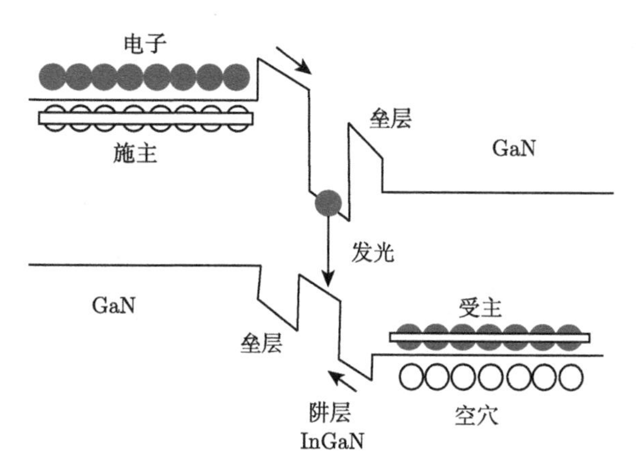

图 5-2 GaN/InGaN/GaN 异质结能带结构示意图

5.1.1 载流子的辐射复合 [14]

当半导体受到光或电的激励后，会出现平衡电子、空穴和过剩电子、空穴，其浓度分别用 n_0、p_0 和 Δn、Δp 表示。在稳态时，应满足:

$$\Delta n(t) = \Delta p(t) \tag{5-1}$$

利用双分子速率方程：

$$R = B[n_0 + \Delta n(t)][p_0 + \Delta p(t)] \tag{5-2}$$

在低激励水平，过剩载流子浓度远小于多数载流子浓度，因此

$$R = Bn_i^2 + B(n_0 + p_0)\Delta n(t) = R_0 + R_{\mathrm{exc}} \tag{5-3}$$

其中，R_0 为平衡复合速率；R_{exc} 为过剩复合速率。

载流子浓度随时间的变化从速率方程计算：

$$\frac{\mathrm{d}n(t)}{\mathrm{d}t} = G - R = (G_0 + G_{\mathrm{exc}}) - (R_0 + R_{\mathrm{exc}}) \tag{5-4}$$

其中，G_0、R_0 分别为平衡状态下的产生率和复合率；G_{exc} 和 R_{exc} 分别为过剩载流子的产生率和复合率。

假设半导体受到激励并产生过剩载流子，在 $t = 0$ 时关闭激励，可得

$$\frac{\mathrm{d}}{\mathrm{d}t}\Delta n(t) = -B(n_0 + p_0)\Delta n(t) \tag{5-5}$$

解该微分方程为

$$\Delta n(t) = \Delta n_0 \exp\left(-\frac{t}{\tau}\right) \tag{5-6}$$

定义 τ 为载流子寿命：

$$\tau = [B(n_0 + p_0)]^{-1} \tag{5-7}$$

当外部激励停止后，少数载流子按指数衰减，其寿命就是时间常数值，也是少数载流子从产生到复合的平均时间。而多数载流子虽然也随时间衰减，但因为多数载流子中只有很小一部分因为复合而消失，所以可以认为多数载流子寿命无限长。

5.1.2　载流子的非辐射复合

载流子复合后没有将能量转化为光能的复合就是非辐射复合。而多余的能量会以其他形式放出，如以声子的形式 (热能) 或是将能量转交给第三个粒子 (俄歇复合)。导致出现非辐射复合的原因主要有如下两种。

首先是因为晶格中存在的缺陷，包括外来原子、位错、自身缺陷以及缺陷组合体等。这些缺陷会在禁带形成一个或多个能级，当它们位于带隙中间时会形成有效的深能级复合中心。

其次是因为俄歇复合作用。俄歇复合是指载流子复合产生的能量没有转化为光能，而是激励另一个电子或空穴跃迁到更高能级状态的过程，视中间过程不同可以分为直接俄歇复合和间接俄歇复合 [2]。

5.2 提高空穴注入效率

如引言中所提到的，提高 LED 电注入效率，尤其是提高空穴的注入效率对 LED 发光效率提升、抑制效率 Droop 现象有着重要而关键的作用。目前有许多方法被用于提高空穴注入效率，简要分为以下几类：调控量子垒层，调控电子阻挡层 (EBL)，插入空穴注入层，生长大尺寸 V 形缺陷结构等。这些方法在一定程度上都达到了提高空穴注入效率、抑制效率 Droop 的目的，具体生长调控方法以及结果表征分析将在后面章节详细说明。

5.2.1 调控量子垒层

因为低效的 Mg 掺杂和较差的空穴流动性，载流子复合集中在靠近 p-GaN 量子阱的区域，这对抑制效率 Droop 现象极为不利。通过调控有源区能带结构，有助于实现更深量子阱的空穴注入以及复合载流子在有源区的均匀分布。而调控量子垒层是调控有源区能带结构的主要手段。

1. *渐变厚度量子垒层* [15]

生长渐变厚度量子垒层 (GTQB) 是调控量子垒层，增强空穴注入的方法之一。研究样品采用金属有机物化学气相沉积 (MOCVD) 的方法生长。样品衬底为 2in(1in=2.54cm)图形化蓝宝石。外延生长过程中，首先低温生长厚度 30nm 的 u-GaN 缓冲层，然后高温生长 5μm 的 u-GaN 层以及 3μm 的 Si 掺杂 n-GaN 层。分别在 750℃、800℃条件下交替生长五组量子阱层 (QW) 和量子垒层 (QB)，其中量子阱层厚度为 3nm。等厚量子垒层 (ETQB)LED 样品量子垒层厚度为 12nm，将其作为实验参照样品；GTQB LED 样品势垒厚度分别为 12.0nm、7.2nm、6.6nm 和 6.0nm(沿生长方向)。最后生长 30nm 的 p-$Al_{0.2}Ga_{0.8}N$ EBL 层和 200nm 的 p-GaN 层。

采用 APSYS 数值模拟的方法研究生长结构的载流子分布和复合特性。模拟参数包括俄歇复合系数、间接 (SRH) 复合系数、多量子阱能带偏移比，以及沿 c 取向器件极化水平。图 5-3(a), (d) 显示了 ETQB 结构样品和 GTQB 结构样品分别在低电流密度 ($10A/cm^2$) 和高电流密度 ($70A/cm^2$) 下载流子浓度分布模拟结果。如图 5-3(a), (b) 中，在低电流密度下，相比于 ETQB 样品，GTQB 样品量子阱中空穴分布更加均匀。这是由于 GTQB 样品中更薄的量子势垒增强了空穴在势垒的隧穿作用。另外，在 GTQB 样品中更多的电子穿透到第一量子阱区域。这是因为 GTQB LED 中更薄量子垒层会导致更弱的量子限制效应。在高电流密度下，因为更厚的量子垒层造成更低的空穴隧穿率，在 ETQB 样品靠近 p-GaN 的量子阱中存在明显的空穴堆积，如图 5-3(c) 所示。相反地，在 GTQB 样品中较大比例的空穴进入第三、第四和第五量子阱区域，量子阱中空穴分布比低电流密度条件下更加均匀。

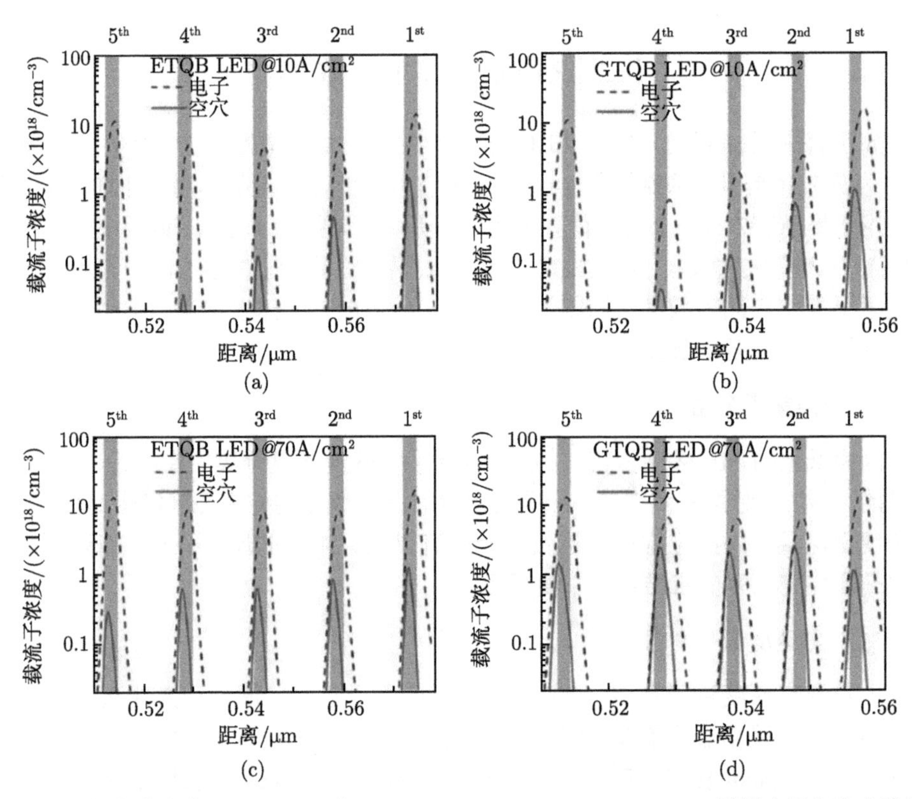

图 5-3　低电流密度下 (10 A/cm^2)(a) ETQB LED, (b) GTQB LED 模拟电子和空穴浓度分布；高电流密度下 (70 A/cm^2)(c) ETQB LED, (d) GTQB LED 模拟电子和空穴浓度分布

图 5-4(a), (b) 分别显示了 ETQB LED 和 GTQB LED 在低电流注入 (10A/cm^2) 和高电流注入 (70A/cm^2) 下辐射复合率模拟值在量子阱的分布情况。在低电流密

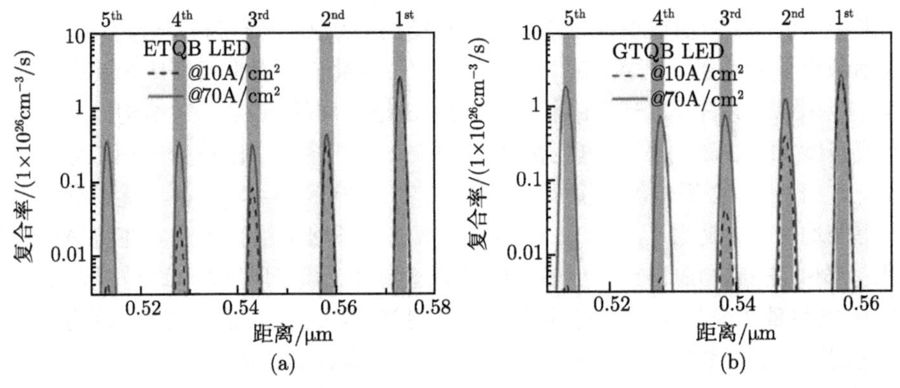

图 5-4　(a) ETQB LED, (b) GTQB LED 在低 (10 A/cm^2)、高 (70A/cm^2) 电流密度注入下的模拟复合率分布

度下，ETQB LED 和 GTQB LED 中第一量子阱都存在最大辐射复合率。不同的是，在 GTQB LED 中第一量子阱辐射复合率相比于 ETQB LED 更小一些，这同样是因为 GTQB 结构中存在更弱的量子限制效应。当电流密度增加到 70A/cm^2 后，GTQB LED 中第三、第四和第五量子阱辐射复合率出现更加明显的提高 (相比于 ETQB 结构)。在 ETQB LED 和 GTQB LED 中辐射复合率分布特点与之前载流子的分布特点一致 (图 5-3)。两个模拟实验均说明 GTQB 结构增强了空穴在量子阱的传输能力，有助于提高空穴注入效率。

根据两个样品在不同电流密度下实验测量 EL 光谱结果，计算并绘制得到外量子效率 (EQE) 和光输出功率随电流密度变化的关系曲线，如图 5-5 所示。相比于 ETQB LED，GTQB LED 在低电流密度 (<22A/cm^2) 区域存在更低的 EQE 和光功率，当电流密度大于 22A/cm^2 后，GTQB LED 的 EQE 和光功率更高。例如，当电流密度等于 70A/cm^2 时，GTQB LED 光输出功率为 870mW, 是相同条件下 ETQB LED 的 1.13 倍 (770mW)。GTQB LED 在 70A/cm^2 下 EQE 下降比率只有 28.4%，远小于 ETQB LED 48.3%的效率下降比率。结合之前的结论，GTQB 结构增强了空穴在量子阱的传输能力，进而提高了在大电流密度下光输出功率和 EQE，有效地抑制了效率 Droop 现象。

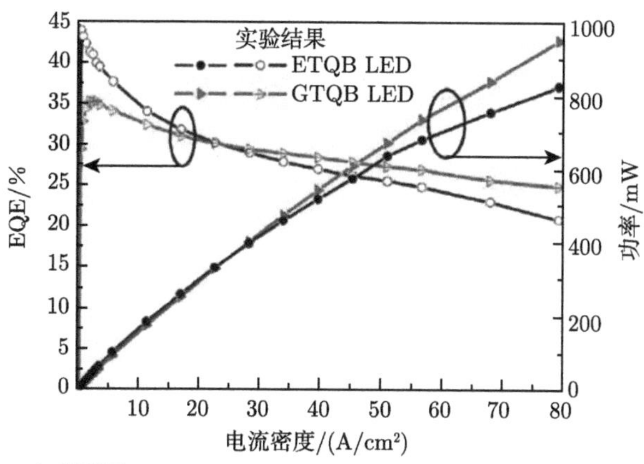

图 5-5 实验测量 ETQB LED 和 GTQB LED 的 EQE 及光输出功率随电流密度变化的关系曲线

2. p 型 Mg 掺杂量子垒层 [16]

上文介绍了通过调控量子垒层的厚度来增强空穴注入，我们也可以通过调控量子垒层的势垒高度来实现。p 型掺杂量子垒层可以减少价带势垒高度，有助于提高空穴在量子阱区域的传输能力。采用双波长 LED 作为实验样品 (多量子阱在两个温度下生长，包含两种比例的 In 组分，形成双波长发光)。空穴注入深度可以由两个波长下的发光强度反映得到。

利用 MOCVD 的生长方法，在 (0001) c 面蓝宝石衬底上生长 LED 外延结构。样品 I 包含厚度 30nm 的低温 GaN 成核层，4μm 的 u-GaN 层，2μm 的 Si 掺杂 n-GaN 层 (掺杂浓度为 $5 \times 10^{18} cm^{-3}$)，八组 InGaN/GaN MQW，以及 150nm 的 Mg 掺杂 p-GaN 层 (掺杂浓度为 $3 \times 10^{17} cm^{-3}$)，如图 5-6 所示。其中，在 730°C条件下生长得到靠近 n-GaN 的五组量子阱，然后在 750°C条件下生长接下来的三组量子阱。样品 II 具有和样品 I 类似的外延结构，不同的是在后三组量子垒层中插入了厚度为 2nm 的 p 型掺杂 GaN 层 (掺杂浓度和 p-GaN 层相同)。

图 5-7 (a), (b) 显示了两个样品光致发光 (PL) 光谱。从光谱中可以发现两个

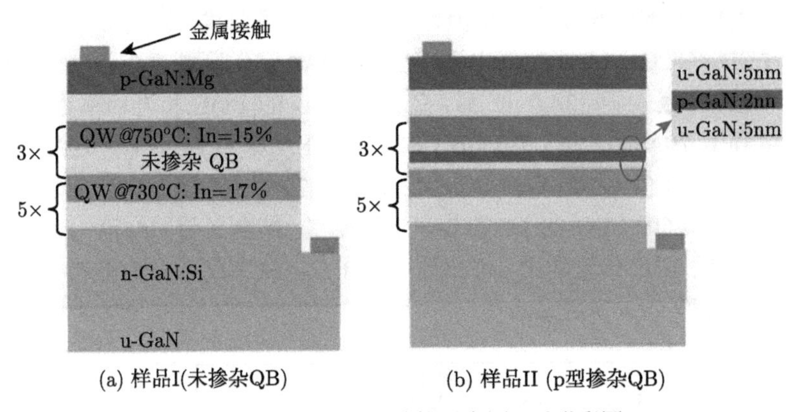

(a) 样品I(未掺杂QB)　　(b) 样品II (p型掺杂QB)

图 5-6　LED 外延结构示意图 (后附彩图)

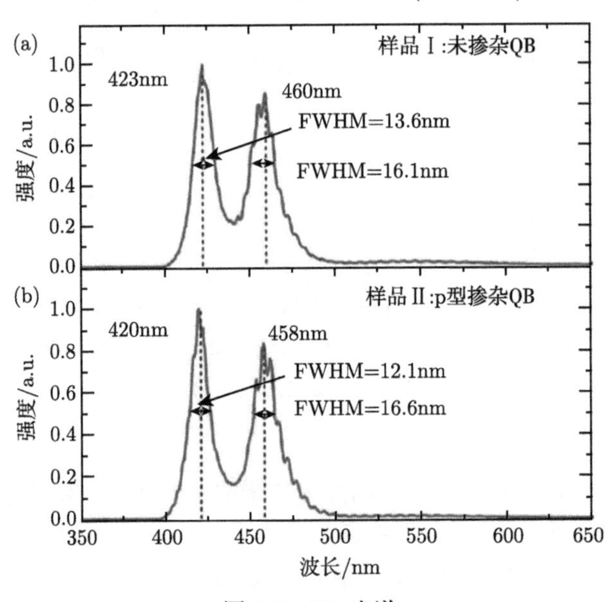

图 5-7　PL 光谱

不同波长的发射峰，这是由不同量子阱生长温度所导致的。其中，短波长发光峰(样品 I 423nm，样品 II 420nm) 来自后三组量子阱，其 In 组分为 15%；长波长发光峰 (样品 I 460nm，样品 II 458nm) 来自前五组量子阱，其 In 组分为 17%。此外还可以看到两个样品发光峰半高宽 (FWHM) 都在 12~16nm，说明 QB 的 p 型掺杂没有使多量子阱结构功能发生退化。

图 5-8 为不同注入电流下的电致发光 (EL) 光谱。样品 I 在低电流密度下 425nm 为其主要发光峰。这说明载流子复合主要发生在靠近 p-GaN 的量子阱中，只有少数空穴注入更深量子阱处与电子发生复合。当注入电流超过 300mA 时，425nm 发光峰强度饱和，而 460nm 发光峰强度极大地增强。这意味着在大电流下靠近 p-GaN 量子阱的空穴浓度接近饱和极限。随着进一步增大偏压，载流子辐射复合发生饱和，多余的空穴会溢出到更深量子阱处，导致 460nm 发光峰强度迅速增加。样品 II 在所有电流密度下短波长发光峰强度总小于长波长发光峰强度。这是因为后三组量子垒层 p 型掺杂提高了空穴在量子阱的传输能力。

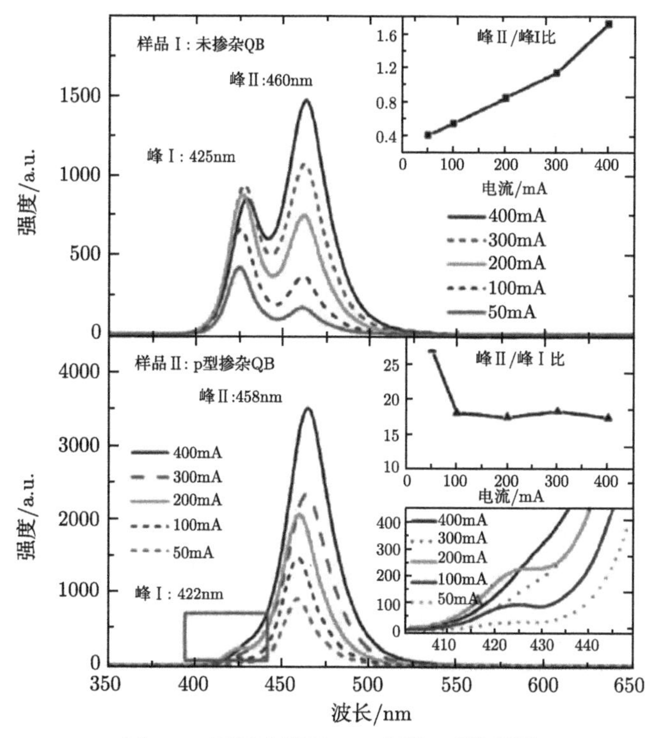

图 5-8 不同电流下 EL 光谱 (后附彩图)

如图 5-9 (a) 所示，由于更强的空穴传输能力，样品 II 的正向开启电压下降，同时光输出功率和 EQE 也得到提高，如图 5-9 (b) 所示。样品 II 的最大 EQE 相比于样品 I 增加了 30.9%，在 350mA 时效率也从 36.71%下降到 31.62%。

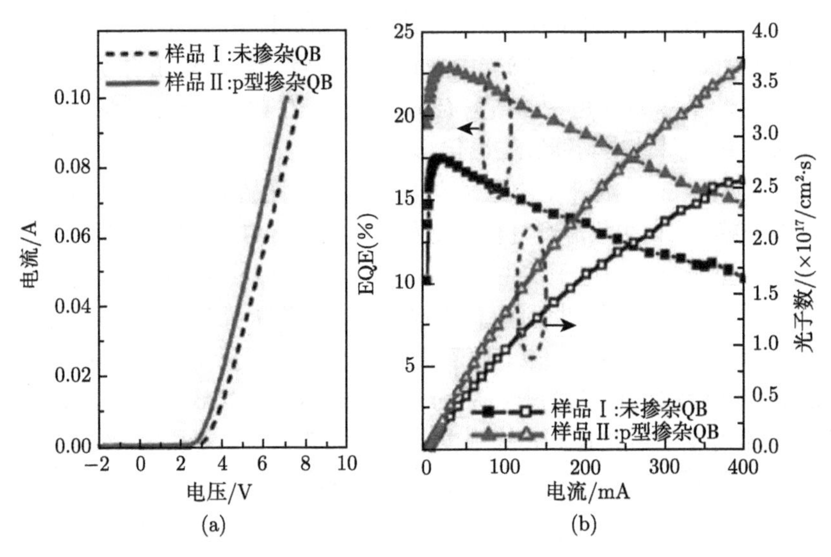

图 5-9　样品 I 和样品 II (a) *I-V* 特性曲线，(b) EQE 和光子数随电流变化曲线

3. InGaN 量子垒层 [17]

调控量子阱势垒高度除了可以对垒层进行 p 型掺杂外，还可以在原 GaN 材料中增加 In 组分，生长 InGaN 量子垒层。由于 InGaN 材料相比于 GaN 存在更小的禁带宽度，与 p 型掺杂相似的是，InGaN 量子垒层同样可以降低价带势垒高度，有利于空穴在量子阱中的传输。此外，生长 InGaN 量子垒层还可以减少垒层和阱层之间的极化效应，提高空穴和电子在量子阱中的复合率，以及增强对电子的限制作用。

蓝光 GaN/InGaN LED 作为实验参照样品，衬底为 c 面蓝宝石。外延生长过程中，首先生长厚度为 50nm 的 u-GaN 层及 4.5μm 的 n-GaN 层 (掺杂浓度为 $5\times10^{18}\text{cm}^{-3}$)；然后交替生长 5 组 2nm $\text{In}_{0.21}\text{Ga}_{0.79}\text{N}$ 量子阱层和 15nm GaN 量子垒层作为有源区；最后生长 20nm p-$\text{Al}_{0.15}\text{Ga}_{0.85}\text{N}$ EBL 层和 0.5μm 的 p-GaN 层 (掺杂浓度为 $1.2\times10^{18}\text{cm}^{-3}$)。实验对比 LED 样品外延结构与参照样品类似，不同的是有源区为 InGaN/InGaN MQW 结构，其中 InGaN 垒层包含 10%的 In 组分。对样品特性的数值模拟均采用 APSYS 模拟程序实现。为简化模拟过程，假设 LED 光提取效率为 0.78。

图 5-10 是参照样品 (GaN/InGaN) 在 150mA 下的能带图及能带局部放大图。从图中可以看到非常明显的能带弯曲现象 (例如，倾斜的三角状垒层和阱层)。这种严重的能带弯曲导致了垒层导带边缘高于 EBL 层的导带，如图 5-10(b) 所示。由此

可见这种多量子阱结构存在较差电子阻挡作用及严重的电子泄漏现象。图 5-10(c) 显示了最后一层量子阱的放大能带图及电子空穴波函数。严重的量子斯塔克效应使得电子空穴波函数分离，两个波函数重叠部分减少，导致辐射复合率和内量子效率下降。

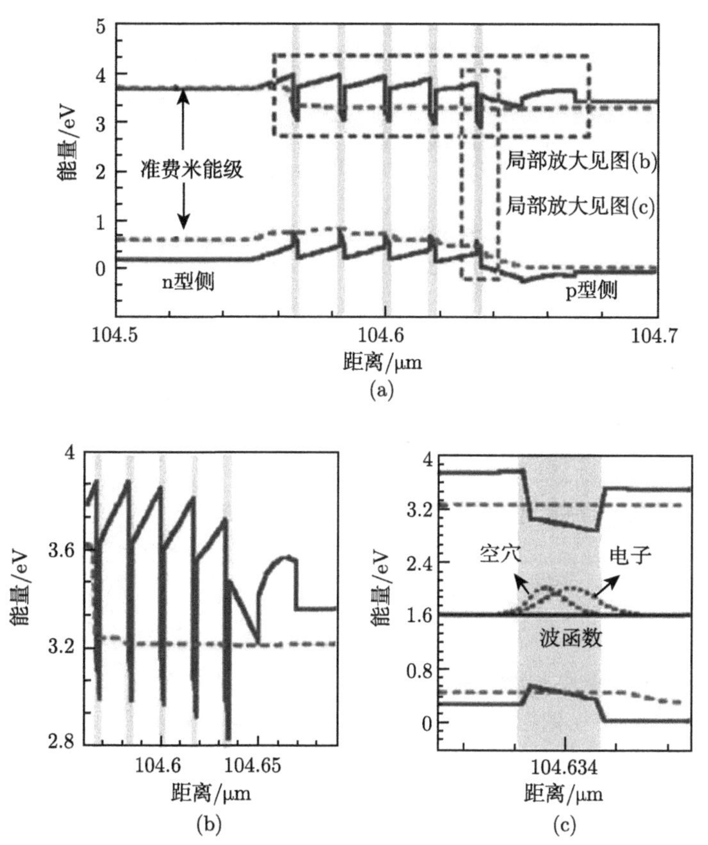

图 5-10 (a) 150mA 条件下参照 GaN/InGaN LED 样品能带图；(b) EBL 区域导带放大图；(c) 最后一层量子阱区域能带放大图

图 5-11 是对比样品 (InGaN/InGaN) 在 150mA 下的能带图及能带局部放大图。从图 5-11 (a) 中可以发现，该多量子阱结构相比于参照样品在价带存在更低的势垒高度，有利于空穴在量子阱区域的传输。图 5-11 (b) 显示，InGaN 垒层更低的导带能级极大地增加了垒层与 EBL 之间的有效势垒高度，加强了对电子的限制作用。此外，从图 5-11 (c) 中可以看到，由于 InGaN 垒层和 InGaN 阱层之间更好的晶格匹配，能带弯曲程度减小，提高了载流子的复合效率。

图 5-12 (a) 显示了参照样品 (GaN/InGaN) 光功率–电流–电压 (L-I-V) 特性实验测量和数值模拟结果，实验和模拟结果具有较好的一致性。图 5-12 (b) 显示了参

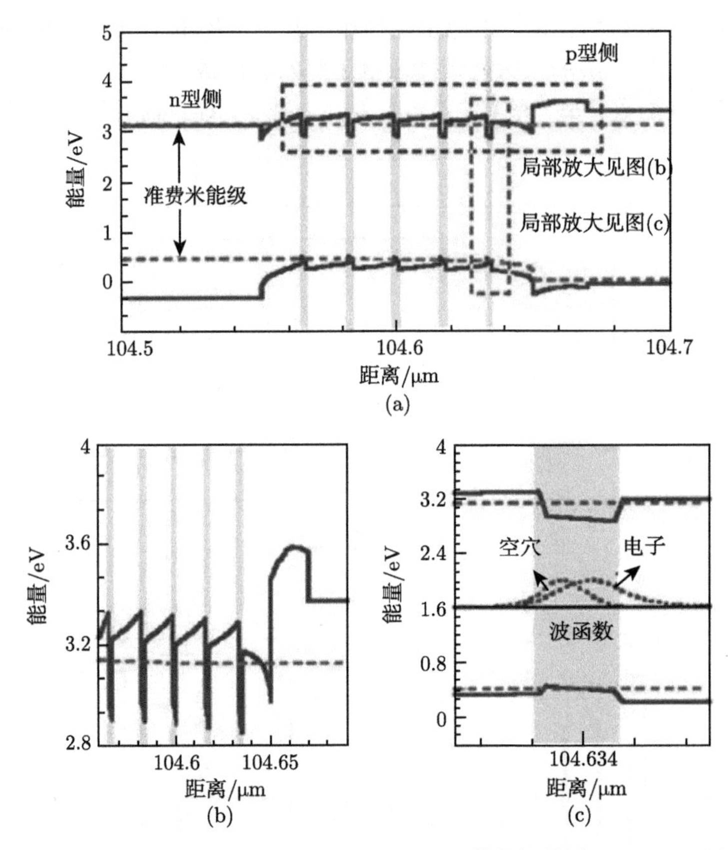

图 5-11　(a) 150mA 条件下对比 InGaN/InGaN LED 样品能带图；(b) EBL 区域导带放大图；(c) 最后一层量子阱区域能带放大图

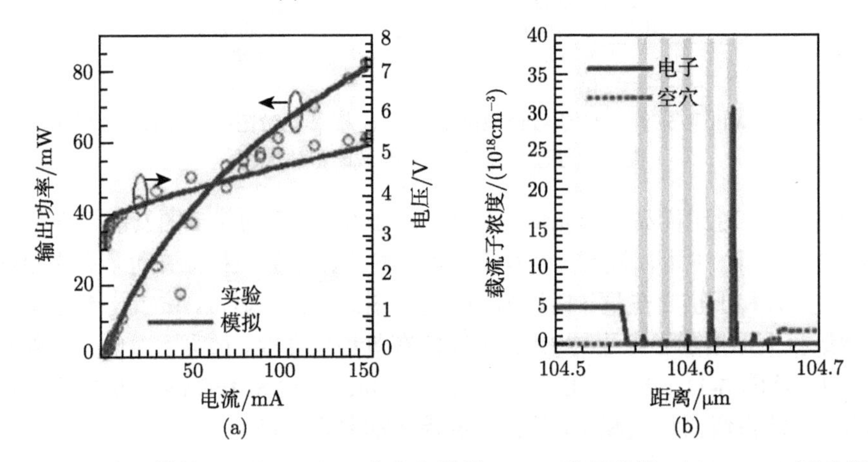

图 5-12　(a) 参照样品 (GaN/InGaN) 实验和模拟 L-I-V 特性曲线；(b) 150mA 下参照样品载流子浓度分布 (灰色区域代表量子阱位置)

照样品在注入电流为 150mA 条件下有源区载流子浓度分布情况，该图表明，在量子阱区域电子和空穴分布都十分不均匀，大部分载流子集中在靠近 p-GaN 的最后一层量子阱附近，同时该结构也存在严重的电子泄漏现象。

图 5-13 显示了对比样品 (InGaN/InGaN) 在注入电流为 150mA 条件下有源区载流子浓度分布情况。该图表明，在量子阱区域电子和空穴分布相比于参照样品更加均匀，泄漏电子极少。

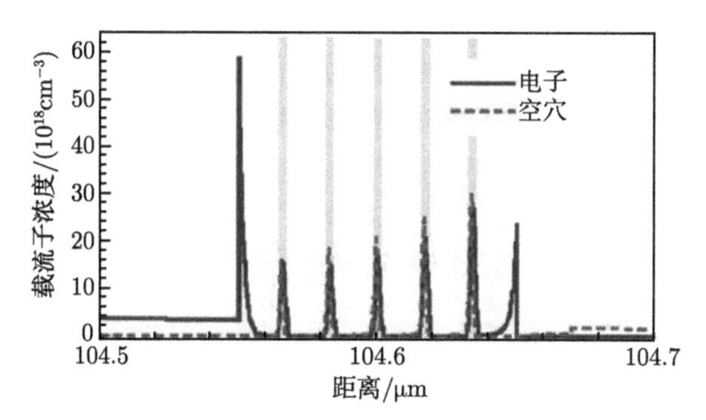

图 5-13 150mA 下对比样品 (InGaN/InGaN) 有源区载流子浓度分布

图 5-14 显示了两种结构的样品内量子效率和光输出功率随电流变化关系曲线。从图中可以发现对比样品 (InGaN/InGaN) 具有更高的发光效率。在大电流密度下，InGaN/InGaN 结构样品几乎没有效率 Droop 现象。

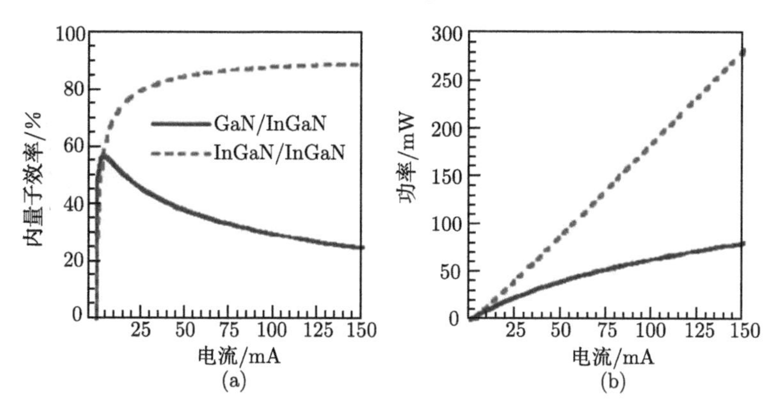

图 5-14 两种结构 LED 样品 (a) 内量子效率和 (b) 光输出功率随电流变化关系曲线

5.2.2 调控 EBL

EBL 一般位于 GaN-LED 外延结构中的有源层和 p-GaN 层之间，其作用是限制电子在量子阱区域，避免电子运动到 p-GaN 层与空穴复合而导致发光效率下降。但是传统 EBL($Al_{1-x}Ga_xN$) 与最后一组垒层之间存在极性失配，在界面处较大的极化电场会减少导带的有效势垒高度，导致 EBL 不能有效地阻止电子泄漏。同时，在界面处的极化电场还会引起价带偏移，形成阻碍空穴注入的势垒。因此，我们不仅可以调控有源区能带结构来增强空穴传输能力，还可以调控 EBL 的能带结构来提高空穴注入量子阱的效率。

1. 锥形 EBL[18]

生长锥形的 EBL 有利于缓解在 EBL 和 QB 界面处价带的弯曲程度，降低阻碍空穴注入的势垒高度，增强空穴注入能力。利用 MOCVD 的生长方法在 c 面蓝宝石衬底上分别生长包含传统 EBL 和锥形 EBL 的 InGaN/GaN LED 外延结构。生长参照样品 (传统 EBL) 过程中，首先低温沉积一层 GaN 成核层，然后生长厚度为 2.6μm 的 u-GaN 层和 4μm 的 n-GaN 层 (掺杂浓度为 $1.5 \times 10^{19}\mathrm{cm}^{-3}$)。有源区为 8 个周期的 $\mathrm{In_{0.19}Ga_{0.81}N}$ 量子阱层 (3nm) 和 n 型 GaN 量子垒层 (14nm，掺杂浓度为 $1.1\times 10^{17}\mathrm{cm}^{-3}$)。最后生长 50nm 的 p-$\mathrm{Al_{0.16}Ga_{0.84}N}$ EBL(掺杂浓度为 $5\times 10^{17}\mathrm{cm}^{-3}$) 和 150nm 的 p-GaN 层 (掺杂浓度为 $1 \times 10^{18}\mathrm{cm}^{-3}$)。与参照样品不同的是，对比样品 (锥形 EBL) 将最后一组量子垒层 (14 nm) 替换为 4 nm 的 p-$\mathrm{Al_{0.04}Ga_{0.96}N}$ 层，5nm 的 p-$\mathrm{Al_{0.08}Ga_{0.92}N}$ 层和 5nm 的 p-$\mathrm{Al_{0.12}Ga_{0.88}N}$ 层 (该三层 p 型掺杂浓度为 $2 \times 10^{16}\mathrm{cm}^{-3}$)，同时保持原有的 p-$\mathrm{Al_{0.16}Ga_{0.84}N}$ EBL 不变。两种 EBL 结构的样品 EBL 生长温度相同 (1030°C)，锥形 EBL 结构样品生长 AlGaN 过程中三甲基铝 (TMAl) 的流速分别为 1.15μmol/min(4%)、2.36μmol/min(8%) 和 3.76μmol/min(12%)。

图 5-15 为参照 LED 样品在 200mA 下的模拟能带图，其中灰色区域代表 8 层量子阱。从图 5-15(a) 中可以看到在有源区存在严重的能带弯曲现象。图 5-15(b) 为 QB/EBL 界面附近导带放大图，可以发现在界面处导带边缘低于费米能级高度，容易引起电子在该界面处发生堆积，从而造成电子的泄漏及量子效率的下降。图 5-15(c) 为 QB/EBL 界面附近价带放大图，可以注意到在 QB/EBL 界面处由于极化引起的能带弯曲方向向下，增加了空穴注入有源区的难度。

图 5-16 为对比 LED 样品在 200mA 下 QB/EBL 界面附近能带放大图。图 5-16(a) 显示在界面处导带偏移量很小，界面处导带边缘高于费米能级高度，这是因为引入了锥形的 EBL 结构。此外，由于该 EBL 结构更小的极化电场，在界面附近价带向下的弯曲程度更小，空穴注入效率更高，如图 5-16(b) 所示。

图 5-17 是在 200mA 下两种 EBL 结构样品有源区电子和空穴的浓度分布。从图 5-17(a) 可发现，参照样品在 QB/EBL 界面存在明显的电子堆积现象，而在对比样品中该界面电子堆积现象消失。这是因为在对比样品中界面处导带边缘高于费米能级高度。此外，由于参照样品电子有效势垒高度 (308mV) 小于对比样品电子势垒高度 (410mV) 且空穴有效势垒高度 (355mV) 又更大 (对比样品空穴有效势垒高

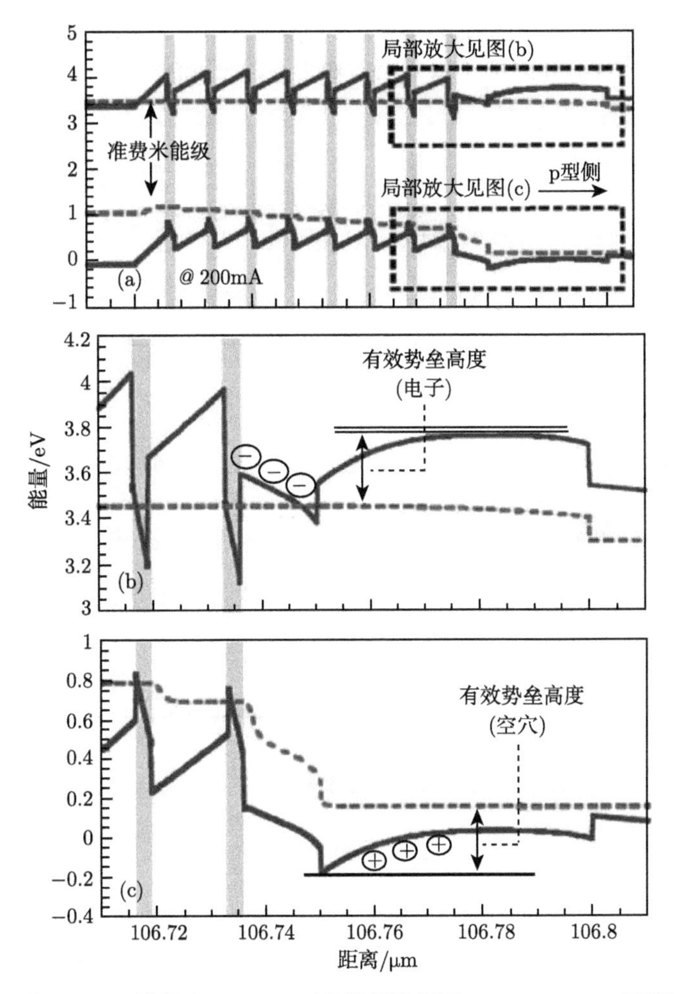

图 5-15 (a) 参照 LED 样品在 200mA 下的模拟能带图；(b)QB/EBL 界面附近导带放大图；(c)QB/EBL 界面附近价带放大图

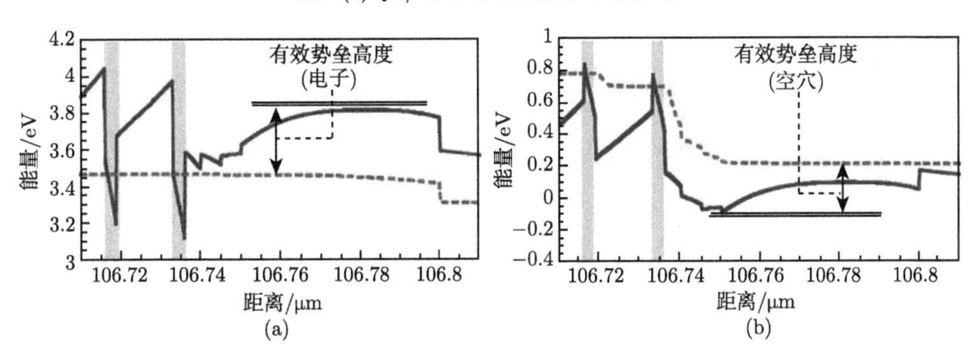

图 5-16 对比 LED 样品在 200mA 下 QB/EBL 界面附近 (a) 导带放大图和 (b) 价带放大图

度为 290mV)，因此参照样品有源区电子空穴浓度相比于对比样品更小 (图 5-17(a), (b))，对比样品具有更好的电子限制能力和更高的空穴注入效率。

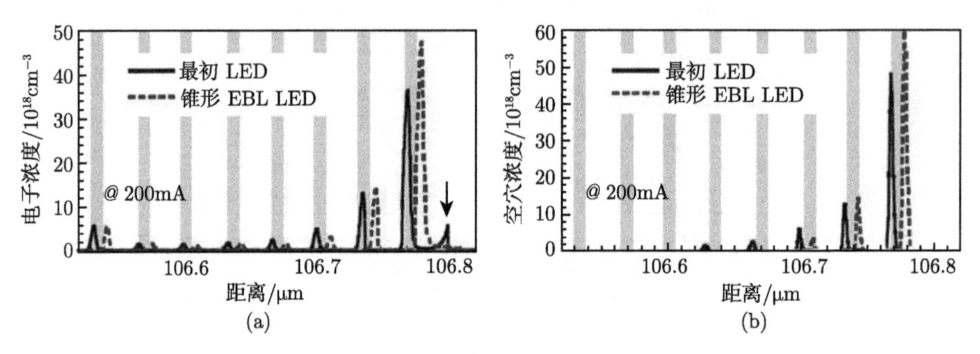

图 5-17　200mA 下两种 EBL 结构样品有源区 (a) 电子和 (b) 空穴的浓度分布

图 5-18 为实验测量和数据模拟样品 EQE 与电流的变化关系。从图中可以看到实验结果与模拟结果有较好的一致性：生长锥形 EBL 结构后，对比样品的效率 Droop 现象得到明显缓解 (从 44%下降到 29%)。通过调控 EBL，空穴注入和电子限制能力增强，在大电流密度下，发光效率明显提升。

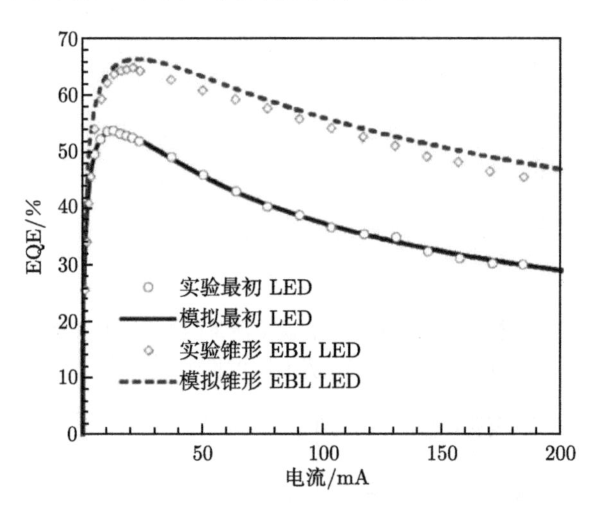

图 5-18　两种 EBL 结构样品实验和模拟 EQE 随电流变化关系

2. 渐变 Al 组分电子阻挡层 (GEBL)[19]

由于极化电场和正向偏压的影响，沿 n-GaN 到 p-GaN 方向 EBL 区域价带向上倾斜，形成阻碍空穴注入的势垒。而通过调节生长工艺参数，使 EBL 的 Al 组分沿 n-GaN 到 p-GaN 方向逐渐增加。此时沿该方向的 EBL 禁带宽度也会逐渐变大，对由极化电场引起的价带倾斜起补偿作用，价带中影响空穴注入的势垒会降低甚至消失，同时导带中的有效势垒会增加。该 GEBL 结构可以增强空穴注入和电子限制的能力。

为找到 GEBL 结构中较为合适的 Al 组分渐变范围，我们采用 APSYS 数值模拟的方法来研究。模拟 LED 外延结构包含厚度 4μm 的 n-GaN (n 型掺杂浓度为 $2\times10^{18}\text{cm}^{-3}$)，6 组 $\text{In}_{0.15}\text{Ga}_{0.85}\text{N/GaN}$ 多量子阱层 (2.5nm 阱层，10nm 垒层)，20nm 的 p-$\text{Al}_x\text{Ga}_{1-x}\text{N}$ EBL 或 GEBL(p 型掺杂浓度为 $5\times10^{17}\text{cm}^{-3}$) 和 200nm 的 p-GaN(p 型掺杂浓度为 $1\times10^{18}\text{cm}^{-3}$)。对于存在 GEBL 结构的 LED，模拟了三种不同 Al 组分的渐变范围，即沿 [0001] 方向 Al 组分变化范围分别是 0%～15%、0%～25%和 0%～35%，依次命名为 LEDA、LEDB、LEDC。对于传统结构 LED，EBL 中 Al 组分恒定为 15%。

图 5-19 显示了在电流密度为 100A/cm^2 下 LEDA、LEDB、LEDC 的能带图。在较小 Al 组分渐变范围的样品 A 中，EBL 区域价带倾斜程度几乎调至水平；而在更大 Al 组分渐变范围的样品 B 和 C 中，价带倾斜角度开始发生翻转。另外还可以注意到所有 GEBL 结构样品的最后一组垒层和 EBL 之间的价带偏移量均已消失。同时，随着 Al 组分渐变范围的增大，p-GaN 到 EBL 界面的导带偏移量增加，对电子的限制能力会进一步提高，但是相关联的是 p-GaN 到 EBL 界面的价带偏移量也会随之变大，阻碍空穴注入。综合以上因素，认为 Al 组分渐变范围在 0%～25%为合适值，将 LEDB 作为接下来研究讨论的样品。

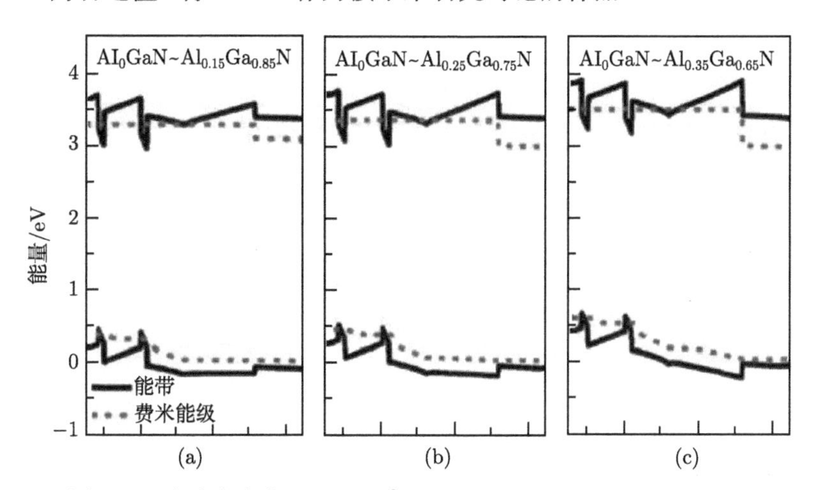

图 5-19 电流密度在 100A/cm^2 下 (a)$\text{Al}_0\text{GaN}\sim\text{Al}_{0.15}\text{Ga}_{0.85}\text{N}$，(b) $\text{Al}_0\text{GaN}\sim\text{Al}_{0.25}\text{Ga}_{0.75}\text{N}$，(c) $\text{Al}_0\text{GaN}\sim\text{Al}_{0.35}\text{Ga}_{0.65}\text{N}$ 渐变 Al 组分 EBL 模拟能带图

图 5-20 显示了在 100A/cm^2 下传统 EBL 结构样品和 GEBL 结构样品空穴电子浓度的分布情况。从图 5-20(a) 中可以清楚看到，相比于传统 EBL 样品，GEBL

结构样品中注入空穴均匀分布在 EBL 区域。同时，GEBL 结构样品中多量子阱区域空穴浓度明显提升。从图 5-20(b) 中可以发现 GEBL 样品中电子在多量子阱区域的浓度也得到增加，在 GEBL 和 p-GaN 区域的浓度下降了超过两个数量级。该结果表明 GEBL 结构可以有效地帮助空穴注入，阻止电子泄漏。

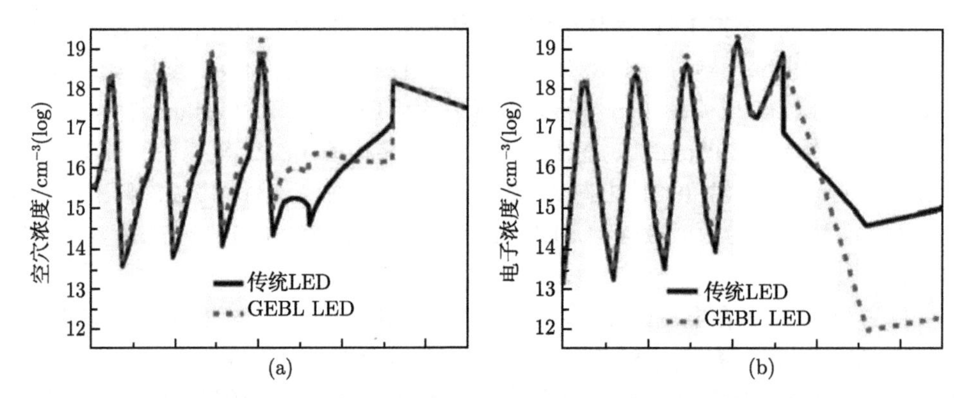

图 5-20　电流密度在 100A/cm^2 下传统 LED 和 GEBL LED (a) 空穴浓度分布和 (b) 电子浓度分布模拟结果

图 5-21 为传统 LED 和 GEBL LED *L-I-V* 曲线图。分析该图可以得知 GEBL LED 的正向开启电压和串联电阻分别是 3.28V 和 7Ω，而传统 LED 的正向开启电压和串联电阻则是 3.4V 和 8Ω。空穴注入效率的提升减少了 GEBL LED 的正向开启电压和串联电阻。从图 5-21 的 *L-I* 曲线中可以看到，尽管在小电流下 GEBL LED 的光输出功率相对较低，但是随着电流增加，该结构的 LED 光输出功率上升更快。在电流密度等于 100A/cm^2 和 200A/cm^2 时，GEBL LED 的光输出功率较

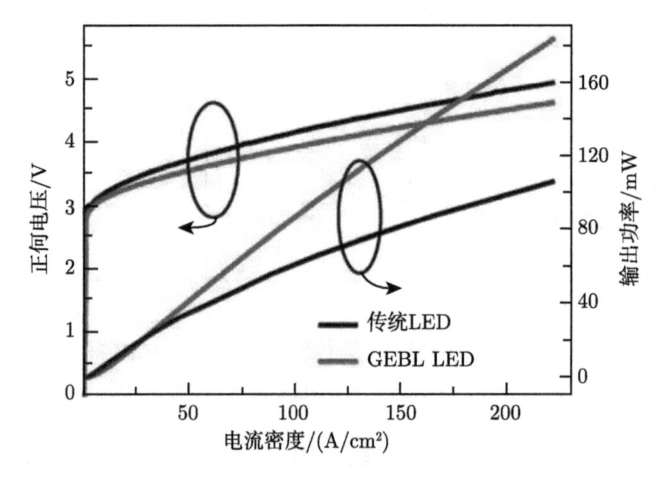

图 5-21　传统 LED 和 GEBL LED 正向电压和光输出功率随电流密度变化关系曲线

传统 LED 提升了 40%和 69%。该现象可以解释为：在小电流密度下，由于 GEBL LED 相比于传统 EBL 结构存在更大的 p-GaN/EBL 界面价带偏移，空穴隧穿经过该势垒更加困难。但是在大电流密度下，空穴的隧穿作用可以忽略，空穴注入量子阱主要通过扩散过程实现。如之前所讨论的，在 GEBL 结构中空穴的扩散过程会更加容易，因此在大电流下 GEBL LED 存在更强的光输出功率。

图 5-22 为传统 LED 和 GEBL LED 归一化效率随电流密度关系曲线。传统 LED 在 20A/cm^2 电流密度下出现效率峰值，而 GEBL LED 在更大电流密度下才发生效率下降 (80A/cm^2)。此外 GEBL LED 在 200A/cm^2 时的效率下降百分比也从传统 LED 的 34%减小到 4%。

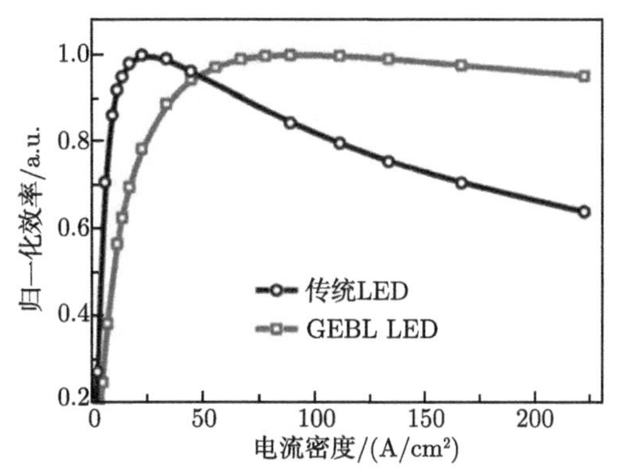

图 5-22 传统 LED 和 GEBL LED 归一化效率随电流密度变化关系曲线

5.2.3 插入空穴注入层 [20]

为了提高 LED 空穴注入效率，我们不仅可以调控已存在的外延结构，还可以额外增加插入层。而插入空穴注入层 (hole insert layer, HIL) 则是增强空穴注入的一个有效手段。HIL 一般为低温下生长的 p 型 GaN (LT-p-GaN)，位于最后一组量子垒和 p-AlGaN EBL 之间。与调控 QB 和调控 EBL 类似，插入 HIL 的作用同样是通过调节能带，影响导带和价带势垒高度，从而增强电子限制和空穴注入的能力。

研究中采用 APSYS 软件对能带图和载流子分布情况进行模拟计算。模拟过程中 LED 外延结构包括厚度 2μm 的 u-GaN 和 2μm 的 Si 掺杂 n-GaN。InGaN/GaN 多量子阱区域包含 6 组 13nm 的 GaN QB 和 3nm 的 $In_{0.15}Ga_{0.85}N$ 量子阱。在最后一组量子垒层之后是 20nm 的 p-$Al_{0.15}Ga_{0.85}N$ EBL 层和 250nm 的 p-GaN 层。对于 HIL LED，设计 20nm 厚的 p-GaN 在 InGaN/GaN 多量子阱和 EBL 之间。

图 5-23 为传统 LED 和 HIL LED 模拟能带图。从能带图可以发现传统 LED 中存在明显的由极化电场引起的 QB/EBL 界面能带向下弯曲的现象。这种能带的弯曲现象会增加电子泄漏的可能性，同时也会导致空穴注入量子阱区域更加困难。而当增加 HIL 插入层后，该能带弯曲现象得到了有效缓解。HIL LED 价带有效势垒

高度从传统 LED 的 289meV 下降到 239meV，更低的价带势垒有助于空穴注入量子阱；同时，HIL LED 导带有效势垒高度从传统 LED 的 300meV 上升到 439meV，更高的导带势垒有助于对电子的限制，抑制电子泄漏现象。从模拟能带图中可以看到，插入 HIL 后，LED 的空穴注入能力和电子限制能力均得到有效提升。

图 5-24(a), (b) 为 100A/cm^2 下传统 LED 和 HIL LED 模拟载流子浓度分布。

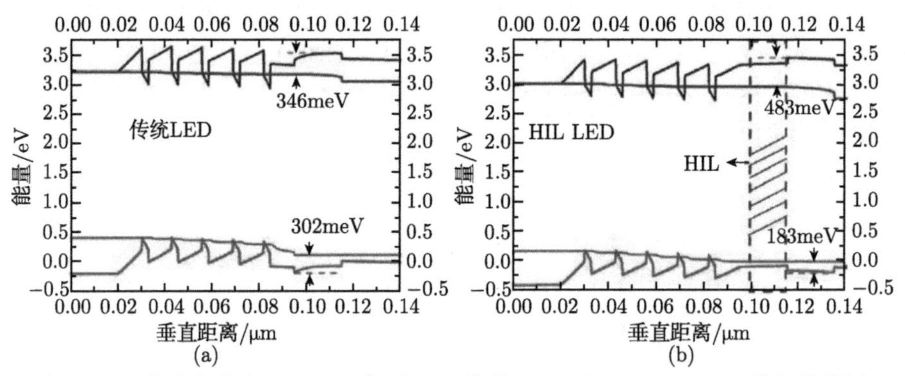

图 5-23　电流密度为 100A/cm^2 时，(a) 传统 LED 和 (b)HIL LED 模拟能带图

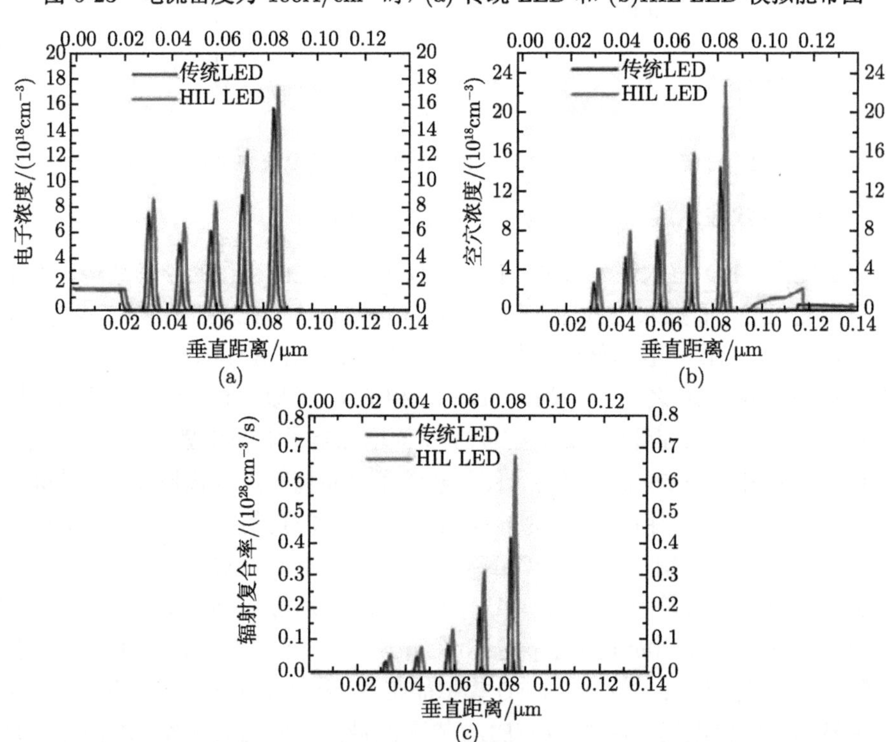

图 5-24　100A/cm^2 下传统 LED 和 HIL LED(a) 电子浓度分布，(b) 空穴浓度分布和 (c) 辐射复合率分布模拟值

分析图 5-24(b) 可知，HIL LED 最后一层量子阱模拟空穴浓度等于 $2.4\times10^{18}\text{cm}^{-3}$，是传统 LED 同区域空穴浓度 ($1.6\times10^{18}\text{cm}^{-3}$) 的 1.5 倍。HIL LED 量子阱中更高、更均匀的空穴浓度分布与图 5-23 中其较低的价带有效势垒高度有关。同理，在图 5-24(a) 中 HIL LED 样品的模拟电子分布也显示了与空穴类似的特点，这说明其较高的导带有效势垒有助于增强限制电子的作用。图 5-24(c) 为模拟辐射复合率分布情况，值得注意的是在 HIL LED 中辐射复合率得到了明显的提高，这与图 5-24(a), (b) 中显示的更高电子空穴浓度结果吻合。

图 5-25 显示了传统 LED 和 HIL LED 的 L-I-V 曲线。HIL LED 正向开启电压为 3.14V，相比于传统 LED 的开启电压 (3.34V) 下降了 6%。而对于 L-I 曲线，随着电流增加，HIL LED 的光输出功率相比于传统 LED 上升更快。在 100A/cm^2 下，HIL LED 光输出功率是传统 LED 的 2.28 倍。光输出功率的增加和开启电压的减小应该归功于空穴注入效率的提升。

图 5-26 是传统 LED 和 HIL LED 归一化效率与电流的变化关系曲线。随着电

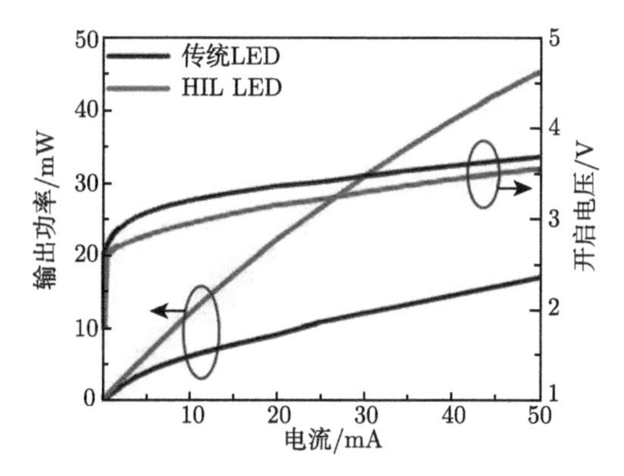

图 5-25 传统 LED 和 HIL LED 开启电压和光输出功率与电流变化关系曲线

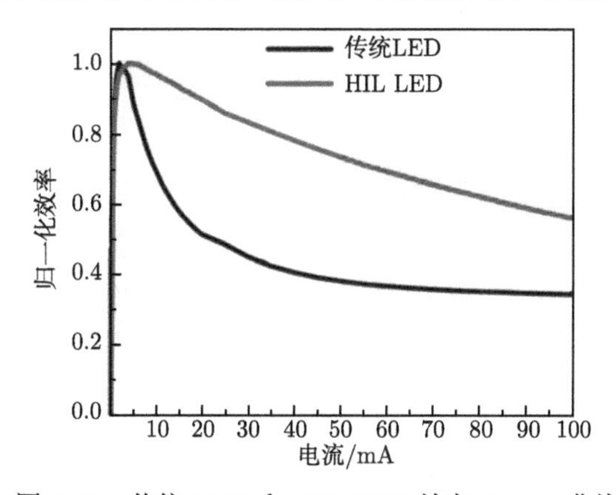

图 5-26 传统 LED 和 HIL LED 效率 Droop 曲线

流增加，两个样品均出现了明显的效率 Droop 现象。但是 HIL LED 的效率 Droop 程度相比于传统 LED 得到了显著的缓解。在 100A/cm^2 下，HIL LED 的效率下降比率较传统 LED 减小了 33%。HIL LED 效率 Droop 得到有效抑制的实验现象同样可以归功于空穴注入效率的提高。

5.2.4　生长大尺寸 V 形缺陷结构

5.2.1~5.2.3 节中所介绍的增强空穴注入方法的共同之处在于均是调控 LED 外延纵向结构。同理，我们也可以调控 LED 外延横向结构来提高空穴注入效率。而生长大尺寸的 V 形缺陷就是通过调控 LED 外延横向结构来增强空穴注入的有效手段。

1. V 形缺陷结构形成机理

V 形缺陷是在 GaN 基 LED 外延生长中普遍存在的一种缺陷结构。它通常出现在穿透位错 (TD) 区域，呈倒金字塔形，开口截面为六边形，侧壁为 $(1\bar{1}01)$ 面，如图 5-27 所示 [21]。

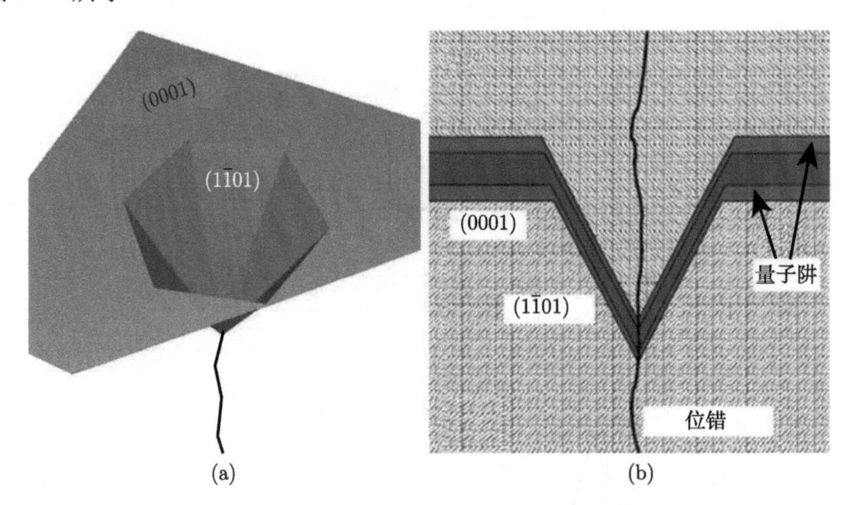

图 5-27　V 形缺陷结构 (a)3D 示意图和 (b) 截面示意图

研究表明，增加量子阱、垒层数目或厚度，以及提高 In 组分都会促进 V 形缺陷的形成。但是这些现象并不是导致 V 形缺陷形成的根本原因。另外，虽然应力与 TD 密切相关，可能在 V 形缺陷的形成中起到了重要作用，但是值得注意的是 a 方向和 c 方向的 GaN/InN 晶格失配都在 12%左右，即 V 形缺陷侧面和 (0001) 面存在相同的应力大小。所以应力也不是 V 形缺陷生成的原因。目前得到较多认可的 V 形缺陷产生的原因是在生长过程中 V 形缺陷侧面 Ga 组分的减少 (相比于 (0001) 面)[22]。在 InGaN/GaN 多量子阱的生长中，为了避免 In 的再蒸发，会适当降低生长温度，尤其是在量子阱的生长过程中。而更低的生长温度导致熔点较高的组分 (如 GaN) 表面扩散速度变慢，V 形缺陷侧面 Ga 组分减少，生长速率相比于 c 面降低，形成不同于 (0001) 面的其他晶面。

2. 大尺寸 V 形缺陷结构生长及表征

在上文提到的 V 形缺陷是 GaN 基 LED 外延生长过程中自然产生的一种结构，其尺寸较小，顶面六边形直径通常小于 100nm。一些研究者认为这种 V 形缺陷结构对于 LED 的发光是不利的，应该尽量减少 V 形缺陷的密度。他们的理由是 V 形缺陷结构可能更容易捕获载流子，从而引起载流子在 TD 处发生非辐射复合，降低发光效率 [23]。而另外一些研究者的观点恰恰相反，他们认为 V 形缺陷结构对 LED 发光是有利的。因为在 V 形缺陷周围会形成一个更高的势垒，这个势垒会阻止载流子接近 TD 区域，从而减少非辐射复合发生概率，提高发光效率 [21,24]。虽然小尺寸 V 形缺陷对于发光效率提升的好坏目前还没有一个定论，但是在许多文献中都报道了通过改变工艺条件生长的更大尺寸的 V 形缺陷结构有助于空穴注入量子阱，从而抑制效率 Droop 现象，这种特性是小尺寸 V 形缺陷结构所不具备的 [25]。

生长大尺寸 V 形缺陷结构可以通过许多方法实现，例如，生长超晶格层，低温 V 形缺陷产生层等。这里主要介绍利用低温 V-pits 产生层来增大 V 形缺陷尺寸。实验中 LED 样品 A 和 B 均通过 MOVPE 法在蓝宝石衬底 (0001) 面生长。其中，样品 B 在 2μm 厚度的 u-GaN 层和 3μm 的 Si 掺杂 n-GaN 层上低温生长 150~200nm 的 V-pits 产生层；而该层在样品 A 中于一般温度下生长得到。样品 A 和 B 有源区均包含 12 组 InGaN/GaN 多量子阱，分为底层量子阱区域和顶层量子阱区域两个部分。底层量子阱区域为先生长的 6 组 450nm 发光波长的量子阱；顶层量子阱区域为后生长的 6 组 475nm 发光波长的量子阱。最后生长 100nm 厚度的 AlGaN EBL 层和 200nm 的 Mg 掺杂 p-GaN 层。

图 5-28 显示了样品 B 中大尺寸 V 形缺陷结构的 AFM 图像和截面 TEM 图像。从 AFM 图像中可以得到大尺寸 V 形缺陷密度约为 $2\times10^{8}\text{cm}^{-2}$，直径尺寸约为 240nm；从 TEM 图像测量得到 c 面量子阱、垒的厚度分别为 3nm 和 12nm，V 形缺陷 $(10\bar{1}1)$ 侧面量子阱、垒厚度分别为 1.1nm 和 2.9nm。这是因为相比于 $(10\bar{1}1)$ 面，在相同生长条件下 c 面具有更大的生长速率。

图 5-29(a),(b) 分别显示了样品 A 和样品 B 变功率 PL 光谱，激发功率密度从 7.01W/mm^2 到 166W/mm^2。图中短波长 (440nm) 和长波长 (465nm) 发光峰分别对应于底层量子阱和顶层量子阱的发光。通过高斯函数拟合原始光谱计算得到两个发光子峰相对 EQE 随激发功率变化关系曲线，如图 5-29(c),(d) 所示。图中效率曲线显示在大激发功率下出现了典型的效率 Droop 现象。对比样品 A 和样品 B，

发现其光谱及效率曲线都非常近似。样品 A 和样品 B 的顶层量子阱都具有更强的发光。当激发方向和收集方向改变时，实验结果不变。这说明，在 PL 激发模式下，所有量子阱均匀等效地被激发生成载流子对，测量光谱与激发收集方向无关。

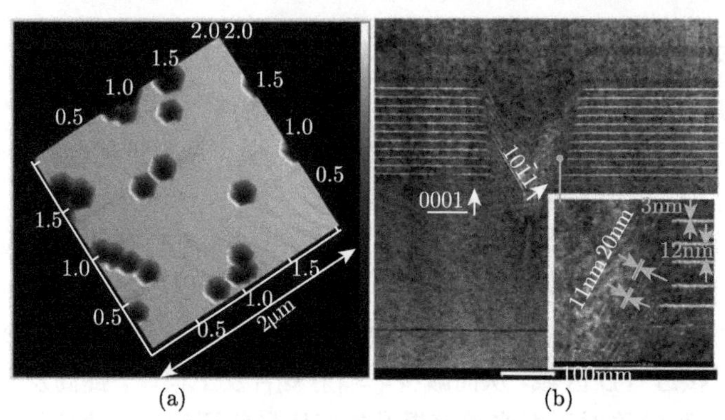

图 5-28　大尺寸 V 形缺陷结构的 (a)AFM 图像和 (b) 截面 TEM 图像

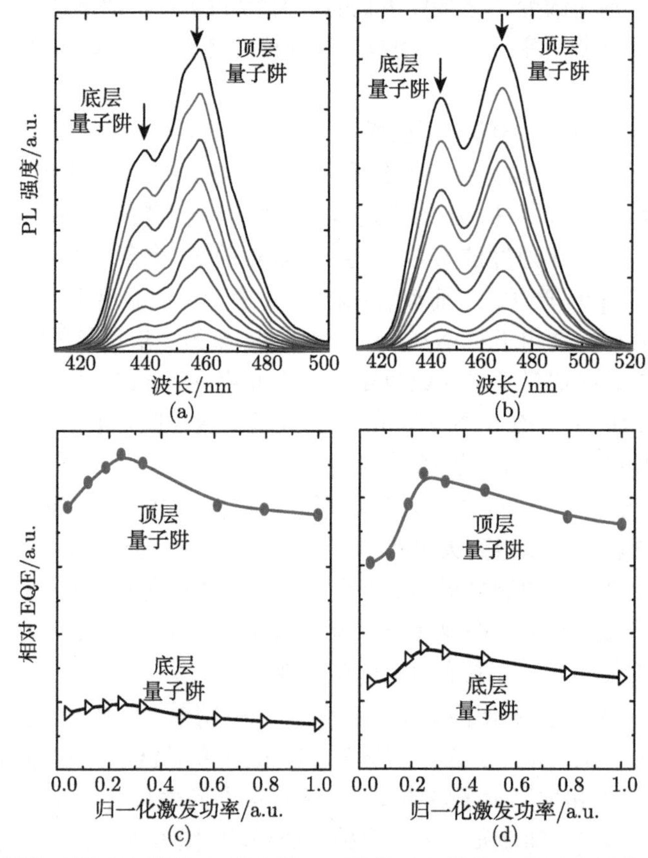

图 5-29　(a) 样品 A 和 (b) 样品 B 变功率 PL 光谱；(c) 样品 A 和 (d) 样品 B PL 功率曲线

图 5-30(a),(b) 显示了样品 A 和样品 B 在常温下电流 2~400mA 的 EL 光谱。图 5-30(c),(d) 为样品 A 和样品 B 两个发光峰相对 EQE 随注入电流的变化关系曲线。不同于 PL 测量的结果，在 EL 测量条件下两个样品的光谱及效率曲线都存在较大区别。在样品 A 中顶层量子阱存在更强的 EL 发光，然而样品 B 中底层量子阱存在更强的发光。尽管两个样品底层量子阱的效率曲线近似，但是样品 B 的顶层量子阱效率曲线相比于样品 A 顶层量子阱存在更小的 Droop 效应。此外，在 120mA 电流注入下样品 B 的绝对光输出功率 (LOP) 为 71.48mW，而样品 A 在相同电流下 LOP 只有 66.03mW。

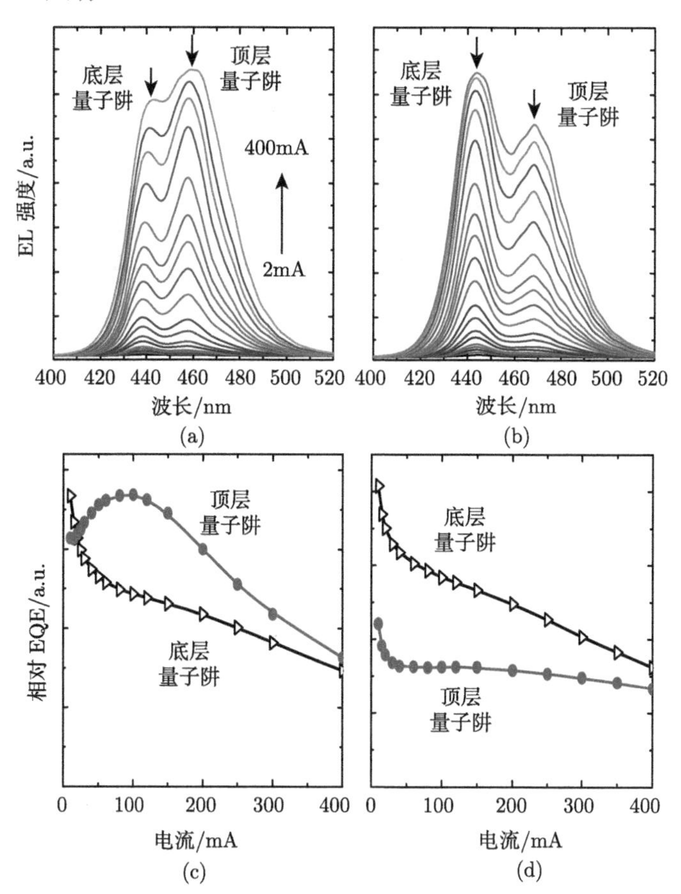

图 5-30 (a) 样品 A 和 (b) 样品 B 变电流 EL 光谱；(c) 样品 A 和 (d) 样品 B 的 EL 效率曲线

我们通过导电原子力显微 (CAFM) 的测试方法研究了大尺寸 V 形缺陷的微区电学特性。图 5-31(a) 为样品 B 中大尺寸 V 形缺陷的 AFM 图像。图 5-31(b) 为 (a) 同区域 CAFM 图像，该电流分布图在正向偏压 5.2V 条件下测得。对比两幅图可以发现，在 V 形缺陷侧 $(110\bar{1})$ 面相比于 V 形缺陷外部存在 3~9 倍大小的注入电流。图 5-31(c) 为 (b) 中 A、B 两点的正向偏压 I-V 曲线，发现在点 A，即在 V 形缺陷内部区域的开启电压约为 3.8V；而在点 B，即在 V 形缺陷外部区域的开启电压约为 5V。在正向电压 0~6V 范围内，V 形缺陷内部区域存在更大的注入电流，但随着电压增加，V 形缺陷内外电流大小差异在逐渐减小。图 5-31 (d) 为 A、B 两点反向偏压 I-V 曲线。从图中可以看到，电压从 −6~0V 变化过程中点 A 和点 B 的 I-V 曲线近似，均没有发生大电流漏电现象。

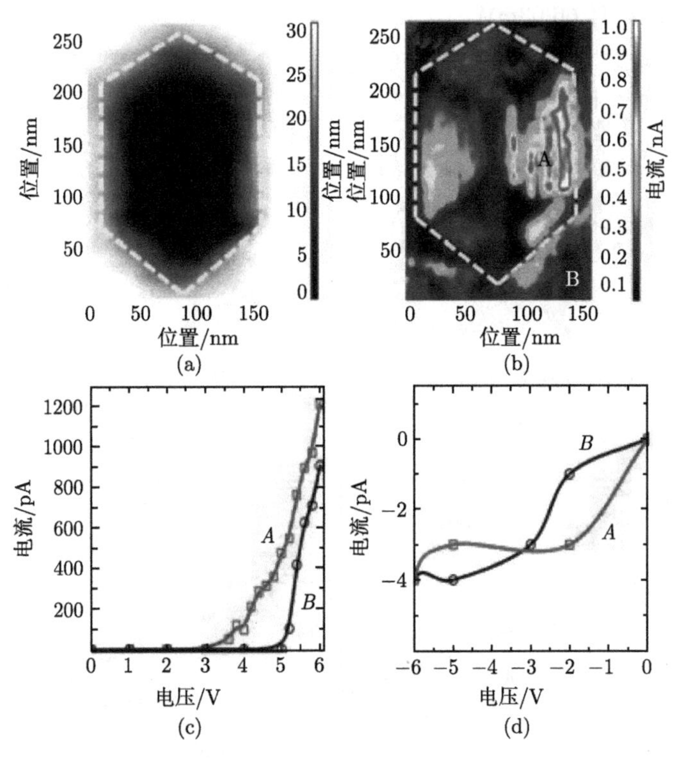

图 5-31 (a) 大尺寸 V 形缺陷的 AFM 图像；(b) 同区域 CAFM 图像；A 和 B 两点 (c) 正向和 (d) 反向偏压 I-V 特性曲线 (后附彩图)

我们通过扫描近场光学显微 (SNOM) 的测量方法研究了大尺寸 V 形缺陷的微区光学特性。为增强研究微区 EL 电流扩展性，磁控溅射一层 900nm 厚度的氧化铟锡 (ITO) 薄膜作为透明导电电极。因为该 ITO 层覆盖并填平了 V 形缺陷结构，所以无法利用表面形貌定位 V 形缺陷位置。因此我们通过对比同一微区的 PL 光场强度分布及 EL 光场强度分布来研究 V 形缺陷光学特性。由于大尺寸 V 形缺陷的平均直径是 240nm，分布密度约为 $2\times10^8\text{cm}^{-2}$，因此使用 SNOM 扫描 2μm×2μm 范围以保证研究区域内大概率存在 V 形缺陷并且有较高的分辨率。图 5-32(a),(b)

分别是在 PL 激发模式和在 EL(10mA) 激发模式下样品 B 中同一区域 (2μm×2μm) 的光场强度分布图。图 5-32(a) 存在相对更小的光强分布起伏，说明在 PL 激发下载流子的产生和复合更加均匀。而在图 5-32(b) 中六边形区域相比于周围区域有更大的发光强度，说明在 EL 电注入下许多载流子汇聚在六边形区域发生复合。为了研究 EL 下空穴在不同区域的注入深度，引入物理量 P 进行表征，P 为底层量子阱发光强度占总体量子阱发光强度的比值。图 5-32(c) 为 EL 激发下参数 P 在 (a),(b) 同区域内的数值大小分布图，计算出 P 值在该范围的归一化方差为 3.5×10^{-4}，同理计算得到在 PL 激发下参数 P 的归一化方差为 5.8×10^{-5}，因此图 5-32 (c) 可以代表 EL 下空穴的注入深度情况。分析图 5-32(c) 可以发现在六边形区域相比于其他区域存在更大的 P 值，这表明在六边形区域存在更强的空穴深注入，载流子主要在底层量子阱复合发光，该现象与图 5-30 中显示的实验结果一致。图 5-32(d),(e) 分别为 V 形缺陷内部及外部区域在 10mA、50mA 和 100mA 下测量得到的归一化 EL 光谱。图 5-32(d) 显示，在 V 形缺陷内部随着电流增加，顶层量子阱对应发光峰几乎没有发生变化。而图 5-32(e) 显示，在 V 形缺陷外部随着电流增加，顶层量子阱对应发光峰强度逐渐增加。根据图 5-32(d),(e) 绘制在以上两个区域参数 P 随

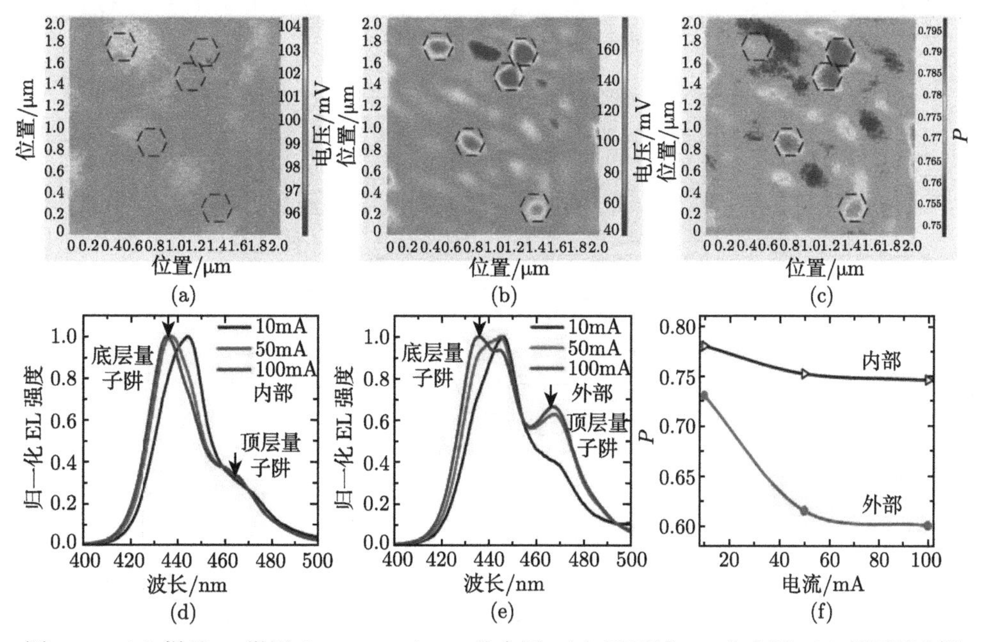

图 5-32 (a) 样品 B 微区 (2μm×2μm) PL 分布图；(b) 同区域 EL 分布图；(c) 同区域参数 P 数值大小分布图 (EL 激发模式下)；电流 10mA、50mA、100mA 下大尺寸 V 形缺陷 (d) 内部和 (e) 外部区域归一化 EL 光谱；(f) V 形缺陷内外部参数 P 随电流变化曲线 (后附彩图)

电流的变化关系曲线，如图 5-32(f) 所示。从图中可以发现，随着电流增加，空穴注入深度在 V 形缺陷外部相比于内部发生了明显下降。

3. 大尺寸 V 形缺陷结构增强空穴深注入机理剖析

我们建立大尺寸 V 形缺陷区域等效电路模型，如图 5-33 所示。在理论模型中抽象出两类空穴注入通道。通道 1 为空穴在非 V 形缺陷的区域注入顶层量子阱与电子发生复合；通道 2 为空穴在 V 形缺陷侧壁注入，隧穿过在侧壁更薄的顶层量子阱层，然后注入底层量子阱与电子发生复合。显然通道 2 相比于通道 1 有更深的空穴注入深度。当注入电流较小时，通道 2 存在更小的电阻，大部分空穴通过 V 形缺陷注入。因此在 V 形缺陷区域，通道 2 是唯一的复合通道，而在 V 形缺陷以外的区域，通道 2 是主要的复合通道。随着注入电流的增加，通道 2 中 p-GaN 层电压降逐渐变大，大部分空穴转移到非 V 形缺陷区域注入量子阱。在 V 形缺陷区域，通道 2 仍然是唯一复合通道，但是在非 V 形缺陷区域，通道 1 逐渐成为主要的空穴注入通道，其空穴注入深度逐渐减小。

图 5-34 显示了样品 A 和 B 相对 EQE 随电流变化关系曲线。样品 A 在电流等于 400mA 时 EQE 相比于效率最大值下降 22.3%；而样品 B 存在更小的 Droop 现象，在 400mA 下 EQE 相比于效率最大值下降 15.4%。

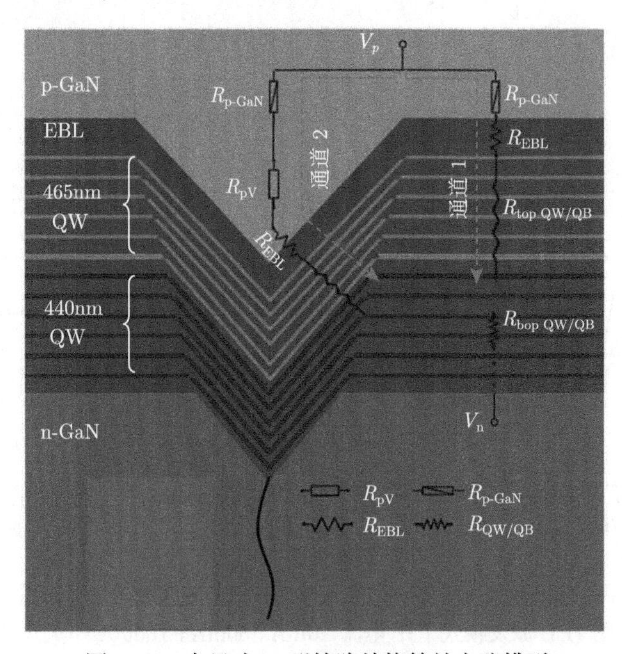

图 5-33　大尺寸 V 形缺陷结构等效电路模型

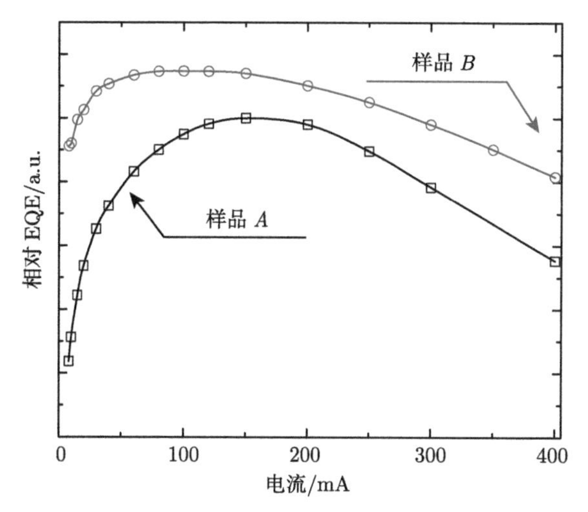

图 5-34 样品 A 和 B 相对 EQE 随电流变化关系曲线

参 考 文 献

[1] Laubsch A, Sabathil M, Baur J, et al. High-power and high-efficiency InGaN-Based light emitters[J]. IEEE Trans. Electron Dev., 2010, 57: 79.

[2] Verzellesi G, Saguatti D, Meneghini M, et al. Efficiency droop in InGaN/GaN blue light-emitting diodes: Physical mechanisms and remedies[J]. J. Appl. Phys., 2013, 114: 071101.

[3] Meng X, Wang L, Hao Z, et al. Study on efficiency droop in InGaN/GaN light-emitting diodes based on differential carrier lifetime analysis[J]. Appl. Phys. Lett., 2016, 108: 013501.

[4] Chichibu S F, Uedono A, Onuma T, et al. Origin of defect-insensitive emission probability in In-containing (Al,In,Ga)N alloy semiconductors[J]. Nature Mater., 2006, 5: 810.

[5] Gardner N F, Müller G O, Shen Y C, et al. Blue-emitting InGaN-GaN double-heterostructure light-emitting diodes reaching maximum quantum efficiency above 200A/cm^2[J]. Appl. Phys. Lett., 2007, 91: 243506.

[6] Shen Y C, Mueller G O, Watanabe S, et al. Auger recombination in InGaN measured by photoluminescence[J]. Appl. Phys. Lett., 2007, 91: 141101.

[7] Jongin S, Hyungsung K, Dongsoo S, et al. An explanation of efficiency droop in InGaN-based light emitting diodes: Saturated radiative recombination rate at randomly distributed In-Rich active areas[J]. J. Korean Phys. Soc., 2011, 58: 503.

[8] Kim M H, Schubert M F, Dai Q, et al. Origin of efficiency droop in GaN-based light-emitting diodes[J]. Appl. Phys. Lett., 2007, 91: 183507.

[9] Meyaard D S, Lin G B, Shan Q, et al. Asymmetry of carrier transport leading to efficiency droop in GaInN based light-emitting diodes[J]. Appl. Phys. Lett., 2011, 99: 251115.

[10] Lieten R R, Motsnyi V, Zhang L, et al. Mg doping of GaN by molecular beam epitaxy [J]. J. Phys. D: Appl. Phys., 2011, 44: 135406.

[11] Xie J, Ni X, Fan Q, et al. On the efficiency droop in InGaN multiple quantum well blue light emitting diodes and its reduction with p-doped quantum well barriers[J]. Appl. Phys. Lett., 2008, 93: 121107.

[12] Obloh H, Bachem K H, Kaufmann U, et al. Self-compensation in Mg doped p-type GaN grown by MOCVD[J]. J. Cryst. Growth, 1998, 195: 270.

[13] Burrus C A, Miller B I. Small-area, double-heterostructure aluminum-gallium arsenide electroluminescent diode sources for optical-fiber transmission lines[J]. Opt. Commun., 1971, 4: 307.

[14] Shockley W, Read W T. Statistics of the recombinations of holes and electrons[J]. Phys. Rev., 1952, 87: 835.

[15] Ju Z G, Liu W, Zhang Z H, et al. Improved hole distribution in InGaN/GaN light-emitting diodes with graded thickness quantum barriers[J]. Appl. Phys. Lett., 2013, 102: 243504.

[16] Ji Y, Zhang Z H, Tan S T, et al. Enhanced hole transport in InGaN/GaN multiple quantum well light-emitting diodes with a p-type doped quantum barrier[J]. Opt. Lett., 2013, 38: 202.

[17] Xiong J Y, Zheng S W, Fan G H. Performance enhancement of blue InGaN light-emitting diodes with InGaN; barriers and dip-shaped last barrier[J]. IEEE Trans. Electron Dev., 2013, 60: 3925.

[18] Lin B, Chen K, Wang C, et al. Hole injection and electron overflow improvement in InGaN/GaN light-emitting diodes by a tapered AlGaN electron blocking layer[J]. Opt. Express, 2014, 22: 463.

[19] Wang C H, Ke C C, Lee C Y, et al. Hole injection and efficiency droop improvement in InGaN/GaN light-emitting diodes by band-engineered electron blocking layer[J]. Appl. Phys. Lett., 2010, 97: 261103.

[20] Li H, Kang J, Li P, et al. Enhanced performance of GaN based light-emitting diodes with a low temperature p-GaN hole injection layer[J]. Appl. Phys. Lett., 2013, 102: 011105.

[21] Hangleiter A, Hitzel F, Netzel C, et al. Suppression of nonradiative recombination by V-shaped pits in GaInN/GaN quantum wells produces a large increase in the light emission efficiency[J]. Phys. Rev. Lett., 2005, 95: 127402.

[22] Wu X H, Elsass C R, Abare A, et al. Structural origin of V-defects and correlation with localized excitonic centers in InGaN/GaN multiple quantum wells[J]. Appl. Phys.

Lett., 1998, 72: 692.

[23] Le L C, Zhao D G, Jiang D S, et al. Carriers capturing of V-defect and its effect on leakage current and electroluminescence in InGaN-based light-emitting diodes[J]. Appl. Phys. Lett., 2012, 101: 252110.

[24] Koike K, Lee S, Cho S R, et al. Improvement of light extraction efficiency and reduction of leakage current in GaN-Based LED via V-pit formation[J]. IEEE Photon. Technol. Lett., 2012, 24: 449.

[25] Li Y, Yun F, Su X, et al. Deep hole injection assisted by large V-shape pits in InGaN/GaN multiple-quantum-wells blue light-emitting diodes[J]. J. Appl. Phys., 2014, 116: 123101.

第 6 章　柔性电子器件

6.1　柔性电子器件基本介绍

柔性电子器件由于其便携性、可穿戴性、多功能集成性、轻便、可延展弯曲等特点，使其成为当今最具有前景的研究课题之一。对大面积柔性器件的研究标志着电子产品的进一步技术革命。就如同从分立元件到集成电路的技术突破，从刚性器件到柔性器件的技术突破将为我们的生活带来极大的便利，并为许多新奇的应用提供可能。柔性器件的应用范围很广，涵盖了军事、医疗、能源、通信，以及生活中的方方面面，例如，可穿戴式的健康监测设备、电子皮肤、智能服饰，以及带有射频标识的电子标签等 [1−6]。

6.1.1　柔性电子器件的主要结构

柔性电子器件的结构主要由衬底、透明电极、粘结层及覆盖层几部分组成。为了保证器件的柔性度，所有的部件必须在不失去其功效的同时能够承受一定程度的弯曲和延展。

1. 柔性衬底

柔性显示中柔性衬底的选择至关重要，为了满足器件的需要，一般要求柔性衬底有良好的透光性、较低的表面粗糙度、高的热导系数、一定的抗腐蚀性，能够提供足够的机械支撑等。柔性衬底的选择包括聚合物柔性衬底、金属箔片、超薄玻璃、石墨烯等。目前产业中通常采用聚合物及金属箔片衬底。表 6-1 列出了多种柔性衬底的材料参数。

表 6-1　不同衬底的材料性能

性能	单位	玻璃薄膜	聚合物 (PEN/PI)	不锈钢箔片
厚度	μm	100	100	100
面密度	g/m^2	250	120	800
可弯曲曲率半径	cm	40	4	4
透明度	–	透明	半透明	不透明
可承受的最高温度	℃	600	180/300	1000
热膨胀系数 (CTE)	ppm/℃	4	16	10
杨氏模量	GPa	70	5	200
氧和水的阻隔效果	–	良好	不佳	良好
是否需要平整化	–	不需要	不需要	需要

续表

性能	单位	玻璃薄膜	聚合物 (PEN/PI)	不锈钢箔片
导电性	–	不导电	不导电	良好
热导率	W/(m·℃)	1	0.1~0.2	16
器件制作过程中是否会变形	–	不会	有可能	不会

1) 超薄玻璃

玻璃板是目前平板显示技术中的常用衬底。当将平板玻璃的厚度减小到百微米的尺度时，硬质的玻璃基板显示出了很好的柔性度 [7,8]。30μm 的玻璃薄膜可以通过下拉法 (downdraw) 实现。这种超薄玻璃薄膜保留了平板玻璃的高透光性，透光率可达到 90% 以上。它还具有良好的平整度，表面粗糙度在 1nm 以下。玻璃薄膜可耐受 600℃的高温，热膨胀系数较低，对化学腐蚀、氧气及水都有一定的阻隔作用。然而，这种玻璃薄膜质脆，难以处理。为了防止在使用过程中薄膜的断裂，可以通过与聚合物薄膜层压、加入硬膜或者引入厚的聚合物薄膜来提高玻璃薄膜的机械稳定性。

2) 柔性聚合物衬底

柔性聚合物衬底材料主要有聚对苯二甲酸乙二酯 (PET)、聚萘二甲酸乙二醇酯 (PEN) 等。柔性衬底具有易于制备、质量轻、柔韧性好等优点，但是这些材料无法达到防水及抗氧化的要求。在实际应用中，还需要采取其他措施以提高阻隔效果。例如，采用聚合物与无机材料交替堆叠的办法，可以将对水汽和氧的阻隔效果提高几十倍 [9]。另外，聚合物衬底不能耐高温，这对在其上制作薄膜晶体管 (thin film transistor, TFT) 及有机发光二极管 (OLED) 造成了很多不便。这些问题极大地限制了聚合物柔性衬底的商业化进程。

3) 金属箔片

相比聚合物衬底，微米级厚度的金属箔片能够承受更高的工艺温度，材料获取也比较容易，是目前柔性显示中应用较多的衬底材料。如 LG 公司 4in 的主动矩阵有机发光二极管 (AMOLED) 采用了不锈钢衬底材料作为柔性衬底。2008 年，通用显示公司也发布了一款采用 25μm 的金属箔片作为衬底的柔性 OLED，厚度不足 50μm。但是金属箔片同时也存在一些问题，包括表面粗糙度太大，需要进行平坦化处理；金属的透明度低，器件需要采用顶面出光结构，而研究比较成熟的 OLED 多为底面出光，这就对 OLED 的制备工艺提出了更多要求。

对于不需要透明衬底的柔性器件来说，厚度在 125μm 以内的金属箔片是最好的选择。不锈钢材料由于其良好的化学稳定性，成为柔性器件研究中最常用的柔性衬底，尤其是对于多晶硅太阳能电池的研究。这种不锈钢金属箔片可以承受 1000℃的高温，并且对水和氧气都有很好的阻挡作用。金属材料高的热导率也提高了器件的散热效率。总的来说，金属箔片比玻璃薄膜或者聚合物衬底更耐用，稳定性更佳。

但相比于玻璃，金属箔片的粗糙度较高，大约为 100nm。为了保证器件的稳定性，需要对金属箔片进行抛光 [10,11] 或通过覆盖一层其他柔性材料对其进行平整化 [12,13]。用于平整化的材料可以是有机材料或者无机材料，也可以是有机无机复合材料。

金属箔片本身就具有良好的导电性，因此有一些器件还会把它们直接作为背电极。在作为电极的情况下，需要在金属表面覆盖一层绝缘层，如 SiN_x 和 SiO_2。一般情况下，这层绝缘层也会充当粘结层以及化学腐蚀的阻挡层。

4) 石墨烯

石墨烯由于其优异的机械韧性及电学性能，良好的透明度并且可以任意弯曲，成为柔性衬底材料的最优选择之一 [14]。但是它很难形成体形态，无法提供必要的机械支撑，目前作为柔性器件衬底还存在技术困难。

5) 纸质衬底

在过去几年中，柔性纸质衬底，因其便宜、轻薄、可弯折、能够循环使用等特点引起了人们的关注。作为柔性显示器的衬底材料，纸质衬底与塑料相比在加热后热膨胀较小。早在 20 世纪 60 年代，Brody[15] 在真空室用模板印刷的方式将无机 TFT 粘结在纸质衬底之上。考虑到纸质材料是纤维结构，表面较为粗糙，若用于柔性显示器件，改善纸质衬底接触面的光滑度是非常重要的。通过涂层可以在一定程度上改善表面衬底光滑度以及防止不同液体的渗透。Yoon 和 Moon[16] 研发了以复印纸为衬底的柔性 OLED 器件，在驱动电压为 13V 时，发光强度可以达到 2200cd/m。Yang 等 [17] 通过导电胶带，实现了纸质衬底上紫光 LED 的制作。

2. 透明电极材料

对于柔性电子器件来说，由于其柔性的要求，对电极材料的选取更为复杂。一般来说，要求电极材料具有低的电阻率、与衬底有较好的附着性、耐高温，以及一定的柔性度。对于一些光学器件，如发光二极管或太阳能电池，同时还要求其具有良好的透明性

ITO 是一种常用的透明阳极材料，具有高的光透过率、电导率及功函数，目前在 OLED 中广泛应用。尤其是采用 PEDOT(聚乙烯二氧噻吩):PSS 作为聚合物电极时，需要以 ITO 作为电流扩展层。但是 ITO 仍存在很多缺点，如制备工艺温度高、柔性度较差易断裂等。2009 年，爱克发公司及飞利浦公司发布了一款大尺寸的柔性 OLED(12cm × 12cm)，在这款 OLED 中没有采用 ITO 作电极，而是利用爱克发公司研制的一种高电导率的透明聚合物 OrgaconTM 代替，将 PEDOT:PSS 的导电率提高了 6 个数量级 [18]。相比 ITO，ZnO 由于价格低廉、易于制备、无毒等特性，受到越来越多的重视。ZnO 适于大面积制作，并且通过适当的掺杂或处理

可以得到很高的电导率，如 ZnO:Al(ZAO)。

3. 粘结层

柔性电子系统各种组成部分的结合需要粘结层，而粘结层对交联导电体和柔性基板的结合尤其重要。柔性电子系统的粘结层应具有以下特性：①耐热性，柔性电子产品在装配和使用过程中，不可避免地要经历高于常温的环境，一定的耐热性是必要的；②结合力，由于柔性电子产品在使用过程中要不断地经受拉压弯曲变形，而经黏合层连接的两个薄层通常具有不同的力学性能，如果结合力不够大，必然导致两个薄层的相对滑动甚至剥离；③弯曲能力，粘结层本身是柔性电子系统结构的一个组成部分，其自身的弯曲能力对整个结构的弯曲能力具有重要影响。目前柔性电路中常用的粘结层材料主要有丙烯酸树脂和环氧树脂。

4. 覆盖层

覆盖层 (又称封装层) 主要保护柔性电路不受尘埃、潮气或者化学药品的侵蚀，同时也能减小弯曲过程中电路所承受的应变。而最近的研究表明，覆盖层能够减小柔性电路中刚性微胞元岛边缘的应力强度，并且能够抑制其与柔性基板的分离。根据柔性电子系统的特点，需要覆盖层能够忍受长期的挠曲，因此覆盖层材料和基板材料一样，必须满足一定的抗疲劳性要求。另外，覆盖层覆盖于刻蚀后的电路之上，因而要求其具有良好的敷形性，以满足覆盖过程中无气泡产生的要求。用于覆盖层的常用材料为丙烯酸树脂、环氧树脂及聚酰亚胺等。

6.1.2 柔性电子器件的制作方法

柔性电子器件的制作可以有两种方式：①将已制作完成的器件转移到柔性衬底上；②直接在柔性衬底上制作柔性器件。

在第一种方法中，一般先在载体衬底上，如硅片或玻璃基板，通过传统工艺得到整个器件结构。然后将其通过转移 [19,20] 或流体自组装 [21] 的方法将其从载体衬底上转移到柔性衬底。研究人员通过采用这种方法将 GaAs 器件与丝带状的硅衬底 (图 6-1) 相结合，得到了 “波状” 的半导体器件 [22,23]。这种半导体器件可以实现可逆的拉伸和弯曲。利用衬底转移的方法，可以在保证器件性能的同时提高器件的柔性度。然而，这种方法目前只能实现小面积的转移，且成本较高；且对于那些需要大面积电子器件的应用，例如，高速通信和计算、激光器等，可能会增加连接电路的数量。连接电路的增加也会提高器件制作的难度以及降低弯曲过程中器件的稳定性。

另外一种方法是在柔性衬底表面直接制作电子器件。目前有很多种方法可以将不同的材料集成到一起，然而，平面硅微纳米加工工艺与柔性衬底不兼容。若想实现电子器件制作工艺与柔性衬底的兼容，需要：①引入多晶或非晶硅半导体，

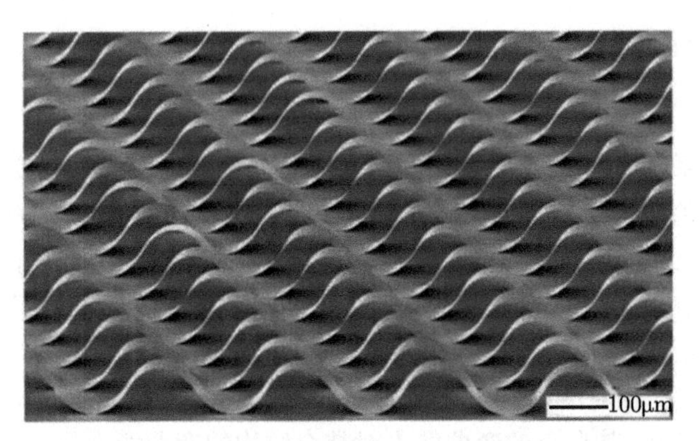

图 6-1　丝带状硅衬底 [22,23]

使其可以直接生长于柔性衬底之上；②发展新的工艺技术；③引入新材料；④考虑聚合物衬底的温度耐受性，只能在器件性能和低工艺温度之间进行妥协。目前，对于柔性衬底的直接加工工艺研究是一个研究热点。研究人员提出了很多新的工艺技术，包括压印技术制作图形化衬底 [24,25]，有源器件材料的附加印刷技术 [26,27]，以及通过化学反应在局部区域引入特殊的电子功能 [28]。硅纳米晶和可印刷的有机材料成为 OLED 的研究热点 [29]。

6.2　柔性显示器件

柔性电子器件研究的一个巨大的推动力来自显示器行业的需求，其目标是开发灵活的、可弯折的、便于携带的显示器，用于智能手机及平板电脑。柔性电子显示器 (flexible electronic display) 是在柔性电子技术平台上研发出来的全新产品。与传统平板显示器不同，这种显示器能够被反复地弯曲和折叠，因而给我们的生活带来极大的便利。例如，所有可视资料，包括各种书籍、报纸、杂志和视频文件都可以通过这种显示器来呈现，而且可以随时随地观看。尽管目前流行的 MP4 播放器和个人数字助理器 (personal digital assistant，PDA) 也能满足这样的使用需要，但其显示屏不能弯曲和折叠，且只能在很小的屏幕范围内阅读和观看文字和视频，视觉效果受到了极大的制约。相比而言，柔性电子显示器具有无可比拟的优势，它就像报纸一样，在需要时将其展开，使用完毕后将其卷曲甚至折叠，在保证携带方便的同时充分地兼顾了视觉效果。

柔性显示器件的研究可以追溯到 20 世纪 80 年代中期，日本通过引入等离子体增强化学气相沉积技术，推动了主动式矩阵液晶显示 (AMLCD) 技术的发展。这一技术最早是应用于柔性 a-Si:H 的太阳能电池的制作。其后，爱德华州立大学的 Constant 等 [30] 通过这一方法在柔性聚酰亚胺衬底上制作 a-Si:H TFT 的电

路 [31]；他们又于 1996 年实现了在不锈钢薄膜上 a-Si:H TFT 器件的制作。1997 年，有学者实现了制作于塑料衬底的多晶硅 TFT 电路 [32]。此后，对柔性电子器件的研究越来越多。各个国家均争相开展对柔性显示器的研究和开发，其中美国、欧洲、日本及韩国最为积极。例如，2005 年，飞利浦公司展示了一个可卷曲的电泳显示器 [33]，而三星公司则宣布了一个 7in 的柔性液晶面板 [34]。2006 年，英国 Cambridge Display Technology 友达公司展示了一种全彩色的柔性 OLED，它采用了一种由金属箔制成的聚硅 TFT 背板 [35]。

目前主要的柔性显示材料大致可分为三种：电子纸 (或柔性电泳显示)、柔性 OLED 和柔性液晶等，其中又以电子纸最为广泛。本节简要介绍这三种柔性显示材料的研究进展情况。

6.2.1 电子纸

电子纸技术实际上是一类技术的统称，英文名称 E-paper，多是采用电泳显示 (electrophoretic display，EPD) 技术作为显示面板。电子纸显示器可以实现像纸一样阅读，舒适、超薄轻便、可弯曲、超低耗电。这种显示器兼有纸的优点，又可以像我们常见的液晶显示器一样不断转换刷新显示内容，并且比液晶显示器省电得多。事实上，电子纸的对比度比普通纸张还要高，因此在强烈的光照下依然可以保证良好的可视效果。

电子纸的概念和构想是 1957 年由施乐 (Xerox) 公司提出的 [36]，然而最初研究的普通电泳由于存在显示寿命短、不稳定、彩色化困难等诸多缺点，实验曾一度中断。直到 20 世纪末，美国 E-Ink 公司利用电泳技术发明了电泳油墨 (又称电子墨水)，极大地促进了电泳技术的发展。2007 年底，亚马逊公司 (Amazon) 的电子书 Kendle[37] 上市且 6 小时内销售一空，这彻底打开了电子书市场的大门。近几年多家公司陆续推出了电子纸的产品，如 Xerox、柯达、东芝、摩托罗拉、佳能、爱普生、IBM 等国际著名公司。三星、夏普等公司还推出了应用电子纸显示技术的手机。

电子纸显示技术与液晶显示 (LCD)、等离子显示 (plasma display panel, PDP)、OLED 等常见平板显示技术相比有一个很重要的特点，就是双稳态。根据双稳态特性的差异，电子纸技术可以分为 LCD 型、粒子型、电化学型和机械型四类，如图 6-2 所示。其中粒子型电泳技术中的电泳显示 (EPD) 是目前最为成功、市场占有率最高的显示技术。利用该技术的代表公司有 E-Ink 公司和 SiPix 公司。但两家公司的技术也存在一定的区别。E-Ink 公司采用的是微胶囊电子墨水，SiPix 公司采用的是微杯电子墨水。

美国 E-Ink 公司开发的微胶囊型电泳显示器的最大优点在于将电泳粒子和绝缘悬浮液包封于微胶囊内，从而抑制了电泳粒子的团聚和沉积，提高了电泳显示器的稳定性和使用寿命 [38]。根据电泳粒子的多少，微胶囊型电泳显示器可以分为单色显示、双色显示和多色显示。微胶囊电泳显示原理如图 6-3 所示，当微胶囊两端被施加一个负电场时，带正电的白色粒子在电场作用下移动到透明的负电极。与此同时，带负电的黑色粒子移动到微胶囊的底部，此时表面显示白色。当微胶囊体两侧被施加正电场时，情况刚好相反，此时表面呈现黑色。以这样一个电泳单元为一个像素，将电泳单元进行二维矩阵式排列构成显示平面。根据要求像素可显示不同的颜色 (黑或白)，其组合就能得到平面图像。由于电泳液和带电粒子密度接近，当电场撤除后仍能保持显示状态 (即双稳态)，显著降低了能耗。但 E-Ink 公司开发的方

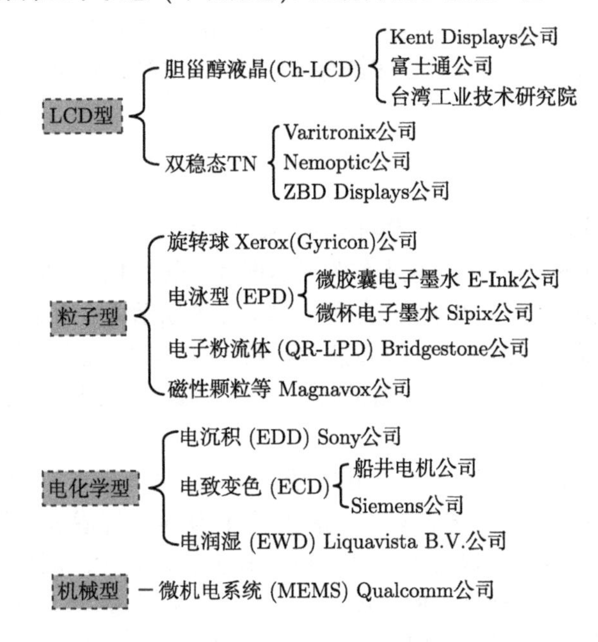

图 6-2　电子纸显示技术分类与代表性研究机构

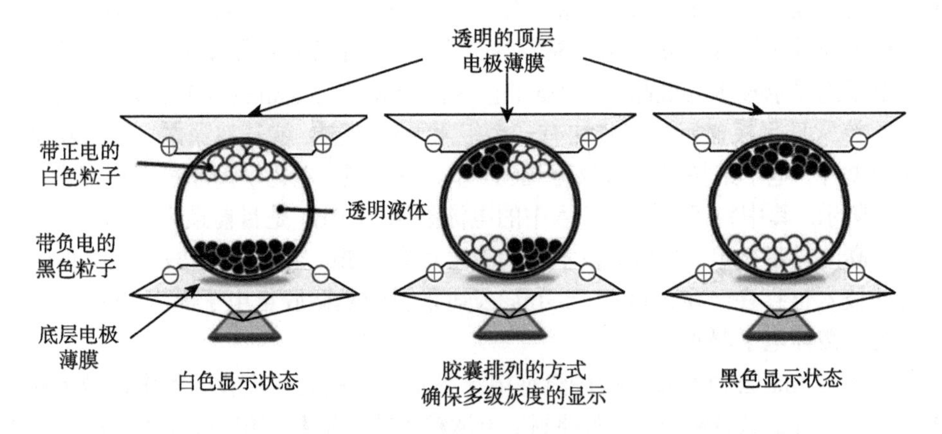

图 6-3　微胶囊电泳显示原理图

法仍存在以下问题 [39−41]：对环境变化敏感，特别对潮湿和温度很敏感；微胶囊颗粒壁薄导致耐磨性差；电荷控制剂趋于扩散到水/油界面，所以微胶囊中颜料颗粒的表面电荷密度和 Zeta 电位低，导致响应速率低；颗粒尺寸大、微胶囊的尺寸分布宽，造成分辨率差。

友达光电公司旗下 SiPix 公司采用的微杯封装，只有一种带颜色的粒子 (白色或其他颜色)。其显示原理如图 6-4 所示 [42]，当在两电极之间施加一电压时, 电泳粒子向相反极性的电极迁移。因此，显示在透明板上的颜色可为溶剂的颜色或电泳粒子的颜色。将电压反向后，会使得电泳粒子反方向迁移，由此也将颜色反转。微杯封装技术粒子游离时间较短，可以更快地显示文字；而且只控制一种带电粒子，刷新速度比 E-Ink 更快，更容易实现全彩显示。除此之外，相比于微囊型，它有更优良的机械性能及更好的抗压性。另外，由于微胶囊一般需在含水体系中制备，使其电荷添加剂的选择受到很大的限制，而微杯型 EPD 则不存在类似的问题 [43]。然而，微杯型电泳显示也存在对比度低、反射率较低等问题，制备成本高。事实上，由于 E-Ink 屏幕技术更加成熟，多家厂商在使用 E-Ink 屏幕，专门为 E-Ink 屏幕优化过的集成电路 (IC) 系统使得 E-Ink 屏幕翻页速度有了大幅度的提升。在实际的产品应用中，E-Ink 与 SiPix 的刷新速度相当。在阅读效果上，E-Ink 屏幕的反射率是 40%左右，SiPix 则在 30%左右。对比度方面，E-Ink 和 SiPix 的参数均为 10:1 左右。而普通的报纸反射率在 46%左右，对比度为 5:1。

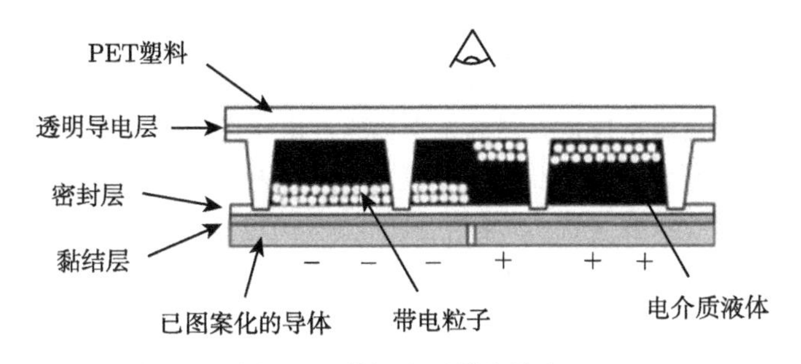

图 6-4 微杯电子墨水技术

除了电泳型显示外，胆甾醇液晶技术、电子粉流技术等也实现了产品化，有望替代电泳显示技术。

电子粉流体显示器 (quick response liquid powder display，QR-LPD) 电子纸技术是普利司通 (Bridgestone) 公司在 2004 年推出的。与电泳显示技术类似，它也利用微粒在电场中的运动来显示图像和文字，所不同的是它采用的是纳米级别的树脂颗粒。经过纳米级粉碎处理后得到的树脂颗粒为带不同电荷的黑、白两色粉体。将这两种粉体填充进以空气为介质的微杯封闭结构中，利用上下电极电场使黑白粉体在空气中发生电泳现象 [44]。由于使用空气作为电泳粉体的介质，所以 QR-LPD

具有高反应速度。不过，其缺点是需要高电压来驱动电子粉流体，这使得在耐高电压的 TFT 组件尚未成功开发的情况下，目前只能以被动式的方式来驱动电子粉流体。另外，由于 QR-LPD 电子纸屏幕需要使用高电压驱动电子粉流体，耗电量比 E-Ink 的微胶囊技术和 SiPix 的微杯技术大。

富士通 (Fujitsu) 公司在 2005 年开发了基于胆甾醇型液晶 (Ch-LCD) 的彩色电子纸技术。这是一种非传统显示技术，因使用的材料结构类似胆甾醇分子而得名。该技术的研发机构包括美国 Kent Displays、日本富士通、日本富士施乐等公司以及中国台湾的工业技术研究院 (台工研院，ITRI)。胆甾醇型液晶的分子呈螺旋状，如果加以电场，随着电压脉冲的大小和时间的变化，胆甾醇型液晶的螺旋结构的轴向会相应变化，从而反射或者透过入射光 [45]。当螺旋的轴向与电子纸的平面方向一致时，就会反射入射光；当轴向与电子纸的平面方向垂直时，可以透过入射光。通过添加不同光学特性的旋光剂，液晶分子可以反射出不同颜色的光，因此采用胆甾醇液晶的彩色电子纸不需要滤光片和偏光板，可以实现超薄设计。胆固醇液晶采用柔性基板，安全性更高，同时也具有双稳态的特性、记忆效应、反射式、不需偏光板、能耗低等优点。胆甾醇液晶可以达到双稳态效应，方式有表面安定型和高分子安定型两种，这两项技术都是近几年来相当热门的胆甾醇液晶显示技术。此外，胆甾醇液晶型彩色电子纸擦写时需要的能量很小，A4 尺寸仅为 10~100mW，这一能量与非接触 IC 卡差不多，可以轻松实现无限擦写。它的缺陷是色彩稍淡，擦写时间长达几秒钟，而且对压力较为敏感。

综上所述，目前电子纸主要技术有微胶囊电泳技术、SiPix 微杯技术、电子粉流技术、胆甾醇液晶显示技术，表 6-2 为其四种电子纸主要技术相关特性对比，表中主要对比了各种显示技术的结构、驱动方式、开发厂商、合作厂商及主要特性等方面，这四种显示技术各有优点，最主流的技术仍然是 E-Ink。在当前电子书产业链中，E-Ink 是唯一能实现上游电子基材量产的技术，其市场占有率超过 90%。目前韩国三星、LG Display，日本精工爱普生、凸版印刷，以及中国台湾元太科技等公司均与 E-Ink 合作，采用其 EPD 面板 Vizplex 开发各种电子纸显示器。

传统的电子纸可以用来显示静态文字和图片，但这还远远不能满足未来的需要。除了彩色以外，用户还希望电子纸的精细程度更高、色彩更绚丽、响应时间更快，能够实现手写和触摸输入，尺寸更大，还要更轻便。另外，在视频播放方面，目前主流电子纸的刷新速度很难达到视频播放的标准。

在画质方面，电子纸的一个重要特征就是拥有类似纸质读物的高精细度，近年来上市的电子纸分辨率一般可以达到 120~180dpi，是普通液晶显示器的两倍以上。虽然显示精度很高，但色彩是电子纸的一个软肋，无论是显色数、饱和度还是色域，目前的彩色电子纸都不能与液晶和 OLED 显示相提并论，现在还没有厂商能够开发接近液晶色彩效果的电子纸。未来彩色电子纸在显示效果上达到液晶显示技术

表 6-2 电子纸技术相关特性对比 [44]

技术	微胶囊电子墨水 (microcapsule)	微杯电子墨水 (microcup)	电子粉流体 (QR-LPD)	胆甾醇液晶 (Ch-LCD)
驱动方式	主动矩阵 (AM)	被动矩阵 (PM)	PM	PM
反应速度	20ms	200ms	< 1ms	300ms
主要特征	对比度高 (亮度佳) 反射率高 视角广 商品化最快	对比度高 (暗度佳) 反射率高 视角广 R2R 技术领先	反应速度快 低温驱动 视角广 驱动电压高	不需要偏光板 R2R 教程 解析度较低 驱动电压偏高
开发厂商	E-Ink	SiPix	Bridgestone	Fujitsu、Xerox、 ITRI、KDI
市场占有率	> 90%	< 1%	<1%	<1%
产品化				

的水平是发展方向之一。目前处在研制和开发阶段的彩色电子纸技术还有很多，包括双稳态液晶电子纸、反转乳液电泳显示电子纸、光电晶体电子纸、电致变色电子纸、电润湿电子纸等，其中一些已经进入实用化阶段。

6.2.2 柔性 OLED

1. OLED 基本结构

有机发光二极管 (organic light-emitting diode，OLED) 又称为有机电激光显示，是继阴极射线管 (cathode ray tube，CRT)、液晶显示器 (liquid crystal display，LCD) 之后的第三代显示技术。OLED 的基本结构如图 6-5 所示，包括玻璃基板、阳极、空穴注入层 (Hole injection layer，HIL)、空穴传输层 (Hole transport layer，HTL)、发光层 (Emission layer，EML)、电子传输层 (Electron transport layer，ETL)、电子注入层 (Electron injection layer，EIL) 及阴极等几个部分。其中，有些发光材料本身具有空穴传输层或者电子传输层的功能，也通常被称为主发光体材料；在柔性器件发光层中掺入少量荧光或者磷光染料杂质，可接收来自主发光体的能量转移和经由载流子捕获 (carrier trap) 的机制而发出不同颜色的光 [46]，这样的发光掺杂材料也称为客发光体或掺杂发光体 (dopant)。

1) 电极材料

(1) 阳极：阳极材料要有较高的功函数，以便提高空穴的注入效率。另外，由于阳极为出光面，需要保证其具有良好的透光性。最常用的阳极材料为半导体 ITO，这种材料在 400~1000nm 波长范围内的透过率可以达到 80%以上。另外，如聚苯胺等透明导电聚合物、Au 等半透明金属也可以选作阳极材料。

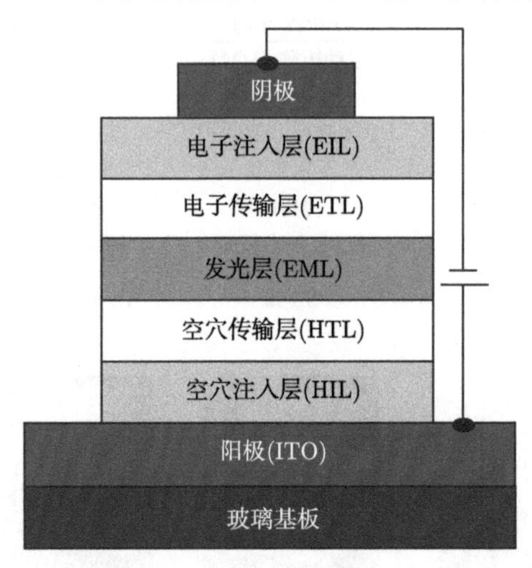

图 6-5　OLED 器件结构示意图

(2) 阴极：阴极材料的功函数则要尽可能得低，以便在低压下获得较高的电子注入效率，从而获得更高的器件亮度。常见的阴极材料 [47] 如表 6-3 所示。

表 6-3　常用金属阴极材料的功函数表

金属	Ag	Mg	Ag:Mg	Al	Au	Nd	Ca	Cu
功函数/eV	4.6	3.66	3.7	4.28	5.1	3.2	2.9	4.7

2) 空穴注入层

为了降低空穴传输层与阳极导电层之间的界面势垒，提高空穴注入效率及器件的稳定性，引入了空穴注入层 [48]。通过对 ITO 薄膜的表面进行等离子体处理，提高其表面功函数，可以在一定程度上降低空穴注入势垒，但是处理后的 ITO 阳极与空穴传输层之间仍然存在大约 0.5eV 的势垒，正因为如此，空穴材料的引入就显得尤为必要。常用的 HIL 材料有 CuPc(酞菁铜)、SiO_2 等。

3) 空穴传输层

OLED 器件的阳极与空穴传输层之间的界面势垒越小，器件的性能越稳定、效率越高。空穴传输材料应满足以下要求：

(1) 有较低的电离能，与阳极之间形成的势垒较小；

(2) 空穴传输材料的激发能量要高于发光层的激发能量；

(3) 成膜性良好、热稳定性好、玻璃化温度高，以利于形成致密的薄膜；

(4) 不会与发光材料形成激基复合物。

常见的 OLED 的空穴传输材料有聚苯撑乙烯 (PPV)、聚乙烯咔唑 (PVK)、NPD(N, N′-双 (1-奈基)-NN′- 二苯基-1, 1′-二苯基-4, 4′-二胺)、TPD (N, N′-双 (3-甲基苯基)-N′-二苯基 -1, 1′-二苯基 -4, 4′-二胺) 等芳香胺类化合物。这类化合物都具有较低的电离能，且供给电子的能力很强，容易形成空穴。

4) 发光层

发光材料是 OLED 器件的核心材料，是器件性能的决定因素。选择发光材料时应尽量满足以下要求：

(1) 量子效率要高，且荧光光谱分布在可见光范围内；

(2) 热、化学稳定性好，不与其他材料发生反应；

(3) 成膜性好，能形成致密的薄膜。

有机电致发光材料按分子结构可分为有机小分子化合物和高分子聚合物 [49]。其中，分子量在 1000 以内的材料称为有机小分子化合物，采用真空蒸镀的方法成膜；分子量在 1000 以上的材料称为有机高分子聚合物，采取旋涂的方法成膜。常见的有机小分子发光材料有：红光材料，如 DCM 系列，其中 DCJTB 是目前非常好的红光材料；绿光材料，如金属螯合物 Alq3，香豆素系列的 C545T 和 C545TB 等；蓝光材料，如 4-叔丁基苝 (TPBe) 等；黄光材料，如红荧烯 (Rubrene) 等。

5) 电子传输层

电子传输材料应满足以下要求：

(1) 化学稳定性良好，不与发光材料反应生成激基复合物；

(2) 成膜性能好，所形成薄膜的表面均匀致密；

(3) 电子迁移率高、电子亲和势大，有利于电子的注入；

(4) 有较高的激发态能级，利于将激子的复合区域控制在发光层中。

目前，性能理想且专门用作电子传输的材料较少，大部分金属螯合物都可用作电子传输材料，典型材料如 8-羟基喹啉铝 (Alq3)，既能发光也可兼作电子传输材料 [50]。

2. OLED 发光机理

有机电致发光器件属于注入式发光，在外加电压的驱动下，阳极注入的空穴和阴极注入的电子在有机层中相遇，复合形成激子并将能量传递给有机发光材料分子，使其从基态跃迁到激发态。由于激发态是一个很不稳定的状态，受激的发光材料分子从激发态回到基态，并以光能的形式释放能量，即产生发光现象，如图 6-6 所示。

OLED 的发光过程通常由以下 5 个阶段完成。

(1) 在外加电场的作用下载流子的注入：电子和空穴分别从阴极和阳极注入电极之间的有机功能层。

(2) 载流子的迁移：注入的电子和空穴分别从电子输送层和空穴输送层向发光层迁移。

(3) 载流子的复合：电子和空穴复合产生激子。

(4) 激子的迁移：激子在电场的作用下迁移，将能量传递给发光材料，并激发电子从基态跃迁到激发态。

(5) 电致发光：激发态能量通过辐射跃迁，产生光子，释放出能量。

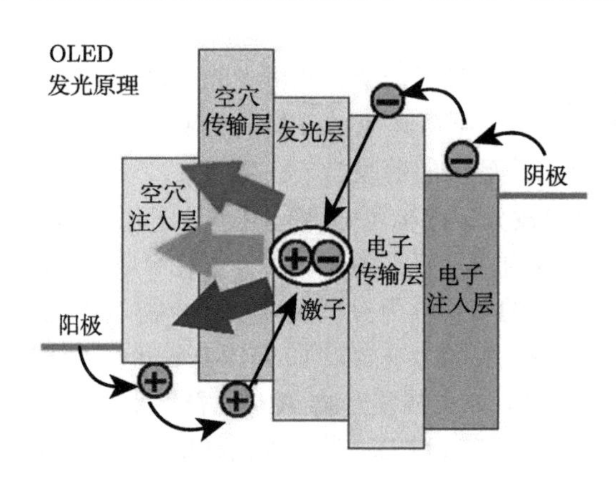

图 6-6　OLED 发光原理

3. OLED 显示屏全彩化方法

彩色化技术的突破是柔性 OLED 发展的关键。柔性 OLED 的三基色化方案主要有“RGB 三色发光法”、以白光发光层搭配三基色滤光片的“白光法”和以蓝光材料为基础的“色变换法”[51] 等。目前主要采用 RGB 三基色像素发光方式和白光加滤光片法。这几种方法各有优缺点，它们的原理及研究重点如表 6-4 所示。

表 6-4　OLED 全彩化方式比较

方式	RGB 3 色排列	白光 + 彩色滤光片	蓝光 + 色变换层
图片	R　G　B	R　G　B	R　G　B
原理	RGB 三色发光材料独立发光	以白光为背光，再加彩色滤光片	以蓝光为光源，经色变换层将光转为 RGB 三色
发光效率	* * *	*	**
研究重点	• RGB 精确定位 • 高纯度、长寿命红光材料的开发	• 白光的光色纯度 • 提高光线使用率	• 色变换材料的色纯度与效率 • 提高红光转换效率

RGB 三色发光技术是将红、绿、蓝三个 OLED 并置 (side-by-side) 于基底上形成三原色像素，此技术在 LCD 和 OLED 等显示产品的批量生产中被众多公司采用。色变换法 [52] 是采用单色的柔性蓝色 OLED，利用染料吸光方法，通过转换后器件再形成 R、G、B 三基色发光 [53]。应用此技术的公司有富士公司和出光兴产公司等。该项技术的关键在于提高光色转换材料的色纯度及效率。这种技术不需要金属荫罩对位技术，只需蒸镀蓝光 OLED 元件，是未来大尺寸 OLED 显示器极具潜力的全彩色化技术之一。但它的缺点是光色转换材料容易吸收环境中的蓝光，造成图像对比度下降，同时光导也会造成画面质量降低的问题。“白光法” 是采用白光 OLED 为背光源，上面通过 R、G、B 三基色滤光片 (color filter，CF) 形成彩色图像显示，其好处与色转换法相同，由于采用了单一一种 OLED 光源，不需要考虑遮光源，不需要考虑遮挡掩模对位问题，可增加画面精细度，因此在大尺寸面板的应用中有更大的潜力。

4. OLED 的驱动方式

根据驱动方式不同，OLED 可分为主动 (有源) 矩阵 OLED(active matrix OLED，AMOLED) 和被动 (无源) 矩阵 OLED(passive matrix OLED，PMOLED)。

AMOLED 是外围驱动电路和显示阵列集成在同一基板上的有机发光显示器。在显示基板上的显示区域内，每个像素至少配备两个 TFT 和一个电荷存储电容，用于保证扫描寻址时，扫描场的一个周期内，像素所处的状态不变，像素的状态是指发光与否。如图 6-7(a) 所示，各有机电致发光像素的相同电极 (比如阴极) 是连在一起引出的，各像素的另一电极 (比如阳极) 是分立引出的。分立电极上施加的电压决定对应像素是否发光，在一幅图像的显示周期中，像素发光与否的状态是不变的，因此

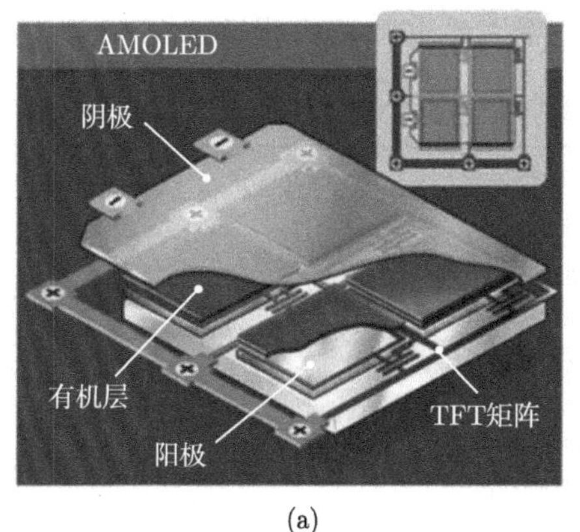

(a)

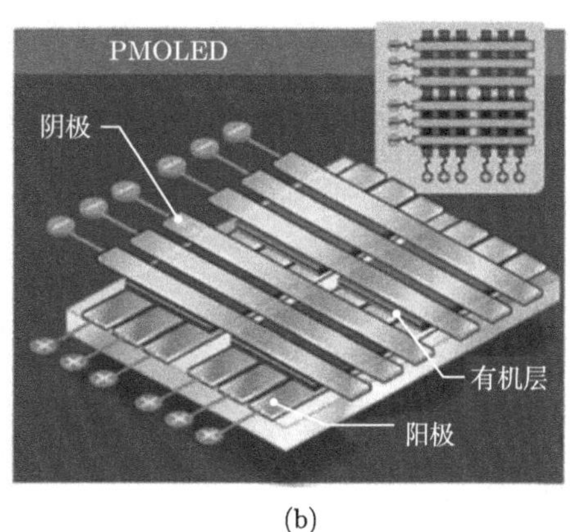

(b)

图 6-7 OLED 驱动方式 [54]

这种驱动方式属于静态驱动。AMOLED 具有存储效应，可进行 100%负载驱动，这种驱动不受扫描电极数的限制，可以对各像素独立进行选择性调节。

PMOLED 是基板周边需要外接驱动电路的有机发光显示器。显示基板上的显示区域仅仅是发光像素，所有的驱动和控制功能由集成电路 (integrated circuit) 完成。无源矩阵的驱动方式为多路动态驱动，这种驱动方式受扫描电极数的限制，占空比系数是无源驱动的重要参数。如图 6-7(b) 所示，显示屏上像素的两个电极做成了矩阵型结构，即水平一组显示像素的同一性质的电极是共用的，纵向一组显示像素的相同性质的另一电极是共用的。如果像素可分为 N 行 M 列，就可以有 N 个行电极和 M 个列电极，我们分别把它们称为行电极和列电极。为了点亮整屏像素，将采取逐行点亮或者逐列点亮的方法，点亮整屏像素时间需小于人眼视觉暂留极限 (20ms)。

AMOLED 和 PMOLED 两者的区别主要体现在以下几方面 (表 6-5)。

(1) 结构不同：AMOLED 每个像素有多个 TFT 和至少一个存储电容，PMOLED 像素由阴极和阳极构成，行和列的交叉部分可以发光；

(2) 驱动方式不同：AMOLED 静态驱动不受扫描电极数的限制，能对每个像素独立进行选择性调节，PMOLED 的多路动态驱动受扫描电极数的限制；

(3)AMOLED 可实现高亮度和高分辨率；

(4)AMOLED 可以实现高效率和低功耗；

(5)AMOLED 易于实现大面积显示；

(6) 工艺成本不同：AMOLED 驱动电路藏于显示屏内，更易于实现集成度和小型化，由于工艺上已解决外围驱动电路与屏的连接问题，这在一定程度上提高了成品率和可靠性，而 PMOLED 必须用玻璃上芯片 (COG) 技术或者卷带自动结合 (TAB) 等进行外接驱动电路，使得器件体积增大和质量增加，实施工艺复杂。

表 6-5　AMOLED 与 PMOLED 区别

OLED 驱动方式	驱动特性	显示特性	优点	缺点	应用场景
AMOLED	像素独立驱动、连续发光；TFT 驱动矩阵；寻址与驱动分开	全彩色矩阵式	功率低、亮度高；大尺寸、高分辨率；响应较快、寿命长	工艺结构复杂；良品率稍低；具备一定技术门槛，生产成本较高	大尺寸，高分辨率，高端
PMOLED	瞬间通过大电流、高亮发光；寻址信号驱动	单色彩色段式	结构、工艺简单；灰度容易控制；成本小、技术门槛低	难以实现大尺寸和高分辨率；功耗较大，发光效率低，寿命短	小尺寸，低分辨率，低端

5. OLED 性能优势

与传统的 CRT、LCD 等显示器件相比，OLED 几乎兼顾了已有显示器的所有优点，同时又具有自己独特的优势。既有高亮度、高对比度、高清晰度、宽视角、宽色域等来实现高品质图像，又具备超薄、超轻、低功耗、宽温度特性等来满足便携式设备的轻便、省电、适于户外操作的需求；而自发光、发光效率高、反应时间短、透明、柔性等更是 OLED 显示独具的特点。此外，OLED 采用有机半导体材料，由于有机功能材料的分子设计、性能装饰的空间广阔，因而 OLED 材料的选择范围宽；OLED 的驱动只需要 12V 的直流电压是其另一优势；全固化结构的主动发光，使其适用于温差范围大、冲击振动强的特殊领域；制程相对简单，尤其是喷墨打印等湿法制备技术的引入，使 OLED 显示屏通过低投入生产线的大规模、大面积生产得以实现；OLED 容易与其他产品集成，具备优良的性价比。

具体而言 OLED 作为一种新型发光技术，与目前占据绝对市场份额的 LCD 相比具有以下优势 [55]：

(1) 主动发光，无需背光源，利于实现器件的低功耗、超薄、柔性等优势；

(2) 响应速度快，能及时捕捉到动态画面的每一个细节，无拖尾现象；

(3) 高对比度和宽视角，尤其是高的分辨率带来了良好的视觉体验；

(4) 低功耗，例如，2.4in 的有源 OLED 功耗 440mW，而同尺寸多晶硅 LCD 的功耗达到 605mW，OLED 能够有效地提高移动电话、平板电脑等便携设备在户外的待机和使用时间；

(5) 超薄加超轻，尤其是基于聚合物基板的 OLED 柔性器件，充分展现了其便携性；

(6) 宽温度特性，在低温下正常运行，可满足日常户外尤其是寒冷冬天的便携式和可穿戴设备的需求，以及特殊的军事、航空航天用途。

6. OLED 发展历程

OLED 的研究产生起源于一个偶然的发现。1979 年的一天晚上，在美国柯达公司从事科研工作的华裔科学家邓青云博士 (Dr.C.W.Tang) 在回家的路上忽然想起有东西忘记在实验室里。回去以后，他发现黑暗中有个亮的东西。打开灯发现原来是一块做实验的有机蓄电池在发光，这就是 OLED 的雏形。OLED 研究就此开始，邓博士由此也被称为“OLED 之父”。1987 年，邓青云博士和 van Slyke 采用真空热蒸发技术，在实验室中制备了双层结构的绿光 OLED 器件，在外加电压 10V 的条件下，可观察到绿色发光现象，亮度大于 1000cd/m^2 [56]。

1990 年，剑桥大学的 Burroughes 等 [57] 采用旋涂法制作出 PPV 衍生物高分子发光二极管 (PLED)。1992 年，美国加州大学 Heeger 研究小组，在 *Nature* 上首次报道了柔性 OLED，他们采用聚苯胺 (PANI) 或聚苯胺混合物，利用旋涂法在柔性透明衬底材料 PET 上制成导电膜，作为 OLED 发光器件的透明阳极 [58]，这一研究成果拉开了 OLED 柔性显示的序幕。1997 年，OLED 由日本先锋公司在全球实现第一个商业化生产并用于汽车音响 [59]。但是直到 1999 年，OLED 唯一的市场仅为车载显示器，2000 年后应用才扩展到手机、PDA(包括电子词典、手持电脑和个人通信设备等)、相机、手持游戏机、检测仪器等。

2003 年，日本先锋公司推出 15in 像素为 160×120 全彩 PMOLED 柔性显示器，其质量仅有 3g，亮度为 70cd/m^2，驱动电压为 9V。2005 年，Plastic Logic 公司在第 12 届国际显示器产品展上展示了其开发的柔性 OLED (FOLED) 显示屏。这款产品的柔韧性能非常出色，可在显示器下面安放一个压力传感器实现触摸屏的功能而毫不影响其光学性能。2008 年，三星公司推出了其 4in 的柔性 OLED 显示屏，对比度可达到 1000000:1，亮度为 200cd/m^2，而它的厚度非常之薄，仅有 0.05mm。

2009 年各大厂商开始将重心转向 AMOLED，致使 AMOLED 产值首度超越 PMOLED。2013 年，LGD (LG Display)、SMD (Samsung Mobile Display) 先后推出 55in OLED 电视。2017 年，苹果公司十周年纪念手机 iPhoneX 采用 AMOLED 屏幕。所以 OLED 从首次商业应用到成功推出 55in 电视屏仅仅用了 16 年的时间，而 LCD 走过这段历程则花了 32 年时间，可见全球 OLED 产业发展非常迅猛。但就目前产业发展来说，柔性 OLED 还只是处于样机阶段，距离产业化的完全可卷曲的尤其是大尺寸柔性 OLED 显示还有一段距离。图 6-8 为 OLED 的发展历程。

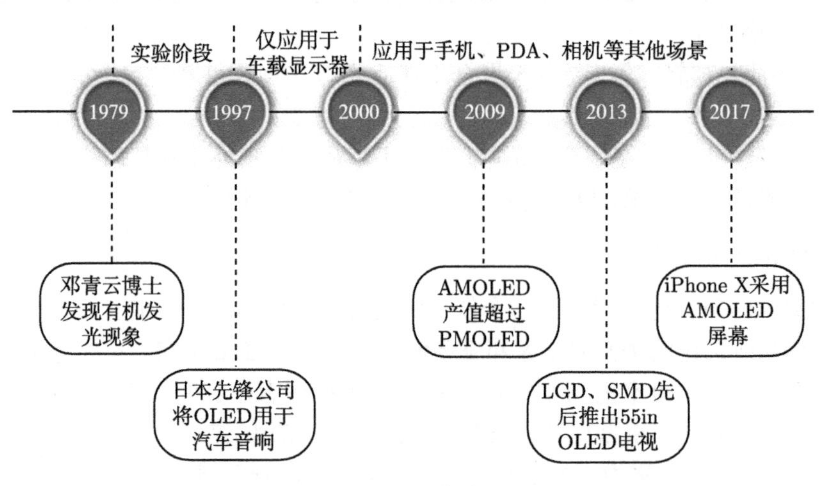

图 6-8　OLED 的发展历程

7. OLED 显示面临的主要问题

目前基于 OLED 的研究和技术已日趋完善和成熟，但是相比其他显示技术来说，OLED 的基础研究还需要提高。

(1) OLED 中很多决定器件性能的基本物理问题还不清楚。OLED 采用有机材料，而现有有机材料其相关理论和知识基本上是移植自无机材料，因而不能可靠地解决 OLED 中涉及的问题。

(2) 在效率方面仍面临着巨大的挑战。目前制约 OLED 效率的主要因素包括电子空穴比例不平衡跃迁选择定则的存在、ITO 玻璃的光损耗等，发展高迁移率的电子传输材料提高电子的比例，提高输出耦合效率是提高 OLED 效率的关键。同时，短激子寿命、高效磷光材料的合成、打破跃迁禁阻也是提高 OLED 效率的重要途径。

(3) OLED 的稳定性仍需进一步提高。OLED 稳定性主要由内在老化机制决定，这些老化机制由有机和电极材料、器件结构及驱动方式决定。有机材料的不稳定性、化学反应、载流子不平衡分布等都是引起 OLED 老化的原因。

(4) 在产业化过程中，OLED 也存在很多问题：首先，OLED 背板的良品率太低，这是 OLED 生产面临的最大问题，希望能提高到 80%以上；其次，目前 OLED 产品价格非常高，如索尼 (sony) 公司多款 OLED 电视售价均在 2000 美元及以上。如果把价格降到合理的区间里，市场的空间是很大的。最后，提高 OLED 产品的寿命，达到 LCD 的水平之上。根据 Displaysearch 检测报告，XEL-1 电视经过 17000h 后亮度就下降到原来的一半，而目前液晶显示器的寿命普遍可以达到 50000h 左右。

(5) 全透明 OLED 的实现依然存在问题。全透明 OLED 本质上讲，仅仅是在 OLED 基础上的改进。因此，一些 OLED 亟待解决的问题，同时也是制约透明 OLED 发展的因素，如器件的发光效率、寿命、全彩等方面的问题。另外，在可见光区高透过率的金属电极，以及透明 TFT 则是今后透明 OLED 研发的两个重要方向。

6.2.3 柔性液晶

柔性液晶显示主要有柔性双稳态液晶显示、柔性铁电液晶显示、柔性聚合物分散液晶显示，以及柔性聚合物网络显示。相比柔性 OLED 和 EPD 显示技术，柔性液晶显示器制作工艺简单、成本低廉，可实现彩色显示，可用无源或有源矩阵驱动。

LCD 的柔性化仍然存在三大难点。其一，玻璃柔韧性并不理想。玻璃板必须尽可能的薄以提高其柔韧性，而如果玻璃基板达不到厚度的要求，改用其他材料代替则需大幅改进工艺，成本压力极大。其二，LCD 的图像取决于聚合物之间的单元间隙，面板的弯曲会造成间隙改变，进而影响图像质量。其三，背光模块的设计难度会大幅增加，保证屏幕亮度均匀性就显得尤为困难。

在 LCD 面板的制作过程中需要真空蒸镀与刻蚀工艺，因此基板除了要耐高温外，还得耐强酸强碱的腐蚀。而塑料只能承受相对较低的生产温度，该温度通常比显示材料工艺中所用的温度低得多，而且塑料在强酸、强碱下老化迅速，因此并不适合作为 LCD 基板。在没有其他合适材料的替代下，继续采用玻璃作基板成了不二选择。

6.3　无机柔性 LED

6.2 节中介绍了多种柔性显示技术，其中 OLED 由于其柔性度高、相对容易加工和成本较低等特性成为其中最有前景的柔性显示技术。然而，它仍然面临着寿命短、外量子效率低、亮度低和在高温高湿条件下不稳定等问题。相比较而言，基于 GaAs 或 GaN 材料的无机发光二极管 (ILED) 在亮度、量子效率及器件稳定性等方面都优于 OLED，因此，成为柔性显示器件的又一选择。在介绍柔性 ILED 之前，我们先介绍一下 Micro-LED 显示技术。这一技术是实现柔性 ILED 的基础。

Micro-LED 是继 TFT-LCD 及 OLED 之后的显示技术的又一技术革命。OLED 和 Micro-LED 相比 LCD 在各个功能性指标方面 (像素密度 (PPI)、功耗、亮度、薄度、显色指数、柔性面板适应度) 都有显著优势 (图 6-9)。尽管 LCD 面板应用时间较长，供应链成熟度较高，有价格优势，但在将来必会被 OLED 和 Micro-LED 替代。

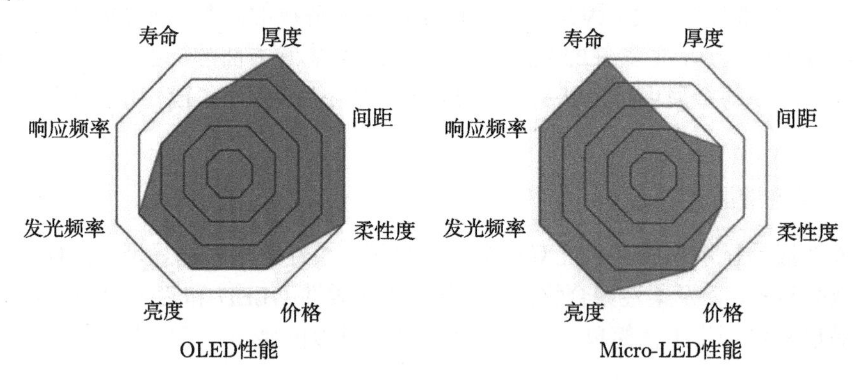

图 6-9　Micro-LED/OLED 优势对比

OLED 和 Micro-LED 都是面向未来的显示技术，两者从工业实践的角度来看有不小的差距，Micro-LED 在性能上优于 OLED。Micro-LED 是将微米等级的 Micro-LED 巨量转移到基板上，类似微缩的户外 LED 显示屏，每一个 Micro-LED 都定址并且可以单独驱动点亮，相较 OLED 更加省电，反应速度更快。OLED 比 LCD 更薄、显示更清晰，但如果要省电，得降低高亮度显示和白色画面，视觉表现会受到影响。Micro-LED 技术上已经突破了 OLED 的局限，在较低的功耗下，即可实现高亮度和饱和度。此外 OLED 材料是有机材料，在使用寿命上无法与 Micro-LED 等无机材料相比，因此，Micro-LED 在对性能稳定性要较高的应用领域，如汽车抬头显示、大型屏幕投影等方面更具竞争力。从产业链的角度来说，OLED 显示的全部技术有约 70%可以被 Micro-LED 共用或者吸收，即 Micro-LED 技术突破后整个产业掉头难度不大，为未来替代 OLED 奠定基础。

6.3.1 Micro-LED 在显示方面的应用

Micro-LED 技术是指在一个芯片上集成的高密度微小尺寸的 LED 阵列，如同 LED 显示屏，每一个像素可定址、单独驱动点亮，可以看成是户外 LED 显示屏的缩小版，将像素点距离从毫米级降低至微米级。相比于现有的微显示技术如 DLP、LCoS、微机电系统扫描等，由于 Micro-LED 自发光，光学系统简单，可以减少整体系统的体积、质量、成本，同时兼顾低功耗、快速反应等特性。

1. Micro-LED 显示屏的显示原理

Micro-LED 显示器是将 LED 结构设计进行薄膜化、微小化、阵列化，其尺寸仅在 1~10μm 等级；后将 Micro-LED 批量式转移至电路基板上，其基板可为硬性、软性的透明、不透明基板；再利用物理沉积制程完成保护层与上电极，即可进行上基板的封装，完成一结构简单的 Micro-LED 显示器。Micro-LED 显示器原理如图 6-10 所示。

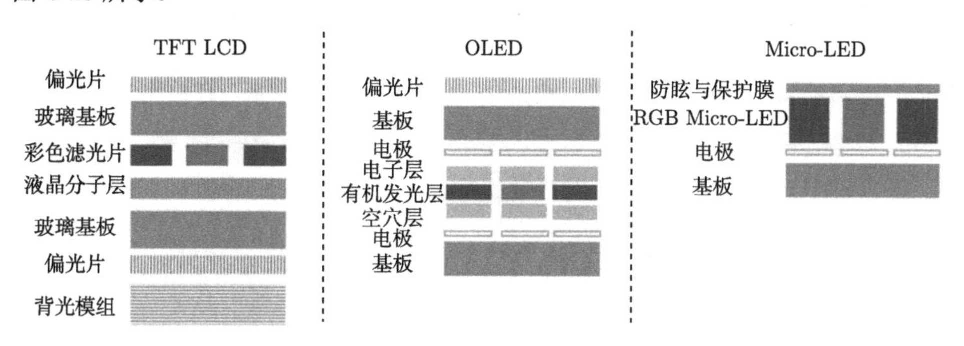

图 6-10 Micro-LED 显示器原理

而要制成显示器，其晶片表面必须制作成类似 LED 显示器的阵列结构，且每一个像素点必须可定址控制并单独驱动点亮。若通过互补金属氧化物半导体 (CMOS) 电路驱动则为主动定址驱动架构，Micro-LED 阵列晶片与 CMOS 间可通过封装技术连接。粘贴完成后 Micro-LED 可通过覆盖在其上的微透镜阵列提高亮度及对比度。单颗 Micro-LED 由垂直交错的正、负栅状电极连结，通过扫描方式控制单颗 Micro-LED 的点亮以显示影像。

从结构上看，Micro-LED 显示器与 TFT-LCD 显示器及 OLED 显示器有很大的不同，它是一种主动发光的显示方法。它的优势在于既继承了无机 LED 的高效率、高亮度、高可靠度及反应时间快等特点，又具有自发光无需背光源的特性，体积小、轻薄，还能轻易实现节能的效果。

2. Micro-LED 优势

自 2008 年以后，LED 光电转换效率得到了大幅提高，100lm/W 以上已实现量产标准。因此对于 Micro-LED 阵列，因其自发光的显示特性，搭配几乎无光耗元件的简易结构，就可轻易实现低能耗或高亮度的显示器设计。Micro-LED 显示器的优势具体包括以下几点。

1) 高亮度、低功耗、超高解析度与色彩饱和度

比起其他显示器，如 LCD、OLED，Micro-LED 的发光效率最高，且还有大幅提升的空间。高的发光效率有利于降低功耗，其功率消耗量约为 LCD 的 10%、OLED 的 50%。另外，LED 的亮度较高，相比于 OLED 显示屏，达到同等显示器亮度，Micro-LED 只需要 OLED 的 10%左右的涂覆面积。这使得 Micro-LED 显示器可以有更多的富余面积用于传感器的部署。Micro-LED 单颗芯片间距为微米等级，每一点像素 (pixel) 都能定址控制及单点驱动发光。与同样是自发光显示的 OLED 相较，Micro-LED 亮度比其高 30 倍，且分辨率可达 1500PPI，相当于苹果手表 (Apple watch) 采用 OLED 面板达到 300 PPI 的 5 倍之多。

2) 寿命长

由于 Micro-LED 使用无机材料，且结构简易，几乎无光耗，所以它的使用寿命非常长。这一点是 OLED 无法相比的，OLED 使用有机材料、有机物质，有其固有缺陷 —— 即寿命短和稳定性差，难以媲美无机材料的 QLED 和 Micro-LED。

3) 能够适应各种尺寸，可以降低成本

目前微投影技术以数字光处理 (digital light processing，DLP)、反射式硅基板液晶 (liquid crystal on silicon，LCoS) 显示、微机电系统扫描 (MEMS scanning) 三种技术为主。但这三种技术都需使用外加光源，使得模组体积不易进一步缩小，成本也较高。相较之下，采用自发光的 Micro-LED 微显示器，不需外加光源，光学系统较简单，因此在模组体积的微型化及成本降低上具有优势。

4) 应用范畴广

Micro-LED 解决了几大问题，一是消费型平板 (包括智能手机、可穿戴设备) 80%的能耗都在显示器上，低能耗的 Micro-LED 显示器将极大地延长电池续航能力，对于 Micro-LED 显示器的应用，因其自发光的显示特性，搭配几乎无光耗元件的简易结构，就可轻易实现低能耗或高亮度的显示器设计。二是环境光较强致使显示器上的影像泛白、辨识度变差的问题，Micro-LED 高亮度的显示技术可以轻松

解决这个问题，使其应用的范畴更加宽广。

3. Micro-LED 发展历史

1998 年，德国亚琛工业大学研究团队采用湿法腐蚀方法在 AlGaInP LED 外延片上成功制作多个 LED 之后，国际上开启了对 Micro-LED 阵列的研究。2001 年，日本 Satoshi Takano 团队公布了他们研究的一组 Micro-LED 阵列，该阵列采用无源驱动方式，且使用打线连接像素与驱动电路，并将红绿蓝三个 LED 芯片放置在同一个硅反射器上，通过 RGB 的方式实现彩色化 [60]。同年，Jiang 团队也同样做出了一个无源矩驱动的 10×10 Micro-LED 阵列，这个阵列创新性地使用 4 个公共 n 电极和 100 个独立 p 电极，并采用复杂的版图设计以尽量最优化连线布局 [61]。2006 年，香港科技大学团队同样采用无源驱动，使用倒装焊技术集成 Micro-LED 阵列 [62]。2008 年，Fan 团队公布另一个无源驱动的 120×120 的微阵列，其芯片尺寸为 3.2mm×3.2mm，像素尺寸为 20μm×12μm，像素间隔为 22μm，尺寸方面已经明显得到优化，但是，依然需要大量的打线，版图布局仍然十分复杂 [63]。而同年 Gong 团队公布的微阵列，依然采用无源矩阵驱动，并使用倒装焊技术集成。该团队做出了蓝光 (470nm) Micro-LED 阵列和 UV Micro-LED(370nm) 阵列，并成功通过 UV LED 阵列激发了绿光和红光量子点证明了量子点彩色化方式的可行性 [64]。2008 年，英国帝国大学研究小组将 LED 阵列应用于神经网络模拟刺激实验 [65]，利用 GaN LED 外延制作了像素直径为 20μm，像素间距为 50μm 的 64×64 LED 阵列。2009 年，香港大学研究小组制作了一种集成光纤的 Micro-LED 阵列 [66]，在 GaNLED 外延片上设计了像素点直径为 20μm，像素间距为 120μm 的阵列。得克萨斯理工大学 (Texas Tech University) 的江教授团队在 2011 年发表了至今最高密度主动定址的 Micro-LED 阵列芯片，外延生长绿光 LED 后通过刻蚀形成微阵列，然后通过倒装封装与驱动 IC 贴合，像素间距为 15μm，在 9.6mm×7.2mm 面积上实现了视频图形阵列 (video graphic array, VGA) 解析度。2012 年，索尼曾在国际消费类电子产品展览会 (CES) 上展示了 55in Crystal LED Display 电视，厚度仅 0.63mm，由 600 万颗微小 LED 组成，通过将晶圆上的 LED 微晶粒封装成 150μm 的像素单体，利用真空吸嘴将单体转移至 TFT 驱动基板上。2013 年，台工研院推出了主动式 LED 微晶粒晶片技术，在 0.37in 的晶片上实现了 427×240 的解析度，现阶段台工研院电光所的微 LED 阵列投影模组光效可以达到 40lm/W。2014 年，奈创公司与台工研院合作开发 Micro-LED 显示器的相关技术，发表了 PixeLED 专利显示技术。

近几年，国内外各厂商和研究机构纷纷投入这场关于 Micro-LED 的技术斗争中。中国台湾地区不少大厂也已投入技术研发，包括半导体新创公司奈创 (PlayNitride)、台工研院、友达、群创、晶电。其他也在 Micro-LED 争战行列的国际大厂包括索尼、三星、乐金、日亚化学、夏普等，而从英国史崔克莱大学 (University of Strathclyde) 拆分出来的公司 mLED、美国得克萨斯理工大学、法国原子能署电子与信息技术实验室 (Leti)、从伊利诺伊大学 (University of Illinois) 分拆出来的 X-celeprint 公司也都积极研发 Micro-LED 技术。LuxVue 公司与 X-celeprint 公司在移转制程技术上领先他厂，且 X-celeprint 公司已取得 Micro-Transfer-Printing(μTP) 技术的独家授权；史崔克莱大学专注于 Micro-LED 的头戴式显示 (head-mounted displays，HMD) 相关应用；法国 Leti 实验室于 2019 年提出了一个生产高性能氮化镓 Micro-LED 显示屏的新工艺，可将 Micro-LED 芯片直接转移至 CMOS 晶圆上。据悉，新工艺将颠覆高性能显示器的生产，与当前的 LCD 和有机 LED(OLED) 相比，可提供更卓越的图像质量和能效设计。

在 Micro-LED 这块还未开发完全的领域上，苹果公司与索尼公司早已抢先插旗，但两家公司对 Micro-LED 的应用，分别在不同的消费电子层面上。苹果公司专攻 Micro-LED 的小尺寸应用，而索尼公司集中在 Micro-LED 大屏幕应用上。

2014 年 5 月苹果公司收购 LuxVue 公司，取得该公司的多项 Micro-LED 专利技术。这引发了市场关注，认为苹果公司可望在 Apple Watch 与 iPhone 上采用新一代的 Micro-LED 技术。先前《科技新报》曾报道，LuxVue 公司已在 2015 年 11 月申请微型装置稳定技术专利，该专利技术含一特殊稳定层 (stabilization layer)，可稳固承载基板上的微型装置阵列，如微型化 LED 装置、微型晶片等，确保其在移转 (transfer) 的过程中，能够维持平稳状态，这也是先前业界开发 Micro-LED 所遭遇的瓶颈。而这项专利的曝光，显示了 LuxVue 公司已跨过 Micro-LED 最关键性的转移技术门槛。

至于索尼公司，则是着眼于 Micro-LED 的大屏幕。比苹果公司早一步发表相关产品的索尼公司，早在 2012 年的国际消费类电子产品展览会上就推出 “Crystal LED Display”，鸣响 Micro-LED 消费电子应用的第一枪，2017 年更端出新作拼接显示屏幕 CLEDIS(crystal LED integrated structure)，具备超高亮度、无缝拼接与显示尺寸几乎无界限等特性，使 CLEDIS 在户外显示时能不受环境光线的影响，带来相当良好的视觉效果，并已实现量产。

4. 技术难点

Micro-LED 是 LED 的微型阵列，这也直接决定了其极高的技术难度。Micro-LED 组件要小于 100μm，生产的难点在于如何将数百万个微小的 LED 组件传输和粘贴成一整块面板，从而提高较大尺寸面板的良品率。这些微小的 LED 元件的放置精度要求在 1.5μm 之内，在同一片晶圆材料上完成上万颗单片式 RGBLED 芯片的集成，要求更高的制程技术及超高密度的封装技术。Micro-LED 电视成本比起传统 LCD 或 OLED 电视要高出许多，其成本很难压缩到消费者所能接受的程度。

当下，已经展出世界第一台 Micro-LED 电视的三星公司，并没有公布 Micro-LED 量产上市的具体时间。Micro-LED 看似美好，但是在技术上和应用上都有其制约因素，一时很难成为市场的主流，最多只是显示器市场中一颗还未闪亮的新星。制约其市场化的因素主要集中在巨量转移和全彩化的实现两个方面。

1) 巨量转移难题

芯片转移技术是 Micro-LED 显示屏的核心技术。LuxVue 公司提出的 Micro-LED 薄膜转移工艺已成为 Micro-LED 主流工艺之一。薄膜转移工艺按制备过程分为 Micro-LED 芯片制备、Micro-LED 芯片转移、装配 TFT 基板和驱动 IC 三部分。芯片制备过程类似传统 LED 工艺，倒装结构芯片更利于实现芯片电极与基板直接键合。转移技术是技术核心，通过转移技术将 LED 芯片由蓝宝石基板转移至载体基板上，技术难点在于批量转移和 RGB 三色芯片转移对位。目前常用的载体基板为硅衬底，这也是为了能够更好地实现与传统硅工艺的兼容以及与硅器件的集成。也有研究者尝试将 LED 芯片转移到柔性衬底上，以期实现柔性显示器。不过这种尝试都仅限于实验阶段，目前还没企业报道过相关的柔性显示器的产品化样机。从目前的产业基础来看，TFT 基板、超微 LED 晶粒、驱动 IC 都不是很大的问题，最大的难点就在于大批量的芯片转移，也称为“巨量转移”技术。

“巨量转移”技术简单说就是在指甲盖大小的 TFT 电路基板上，按照光学和电学的要求，均匀焊接 300~500，甚至更多个红绿蓝三原色 LED 微小晶粒，且允许的工艺失败率只有几十万分之一。为了避免 Micro-LED 的高亮化，晶粒必须要做到非常小，这样小的电子器件做电器结构上的焊接，同时还要保持百万级别的有效性，难度可想而知。

同时，巨量转移成本较高。在液晶和 OLED 大行其道的情况之下，Micro-LED 必须有可行的市场经济性。虽然 Micro-LED 能够让显示屏的能耗大幅降低，但由此带来的节能效果必然会导致成本的增加，如果不能够很好地把控成本，竞争优势也难以体现。总体来说，巨量转移不仅要克服超大量微小晶粒的转移问题，还要保证快速达到工艺水平的成熟标准，以形成与 OLED、LCD 对抗的局面和认知。

巨量转移仍待技术突破，目前全球已有多家厂商投入转移技术的研发，如 LuxVue、eLux、VueReal、X-Celeprint、Nth Degree、索尼等；中国台湾地区则有奈创、台工研院、Mikro Mesa 等。传统的 LED 在封装环节，主要采用真空吸取的方式进行转移。但由于真空管在物理极限下只能做到大约 80μm，而 Micro-LED 的尺寸基本小于 50μm，所以真空吸附的方式在 Micro-LED 时代不再适用。为此，工业界提出了三种精准选取/放置 (fine pick/place) 的技术，包括利用“静电力”、“范德瓦耳斯力”和“磁力”三种方式。除此之外，还有公司提出了选择性释放 (selective release)、自组装 (self-assembly) 及转印 (roll printing) 三种技术。图 6-11 总结了多种巨量转移技术与代表性的研究机构。

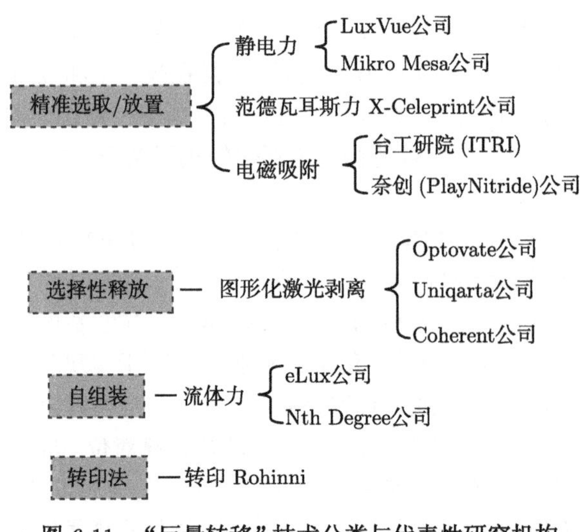

图 6-11　“巨量转移”技术分类与代表性研究机构

2) 全彩化难题

Micro-LED 还有一大难题就是全彩化，发光波长一致性的问题。单色 Micro-LED 阵列通过倒装结构封装和驱动 IC 贴合就可以实现，但是 RGB 的阵列需要分次转贴红、蓝、绿三色的晶粒，需要嵌入几十万颗 LED 晶粒，这对于 LED 晶粒的光效、波长一致性，以及良率有着更高的要求。为解决屏幕色彩问题目前有三种路径实现：RGB 三色 LED 法、UV/蓝光 LED+2 发光介质法、光学透镜合成法，具体各种方法的优劣势如表 6-6 所示。

为解决各种技术瓶颈，众厂商各显神通：VerLASE 公司拥有色彩转换技术专利，能够让全彩 Micro-LED 阵列适用于近眼显示器；Leti 采用量子点实现全彩显示，推出了 iLED matrix，其蓝光 EQE 为 9.5%，亮度可达 10^7cd/m^2；绿光 EQE 为 5.9%，亮度可达 10^8cd/m^2，间距只有 10μm，未来目标做到 1μm。奈创公司公布以氮化镓为基础的 PixeLEDTM display 技术，公司目前透过转移技术转移至面板，转移良率可达 99%。目前苹果公司持续加码投入 RGB 三色 Micro-LED 的研发，但始终没有解决良品率及成本的问题，这也使得近一年来 Micro-LED 的研发进展相对较慢。近期，业界所采用的试制品大多都属于单一颜色，未来如何突破这项技术瓶颈，开发出具有成本竞争力的全彩化 Micro-LED，将攸关 Micro-LED 能否进入主流市场的大门。

5. *应用*

从短期来看 Micro-LED 市场集中在超小型显示器，从中长期来看，Micro-LED 的应用领域非常广泛，横跨穿戴式设备、超大室内显示屏幕外，头戴式显示器、抬

表 6-6 Micro-LED 全彩色实现方法对比

	RGB 三色 LED 法	UV/蓝色 LED+2 发光介质法	光学透镜合成法
原理	三原色调色	量子点技术	通过光学棱镜将 RGB 三色 Micro-LED 合成全彩色显示
描述	每个像素都包含三个 RGB 三色 LED，一般采用键合或者倒装的方式将三色 LED 的 p 和 n 电极与电路基板连接，是目前 LED 大屏幕普遍采用的方法	量子点具有电致发光与光致发光的效果，受激后可以发射荧光，发光颜色由材料和尺寸决定，可通过调控量子点粒径大小来改变其不同发光的波长	将三个红、绿、蓝三色的 micro-LED 阵列分别封装在三块封装板上，并连接一块控制板与一个三色棱镜
优势	色彩稳定、技术成熟、成本较低	色彩纯度和饱和度较高、结构简单、可卷曲	色彩稳定、饱和度较高
劣势	LED 像素全彩显示有偏差	色彩均匀性不够，各颜色会互相影响	系统复杂、设计难度高、成本高

头显示器、车尾灯、无线光通信 Li-Fi、增强现实/虚拟现实 (AR/VR)、投影机等多个领域。Micro-LED 在超小型显示器件的应用有很多，如微投影仪、头戴式显示器、抬头显示器、可穿戴设备、谷歌眼镜 (Google glass) 等。相比于现有的技术如 DLP、LCoS、微机电系统扫描等，由于 Micro-LED 自发光，光学系统简单，可以减少整体系统的体积、质量、成本，同时兼顾低功耗、快速反应等特性。

如果 Micro-LED 能够实现规模量产，最有可能在智能手表应用上实现率先突破。一方面是因为 Micro-LED 拥有低耗电特性，有利于解决智能手表待机时间不够长的痛点，所以苹果公司将智能手表应用作为主攻方向之一；另一方面是因为智能手表对显示屏分辨率要求不是非常高，巨量转移难度可以降低，有望率先实现量产。但是从 Micro-LED 实际进展来看并没有那么顺利，主推大尺寸 Micro-LED 的索尼公司并没有在消费市场中推出大尺寸 Micro-LED 电视。LCD 成本低、良率稳定，竞争力非常强。就像当年 LCD 和等离子显示板 (PDP) 一样，LCD 和 Micro-LED 未来的竞争不单纯涉及技术的竞争，还牵扯到产业链及生态的竞争。

Micro-LED 在大尺寸显示和 VR/AR 设备领域同样具有应用的可能性。VR/AR 需要上万尼特 (nt, 1nt=1cd/m^2) 的亮度，只有 Micro-LED 能做到，但极高的亮度，意味着能量密度高，也就是极耗电。目前，电池的能量密度跟不上需求。Micro-LED 看似美好，但是在技术上和应用上都有其制约因素，一时很难成为市场的主流。图 6-12 给出了 Micro-LED 的应用前景。

目前如果考虑现有技术能力，Micro-LED 有两大应用方向，一是可穿戴市场，

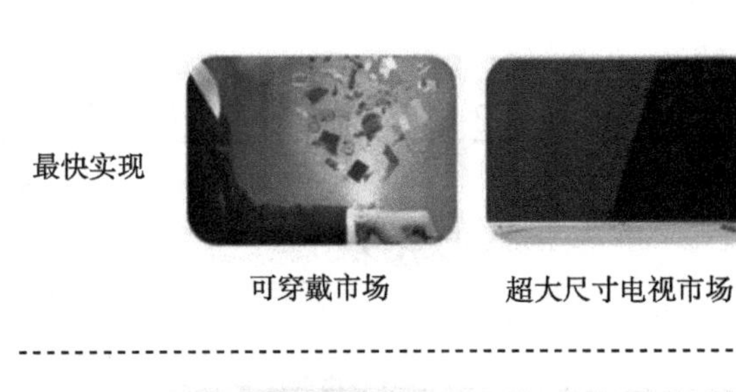

图 6-12　Micro-LED 应用前景

以苹果公司为代表，目前，苹果的 Micro-LED 处于“高级阶段”，预计要花两年时间才能在 Apple Watch 中出现，而在 iPhone 中则需要三到五年。二是超大尺寸电视市场，目前三星公司已经与中国 LED 产业排名第一的三安光电股份有限公司签订合同，确保 Micro-LED 芯片稳定供货。另外，三星公司还加大了对台湾地区 Micro-LED 面板制造商奈创公司的投资，该公司具备以 Micro-LED 芯片制作技术为首的巨量转移技术、不良芯片检出和维修技术。业内人士估计，三星公司在 2020 年 9 月国际消费类电子产品展览会期间正式公布可量产的 Micro-LED 电视，推动了家用 Micro-LED 电视普及。

6.3.2　基于 Micro-LED 的柔性 LED 器件

Ⅲ族氮化物基的 LED 器件相比于传统的白炽灯，在可靠性、发光效率、发光亮度等方面都有很大优势。由于其具有这些优点，LED 在各种电子产品中都有广泛的应用，例如，节能灯泡、背光源 (back-light unit(BLU))，以及上文中所述的 AMOLED 和 Micro-LED 显示器。除此之外，关于Ⅲ族氮化物基的柔性 LED 器件的研究也成为近几年的研究热点。柔性器件的可弯曲、便携等特性，使其在生物传感和柔性显示等方面有很大的应用前景。

相比于 OLED，无机发光二极管 (ILED) 具有寿命长、效率低、亮度高和稳定性高等优点 [67−69]。然而，由于无机半导体材料质脆的特性，很难实现大面积的柔性器件，且在弯折过程中，不可避免地会出现裂痕及材料的断裂。为了减小器件在弯折过程中的机械损伤，一般会将器件切割成微纳米尺寸的芯片，再将其转移到柔性衬底之上。早在 2005 年，Kim 等 [70−72] 就利用微米尺寸的 GaAs 基 LED 在 PET 衬底实现了柔性 ILED 器件。由于他们的器件发光面积较小，只能被应用在生物医学检测中。

为了实现大面积的柔性器件，多颗芯片需要集成在同一衬底之上。对于传统的芯片集成工艺，主要包括晶片切割，芯片的自动拾取和放置 (pick and place) 以及通过金线实现电学互联。然而，这种传统的操作方式无法直接应用于尺寸较小的微纳米级芯片。最近几年，研究人员初步尝试通过压印 (print transfer) 的方法实现衬底转移，从而实现了较大面积的柔性器件。这一方法最初是在 2009 年由美国伊利诺伊大学香槟分校的 John Rogers 教授首先应用于红光柔性器件的制作的 [73]。他们以 n-GaAs 为衬底，采用特制的 AlInGaN-LED 外延片，引入了 n-AlGaAs 牺牲层，通过湿法腐蚀实现衬底的剥离。同时，采用压印的方法，实现了芯片的转移。通过他们的方法，实现了 16×16 LED 柔性显示阵列，如图 6-13 所示。此后，研究人员尝试将该方法应用于 GaN 柔性器件，生长于蓝宝石或硅片上的 GaN 薄膜图形化之后通过压印等方法转移到便携的柔性有机衬底上 [74−76]。这种方法为新一代的柔性显示器件及柔性便携光电子器件提供了可能 [77−79]。

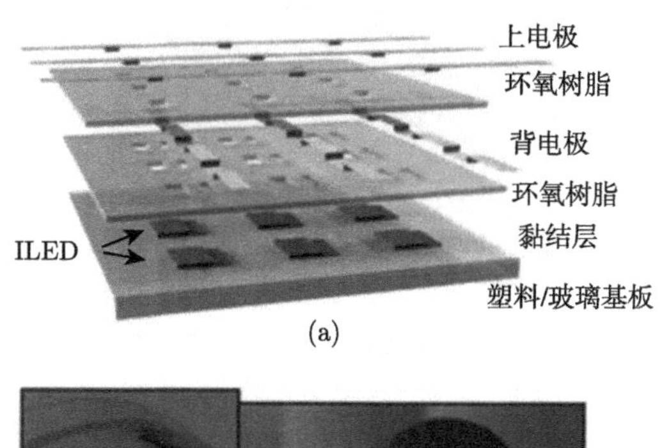

(a)

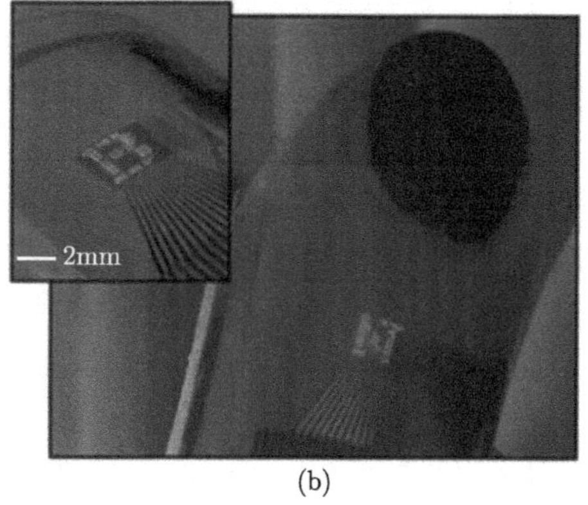

(b)

图 6-13 红光柔性 Micro-LED 薄膜 [73]

在转移过程中，阵列芯片的对准以及方向性的控制是难点，这与 6.3.1 节介绍的 Micro-LED 的巨量转移有些类似。但与硬质的 Micro-LED 显示相比，柔性器件还需要移除原硬质衬底。也有的不移除原硬质衬底，如图 6-14 所示，他们的制作工艺就很类似普通的硬质 Micro-LED 显示器的制作流程，尤其是以倒装芯片为基础的 Micro-LED 显示器件。然而，他们的器件受切割工艺的限制，像素点的大小仅能控制在百微米级。另外，他们的柔性衬底采用的是传统微电子工艺中所使用的印制电路板 (PCB)，这种衬底不仅厚度较厚，而且可弯曲度较低。因此，现在的研究主流还是要进行衬底剥离。衬底剥离的方法有多种，包括激光剥离 (laser lift-off)、化学剥离及机械剥离等。根据不同的衬底材料以及外延层与衬底的结合方式差异，选择的剥离方式有所不同。

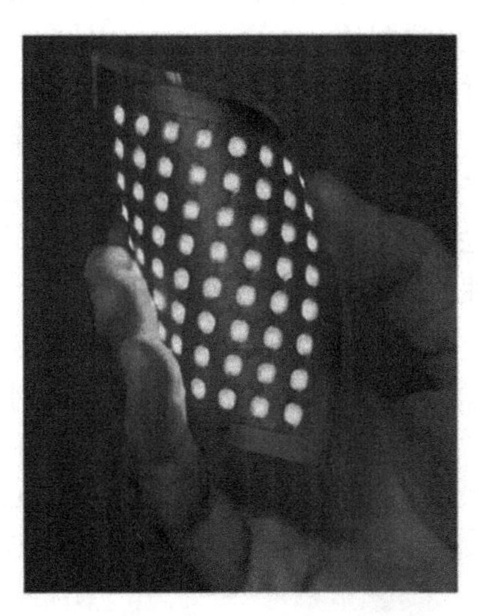

图 6-14　铜-PET 薄板上的 8×8 柔性 LED 阵列 [76]

对于蓝宝石衬底生长的高质量 GaN 薄膜，一般采用激光剥离的方式，转移的方式也分为一次转移和多次转移。2012 年，Kim 等 [80] 利用多次转移的方法，先将 GaN 外延片转移至临时衬底之上 (如硅片)，并通过激光剥离将原蓝宝石衬底移除，然后再通过金属粘结转移到其他柔性衬底上。在此之后，Chun 等 [81] 开发了一种直接转移的方法。这种方法不需要多次转移，因而简化了工艺流程，且一次转移保留了原 GaN 晶片原有的图形设计，可以保证芯片能无偏差地转移到目标衬底上。但为了减小在柔性衬底之上实施激光剥离过程中激光对其他有机物质的破坏，需要增加额外的工艺过程，如增加激光阻挡层等。为了将 GaN 芯片与柔性衬底相连，需要用一种聚合物基的黏合剂将其粘结在一起。然而，这种聚合物的引入为激光剥离过程引入了新的问题。穿透 GaN 芯片的激光会破坏聚合物的稳定性，使得粘结层失效。因而，为了减小激光对粘结层的伤害，需要引入激光阻挡层，如图 6-15 所示。

为了解决多次转移方法的复杂性和对准的困难，以及一次转移方法中的不稳定性，有些研究人员提出了转印法 (transfer-printing)。这一方法最早是由伊利诺伊

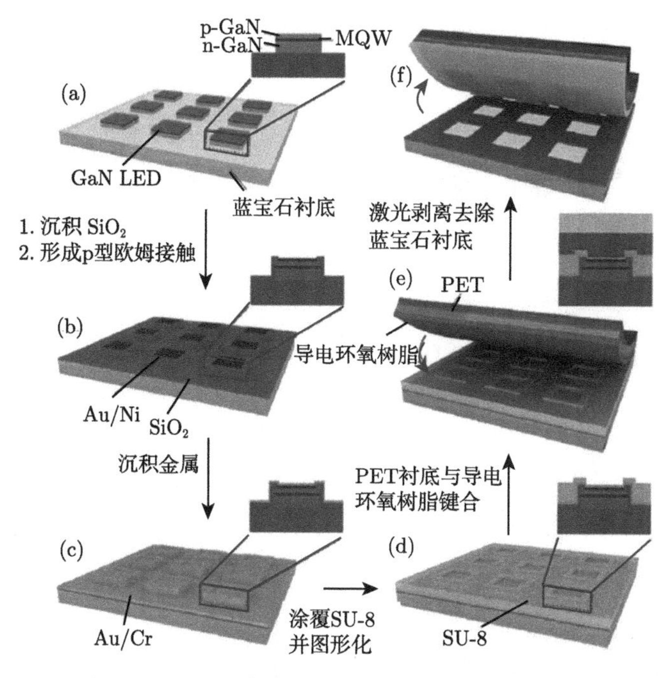

图 6-15 一次转移制作柔性 LED 器件的流程图

大学香槟分校的 John Rogers 教授 [73] 及其同事在 2009 年提出的，并应用于红光 LED，经过二十多年的发展，已经被广泛应用于柔性和透明显示器件的制作。转印法的关键步骤如图 6-16 所示。与上文中所述的以金属层或其他有机物黏结剂作为粘结层的方式不同，这种方法不需要额外的粘结层。由于范德瓦耳斯力 (van der Waals force) 的存在，芯片与临时衬底之间能够较好地粘结在一起。临时衬底通常是由聚二甲基硅氧烷 (PDMS) 制成的弹性印章。转印法可以实现将微小的、易碎的样片转移到目标衬底之上。这一过程是可逆的，室温下即可实现且不需要使用溶剂。它几乎适用于多种芯片和衬底，如玻璃、陶瓷、塑料及多种半导体材料。这一方法的优势主要源于临时衬底的特性。弹性印章在 z 方向上是可收缩的，这使得它与表面不平坦的样片也能实现良好的物理接触。它的柔性度高，适用于易碎的微米尺度的薄膜芯片，可为其分散一部分应力且可实现大面积的微型阵列的转移。另外，这种弹性印章透明度较高，允许光线穿过它对芯片进行对准。

然而，这种方法也存在缺陷。由于其柔性度较高，柔性衬底的机械支撑较弱。为了避免激光剥离过程中产生的冲击力对芯片的破坏，需要将芯片切割得尽量小，一般为几十微米。除此之外，裂痕的产生也与芯片的厚度有关。有研究人员曾经研究过在柔性衬底上实施激光剥离时，冲击力导致的裂痕数量与 GaN 芯片厚度的关系，如图 6-17 所示 [82]。他们尝试了不同的 n-GaN 厚度，从 0.8μm 到 3.3μm。在测

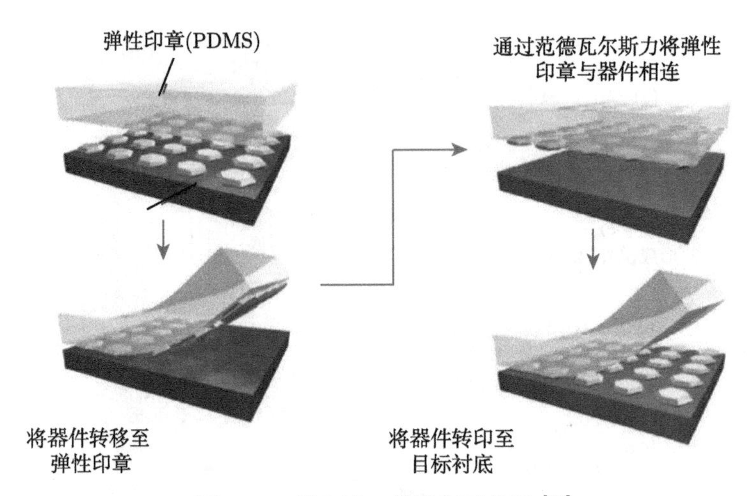

图 6-16　转印法工艺流程示意图 [83]

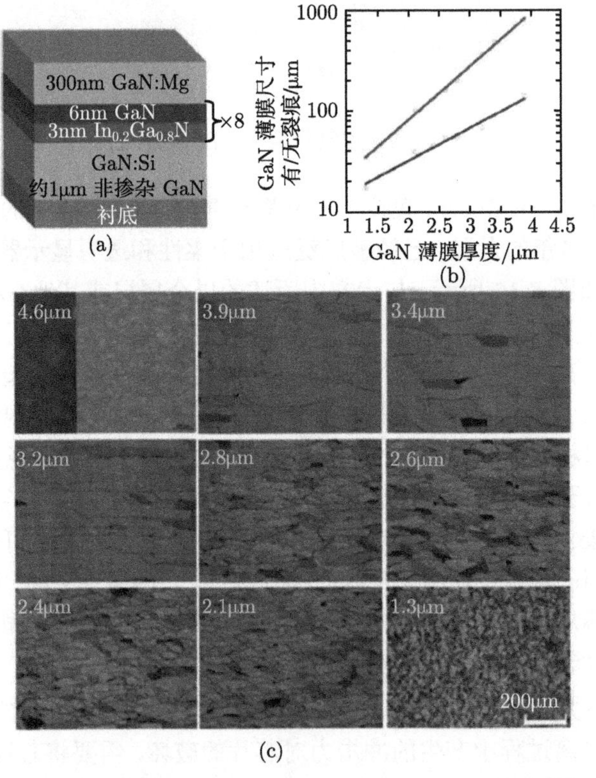

图 6-17　在激光剥离过程中芯片厚度与裂痕的关系 [84]

试前，样品都被切割为 1cm×1cm 的大小。对于所有样品，除了 n-GaN 的厚度外，其他外延参数都是一致的，且激光剥离过程中的剥离参数也是一致的。他们的结果表明，当总外延层厚度提高到 4.6μm(n-GaN 为 3.3μm) 时，GaN 外延层在剥离后可以保持完整而不产生裂痕。他们分析得出，裂痕的产生与外延层厚度变化导致的内应力有关，而与剥离过程的工艺参数无关。同时，他们还发现裂痕在激光扫描的方向上较长。

对于蓝宝石衬底上生长的芯片，可以通过激光剥离实现外延薄膜的分离，但对于其他不透光的衬底，如硅片或者氮化硅衬底，激光剥离方法无法实现。Tabares 等 [83] 利用机械抛光和化学腐蚀的方法，实现了硅衬底的去除。他们通过机械抛光将硅衬底减薄到 10μm 左右，之后用 $HF/HNO_3/CH_3COOH$ 腐蚀掉剩余的硅衬底。相比于蓝宝石来说，硅材料的减薄工作更容易，且可以通过化学腐蚀去除剩余硅衬底。然而，由于硅与氮化镓本身晶格适配较大，所以外延材料中位错密度较高，另外，大的晶格适配同时会引入大的应力。为了改善这一状况，台湾大学的 Cheng 及其同事 [84] 尝试通过引入 SiO_2/SiC 插入层，提高晶体质量。插入层中的 SiO_2 是剥离的牺牲层，通过氨水 ($NH_4 \cdot H_2O$) 和氟化氢的混合溶液可以腐蚀掉 SiO_2，从而实现芯片与衬底的剥离。在 SiO_2 之上的 SiC 是为了保证高的晶体质量，外延层生长于 SiC 之上。

在柔性显示器件的制作中，另外一个重要的部分即柔性透明电极的制作。ITO 是最常用的光电子器件的透明电极材料，其透光率高且方块电阻率低。然而，这种材料质脆，弯曲中很容易产生裂痕。石墨烯被认为是替代 ITO 的最佳选择之一。相比于 ITO(2%～3%)，它的失效应变可以达到 10%以上 [85,86]。此外，石墨烯具有很高的电导率和热导率，且对于紫外到红外波段都是透明的 [87]。因此，有研究者将石墨烯应用于紫外柔性器件的制作中 [88]。除此之外，为了进一步提高器件的柔性度，实现可拉伸器件，对电极的制作要求将会进一步提高。可拉伸器件要求电极层有 10%～30%的失效应变。考虑到人体活动的需求，可穿戴器件需要 20%～50%的失效应变 [89,90]。

可伸缩电极可以通过多种方法实现，总结来说可分为“可伸缩的材料”和“可伸缩的结构”[91,92]。可伸缩的材料主要基于导电填充材料，如金属纳米颗粒、碳纳米管和导电聚合物。这种方法可以得到失效应变超过 100%的弹性导体。曾经有报道称，将排列良好的碳纳米管填充进 PDMS 中可以得到失效应变超过 100%的稳定的导电薄膜 [93]。然而，这种材料一般具有很高的薄膜电阻 (100～1000 Ω/sq)，是 ITO 的 10 倍。一般来说，导电填充物的增加会增加复合材料的刚度，因此不能够同时获得高拉伸性和高电导率。银纳米线复合材料与 ITO 材料有着可比拟的导电率和透明度，可以实现 50%的拉应变，并且在多次拉伸的情况下也不会导致其弹性和电学性能的下降 [94]。可伸缩的结构，如波浪的电极形状，可以实现大尺寸的压缩和拉伸。100nm 厚的硅纳米薄膜被制成波浪状，并粘结到 PDMS 衬底之上。这种 Si/PDMS 的结构可以进行可逆的压缩和拉伸。进一步地，可以用金属薄膜替代硅薄膜，实现电学互联。这一种电极形式可以承受超过 100%的拉伸应变，如图 6-18 所示。

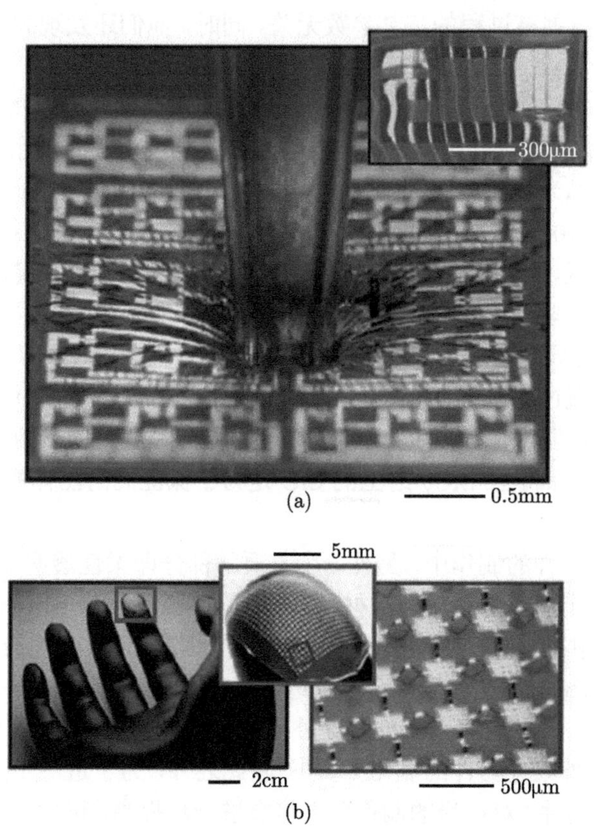

图 6-18　波浪状电极柔性器件实物图 [95]

柔性 ILED 的应用范围很广，目前主要的研究热点集中在柔性显示器件之上。除此之外，还可以应用在柔性照明器件和可穿戴器件中，如图 6-19 所示。

在最早的可穿戴柔性 LED 中，每个单颗的 LED 都通过胶水粘到柔性的织物衬底之上，并与可以控制它们开关和亮度的电子器件相连。这个时候所用的 LED 芯片的尺寸和间距都较大，因此分辨率不高 [96]。之后有很多家公司试图提高其分辨率，例如，Philips Lumalive 公司实现了在纤维织物上 14×14 RGB LED(20cm×20cm) 的显示器件制作，如图 6-20(b) 所示 [97]。每一个像素点都包括红、绿、蓝三种 LED 芯片。显示器表面也覆盖了一层防水层进行保护。这种结构质量很轻，仅为 100g，可以很方便地应用于日常衣物，且不改变衣物的舒适度。

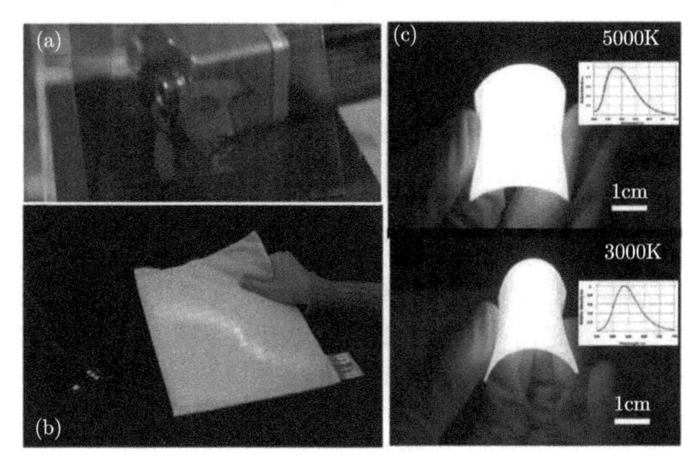

图 6-19 柔性 ILED 应用：(a) 柔性显示器；(b) 柔性可穿戴器件；(c) 柔性白光照明器件 [98]

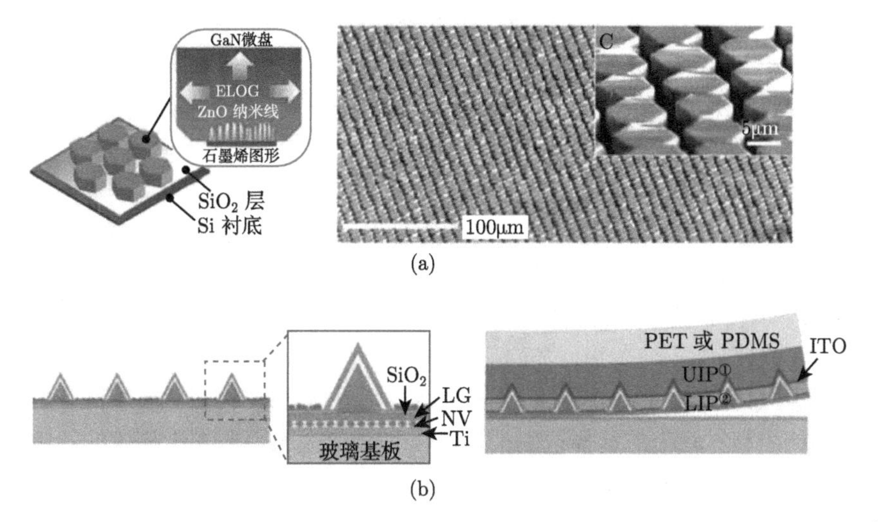

图 6-20 (a) 微米柱的生长示意图及结果；(b) 微米金字塔结构及机械剥离过程的示意图 [105]

传统的白光照明器件是通过蓝光芯片覆盖黄色荧光粉实现的，柔性白光器件也可用同样的方法实现。2015 年，Sher 等 [98] 通过将蓝光倒装芯片与黄色荧光粉柔性薄膜相结合制作出了白光柔性 LED(图 6-19(c))。黄色荧光粉薄膜是通过将 YAG 荧光粉掺入 PDMS 中，利用 PDMS 本身的柔性度高、稳定性好以及透明度高的优势，通过改变荧光粉的掺杂比例，可以得到不同色温的白光器件。器件在弯曲的过程中光通量没有大的变化。

① 上层绝缘聚合物 (upper insulating polymer, UIP)。
② 下层绝缘聚合物 (lower insulating polymer, LIP)。

6.3.3　其他微纳米结构的柔性 ILED 器件

6.3.2 节介绍了一些基于 Micro-LED 的柔性显示器件的研究结果，这一部分的 Micro-LED 均为薄膜结构。由于氮化镓材料属于刚性材料、质脆，由其制成的薄膜器件在弯曲过程中不可避免地会产生裂痕 [99−101]。为了减小裂痕的产生，提高器件的柔性度，需要将 GaN 薄膜切割为小尺寸的器件。但受切割工艺和后续其他工艺的限制，器件尺寸也不能无限小，一般为几十微米到几百微米 [102,103]。另外，由于器件转移过程为完全一致的复制过程，最终芯片间距及器件尺寸都受转移前的图形设计的影响，其图形间距和尺寸都会受到限制。因此，对于薄膜性器件，无法实现更高的柔性度、更小的间距及更大的发光面积。

1. 三维微米结构柔性器件

为了解决上述问题，有些研究人员提出用三维图形结构代替平面薄膜结构，例如微米金字塔、微米柱等 [104−107]，如图 6-20 所示。这些微结构本身机械稳定度高，可以承受很大的弯曲。除此之外，这些微结构是通过选择性区域外延的方式生长得到的，通过横向外延可以进一步减小位错密度，降低量子斯塔克效应 (QCSE)，进而提高内量子效率 [108−110]。进一步的，这种三维结构利用不同晶面的非平行性还可以改善出光，提高出光效率或者改变光线的角度分布。

然而，由于微米结构制作的复杂性以及基于这些结构的柔性器件制作的复杂性，只有少数几个组实现了这种柔性器件的制作。微结构主要是通过选择性区域外延的方法实现的，柔性器件的制作难点与 6.3.1 节中的薄膜器件类似，集中在转移过程的实现。转移过程中剥离方式的选择尤其重要，包括激光剥离、机械剥离及化学剥离等。

选择区域外延 (selective area growth，SAG) 技术的基本原理就是利用 GaN 晶核在介质掩模和衬底上的选择性生长，把 GaN 外延生长限制在无掩模的特定区域，以此得到特殊的微结构。这种方法的掩模一般为二氧化硅或氮化硅，掩模的图形化方法有光刻、激光打孔、纳米压印、纳米球铺附等多种方法。Kato[111] 及其同事是最早使用这一方法在蓝宝石衬底之上得到 GaN 的微结构的。他们在阵列圆点图形之上通过 SAG 方法得到了阵列的金字塔结构。选择性生长的结果依赖于生长参数，如生长温度、压力及反应气体比例等 [112−114]。

Hiramatsu[115] 等曾经报道过在 $\langle 1\bar{1}00\rangle$ 方向的条状图形上生长得到的 GaN 微结构与温度和压力的关系，如图 6-21 所示。当温度增加时，微结构表面平整性提高且更有利于金字塔结构的形成。当温度降低到 925°C以下 (I 区域) 时，样品表面开始变得粗糙，并且微结构的截面呈现梯形。随着温度进一步增加，侧面从$\{11\bar{2}2\}$晶面过渡为$\{11\bar{2}0\}$晶面。另外，压力也会有助于$\{11\bar{2}0\}$晶面的形成。换言之，生长压力和温度可以影响横纵生长速率比，从而影响了最终微结构的形貌。

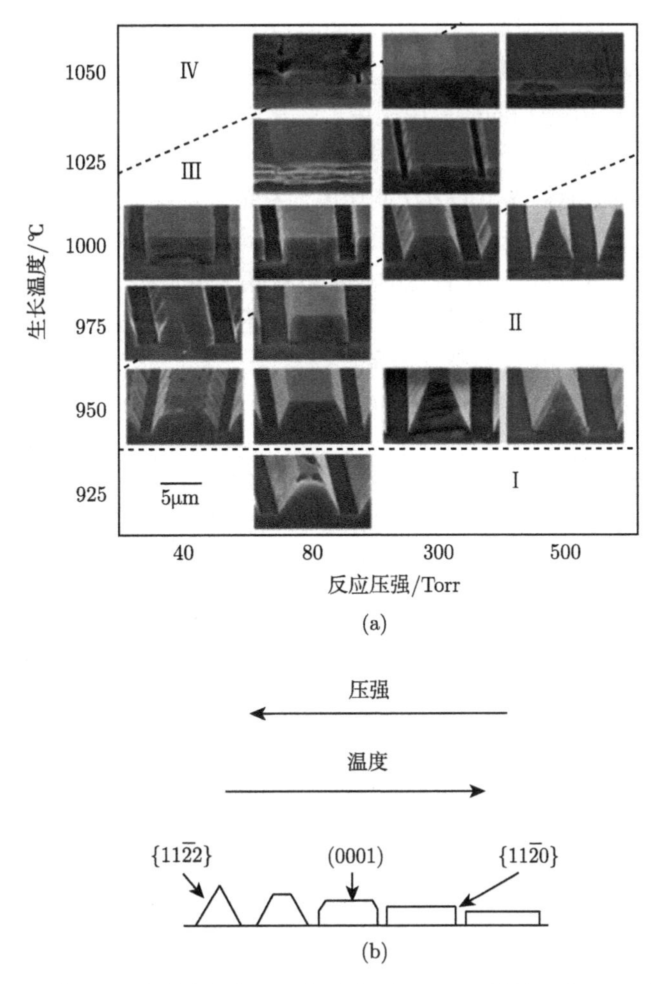

图 6-21 (a) 在 ⟨1$\bar{1}$00⟩ 方向的条状图形上生长得到的 GaN 微结构的 SEM 图; (b) GaN 微结构形貌随温度和压力变化的示意图 [115]

SAG 方法是用来得到各种半极性晶面 (如{10$\bar{1}$1}晶面、{11$\bar{2}$2}晶面) 或非极性晶面 (如{11$\bar{2}$0}等) 最有前景的方法之一。通过这种方式不仅可以降低芯片位错，还可以利用半极性、非极性面的特性有效地消除极化效应，降低 QCSE，从而提高器件的内量子效率。更重要的是，由于量子阱厚度和铟组分在不同位置和晶面的差异，也可以实现多波长出射，这为实现宽波谱器件提供了可能。

转移过程中的剥离方式与衬底的选择密切相关。与 6.3.2 节中的薄膜柔性结构类似，对于蓝宝石衬底之上的结构可以通过激光剥离实现，对于硅衬底的结构可以通过化学腐蚀实现。除此之外，还有研究人员尝试通过加入插入层或牺牲层，通过减小外延层与衬底之间的接触力或者通过牺牲层的易腐蚀性来实现外延层的剥离。

来自三星电子公司和韩国首尔国立大学的研究人员在这方面做出了很多努力。他们实现了在铺附二氧化硅薄膜的硅基板上微米柱的生长以及玻璃基板上微米金字塔的生长 [105,107]。在他们的研究中采用二氧化硅层作为微米柱剥离的牺牲层，通过化学腐蚀使其分离。对于金字塔结构，他们通过插入特殊处理的中间层，可以实现机械剥离。然而，他们提出的方法制作工艺复杂且实现难度高，每一步都需要精确的控制。另外，由于其选择的衬底 (SiO_2、玻璃) 并非常用的氮化镓材料生长的衬底，位错密度 ($10^{10}cm^{-2}$) 比普通的蓝宝石衬底上生长的结果 ($10^{7}cm^{-2}$) 高出几个数量级 [116−118]。除此之外，无论是化学腐蚀还是机械剥离都不可避免地对器件产生不可逆的伤害，并可能有化学残留。

2. 纳米线柔性 LED

微米级的金字塔阵列已经被证明是代替薄膜 Mirco-LED，实现柔性 LED 器件的最优选择之一。然而，尺寸一般在微米级且剥离过程困难。为了进一步提高器件的灵活性，减小单个元素的尺寸以及降低剥离过程的难度，有研究人员提出了纳米结构。纳米线结构由于其巨大的高宽比，在机械性能和光学性能等方面显示出了独特的优势。它们机械性能优越，能够承受很高的弯曲度而不产生裂痕和塑性形变，这对于制作柔性器件有很重要的意义。纳米线材料还可以减小热膨胀系数不匹配导致的位错的产生，从而显著地提高晶体质量 [119]。对于发光器件，纳米线具有光波导的特性，从而可以显著地提高光提取效率 [120]。除此之外，核壳结构的纳米线 LED 可以进一步提高发光面积 [121,122]。

迄今为止，Ⅲ族氮化物纳米线的制备方法主要分为两大类，一是通过气–液–固的生长机制实现纳米线自下而上的自组织生长。例如，美国加州大学伯克利分校的杨培东小组即利用此方法成功制备了高密度的单晶 GaN 纳米线阵列 [123]，哈佛大学的 Lieber 等 [124] 也通过该方法制备了更为复杂的 InGaN/GaN 多量子阱纳米线结构；另一种方法是自下而上的方法，即利用特定模板限制氮化物材料的生长，也就是上文所述的选择性区域外延。为了实现纳米级尺寸模板的制备，可采用电子束光刻、多孔氧化铝模板、纳米球刻蚀、纳米压印等方法。相比于第一种方法，第二种方法的制作工艺更为复杂、难度更高。但第一种方法为自组装生长，最终得到的纳米线是非阵列的。这种非阵列的纳米线会导致器件发光不均匀。

生长得到的纳米线可用于柔性器件的制备。Dai 和他的同事们 [125] 是第一个利用 GaN 纳米线实现柔性 LED 显示器件的。他们将百纳米长的纳米线嵌入聚合物基体中，并通过机械撕扯将其从原衬底上剥离。他们采用银纳米线作为透明电极，既保证了透光率又提高了柔性度。他们制成的柔性 LED 显示出了很好的整流效应，开启电压仅为 3V。这个器件在不同的弯曲度下其性能都没有出现下降。并且他们还以此为基础制作了全透明器件及白光器件。他们将两种发光波长不同的纳米线组合到一起，以此实现了白光出射，如图 6-22 所示。

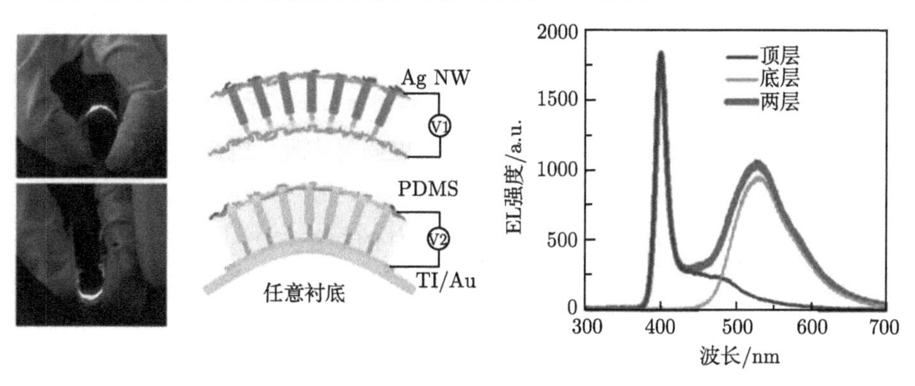

图 6-22 纳米线柔性 LED[128]

3. 总结

表 6-7 总结了上文所述的三种结构的柔性 ILED 的优劣势。相比于薄膜结

表 6-7 不同类型柔性 ILED 对比

种类	劣势	优势
薄膜型 Micro-LED	1. 不易剥离 2. 发光效率低，热稳定性差 3. 机械稳定性差，弯曲过程中薄膜容易产生裂痕	1. 外延工艺简单，可以得到位错密度较低的微米尺寸芯片 2. 薄膜表面平整度高，有利于转移过程的实现 3. 薄膜超薄特性以及平整性高的特点有利于柔性电极的制作
3D 微米结构 LED	1. 晶体质量差 2. 制作工艺复杂 3. 不易剥离 4. 3D 微结构表面的不平整性增加了转移过程的难度 5. 凸出的结构不利于器件电极的制作	1. 3D 结构有利于提高 GaN 结构的机械性能，使其能承受更大的弯曲应力 2. 3D 结构有利于提高出光 3. 可利用微结构不同晶面的特性制作宽波长器件
纳米线 LED	1. 发光不均匀 2. 制作工艺复杂	1. 机械强度大，能承受更大的弯曲应力 2. 纳米线与衬底接触面积小，易于剥离 3. 发光面积大 4. 可以提高光提取效率

构，3D 结构的微纳米 LED 更有利于实现高柔性度、高稳定度的器件。然而，纳米尺度的器件无论是从纳米线生长的不规则性还是器件制作的复杂性都不适于大规模生产。相比较而言，微米尺度的 LED 比纳米尺度的 LED 更容易实现，且更有利于大规模的柔性器件制作。然而，目前微米尺度的 LED 柔性器件依然很难实现。尤其是良好的晶体质量与完整的器件剥离难以同时实现。研究人员为了降低剥离难度，则以牺牲晶体质量为代价。

为此我们提出了一种 Mirco-LED 柔性器件的制作方法，在保证良好的晶体质量的同时，实现了完整的芯片转移。我们的微米结构是直接生长于蓝宝石衬底之上，并采用半固化的 PDMS 作为转移的临时衬底。通过合理控制 PDMS 的固化温度和固化时间，可以保证 PDMS 与芯片之间有良好的黏结力。由于 PDMS 衬底为半固化的，具有一定的流动性，因此即便是对于表面不平坦的金字塔结构也可以形成良好的接触。在剥离掉蓝宝石衬底之后，再将微米结构转移到柔性衬底之上。之后可将 PDMS 衬底撕掉。这种二次转移的过程操作简单，且对芯片的形状及微结构阵列的大小没有要求，甚至可以实现 2in 以上的整片转移。由于这个转移过程为二次转移，可以保证出光面为金字塔的正面，这比前人提出的背面出光更有效率。图 6-23 为器件整体结构图。

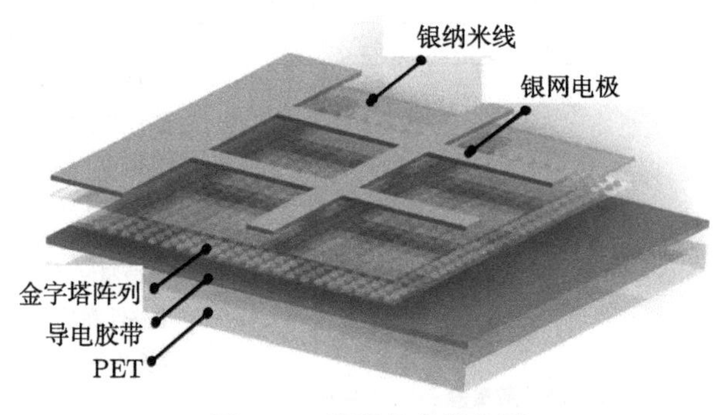

图 6-23　器件整体结构图

基于单金字塔阵列，我们制作了 5mm×5mm 柔性绿光 LED 和 7mm×5mm 柔性蓝光 LED。采用激光剥离和二次转移的方法可以将金字塔阵列从蓝宝石衬底上转移到柔性衬底上。二次转移的过程保证了金字塔的正向发光，这比金字塔背发光有更高的光提取效率。器件在弯曲的曲率半径大于 0.5mm 的条件下都能保持良好的器件性能。在不同的弯曲条件下没有产生明显的蓝移现象。结果证明，分离的金字塔阵列可以有效地防止器件在制作和弯曲的过程中发生断裂。这种方法适用于任何形状、大小和颜色的 LED，甚至在衬底选择方面也不受限制。由于良好的柔性度，器件制作完成后亦可进行衬底的更换和器件尺寸的变换。与其他人的研究结果相比，我们的器件有更高的柔性度，串联电阻较小且在大弯曲度下也几乎不增加，这对于柔性照明和显示有着深远的意义。

参 考 文 献

[1] Wong W S, Salleo A. Flexible Electronics: Materials and Applications[M]. Berlin: Springer, 2009.

[2] Reuss R H, Chalamala B R, Moussessian A, et al. Macroelectronics: Perspectives on technology and applications[J]. Proceedings of the IEEE, 2005, 93(7):1239-1256.

[3] Menard E, Lee K J, Khang D Y, et al. A printable form of silicon for high performance thin film transistors on plastic substrates[J]. Applied Physics Letters, 2004, 84(26):5398-5400.

[4] Sun Y, Rogers J A. Inorganic semiconductors for flexible electronics[J]. Cheminform, 2010, 19(15):1897-1916.

[5] Park S I, Xiong Y, Kim R H, et al. Printed assemblies of inorganic light-emitting diodes for deformable and semitransparent displays[J]. Science, 2009, 325(5943):977-981.

[6] Schwartz G, Tee B C, Mei J, et al. Flexible polymer transistors with high pressure sensitivity for application in electronic skin and health monitoring[J]. Nature Communications, 2013, 4(5):1859.

[7] Plichta A, Habeck A W A. Ultra thin flexible glass substrates[J]. MRS Proceedings, 2003, 769.

[8] Crawford G P. Flexible Glass Substrates[M]//Crawford G P. Flexible Flat Panel Displays. New York: John Wiley & Sons, 2005:35-55.

[9] Haas K H, Wolter H. Synthesis, properties and applications of inorganic-organic copolymers (ORMOCERRs)[J]. Current Opinion in Solid State & Materials Science, 1999, 4(6):571-580.

[10] Haruki H, Uchida Y. Stainless steel substrate amorphous silicon solar cell[J]//Hamakawa Y. Amorphous Semiconductor Technologies & Devices, JARECT, 1983: 216-227.

[11] Afentakis T, Hatalis M, Voutsas A T, et al. Design and fabrication of high-performance polycrystalline silicon thin-film transistor circuits on flexible steel foils[J]. IEEE Transactions on Electron Devices, 2006, 53(4):815-822.

[12] Ma E Y, Wagner S. Amorphous silicon transistors on ultrathin steel foil substrates[J]. Applied Physics Letters, 1999, 74(18):2661-2662.

[13] Wu M, Bo X Z, Sturm J C, et al. Complementary metal-oxide-semiconductor thin-film transistor circuits from a high-temperature polycrystalline silicon process on steel foil substrates[J]. IEEE Transactions on Electron Devices, 2002, 49(11):1993-2000.

[14] El-Kady M F, Kaner R B. Laser scribing of high-performance and flexible graphene-based electrochemical capacitors[J]. Science, 2012, 335(6074):1326.

[15] Brody T P. The thin film transistor-A late flowering bloom[J]. IEEE Transactions on Electron Devices, 1984, 31(11):1614-1628.

[16] Yoon D Y, Moon D G. Bright flexible organic light-emitting devices on copy paper substrates[J]. Current Applied Physics, 2012, 12(3):e29-e32..

[17] Yang G, Jung Y, Cuervo C V, et al. GaN-based light-emitting diodes on graphene-coated flexible substrates[J]. Optics Express, 2014, 22 (S3):A812.

[18] Ren M, Gorter H, Michels J, et al. Ink jet technology for large area organic light-emitting diode and organic photovoltaic applications[J]. Journal of Imaging Science & Technology, 2011, 55(4):040301.

[19] Lee Y, Li H, Fonash S J. High-performance poly-Si TFTs on plastic substrates using a nano-structured separation layer approach[J]. IEEE Electron Device Letters, 2003, 24(1):19-21.

[20] Asano A, Kinoshita T. 43.2: Low-temperature polycrystalline-silicon TFT color LCD panel made of plastic substrates[J]. SID Symposium Digest of Technical Papers, 2002, 33(1): 1196.

[21] Stewart R, Chiang A, Hermanns A, et al. Rugged low-cost display systems[J]. Proceedings of SPIE-The International Society for Optical Engineering, 2002, 4712:350-356.

[22] Khang D Y, Rogers J A. A stretchable form of single-crystal silicon for high-performance electronics on rubber substrates[J]. Science, 2014, 311(5758):208-212.

[23] Sun Y, Choi W M, Jiang H, et al. Controlled buckling of semiconductor nanoribbons for stretchable electronics[J]. Nature Nanotechnology, 2006, 1(3):201-207.

[24] Gleskova H, Wagner S, Shen D S. Electrophotographic patterning of thin-film silicon on glass foil[J]. Electron Device Letters IEEE, 1995, 16(10):418-420.

[25] Wong W S, Ready S, Matusiak R, et al. Amorphous silicon thin-film transistors and arrays fabricated by jet printing[J]. Applied Physics Letters, 2002, 80(4):610-612.

[26] Garnier F, Srivastava P. All-polymer field-effect transistor realized by printing techniques[J]. Science, 1994, 265(5179):1684-1686.

[27] Sirringhaus H, Kawase T, Friend R H, et al. High-resolution inkjet printing of all-polymer transistor circuits[J]. Science, 2000, 290(5499):2123-2126.

[28] Hart C M, De Leeuw D M, Matters M, et al. Low-cost all-polymer integrated circuits[J]. Applied Physics Letters, 1998, 73(1):108-110.

[29] Wu C C, Theiuss S D, Gu G, et al. Integration of organic LEDs and amorphous Si TFTs onto flexible and lightweight metal foil substrates[J]. Electron Device Letters IEEE, 1997, 18(12):609-612.

[30] Constant A, Burns S G, Shanks H, et al. Development of thin film transistor based circuits on flexible polyimide substrates[J]. Electrochem Soc. Proc., 1995, 94-35:392-400.

[31] Theiss S D, Wagner S. Amorphous silicon thin-film transistors on steel foil substrates[J]. Electron Device Letters IEEE, 1996, 17(12):578-580.

[32] Young N D, Harkin G, Bunn R M, et al. Novel fingerprint scanning arrays using polysilicon TFT's on glass and polymer substrates[J]. IEEE Electron Device Lett., 1997, 18(1):19-20.

[33] Gelinak G, Huitena E, Veenedaal E, et al. 制造可卷曲的显示器 [J]，现代显示，2005(3): 14-18.

[34] 任你折磨！全球最大可弯曲柔性 LCD. 中华液晶网，2005.

[35] Mokhoff N. SID dispaly fruits of OLED research[J]. Electronic Engineering Times, 2005, 1374: 30.

[36] 赵晓鹏, 郭慧林, 王建平. 电子墨水与电子纸 [M]. 北京: 化学工业出版社,2006.

[37] 屠立刚. 电子墨水电子纸, 抒写环保新历史 [J]. 数码世界, 2007, 6(9):23.

[38] Carreiro E. Electronic books: how digital devices and supplementary new technologies are changing the face of the publishing industry[J]. Publishing Research Quarterly, 2010, 26(4): 219-235.

[39] Joseph J, Barrett C, Jonathan A. Microencapsulated electrophoretic ophorctic display: US 5961804[P]. 1999-10–05.

[40] Joseph J, Comiskey M. Non-emissive displays and piezoelectric power supplies therefore: US 5930026[P]. 1999-07-27.

[41] Liang R C, Zang H M, Wang X J. Composition and process for the manufacture of an improved electrophoretic display: US 7205355[P]. 2007-04-17.

[42] Yu R, Hong Z C, Mang W. 电泳显示材料及技术的研究进展 [J]. Journal of Materials Science and Engineering, 2003, 21(6): 903-907.

[43] Hou X Y, Qi B I, Chen J F, et al. Preparation of black and white electronic ink used for microcup display[J]. Journal of Chemical Engineering of Chinese Universities, 2012, 26(1):119-125.

[44] 黄子强. 液晶显示原理 [M]. 北京：国防工业出版社, 2008.

[45] Harada H. Full color A6-size photo-addressable electronic paper[J]. International Display Workshops, 2007, 7(9): 281-284.

[46] Adachi C, Tsutsui T, Saito S. Confinement of charge carriers and molecular excitons within 5nm-thick emitter layer in organic electroluminescent devices with a double heterostructure[J]. Applied Physics Letters, 1990, 57(6):531-533.

[47] Liu H, Yan F, Li W, et al. Remarkable increase in the efficiency of N, N'dimethylquinacridone dye heavily doped organic light emitting diodes under high current density[J]. Applied Physics Letters, 2010, 96(8):32.

[48] Brinen J S, Halverson F, Leto J R. Photoluminescence of lanthanide complexes. IV. Phosphorescence of lanthanum compounds[J]. Journal of Chemical Physics, 1965, 42(12): 4213-4219.

[49] Lee J W, Kim J K, Yoon Y S. Performance improvement of organic light emitting diodes using Poly(N-vinylcarbazole) (PVK) as a blocking layer[J]. Chinese Journal of Chemistry, 2010, 28(1):115-118.

[50] 张立功, 具昌南, 范翊, 等. 8-羟基喹啉铝电致发光薄膜的电学特性 [J]. 发光学报, 1995, 16(4):350-353.

[51] So F, Kido J, Burrows P. Organic light-emitting devices for solid-state lighting[J]. MRS Bulletin, 2008, 33(7): 663-669.

[52] 刘红君, 陈晨曦, 张羿, 等. CCM 实现彩色化技术法在电致发光 (EL) 显示器中的应用 [C]. 第六届华东三省一市真空学术交流会论文集, 2009.

[53] Yoshida S, Fujimori Y, Kakutani T, et al. Color conversion apparatus, color conversion method, color change program and recording medium: US 20100284030 A1[P]. 2010.

[54] PMOLED 与 AMOLED 区别 ——AMOLED 屏幕的通病. 霖深笙. 电子发烧友，2017. http://www.elecfans.com/led/oled/566212.html.

[55] Sugimoto A, Ochi H, Fujimura S, et al. Flexible OLED displays using plastic substrates[J]. IEEE Journal of Selected Topics in Quantum Electronics, 2004, 10(1):107-114.

[56] Tang C W, von Slyke S A. Organic Electroluminescent Diodes[J]. Applied Physics Letters, 1998, 51(12):913-915.

[57] Burroughes J H, Bradley D D C, Brown A R, et al. Light-emitting diodes based on conjugated polymers[J]. Nature, 1990, 347(6293):539.

[58] Gustafsson G, Cao Y, Treacy G M, et al. Flexible light-emitting diodes made from solublue conducting polymers [J]. Nature, 1992, 357 (6378):477.

[59] Gustafsson G, Cao Y, Treacy G M, et al. Flexible light-emitting diodes made from soluble conducting polymers[J]. Cheminform, 1993, 24(2):477-479.

[60] Satoshi Takano T. A high density full color LED display panel on a silicon micro reflector[J]. IEE J Transactions on Sensors and Micro Machines, 2001, 121(8): 464-468.

[61] Jiang H X, Jin S X, Li J, et al. III-nitride blue microdisplays[J]. Applied Physics Letters, 2001, 78(9):1303-1305.

[62] Keung C W, Lau K M. Matrix-addressable III-nitride LED arrays on Si substrates by flip-chip technology[C]. Electronic Materials Conference (PA, 2006), 2006.

[63] Fan Z Y, Lin J Y, Jiang H X. III-nitride micro-emitter arrays: development and applications[J]. Journal of Physics D Applied Physics, 2008, 41(41):94001-94012.

[64] Gong Z , Gu E , Jin S R , et al. Efficient flip-chip InGaN micro-pixellated light-emitting diode arrays: Promising candidates for micro-displays and colour conversion[J]. Journal of Physics D: Applied Physics, 2008, 41(9):094002.

[65] Poher V, Grossman N, Kennedy G T, et al. Micro-LED arrays: A tool for two-dimensional neuron stimulation[J]. Journal of Physics D Applied Physics, 2008, 41(41): 1459-1469.

[66] Zhu L, Ng C W, Wong N, et al. Pixel-to-pixel fiber-coupled emissive micro-light-emitting diode arrays[J]. IEEE Photonics Journal, 2009, 1(1):1-8.

[67] Nakayama T, Hiyama K, Furukawa K, et al. KonikaMinolta technol[J]. Rep., 2008, 5: 115.

[68] Gaul D A, Rees W S. True blue inorganic optoelectronic devices[J]. Advanced Materials, 2010, 12(13):935-946.

[69] Ponce F A, Bour D P. Nitride-based semiconductors for blue and green light-emitting devices[J]. Nature, 1997, 386(6623):351-359.

[70] Kim R H, Kim D H, Xiao J, et al. Waterproof AlInGaP optoelectronics on stretchable substrates with applications in biomedicine and robotics[J]. Nature Materials, 2010, 9(11):929-937.

[71] Yoon J, Jo S, Chun I S, et al. GaAs photovoltaics and optoelectronics using releasable multilayer epitaxial assemblies[J]. Nature, 2010, 465(7296):329.

[72] Lee J, Wu J, Shi M, et al. Stretchable GaAs photovoltaics with designs that enable high areal coverage[J]. Advanced Materials, 2011, 23(8):986-991.

[73] Park S I, Xiong Y, Kim R H, et al. Printed assemblies of inorganic light-emitting diodes for deformable and semitransparent displays[J]. Science, 2009, 325(5943):977-981.

[74] Kim H S, Rogers J A. Unusual strategies for using indium gallium nitride grown on silicon (111) for solid-state lighting[J]. Proceedings of the National Academy of Sciences of the United States of America, 2011, 108(25):10072-10077.

[75] Sang Y L, Park K I, Huh C, et al. Water-resistant flexible GaN LED on a liquid crystal polymer substrate for implantable biomedical applications[J]. Nano Energy, 2012, 1(1):145-151.

[76] Chun J, Hwang Y, Choi Y S, et al. Transfer of GaN LEDs from sapphire to flexible substrates by laser lift-off and contact printing[J]. IEEE Photonics Technology Letters, 2012, 24(23):2115-2118.

[77] Park S I, Xiong Y, Kim R H, et al. Printed assemblies of inorganic light-emitting diodes for deformable and semitransparent displays[J]. Science, 2009, 325(5943):977-981.

[78] Kim D H, Lu N, Ghaffari R, et al. Materials for multifunctional balloon catheters with capabilities in cardiac electrophysiological mapping and ablation therapy[J]. Nature Materials, 2011, 10(4):316-323.

[79] Kim R H, Tao H, Kim T I, et al. Materials and designs for wirelessly powered implantable light-emitting systems[J]. Small, 2012, 8(18):2770.

[80] Kim T I, Jung Y H, Song J, et al. High-efficiency, microscale GaN light-emitting diodes and their thermal properties on unusual substrates[J]. Small, 2012, 8(11):1625.

[81] Chun J, Hwang Y, Choi Y S, et al. Laser lift-off transfer printing of patterned GaN light-emitting diodes from sapphire to flexible substrates using a Cr/Au laser blocking layer[J]. Scripta Materialia, 2014, 77(8):13-16.

[82] Seo J H, Li J, Lee J, et al. A simplified method of making flexible blue LEDs on a plastic substrate[J]. IEEE Photonics Journal, 2017, 7(2):1-7.

[83] Tabares G, Mhedhbi S, Lesecq M, et al. Impact of the bending on the electroluminescence of flexible InGaN/GaN light-emitting diodes[J]. IEEE Photonics Technology Letters, 2016, 28(15):1661-1664.

[84] Cheng C H, Huang T W, Wu C L, et al. Transferring the bendable substrateless GaN LED grown on a thin C-rich SiC buffer layer to flexible dielectric and metallic plates[J]. Journal of Materials Chemistry C, 2017, 5(3): 607-617c.

[85] Cocco G, Cadelano E, Colombo L. Gap opening in graphene by shear strain[J]. Physical Review B, 2010, 81(24):2010-2020.

[86] Jo G, Choe M, Lee S, et al. The application of graphene as electrodes in electrical and optical devices[J]. Nanotechnology, 2012, 23(11):112001.

[87] Weber C M, Eisele D M, Rabe J P, et al. Graphene-based optically transparent electrodes for spectroelectrochemistry in the UV-Vis region[J]. Small, 2010, 6(2):184-189.

[88] Yang G, Jung Y, Cuervo C V, et al. GaN-based light-emitting diodes on graphene-coated flexible substrates[J]. Optics Express, 2014, 22 Suppl 3(S3):A812.

[89] Sperling L H. Introduction to Physical Polymer Science[M]. New York: John Wiley & Sons, 2005.

[90] Full R, Meijer K. Electro Active Polymers (EAP) as Artificial Muscles, Reality Potential and Challenges[M]. Bellingham, WA: SPIE Optical Engineering, 2001: 67-83.

[91] Rogers J A, Someya T, Huang Y. Materials and mechanics for stretchable electronics[J]. Science, 2010, 327(5973):1603-1607.

[92] Wang X, Hu H, Shen Y, et al. Stretchable conductors with ultrahigh tensile strain and stable metallic conductance enabled by prestrained polyelectrolyte nanoplatforms[J]. Advanced Materials, 2011, 23(27):3090-3094.

[93] Zhang Y, Sheehan C J, Zhai J, et al. Polymer-embedded carbon nanotube ribbons for stretchable conductors[J]. Advanced Materials, 2010, 22: 3027-3031.

[94] Hu W, Niu X, Li L, et al. Intrinsically stretchable transparent electrodes based on silver-nanowire-crosslinked-polyacrylate composites[J]. Nanotechnology, 2012, 23(34):344002.

[95] Rogers J A, Someya T, Huang Y. Materials and mechanics for stretchable electronics[J]. Science, 2010, 327(5973):1603-1607.

[96] Cochrane C, Meunier L, Kelly F M, et al. Flexible displays for smart clothing: Part I-Overview[J]. Indian Journal of Fiber & Textile Research, 2011, 36: 422-428.

[97] 飞利浦展示 LED 显示织物技术. Skyangeles. 快科技, 2007. http://news.mydrivers.com/1/76/76595.htm.

[98] Sher C W, Chen K J, Lin C C, et al. Large-area, uniform white light LED source on a flexible substrate[J]. Optics Express, 2015, 23(19):1167-1178.

[99] Horng R H, Tien C H, Chuang S H, et al. External stress effects on the optical and electrical properties of flexible InGaN-based green light-emitting diodes[J]. Optics Express, 2015, 23(24):31334.

[100] Yang G, Jung Y, Cuervo C V, et al. GaN-based light-emitting diodes on graphene-coated flexible substrates[J]. Optics Express, 2014, 22 Suppl 3(S3):A812.

[101] Shervin S, Kim S H, Asadirad M, et al. Bendable III-N visible light-emitting diodes beyond mechanical flexibility: Theoretical study on quantum efficiency improvement and color tunability by external strain[J]. ACS Photonics, 2016, 3(3):486-493.

[102] Park S I, Xiong Y, Kim R H, et al. Printed assemblies of inorganic light-emitting diodes for deformable and semitransparent displays[J]. Science, 2009, 325(5943):977-981.

[103] Tian P, Mckendry J J, Gu E, et al. Fabrication, characterization and applications of flexible vertical InGaN micro-light emitting diode arrays[J]. Optics Express, 2016, 24(1):699.

[104] Cho C, Park I K, Kwon M K, et al. Phosphor-free white light-emitting diode using InGaN/GaN multiple quantum wells grown on microfacets[J]. Proceedings of SPIE - The International Society for Optical Engineering, 2008, 7058:70580N-70580N-6.

[105] Choi J H, Cho E H, Yun S L, et al. Fully flexible GaN light-emitting diodes through nanovoid-mediated transfer[J]. Advanced Optical Materials, 2014, 2(3):267-274.

[106] Kang J, Li Z, Li H, et al. Pyramid array InGaN/GaN core-shell light emitting diodes with homogeneous multilayer graphene electrodes[J]. Applied Physics Express, 2013, 6(7):2102.

[107] Chung K, Yoo H, Hyun J K, et al. Flexible GaN light-emitting diodes using GaN microdisks epitaxial laterally overgrown on graphene dots[J]. Advanced Materials, 2016, 28(35):7688-7694.

[108] Ee Y K, Li X H, Biser J, et al. Abbreviated MOVPE nucleation of III-nitride light-emitting diodes on nano-patterned sapphire[J]. Journal of Crystal Growth, 2010, 312(8): 1311-1315.

[109] Lin Z, Yang H, Zhou S, et al. Pattern design of and epitaxial growth on patterned sapphire substrates for highly efficient GaN-Based LEDs[J]. Crystal Growth & Design, 2012, 12(6):2836-2841.

[110] Li Y. Defect-reduced green GaInN/GaN light-emitting diode on nanopatterned sapphire[J]. Applied Physics Letters, 2011, 98(15):151102.1-151102.3.

[111] Kato Y, Kitamura S, Hiramatsu K, et al. Selective growth of wurtzite GaN and $Al_xGa_{1-x}N$ on GaN/sapphire substrates by metalorganic vapor phase epitaxy[J]. Journal of Crystal Growth, 1994, 144(3-4): 133-140.

[112] Kitamura S, Hiramatsu K, Sawaki N. Fabrication of GaN hexagonal pyramids on dot-patterned GaN/sapphire substrates via selective metalorganic vapor phase epitaxy[J]. Japanese Journal of Applied Physics, 1995, 34(9B): L1184.

[113] Miyake H, Nakao K, Hiramatsu K. Blue emission from InGaN/GaN hexagonal pyramid structures[J]. Superlattices and Microstructures, 2007, 41(5-6): 341-346.

[114] Akasaka T, Kobayashi Y, Ando S, et al. Selective MOVPE of GaN and $Al_xGa_{1-x}N$ with smooth vertical facets[J]. Journal of Crystal Growth, 1998, 189-190(6):72-77.

[115] Hiramatsu K, Nishiyama K, Motogaito A, et al. Recent progress in selective area growth and epitaxial lateral overgrowth of III-nitrides: Effects of reactor pressure in MOVPE growth[J]. Physica Status Solidi (a), 1999, 176(1): 535-543.

[116] Ashby C I H, Mitchell C C, Han J, et al. Low-dislocation-density GaN from a single growth on a textured substrate[J]. Applied Physics Letters, 2000, 77(20):3233-3235.

[117] Wuu D S, Wang W K, Shih W C, et al. Enhanced output power of near-ultraviolet InGaN-GaN LEDs grown on patterned sapphire substrates[J]. IEEE Photonics Technology Letters, 2005, 17(2):288-290.

[118] Wuu D S, Wang W K, Wen K S, et al. Defect reduction and efficiency improvement of near-ultraviolet emitters via laterally overgrown GaN on a GaN/patterned sapphire template[J]. Applied Physics Letters, 2006, 89(16):245-259.

[119] Espinosa H D, Bernal R A, Minary-Jolandan M. A review of mechanical and electromechanical properties of piezoelectric nanowires[J]. Advanced Materials, 2012, 24(34):4656-4675.

[120] Glas F. Statistics of sub-Poissonian nucleation in a nanophase[J]. Phys. Rev. B, 2014, 90(12): 105406-1-125406-15.

[121] Li S, Waag A. GaN based nanorods for solid state lighting[J]. Journal of Applied Physics, 2012, 111(7):5.

[122] Kang M S, Lee C H, Park J B, et al. Gallium nitride nanostructures for light-emitting diode applications[J]. Nano Energy, 2012, 1(3):391-400.

[123] Kuykendall T, Pauzauskie P J, Zhang Y, et al. Crystallographic alignment of high-density gallium nitride nanowire arrays[J]. Nature Materials, 2004, 3(8):524.

[124] Qian F, Li Y, Gradecak S, et al. Multi-quantum-well nanowire heterostructures for wavelength-controlled lasers[J]. Nature Materials, 2008, 7(9):701-706.

[125] Dai X, Messanvi A, Zhang H, et al. Flexible light-emitting diodes based on vertical nitride nanowires[J]. Nano Letters, 2015, 15(10):6958.

第7章　异型紫外 LD 器件

1960 年，第一台激光器的问世带来了科学技术的变革 [1]，固体激光器、气体激光器、染料激光器、光纤激光器、半导体激光器等各种类型的激光器相继问世，并在各个领域产生了深远的影响。半导体激光器是实用中最为重要的一种激光器，自问世以来就得到世界各国研究人员的广泛关注，成为世界上发展最快、应用最广泛、最快实现商业化且市场最大的一类激光器。将半导体中的载流子通过 p-n 结用于受激发射的想法早在 1961 年就被提出了 [2]。次年，受激发射就在 GaAs 的 p-n 结结构中被观测到，随后第一个半导体激光器就被制备出来 [3-5]。基于带带跃迁的半导体激光器由于其中的量子跃迁是发生在非局部能级的导带与价带之间，能带中存在的高密度电子态，使其具有比气体或固体激光器工作物质高几个量级的光增益系数；同一能带处于不同激励状态的电子态之间存在相当大的互作用，使同一能带内各激励态之间的弛豫可以瞬时完成，而使半导体激光器具有很高的量子效率和很好的高频响应特性；半导体中的电子可以通过扩散或漂移在材料中传播，可以将载流子直接注入有源区，因而有很高的能量转换效率。半导体激光器结构中可以利用不同组分的三元及四元合金，在一个较大的范围内改变材料的禁带宽度，实现不同波长的激光输出。因为这些特点，使得半导体激光器具有体积小、寿命长、效率高及调制简单的优势。它的制作材料、工作电压和电流与集成电路相兼容，可以同集成电路单片集成。

经过 50 多年的发展，激光二极管 (laser diode, LD) 已经从最初的低温 (77K) 脉冲工作发展到室温连续工作，阈值电流由 10^5 A/cm^2 降至 10^2 A/cm^2 量级，工作电流减小到亚毫安量级；输出功率从最初的几毫瓦到现在阵列激光器件可以输出数千瓦的功率；结构从同质结发展到单异质结、双异质结、量子阱、量子级联、分布反馈式、垂直腔面发射型等多种形式；制作方法从扩散法发展到液相外延 (LPE)、气相外延 (VPE)、金属有机物化学气相沉积 (MOCVD)，分子束外延 (MBE) 等多种工艺。目前已制成激光器的半导体材料有砷化镓、砷化铟、锑化铟、硫化镉、硒化铅、铝镓砷，以及以氮化镓为首的III族氮化物等。随着半导体激光器波长的不断扩展，在绿光、蓝光、紫光波段以 GaN 为代表的III族氮化物越来越受到研究者的青睐。

III族氮化物 (GaN、AlN、InN) 是一类性能优异的宽禁带直接带隙材料。与 GaAs 相比，GaN 具有 3.4eV 的带隙，击穿电场是 GaAs 的 10 倍以上，且具有较大的电子饱和速率，使得 GaN 器件在相同尺寸的条件下，功率可比 GaAs 器件大 5～10 倍。GaN 的电子迁移率虽然相对低一点，但是其良好的热导性使得 GaN 更适合制作大功率激光器件。GaN、AlN、InN 的合金带隙可以覆盖整个可见光波段，直至蓝光和紫外波段。目前商品化的蓝光 GaN 激光器已经广泛应用于光探测、激光显示、高密度信息光存储和海底通信等领域。

在紫光及紫外波段，需要选用 AlGaN 材料作为有源区。而采用 AlGaN 材料作为有源区后，激光器的波导层和保护层中的 Al 含量都需要相应提高以获得好的光限制作用。在生长高 Al 含量的外延材料时很容易由晶格失配引起外延层裂解，同时 AlGaN 材料的发光效率较低，掺杂效率低，p 面欧姆接触难以形成，这些因素都导致使用传统法布里–珀罗 (fabry-perot，F-P) 腔结构的条形、端面发射紫外激光器很难实现。

为了解决这一问题，研究人员提出使用不同于 F-P 腔的回音壁模式 (WGM) 谐振腔来实现紫外激光器。回音壁模式谐振腔利用封闭的球形、环形或盘状谐振腔，使光沿着侧壁进行连续的全反射，从而形成谐振。回音壁模式谐振腔一般都具有远高于 F-P 腔的品质因子，意味着其对光的限制能力更强，以及具有更高的腔内自发辐射效率，从而可以获得更低阈值的激光激射。2016 年即有研究人员报道了波长在 UV-C 波段的 AlGaN 基微盘激光器 [6]。

基于回音壁模式的微腔激光器在目前阶段基本都使用光泵浦进行激发，由于其微腔结构尺度一般都在微米尺度，且部分微腔 (如微管) 自支撑微盘结构过于脆弱，在工艺中很容易损伤，因此这些激光器的电注入仍有待解决。

7.1 传统半导体激光器

7.1.1 半导体激光器的基本工作原理

最简单的 LD 结构如图 7-1(a) 所示。通过外延生长和不同的掺杂工艺，我们可以获得一个 p-n 结，p 型半导体区域的空穴浓度远大于电子浓度，n 型半导体区域的电子浓度远大于空穴。p-n 结形成时，由于接触电势差而产生扩散效应，直至高低不同的费米能级被拉平，在接触面处形成强电场的空间电荷区，以阻止 p 区空穴和 n 区电子的扩散，达平衡状态时，费米能级位于 p 区的价带及 n 区的导带内，如图 7-1(b) 所示。当加正向偏压时，空间电荷区电场减小，p 区载流子空穴向 n 区注入，n 区载流子电子向 p 区注入。这时 p-n 结处于非平衡状态，费米能级之间的距离为 E_{f}，当我们所施加的真相偏压大于 p-n 结的势垒时，即 $E_{\mathrm{f}} \gg E_{\mathrm{g}}$，施加的电压使得内建电场被抵消几乎为零，载流子通过空间电荷区产生正向电流，此时空间电荷区不再耗尽，在界面处出现 $E_{\mathrm{f}} - E_{\mathrm{p}} > E_{\mathrm{g}}$，称为分布反转区，在这一区域内，位于导带的电子浓度要远高于位于价带的电子浓度，也就是位于高能态的粒子数远大于位于低能态的粒子数，即形成了粒子数反转。尽管这一区域很薄，但却是实现激光器的核心部分，被称为有源区。

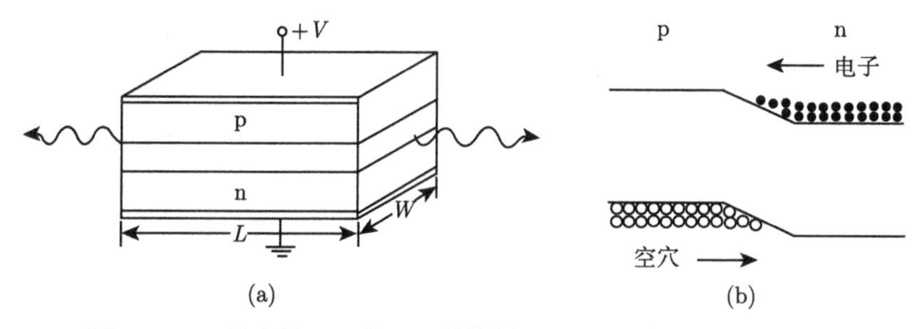

图 7-1 (a) 基本的 p-n 结 LD 结构图；(b) p-n 结 LD 能带示意图

在有源区内，存在大量的非平衡电子空穴对，开始时在高能态的导带底子会自发地跃迁至低能态的价带顶部空位能级，即非平衡电子空穴对的复合，引起自发辐射发射，产生能量为 $E_{\mathrm{c}}-E_{\mathrm{f}}$ 的电子。自发辐射的电子，相位各不相同，并向各个方向传播。大部分光子产生后，立刻射出有源区，也有小部分光子在 p-n 结平面内传播，在经过已激发的电子空穴对时，能够激励二者复合产生一个新的光子，这就是半导体的受激辐射。这样的受激辐射随着注入电流的增大而发展，最终占据压倒性优势 [7,8]。

实际上通过受激辐射要达到发射激光的要求，需要具备以下三个基本条件：

(1) 能够产生足够的粒子数反转；

(2) 具有一个合适的谐振腔，能够用以在腔内产生激光振荡；

(3) 泵浦能量满足一定的阈值条件，使得腔内的光子增益大于光子的损耗。

再来看 LD 的结构，一般的 LD 谐振腔是由垂直于 p-n 结面一对相互平行的晶体解离面形成的 F-P 共振腔，其中一个面是全反射面，另一个面是部分反射面。p-n 结的另外两侧需要进行粗糙处理，以消除沿其他方向的光波振荡。在谐振腔内，只有与谐振腔两个端面垂直的光波能够在 p-n 结内来回反射，形成两列传播方向相反的波相叠加，当光波的波长满足谐振腔的谐振条件，即半波长的整数倍正好等于共振腔的长度：

$$m\left(\frac{\lambda}{2n}\right)=l \quad (m\text{为整数})$$

其中，λ 为波的波长；n 为半导体的折射率；l 为谐振腔的腔长。这时，光波就可以在腔内形成振荡，并不断放大，直到形成稳定的激光光束从部分反射面射出。

在注入电流的作用下，有源区内的受激辐射不断增强，被称为光增益；另外，在谐振腔内还存在使光子数减少的多种损耗，主要有载流子吸收、缺陷散射、端面透射损耗等。只有当光在谐振腔内来回传播一次的增益大于损耗时，才能形成激光。对于一个普通的 F-P 腔，R_1、R_2 表示两个端面的反射系数，用 g、α 分别代表在腔内单位长度上光强的增益系数和吸收系数，则光强为 I 的光在腔中经历 $\mathrm{d}x$ 距离后，因增益引起的光强增量 $\mathrm{d}I_g$ 与 I 和 $\mathrm{d}x$ 成正比，即

$$\mathrm{d}I_g = gI\mathrm{d}x$$

同样，因吸收引起的光强的减小为

$$\mathrm{d}I_\alpha = \alpha I\mathrm{d}x$$

由上两式可知，经过距离 $\mathrm{d}x$ 后光强的总变化为

$$\mathrm{d}I = \mathrm{d}I_g - \mathrm{d}I_\alpha = (g-\alpha)I\mathrm{d}x$$

若工作物质均匀，增益系数 g 和吸收系数 α 不随距离的变化而变化，对上式积分可得

$$I = I_0\mathrm{e}^{(g-\alpha)x}$$

式中，I_0 为初始位置的光强，假设光子从腔内第一个反射面处出发，经过腔长 L，在第二反射镜处反射，再经过腔长 L，在第一反射镜处反射后回到原处，则经过这一过程后的光强为

$$I_{2L} = R_1R_2I_0\mathrm{e}^{(g-\alpha)2L}$$

要连续产生激光，则光子在腔内经过工作物质来回一次所获的增益要大于等于这一过程中的损耗，即

$$I_{2L} = I_0$$

$$R_1R_2\mathrm{e}^{(g-\alpha)2L} = 1$$

这就是激光的阈值条件。简化后

$$g_tL = \alpha L + \frac{1}{2}In\frac{1}{R_1R_2}$$

显然，式中 g_tL 代表增益；αL 代表吸收；$\frac{1}{2}In\frac{1}{R_1R_2}$ 代表端面透射损耗。可见损耗越小，g_t 也越小，在损耗存在的情况下，增益系数 g_t 必须达到一定的数值才能产生激光。

对于半导体激光器，通过施加正向电压来提供增益。当电流较小时，注入载流子较少，辐射主要是自发辐射，谱线很宽。当电流逐渐增大，接近阈值电流时，谱线变窄并出现一系列的特定峰值，对应谐振腔中的驻波波长，即满足 $m(\lambda/2\mathrm{n}) = L$。当电流增大至阈值电流以上时，激光器的发光由自发辐射过渡到受激辐射，出现谱

线很窄且辐射强度剧增的谱线，这就是激光 [9-12]。图 7-2 表示了三种电流状态下的激光器发射谱线及 I-V 与 P-I 曲线。

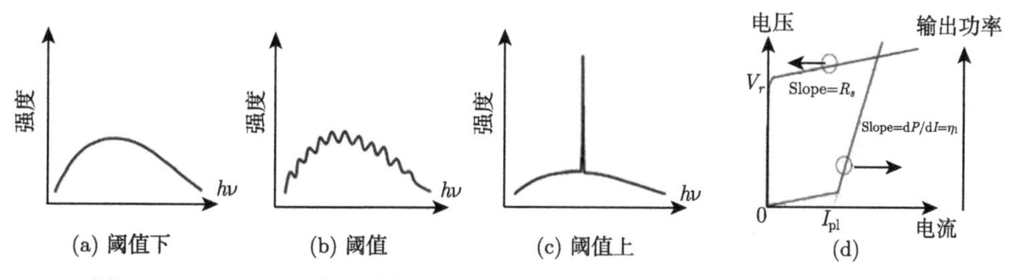

图 7-2 (a)~(c) LD 在三种电流状态下的激发光谱；(d) I-V 曲线及 P-I 曲线

7.1.2 传统半导体激光器的发展

人们最早制造出来的激光器是同质结激光器，但是在实际应用中同质结激光器在室温下的阈值电流太高 ($3\times10^4\sim5\times10^4$A/cm^2)，只能在很低的温度下连续工作 [5]。为了实现室温下的连续激射，研究人员利用液相外延生长的方法，制备了如图 7-3 所示单异质结激光器的三层结构 [13,14]。在 p-GaAs 一侧加上异质材料 p 型铝镓砷半导体后，界面处的势垒提高了电子在 p 区内的浓度，提高了增益，同时铝镓砷的折射率小于砷化镓，提供了更大的光限制能力，异质结的这种对光子和电子的限制能力，使其室温的阈值电流降为 8000 A/cm^2。

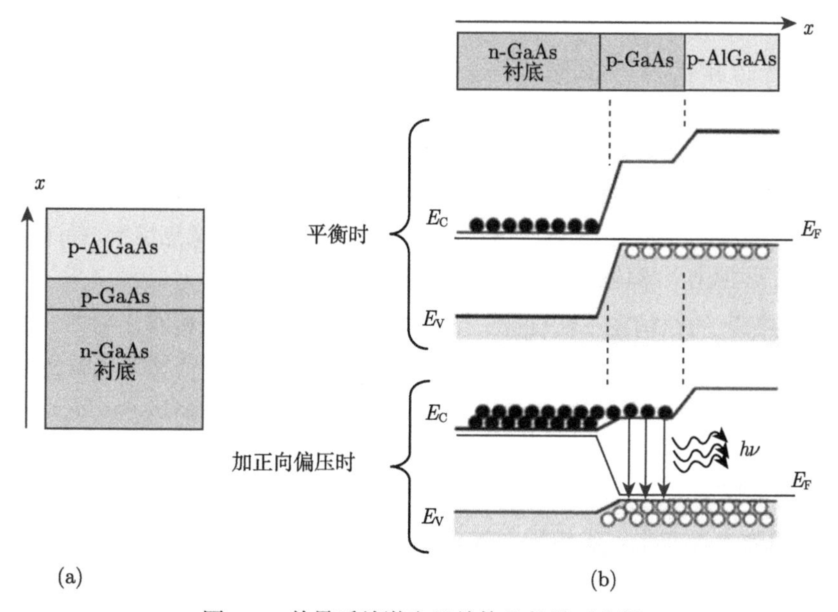

图 7-3 单异质结激光器结构及能带示意图

更进一步，研究人员在 n-GaAs 衬底上依次生长了 n-GaAlAs、p-GaAs、p-GaAlAs 单晶薄膜，在有源区 p-GaAs 两侧形成两个异质结，如图 7-4 所示。由于双异质结的对称性，相比于单异质结只提高了电子注入的浓度，双异质结结构对电子注入和空穴注入都能有效地利用。同时，在有源区两侧的折射率差使光子被有效地限制在有源区中。由于这些特点，双异质结结构显著地降低了激光器的阈值电流，实现了室温的连续工作 [15-17]。

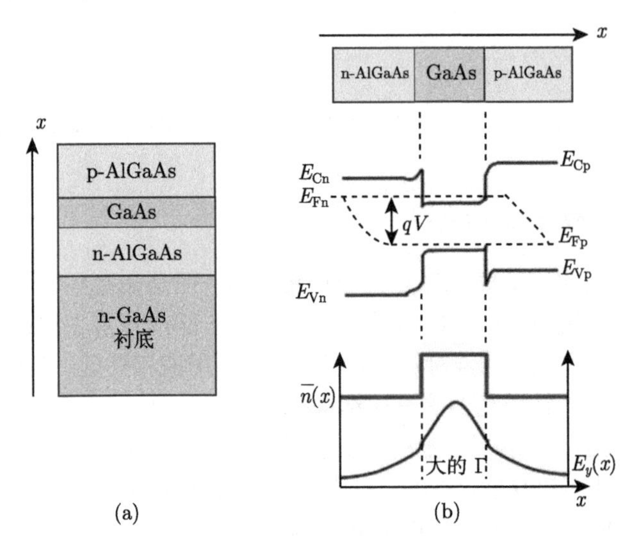

图 7-4　双异质结激光器结构及能带示意图

20 世纪 70 年代，科学家提出了超晶格和量子阱的概念，利用分子束外延技术，可以实现两种晶格匹配很好的半导体材料交替生长周期性的薄层结构 [18,19]。以固体能带结构的量子力学为基础，可以人为地对能带结构进行设计，将电子限制在理想的空间位置。量子阱结构的激光器 (图 7-5) 相对于体材料半导体激光器显著地降低了阈值电流，同时器件的效率被极大地提高，谱线的线宽也更窄。目前，市面上的大多数商业化半导体激光器都是采用多量子阱结构。

不仅有源区的结构在不断优化，半导体激光器的腔体结构和出射方式也在不断地发展，从最初的条形激光器，到之后的脊形激光器、分布反馈式激光器 (distributed feedback laser，DFB)、垂直腔面发射激光器 (vertical caving surface emitting laser, VCSEL)；腔面制备方法也由干法刻蚀发展为化学辅助离子束刻蚀、湿法刻蚀、腔面解离技术。

实际的激光器在平行于结平面的方向不可能是无限的，必须做成宽度为数微米的条形结构，如图 7-6 所示，对光场、电流和载流子在侧向进行限制。侧向波导的引入可以很好地降低阈值电流，提高电光转换效率，改善器件的热特性，增加激光器的寿命，特别是可以获得良好的光束特性和稳定的模式性能 [20]。

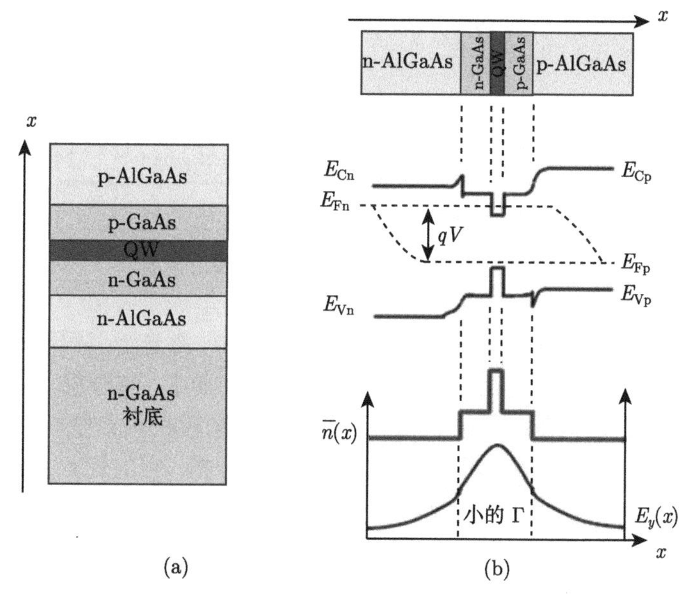

图 7-5 量子阱激光器结构及能带示意图

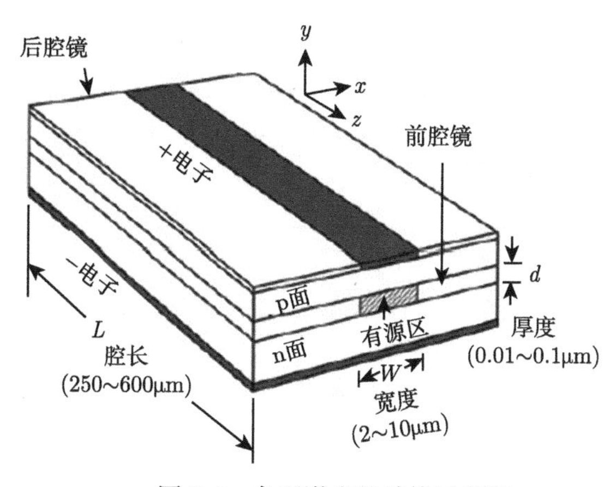

图 7-6 条形激光器结构示意图

我们要想获得单模的半导体激光器，就需要在现有谐振腔基础上进行模式选择，其中一种方法是在半导体的解离面上采用频率选择电介质平面镜。分布布拉格反射器是设计成反射型衍射光栅的镜片，在有源区端面设计成周期性的波纹结构，只有介质中的波长等于波纹周期的两倍时，从波纹结构中反射的光波才能干涉增强，形成反射光波。最简单的分布布拉格反射镜 (DBR) 激光器只在谐振腔的一端安装光栅，也可以在两端同时安装，从而增强光谱的选择性和辐射强度，这种激光器一般具有更低的阈值电流和更窄的光谱模式 [21,22]。图 7-7 为具有 DBR 结构的激光器示意图。

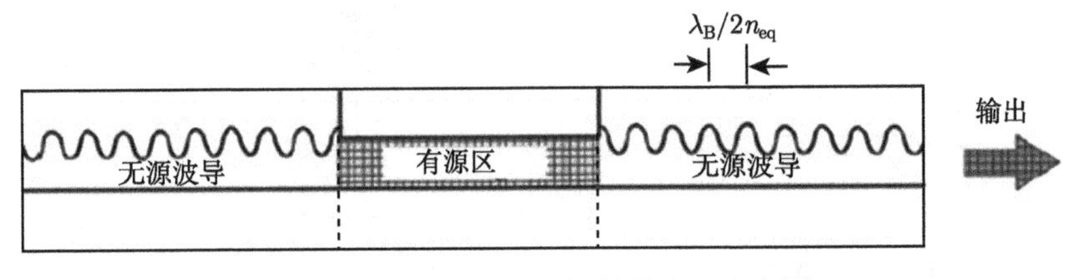

图 7-7　具有 DBR 结构的激光器示意图

另一种实现单模激光器的方法是分布反馈 (DFB) 激光器，不同于普通 F-P 腔激光器利用腔两端解离面提供光反馈，在 DFB 激光器中，有源层一侧具有周期性结构的导引层，光辐射从有源层扩散到导引层。折射率的波纹变化在腔内起到光反馈的作用，产生部分反射，所以光反馈沿着腔长分布。它的优点是谱线更窄，而且可以在高速脉冲调制下，保持良好的单纵模特，非常适合用作通信光源 [23,24]。图 7-8 为具有 DFB 结构的激光器示意图。

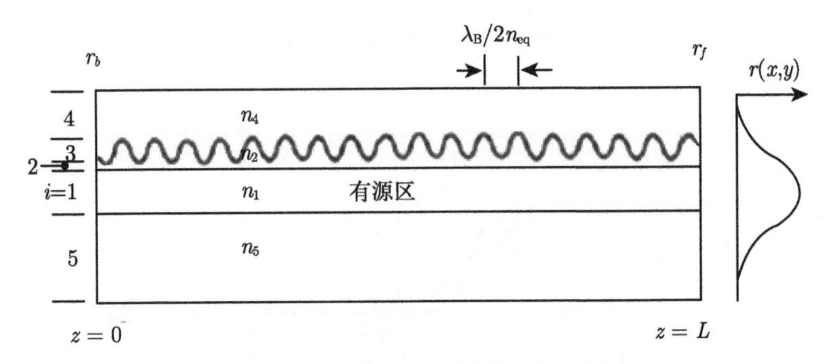

图 7-8　具有 DFB 结构的激光器示意图

上面我们简单介绍了从水平腔两端发射的半导体激光器，即边发射激光器。VCSEL 具有很多优点，它的结构如图 7-9 所示。相比于边发射激光器，其电流流动方向与谐振腔轴线平行，利用与晶元平面平行的两个前后端面的 DBR 反射镜提供光反馈，在垂直于腔面的方向上出光。VCSEL 的有源区长度十分窄，降低了有源层的光增益，因此要求两端 DBR 镜面具有很高的反射率，通常需要 30~60 对的交替层可以获得所需的反射率，底部镜片的反射率接近 99%，顶部的发射镜片反射率约为 95%。出光方向的改变极大地改变了半导体激光器的设计、制作和阵列结构。VCSEL 阈值电流更低，具有与生俱来的单模工作能力，制作工艺中不需要晶元研磨、器件解离与切割、端面镀膜和导线焊接等，极大地简化了制作的流程，同时，利用它还可以制备二维激光器阵列，形成一个大功率、大面积的表面激光发射源。VCSEL 可以应用于各种领域，包括短距离光通信、传感器、条形码阅读器、集成电路的光互联、光计算机等，是未来最具有发展前景和使用价值的器件之一 [25-27]。

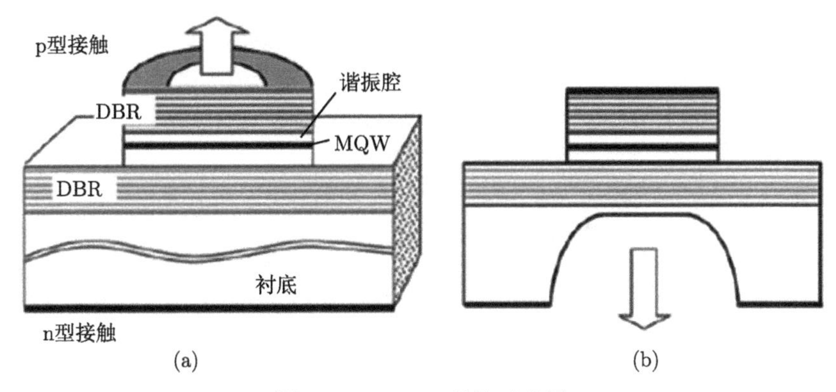

图 7-9 VCSEL 结构示意图

7.2 异型半导体激光器

7.2.1 微腔激光器

1. 光学微腔及其分类

光学微腔通常是由两个或两个以上的反射面组合而成的，它能将光限制和储存在一个很小的体积内。由于其存在广泛的应用，其不论是在基础研究，还是在工业生产上的需求都在不断增加。通过不同的尺寸、结构或材料的选择，光学微腔能够实现特定光学模式，像谐振波长和偏振态等。这可以被用来制造包括超低阈值激光器、精密光学滤波器和开关，以及生物传感器在内的大量的理想的光电器件。此外，高 Q 值和小模式体积的高品质微腔能够实现光和物质的强烈的相互作用，并在非线性光学、量子电动力学和量子信息处理领域有着非常重要的作用。

常见的三种最基本的微腔结构如图 7-10 所示，它们对光进行限制的机理各有不同。最常见的是 F-P 腔 [28,29]，它由两面平行的反射镜组成，能使光在内部进行多次来回反射。这些反射镜通常由周期性的介电材料形成的分布式布拉格反射镜来对特定波长的光在垂直方向上进行限制。

通过在平板上刻蚀出空气孔阵列形成二维光子晶体微腔，这种结构被证明同时具有高的 Q 值和超小的模式体积 [30-32]。当光的波长和光子禁带重叠时，内部的缺陷能通过光子禁带效应对光进行限制。通过控制腔的几何形状、缺陷形状和尺寸，能够调控模式频率、Q 值和出射方向。

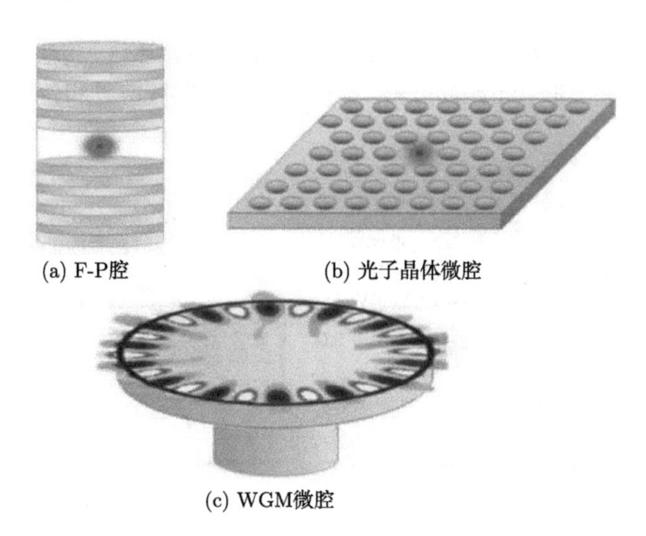

(a) F-P腔　(b) 光子晶体微腔

(c) WGM微腔

图 7-10　三种不同类型的微腔结构示意图

微盘，微球或者微环 [33,34]，由于能够让光沿着侧壁进行连续的全反射，在结构的边缘形成有规律的电场 (E) 分布，因此被称为 WGM。改变它们的大小和形状，可以获得不同的光学模式和电场分布、Q 值和光斑远场分布。表 7-1 对三种光学微腔作了详细的对比，WGM 微腔与 F-P 腔和光子晶体微腔相比，除了具有极高的 Q 值之外，在加工成本和制备上要相对容易，并且能够通过光波导进行激发和探测等。

表 7-1　三种光学微腔的详细对比

对比项目	WGM 微腔	F-P腔	光子晶体微腔
达到的最高 Q 值	10^{11}	10^8	10^5
模式体积 (λ/n^3)	10^4	10^5	0.4
加工成本	低	高	高
集成封装	困难	困难	容易

WGM 的最早发现是在声学领域。当人们站在圆形墙壁内侧的任何地方时，都能听到沿着墙面传来的轻声耳语，这是因为墙壁能够对声波进行反射传播。这种现象在很多地方都被观察到，比如伦敦的圣保罗大教堂的画廊和北京天坛的回音壁，如图 7-11 所示。瑞利伯爵在 1878 年左右，研究了圣保罗大教堂这一现象，将之命

名为回音壁波。同样地，这种规律也适用于光学，通过全反射的作用，光波能在腔内沿着侧壁传播。当光波之间发生耦合后，发生谐振的光波能够形成有规律的电场分布，不能谐振的光波则会最终湮灭。

(a)

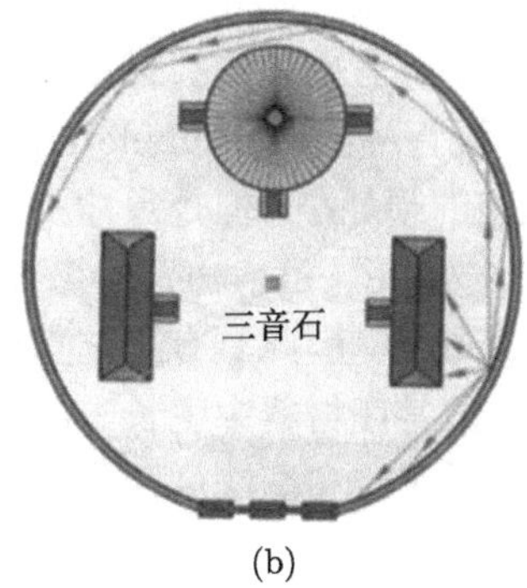

(b)

图 7-11 (a) 北京天坛的回音壁；(b) 回音壁声波的反射原理示意图

WGM 微腔的种类繁多，不同的标准下有不同的分类，本书简单地就微腔的材料和形状进行分类。

按照材料来分，主要可以分为两大类。

(1) 晶体材料。完美的晶格组成的晶体材料，是制备高品质光学微腔的理想材料。晶体材料结构稳定，不易受到外界杂质的污染，比如水蒸气和灰尘等，使得晶体材料由于杂质引起的散射损耗很小。比如石英晶体，它在 1.55μm 附近的损耗很小，$\alpha \leqslant 5\times10^{-6}\ \mathrm{cm}^{-1}$，这时对应的品质因子 $Q \geqslant 1.2\times10^{12}$ [35]。

(2) 液体和非晶材料。要想获得高 Q 值的谐振腔，其损耗必须控制得很小，其中材料的光吸收损耗就是一个需要重点考虑的因素。许多有机和无机的液体高度透明，其光吸收损耗非常小，当液体由于表面张力作用形成完美的球形液滴时，就能获得极高 Q 值的光学谐振腔。常见的有水 (H_2O)、四氯化碳 (CCl_4)、甘油 ($C_3H_8O_3$) 以及其他溶胶液滴，由这些液滴制成的 WGM 微腔，已经在受激拉曼散射等领域得到了应用 [36-39]。但是，由液滴形成的微腔的形状很难控制，机械性能也不够稳定，寿命通常也很短，这使得其广泛应用受到了诸多限制。所以，要想真正实现光子器件，必须采用固态的 WGM 微腔。第一个极高品质因子的 WGM 微腔，采用的就是熔融的石英材料。另外也有研究人员采用聚合物材料来制备谐振腔。聚合物的优点是材料多样，有良好的生物兼容性，制造成本也较低。

按照微腔形状来分，主要可以分为以下几大类。

(1) 微球形 (microsphere)。微球形谐振腔，其在几何形状上完全对称，结构比较简单。这种谐振腔的制备通常是通过加热光纤头至熔融状态，靠表面张力形成球状，所以制备流程也比较简单。球形的谐振腔内能够存在的模式非常多，其光学模式在轴向、径向和角向这三个方向上都存在分量，分析起来十分复杂。它的优点是具有极低的光学损耗，所以品质因子可以做到很高，甚至达到 $10^8 \sim 10^9$。

(2) 微环形 (microring)。微环形微腔，主要是通过在 Si 衬底上进行湿法刻蚀形成，主要用来进行波导的耦合研究，具有很好的集成度。但是，微环形微腔的腔壁粗糙度较高，有更高的损耗，因而相比微球形微腔，它的品质因子较小。

(3) 微管形 (microtubule)。微管形微腔实际上是微环形微腔的三维化，它比微环形微腔的损耗小，但是尺寸不易控制，加工制造难度很高。

(4) 微盘形 (microdisk)。微盘形微腔主要基于半导体材料，采用传统的微纳加工工艺来制备，因此具有工艺集成度高，工艺兼容性好，尺寸可控，机械性能稳定等优点。通常在材料中生长一层或多层能够发光的量子阱 (quantum wall，QW) 结构，再通过干法和湿法刻蚀，形成一个带有底座支撑的微盘谐振腔。在外界泵浦光激发下，量子阱内发出的光在微盘侧壁发生全反射 (total internal reflection，TIR)，形成 WGM 激射。微盘形微腔的损耗通常也很小，尺寸较小，品质因子高，非常适合制作集成的光电子器件。

图 7-12 为几种微腔的 SEM 图。

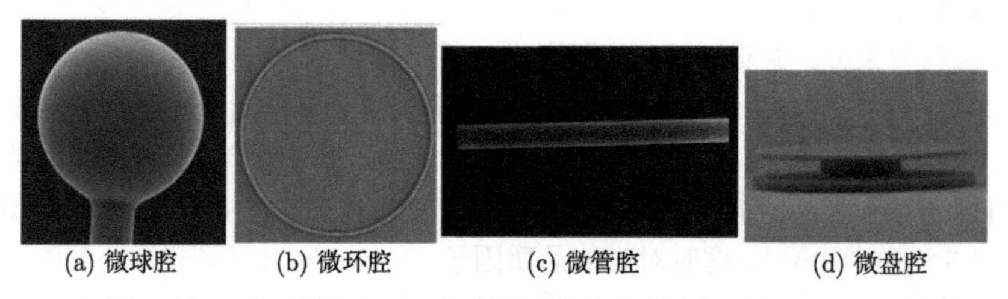

(a) 微球腔　(b) 微环腔　(c) 微管腔　(d) 微盘腔

图 7-12　几种微腔的 SEM 图

2. WGM 微腔的重要参数

1) 品质因子和损耗 (Q factor and losses)

品质因子是评价谐振腔质量的一项重要的参数，它能够反映谐振腔的损耗大小。品质因子的定义是谐振腔内储存的能量与单位时间内损耗的能量的比值。高的品质因子意味着较低的光学损耗，是实现强烈的耦合效应的关键因素。在微盘系统中，品质因子可以通过下式给出：

$$Q = \omega/\delta\omega = \lambda/\delta\lambda \tag{7-1}$$

其中，$\omega\,(\lambda)$ 和 $\delta\omega\,(\delta\lambda)$ 分别代表谐振频率 (波长) 和相应的半峰宽 (FWHM)。所以通过实验中测得的光谱数据就能计算出其品质因子。

总的来说，WGM 微腔的品质因子由以下四个因素决定：

$$Q^{-1} = Q_{\mathrm{r}}^{-1} + Q_{\mathrm{a}}^{-1} + Q_{\mathrm{s}}^{-1} + Q_{\mathrm{ex}}^{-1} \tag{7-2}$$

该式子的前三项表示谐振腔的本征损耗，第四项表示当谐振腔与波导等耦合时发生的损耗。因此，当我们不考虑耦合时，只需要考虑前三个因素。这里，Q_{r}^{-1} 表示辐射损耗，Q_{a}^{-1} 表示有源介质的吸收损耗，Q_{s}^{-1} 表示表面不均匀引起的散射损耗[39]。

辐射损耗 Q_{r}，呈指数变化，表达式为 $Q_{\mathrm{r}}=\dfrac{1}{7}\mathrm{e}^{2mJ}$，其中，$m$ 表示模式数；$J=\operatorname{artanh}(s)-s,(s=\sqrt{(1-1/n_{\mathrm{eff}}^2)})$。对于一个几微米的微盘谐振腔来说，$Q_{\mathrm{r}}$ 的数值非常大，在整个 Q 值的计算中可以忽略。吸收损耗 $Q_{\mathrm{a}}=2\pi n_{\mathrm{eff}}/(\alpha\lambda)$，其中 α 表示吸收系数，它与波长有关。最后一个影响微腔的 Q 值的因素，就是表面不光滑引起的散射损耗，还包括微腔表面附着的污染物。

2) Purcell 因子

Purcell 效应是指，处在谐振腔中的自发辐射的原子的自发辐射率能够被通过谐振腔对光的限制得到增强。这一增强效应是在 20 世纪 40 年代由 Edward Mills Purcell 提出的，这种增强效应可以通过下式给出：

$$F_{\mathrm{P}}=\frac{3}{4\pi^2}\left(\frac{\lambda}{n}\right)^3\left(\frac{Q}{V}\right) \tag{7-3}$$

这里的 Q 和 V 分别表示品质因子和谐振腔的模式体积。如果其他非辐射损耗保持不变，增加 Q/V 的比值能减小激光器的阈值，原因是耦合近激射模式的自发辐射增强。自发辐射耦合因子定义为

$$\beta=\frac{\text{耦合进单一模式中的自发辐射功率}}{\text{耦合进所有模式中的自发辐射功率}}$$

在实验上，Purcell 因子可以通过自发辐射耦合因子 β 求得

$$F_{\mathrm{P}}=\beta/(1-\beta)$$

Purcell 因子的增加将使耦合进激射模式中的自发辐射增强，耦合进所有其他模式中的自发辐射所占比例 $1-\beta$ 是激光腔的基本损耗之一，通过增大 β 或减小 $1-\beta$，能减小激光器的阈值。

3) 自由光谱区

在微盘谐振腔中，光在沿着微盘侧壁传播一周后要产生 WGM 振荡，光程差必须要满足如下近似关系：

$$2\pi n_{\mathrm{eff}}R=m\lambda_m \tag{7-4}$$

这里，R 表示微盘的半径；n_{eff} 表示谐振腔所用材料的有效折射率；m 是正整数，表示方向角模式数；λ_m 表示 m 阶谐振的波长。所以，可以得到，对于 m 阶模式，其对应的谐振波长 $\lambda_m=\dfrac{2\pi n_{\mathrm{eff}}R}{m}$，那么相应地，第 $m+1$ 阶模式，对应的谐振波

长 $\lambda_{m+1}=\dfrac{2\pi n_{\mathrm{eff}}\mathrm{R}}{m+1}$。我们定义自由光谱区 (free space range，FSR) 是指两个相邻阶数的谐振波长的间隔，则有

$$\Delta_{\mathrm{FSR}}=\lambda_m-\lambda_{m+1}=\frac{2\pi n_{\mathrm{eff}}R}{m}-\frac{2\pi n_{\mathrm{eff}}R}{m+1}=\frac{2\pi n_{\mathrm{eff}}R}{m\,(m+1)} \tag{7-5}$$

当 m 的数值远大于 1 时，则有 $\Delta_{\mathrm{FSR}}\approx\dfrac{2\pi n_{\mathrm{eff}}R}{m^2}=\dfrac{\lambda^2}{2\pi n_{\mathrm{eff}}R}$。

通过上式我们可以发现，在尺寸较大的微盘谐振腔中，谐振波长的间隔较小，所以通常只能获得多模激射。那么我们通过减小微盘的有效半径，就有可能实现单模的激射，如图 7-13 所示。这种情况下，泵浦能量能够耦合进一个单独的激射峰里，因此有可能获得强烈的耦合效应，并获得更高的品质因子。

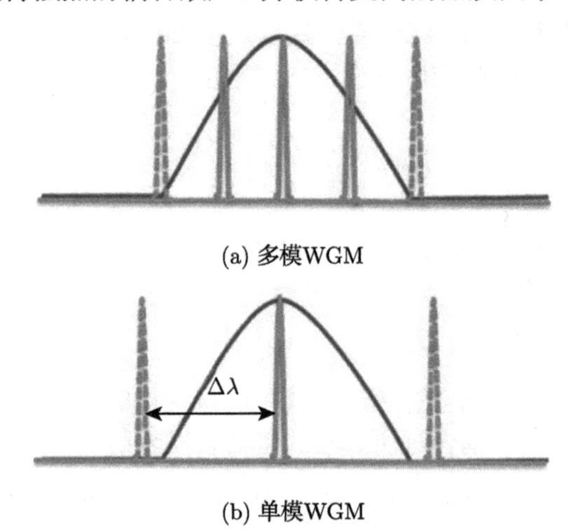

(a) 多模WGM

(b) 单模WGM

图 7-13　通过增大 FSR 获得单模 WGM 激射的示意图

4) 光子寿命

光子寿命 (photon lifetime) 的定义是指，在谐振腔内光子能量衰减到初始值能量的 $1/e$ 所需要的时间。它和品质因子之间的关系是

$$\tau_{\mathrm{lifetime}}=Q/\omega \tag{7-6}$$

根据上式，得到在微盘内光子环绕一周所需要的时间为

$$\tau_{\mathrm{r}}=\frac{2\pi nR}{c} \tag{7-7}$$

那么，将这两个式子结合起来，可以计算出光子在衰减之前，环绕微盘侧壁来回反射的圈数：

$$N=\frac{\tau_{\mathrm{lifetime}}}{\tau_{\mathrm{r}}}=\frac{Qc}{2\pi n\omega R} \tag{7-8}$$

通过以上几个式子，可以发现，Q 值越大，光子的寿命越长，并且光子在完全衰减之前走过的总圈数也更多，那么光子在衰减之前就能积累更大的光功率。

3. WGM 微腔的理论基础

1) 几何光学法

简单地，当我们考虑一个单独的微盘的 1 阶 WGM 谐振时，假设微盘的半径为 R，材料的有效折射率为 n_{eff}，谐振波长为 λ，方向角模式数为 m，那么当产生谐振时，总的光程差需要近似满足如下关系式：

$$2\pi n_{\text{eff}} R = m\lambda \tag{7-9}$$

相反地，如果不满足这一近似关系，则不能谐振。如图 7-14(a) 和 (b) 所示，分别表示 WGM 谐振和非谐振时的情形。

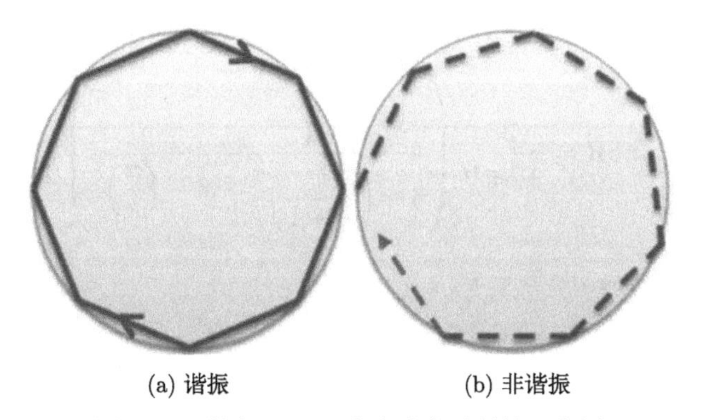

(a) 谐振　　(b) 非谐振

图 7-14　微盘 WGM 中光波全反射的示意图

由频率和波长的关系 $f = c/\lambda$，进一步可以得到

$$f = \frac{mc}{2\pi n_{\text{eff}} R} \tag{7-10}$$

由此可以得到两个相邻的方向角模式下 (m 和 $m+1$) 的频率间隔，也就是自由光谱区 (FSR)：

$$\text{FSR} = \frac{c}{2\pi n_{\text{eff}} R} \tag{7-11}$$

当材料的尺寸固定，并考虑非色散材料体系时，也就是 n_{eff} 不随频率变化，可以看到 FSR 是一个常数。

这种近似的前提是，光沿着微盘赤道面传播的路程等于微盘的周长。当微盘的尺寸远大于波长时，这种近似关系才能够成立。如果微盘的尺寸小到一定程度时，则必须做更精确的计算。

图 7-15 中，红线表示的是微盘侧壁的边缘，蓝线表示的是光的传播行程，为一个 k 多边形。通过简单的数学运算，可以得到光在微盘内传播的距离 (L) 为

$$L = 2kR\sin\frac{\pi}{k} = m\lambda = \frac{mc}{n_{\text{eff}}f} \tag{7-12}$$

这里，对正弦函数进行泰勒展开，则有

$$\sin\frac{\pi}{k} = \frac{\pi}{k} - \frac{1}{6}\left(\frac{\pi}{k}\right)^3 + \cdots \tag{7-13}$$

代入上式并化简，可以得到

$$f = \frac{3mc}{\pi n_{\text{eff}}R\left(6 - \left(\frac{\pi}{k}\right)^2\right)} \tag{7-14}$$

进一步得到相邻的 m 和 $m+1$ 阶的模式间隔为

$$\text{FSR} = \frac{3c}{\pi n_{\text{eff}}R}\left(\frac{m+1}{6-\left(\frac{\pi}{k+1}\right)^2} - \frac{m}{6-\left(\frac{\pi}{k}\right)^2}\right) \tag{7-15}$$

通常在谐振条件下，m 应等于 k。

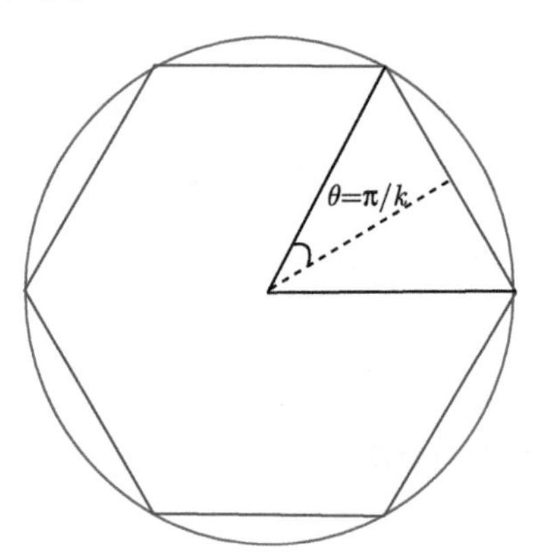

图 7-15　微盘 WGM 谐振腔的几何关系示意图 (后附彩图)

通过以上计算，可以发现，几何光学法虽然容易理解，但在描述微腔内的光学模式时，存在很多不足：① 它有局限性。当微盘内存在高阶径向模式时，几何光学法就无能为力了；② 它无法解释发生谐振后的 WGM，为什么能从微盘向外辐射场。接下来，可以通过电磁场理论的方法，采用近似边界条件来解释这些问题。

2) 电磁场理论法

在时域内，考虑各向同性介质，那么介电常数 (ε) 和磁导率 (μ) 都是标量，在不考虑电流的情况下，可以将微盘谐振腔内的麦克斯韦方程组表示为 [40]

$$\begin{aligned} \nabla \times E &= -\mathrm{i}\omega\mu H \\ \nabla \times H &= \mathrm{i}\omega\varepsilon E \end{aligned} \tag{7-16}$$

对电场旋度方程求旋度，可以得到

$$\nabla \times (\nabla \times E) = \nabla(\nabla g E) - \nabla^2 E = -\mathrm{i}\omega\mu\nabla \times H = \omega^2\mu\varepsilon E \tag{7-17}$$

令 $\beta = \omega\sqrt{\mu\varepsilon}$，可以得到

$$\nabla^2 E - \beta E = 0 \tag{7-18}$$

在考虑微盘谐振腔时，为了简便，我们使用柱坐标系来求解，柱坐标下微盘模型的示意图如图 7-16 所示。

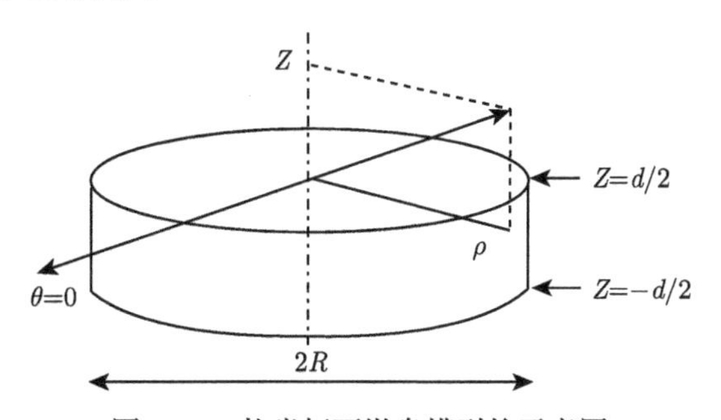

图 7-16 柱坐标下微盘模型的示意图

在柱坐标下，对于无源和无损耗介质来说，亥姆霍兹方程的通解可以这样表示

$$E(\rho,\phi,z) = \hat{\alpha}_\rho E_\rho(\rho,\phi,z) + \hat{\alpha}_\phi E_\phi(\rho,\phi,z) + \hat{\alpha}_z E_z(\rho,\phi,z) \tag{7-19}$$

将此波动方程拆解成标量形式的偏微分方程后，得到

$$\begin{aligned} &\nabla^2 E_\rho + \left(-\frac{E_\rho}{\rho^2} - \frac{2}{\rho^2}\frac{\partial E_\phi}{\partial \phi}\right) = -\beta^2 E_\rho \\ &\nabla^2 E_\phi + \left(-\frac{E_\phi}{\rho^2} - \frac{2}{\rho^2}\frac{\partial E_\rho}{\partial \phi}\right) = -\beta^2 E_\phi \\ &\nabla^2 E_z = -\beta^2 E_z \end{aligned} \tag{7-20}$$

在柱坐标中，对电场强度 (E) 或磁场强度 (H)，进行拉普拉斯 (Laplace) 运算，其中，$F = \{E, H\}$，可以得到

$$\nabla^2 F = \frac{\partial^2 F}{\partial \rho^2} + \frac{1}{\rho}\frac{\partial F}{\partial \rho} + \frac{1}{\rho^2}\frac{\partial^2 F}{\partial \phi} + \frac{\partial^2 F}{\partial z^2} = -\beta^2 F \tag{7-21}$$

在微盘谐振腔内，光子的传播在垂直方向上受到限制，存在着两种极化：TE 模式极化和 TM 模式极化。由于 Z 方向上是标量，对 F_z 采用分离变量后，得到

$$F_z(\rho,\phi,z)=\varPsi(\rho)\varPhi(\phi)Z(z) \tag{7-22}$$

进一步，得到

$$\varPhi Z\frac{\partial^2\varPsi}{\partial\rho^2}+\varPhi Z\frac{1}{\rho}\frac{\partial\varPsi}{\partial\rho}+\varPsi Z\frac{1}{\rho^2}\frac{\partial^2\varPhi}{\partial\phi}+\varPsi\varPhi\frac{\partial^2 Z}{\partial z^2}=-\beta^2\varPsi\varPhi Z \tag{7-23}$$

这里假设

$$\frac{\partial^2 Z}{\partial z^2}=-\beta_z^2 Z,\quad \frac{\partial^2\varPhi}{\partial\phi^2}=-l^2\varPhi \tag{7-24}$$

并且

$$\beta_\rho^2+\beta_z^2=\beta^2 \tag{7-25}$$

从而可以导出这样一个经典的贝塞尔 (Bessel) 方程：

$$\rho^2\frac{\partial^2\varPsi}{\partial\rho^2}+\rho\frac{\partial\varPsi}{\partial\rho}+\left[(\beta_\rho\rho)^2-l^2\right]\varPsi=0 \tag{7-26}$$

该方程的解被称为第 l 阶球 Bessel 函数。微盘谐振腔内的通解可以表示为

$$\varPsi=A\mathrm{J}_l(\beta_\rho\rho)+B\mathrm{Y}_l(\beta_\rho\rho) \tag{7-27}$$

上式中的 $\mathrm{J}_l(\beta_\rho\rho)$ 和 $\mathrm{Y}_l(\beta_\rho\rho)$ 分别表示第一类和第二类 Bessel 函数 (其中 l 表示角模式数)。当 $\rho\to 0$ 时，$\mathrm{Y}_l(\beta_\rho\rho)$ 发散。但是，由于场在 $R=0$ 的位置，值是有限的，于是可以将该解表示成

$$\varPsi=A\mathrm{J}_l(\beta_\rho\rho),\quad 当\rho\leqslant R \tag{7-28}$$

这里，A 为常数，由边界条件所决定。

在微盘谐振腔的外部，倏逝场将会沿着径向进行指数衰减，可以得到

$$\varPsi=\mathrm{J}_l(\beta_\rho R)\cdot\exp(-\alpha\cdot(\rho-R)),\quad 当\rho>R \tag{7-29}$$

上式中，$\alpha=\dfrac{2\pi\sqrt{n_{\mathrm{eff}}^2-n_0^2}}{\lambda}$。

7.2.2　GaN 基微盘激光器

目前 GaN 基微盘激光器从结构上来讲有两种类型，一种是利用 DBR 作为光限制层的微盘激光器，另一种是自支撑的微盘结构，将有源区两侧材料刻蚀掉，实现由微柱支撑的微盘激光器。前者更易实现激光器的电注入，后者可以实现微纳尺度的微盘激光器。自支撑的微盘激光器利用有源区材料与空气之间的折射率差，使得在微盘区域具有良好的光限制能力。下面我们主要介绍一下自支撑微盘的制备方法及光学性能。

1. 制备方法

要在 GaN 外延上制备出微盘结构，第一步就是图形转移。最为传统的方法就是光刻。传统的紫外光刻、精度更高的电子束光刻以及简便的微球光刻，可以满足微盘制备的各种需要。微球光刻简便的操作流程和相对较高的精度，非常适合应用于光学微腔的制备。

利用悬涂法，将含有 SiO_2 的微球的水溶液悬涂在 GaN 外延表面，通过调整水溶液中 SiO_2 微球的浓度和悬涂转速，可以控制微球在外延表面的稀疏程度。

SiO_2 微球的尺寸决定了微盘的尺寸，同时选用 SiO_2 微球作为刻蚀的掩模，有如下好处：① SiO_2 微球表面光滑，其近乎完美的球形结构非常适合制备圆形度极好的微盘；② SiO_2 微球和 GaN 有很高的刻蚀选择比，能达到 5:1，可以使刻蚀后的微盘有很好的陡直度；③ SiO_2 微球的尺寸选择性高，从几百纳米到几十微米，可以制备各种不同尺寸的微盘；④ SiO_2 微球价格便宜，操作简便，比传统光刻方法更节约时间和成本；⑤ 作为刻蚀的掩模材料，SiO_2 微球的去除也十分方便，置于 HF 溶液中浸泡或者超声数分钟，就可去除干净。

第二步利用 ICP 干法刻蚀，对外延进行刻蚀。ICP 刻蚀在制备 GaN 微盘的过程中十分关键，它将直接影响刻蚀后微盘侧壁的粗糙度和轮廓的对称性，进而影响微盘的阈值和 Q 值。在合适的刻蚀条件下，利用 SiO_2 微米球光刻、ICP 刻蚀后，GaN 微米柱的侧面 SEM 图和进一步电化学刻蚀后的微米盘顶部的俯视 SEM 图如图 7-17 所示。

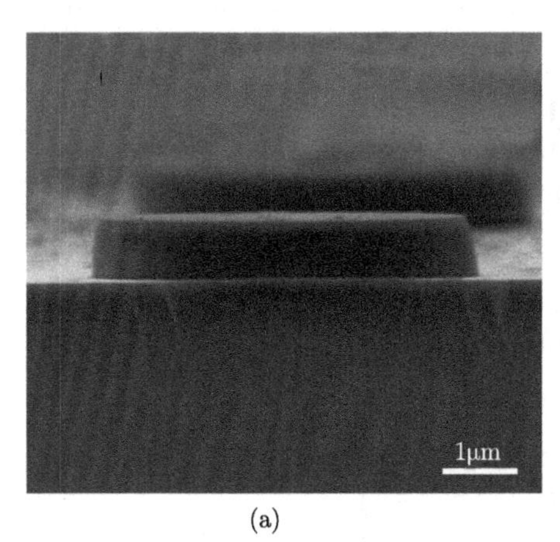

(a)

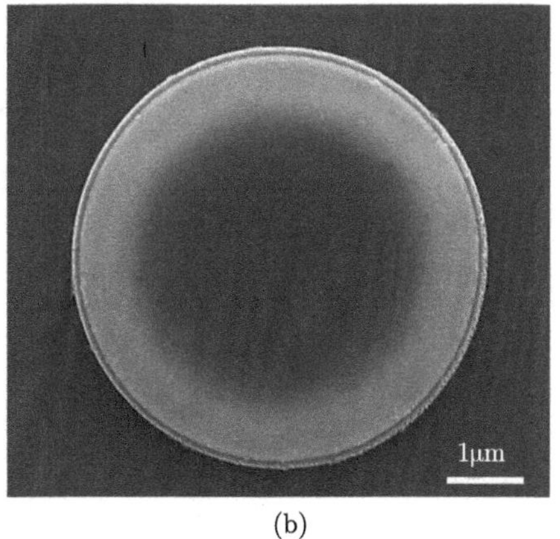

(b)

图 7-17　(a) GaN 微米柱的侧面 SEM 图；(b) GaN 微米盘顶部的俯视 SEM 图

从图 7-17(a) 中可以明显地看到，刻蚀后的 GaN 微米柱具有光滑陡直的侧壁。从图 7-17(b) 的俯视图可以看到，微盘保留了 SiO_2 微米球的球形特征，使其侧壁轮廓近乎为完美的圆形。

第三步在微米柱的基础上，制备形成自支撑的微米盘。根据 GaN 样品的衬底不同可以采用不同的刻蚀方法。Si 基衬底的 GaN 样品可以直接通过 HF 溶液进行湿法刻蚀获得微盘结构。蓝宝石衬底上生长的 GaN 样品可以通过生长超晶格层，利用光电化学刻蚀的方法获得微盘结构，也可以通过生长 n-GaN 重掺杂层，利用电化学刻蚀的方法获得微盘结构。

我们知道 GaN 材料的折射率约为 2.4，周围空气的折射率约为 1，从微盘侧壁出射的光会因为全反射作用而受到限制，因此垂直方向上的光限制作用成为影响最终光学性能的关键因素。ICP 刻蚀后，我们得到了 GaN 的微米柱，为了形成 GaN 微盘，需要对微盘底部区域进行刻蚀形成光学隔离，并减小底部支撑层对光的吸收。这就需要一种刻蚀方法，既能够对微盘底部的牺牲层进行选择性刻蚀，还要保证刻蚀后的微盘形状的完整性，以及足够光滑的侧壁。

Park[41] 等的研究发现，利用草酸溶液对 GaN 进行电化学刻蚀的过程中，表现出了极强的掺杂选择性刻蚀。他们的研究结果表明，只有 n-GaN 被刻蚀掉，而 p-GaN 和 u-GaN 几乎不被刻蚀，并且 n-GaN 的刻蚀程度取决于 n 型掺杂浓度和所加的电压。采用 n-GaN 作为牺牲层有如下几个明显的优势 [42]：① 工艺兼容性好，能够与传统的 GaN 外延生长工艺兼容，有十分完美的晶格匹配特性，不会对材料的微观结构和形貌产生影响；② 应用领域广泛，通过改变不同的生长厚度，可以实现 1 维、2 维和 3 维的光电机械结构；③ 工艺可调性强，通过改变材料的电导率、刻蚀电压和刻蚀溶液，可以在微米尺度内调控反应刻蚀的通道。在本书中，我们选用的是电化学刻蚀工艺来进行选择性刻蚀 n-GaN，使微盘形成光学隔离，其刻蚀装置的示意图如图 7-18 所示。

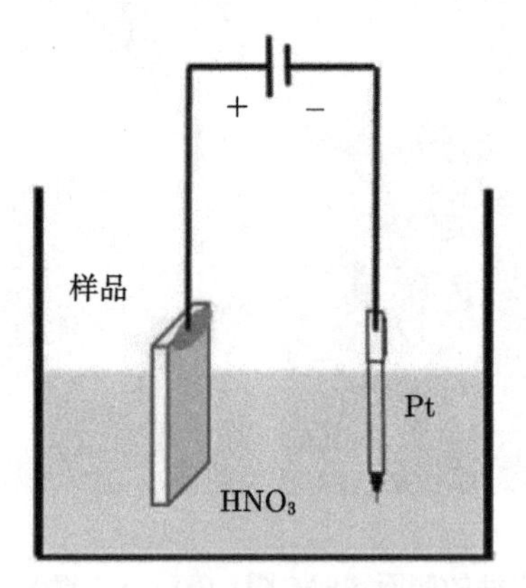

图 7-18　电化学刻蚀的装置示意图

综上所述，整个 GaN 微盘的制备流程如下：微球光刻、ICP 刻蚀、电化学刻蚀，其简单的示意图如图 7-19 所示。

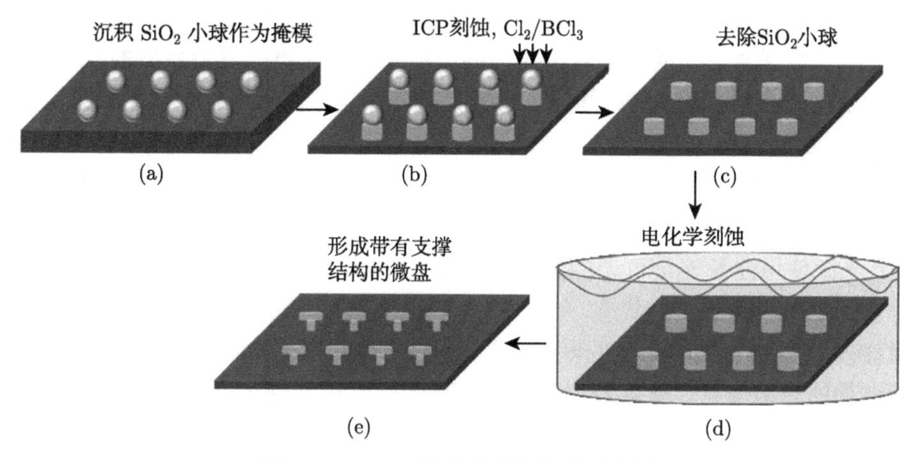

图 7-19 GaN 微盘的制备流程示意图

2. 光谱性能测试

由于微盘激光器的物理尺寸都在微纳量级，因此需要搭建一套显微 PL 测试系统 (μ-PL) 来对其进行光学特性的测量，如图 7-20 所示。该系统中采用的是氮分子脉冲激光器 (337nm，3.5ns，20Hz) 作为激发光源来对样品进行光泵浦，并用物镜 (10×) 对激光进行聚焦。样品被放置在 X-Y-Z 电动平台上，通过软件可以精确地控制激光打到样品上的位置。通过物镜上方的 CCD 摄像机，可以对样品被激射前后的发光情况进行成像。光纤被放置在靠近被激发的微盘附近，并与水平面呈约 10°，用来收集从微盘侧壁发出的光。从光纤收集来的光经过一个很窄的狭缝 (0.05mm) 导入到光栅光谱仪 (iHR550，1800mm^{-1}) 中，用来分析微盘出射光谱。该光谱仪有两个入口和两个出口，每个出口都可以配置一个阵列式探测器，比如 CCD，或者

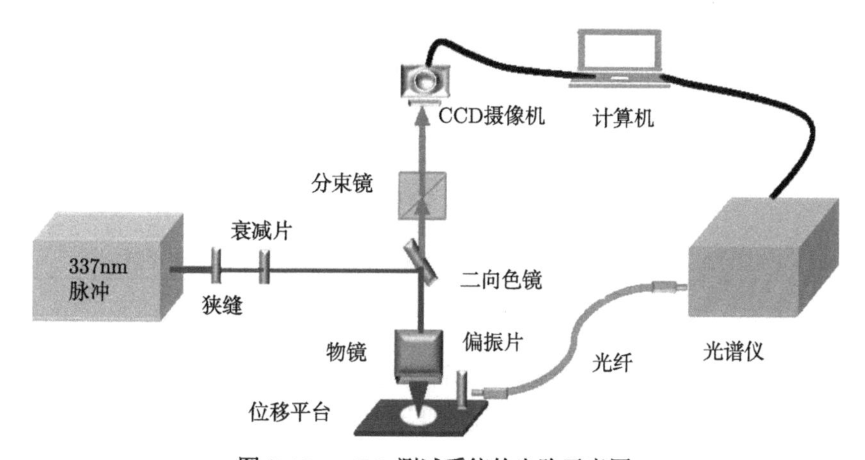

图 7-20 μ-PL 测试系统的光路示意图

通过狭缝导入光电倍增管 (PMT) 中。在分析 WGM 的偏振性时，可以在光纤收集端放置一个线偏振片，通过旋转偏振片的角度来反映光谱强度随角度的变化情况。由于微盘的分布很稀疏，平均间隔大于激光聚焦后的光斑尺寸，所以能够保证只对单个微盘进行激发和成像。

由于 GaN 基微盘一般都含有量子阱，可以产生增益，所以能够用以上所示系统直接进行光泵浦，若为无源材料制备的微盘结构，一般会采用光波导耦合的形式，其光源使用波长连续可调的激光器，经过光隔离器，通过偏振控制器和光纤距离微盘的距离调控耦合的状态，锥形光纤放置在微盘平面附近，将激光从光纤耦合入微盘内，最后信号进入光电探测器中，通过对样品的透射谱的测量，就可以获取微盘谐振的光谱信息。图 7-21 为 μ-PL 锥形光纤测试系统示意图。

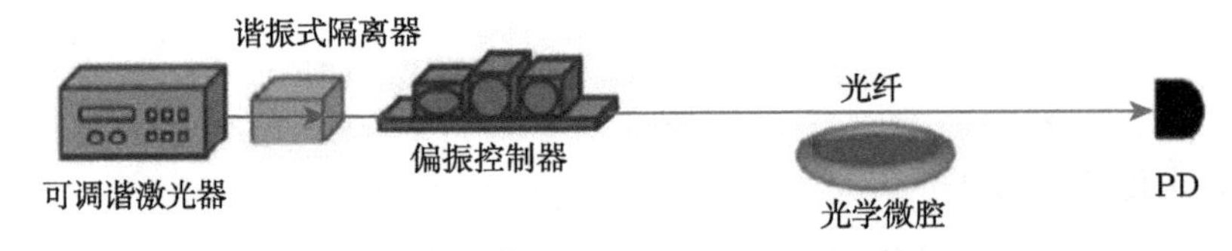

图 7-21　μ-PL 锥形光纤测试系统示意图

3. 不同支撑柱直径对微盘性能的影响

电化学刻蚀的电压和时间对最终的刻蚀形貌影响非常大。为了研究不同电化学刻蚀电压和时间对 GaN 微盘的光学性能的影响，我们利用带有重掺杂层结构的外延片，设计了几种刻蚀条件，如表 7-2 所示。这些样品均来自同一批次 MOCVD 生长的样品，其中微盘厚度为 145nm，微盘底部牺牲层 (n++-GaN①) 的厚度为 500nm。

表 7-2　不同电化学刻蚀电压和时间下的样品分类

样品编号	刻蚀电压/V	刻蚀时间/s	n++-GaN 刻蚀后的形貌
A	12	120	多孔
B	15	120	多孔
C	22	120	完全刻蚀
D	22	300	完全刻蚀
E	22	600	完全刻蚀
F	22	900	完全刻蚀

样品 $A\sim F$ 电化学刻蚀完成后的侧面 SEM 图，如图 7-22 所示。

样品 A、B、C 的电化学刻蚀时间相同，为 120s；刻蚀电压分别为 12V、15V 和 22V。从 SEM 结果上来看，样品 A 的牺牲层 n++-GaN 被刻蚀成多孔状，并且孔

① n++-GaN 表示重掺杂层。

间隙很小。当刻蚀电压增大到 15V 时，中间 n++-GaN 层仍然为多孔状，但是可以从图中看到，样品 B 已经有明显的 GaN 剥落的情况，并且孔间隙要比样品 A 大得多。当继续增大电压至 22V 时，此时已经可以看到样品 C 有一少部分 n++-GaN 已经被完全刻蚀掉，上部的微盘形状保持得十分完整，整个微盘上表面十分平整，侧壁也十分陡直和光滑。

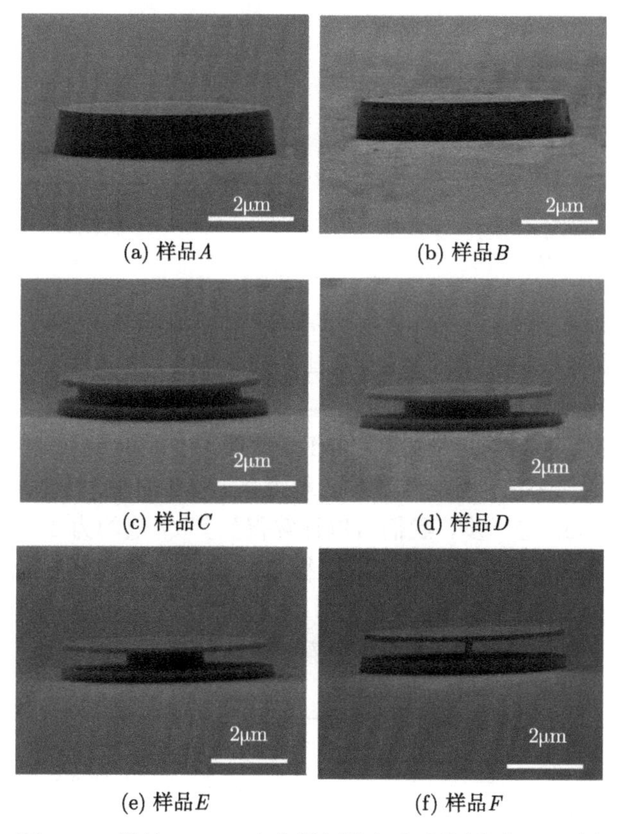

(a) 样品A　(b) 样品B　(c) 样品C　(d) 样品D　(e) 样品E　(f) 样品F

图 7-22 样品 $A\sim F$ 电化学刻蚀完成后的侧面 SEM 图

在样品 C 的基础上，保持刻蚀电压不变，逐渐延长刻蚀时间，得到的 GaN 微盘的 SEM 形貌图如图 7-22(d)、(e)、(f) 所示。可以看到，随着刻蚀时间从 120s 逐渐增大到 300s、600s 和 900s 时，GaN 微盘底部的支撑柱越来越细，最终如图 7-22(f) 所示，整个 GaN 微盘看起来像一个 “蘑菇”。理论上，底部牺牲层被刻蚀得越充分，越有利于对光的限制，从而能降低激射的阈值。

经过 μ-PL 测试，我们得到了不同样品的 PL 强度和 FWHM 随泵浦能量密度的变化。其中，样品 A 未观察到明显的激射，可能是其阈值太高导致，除此之外，其余样品都观察到了不同程度的激射现象。以样品 C 为例，其测试结果如图 7-23

所示。

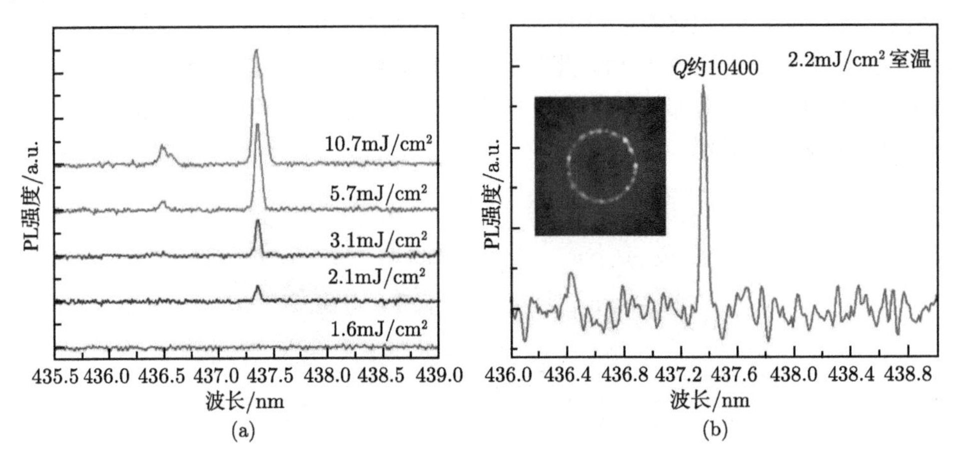

图 7-23　(a) 不同能量下的 PL 谱；(b) 激发能量密度为 2.2 mJ/cm^2 时的 PL 谱及对应的 Q 值，左上角的插图是高于阈值能量时通过 CCD 相机测得的微盘的 PL 发光图像

图 7-23(a) 表示不同能量下微盘的 PL 谱，随着激发能量密度的增加，PL 强度值也不断增加。图 7-23(b) 表示当激发能量密度为 2.2mJ/cm^2 时微盘的 PL 谱，其 FWHM 为 0.042nm，进一步，我们可以计算得到其 Q 值约为 10400。从左上角的插图可以看到，当高于阈值能量泵浦时，微盘发光部分均匀分布在侧壁，呈圆环形的光斑，边缘部分变得更亮，这与 FDTD 仿真结果中的电场分布图的结果相一致，说明微盘产生了激射。从图 7-24 中可以看到，当泵浦能量很小时，PL 强度变化十

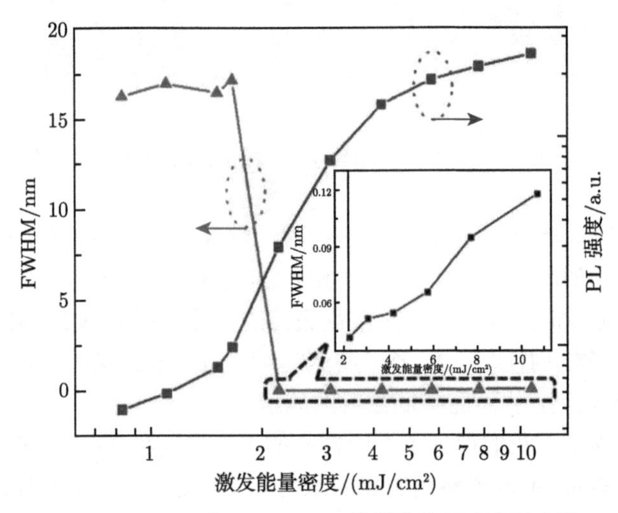

图 7-24　PL 强度和 FWHM 随激发能量密度的变化

分缓慢，FWHM 也很高，随着泵浦能量的继续增加，PL 强度先急剧增大，然后又趋于饱和；FWHM 的变化，先是急剧减小，后又缓慢增加，这可能是由在高能量泵浦下自由载流子吸收导致的。

接着，我们对其他样品同样进行了 PL 测试，每个样品选取了 10 个点，得到了它们的激射阈值和 Q 值的统计分布，如图 7-25 所示。从统计图中，我们可以看到，样品 B 的阈值要明显高于其他样品，Q 值也比其他样品低，可能原因是样品 B 的 n++-GaN 呈多孔状，未能形成有效的光学隔离，大部分光从微盘底部泄漏出去，导致阈值很低。

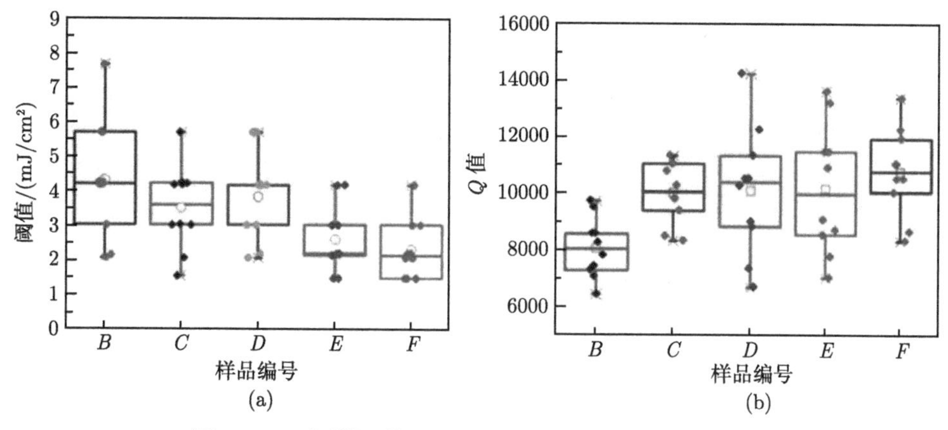

图 7-25　不同样品的 (a) 阈值和 (b) Q 值的统计分布图

另外，我们看到，样品 $B \sim F$ 的阈值，总体趋势是逐渐降低的，其平均阈值从 4.3mJ/cm^2 降到了 2.3mJ/cm^2，相应地，样品 $B \sim F$ 的 Q 值则缓慢增加，从 8100 增大到了 10800。可以看到，随着微盘底部支撑柱的直径的降低，其阈值有所降低，Q 值也有所提高，但是变化不明显。

为了解释这一现象，我们对这种有支撑柱的微盘结构进行了 3D-FDTD 仿真，模拟了不同直径的支撑柱时，微盘内 xy 平面和 xz 平面的电场分布，得到的结果如图 7-26 所示。从图 7-26(a) 可以看到，xy 面内的电场分布图，与前面提到的 2D-FDTD 结果类似，激射时，微盘的侧壁边缘会形成周期性的圆环状的电场分布。从直径分别为 2μm、4μm 和 4.5μm 下的微盘的 xz 面内的电场分布图来看，当支撑柱直径为 2μm 时，微盘侧壁激射形成的强电场，还不足以与支撑柱进行耦合；当直径增大到 4.5μm 时，可以明显看到，有一部分能量已经耦合到了下面的支撑柱内。这说明，支撑柱的直径大到一定值时，会造成光场的泄漏，从而增加了激射的阈值，降低了 Q 值，而当支撑柱的直径缩小到一定范围后，侧壁形成的强电场很难耦合到支撑柱内，故其阈值和 Q 值变化不明显。

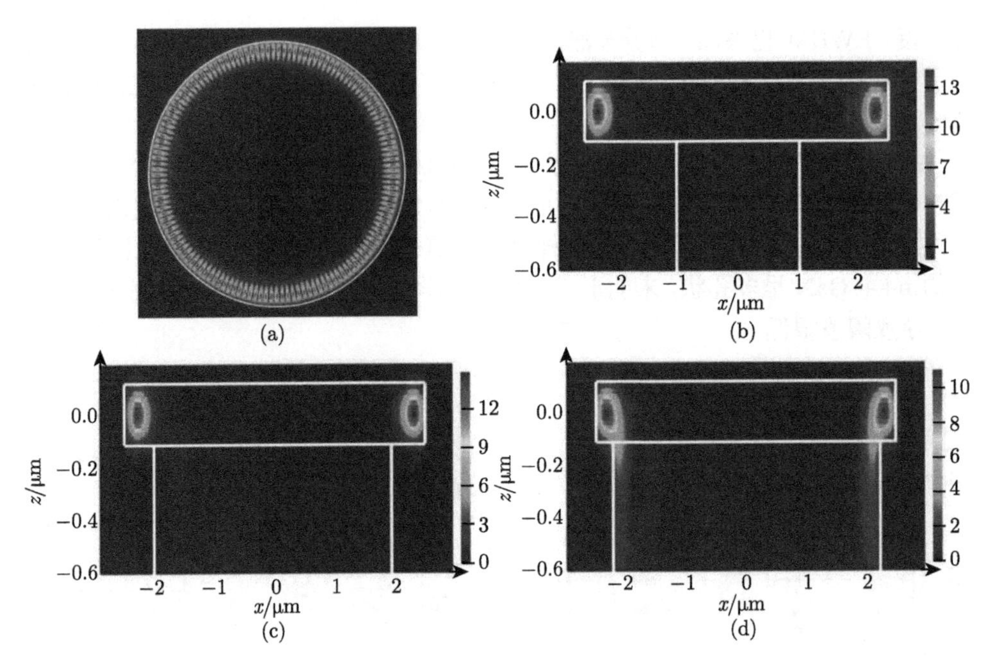

图 7-26　(a) 微盘内 1 阶径向 WGM 在 xy 平面内的电场分布，白色圆圈表示微盘的边缘轮廓；(b) ~(d) 分别表示该模式在 xz 平面内的电场分布，其中，支撑柱的直径分别为 2μm、4μm 和 4.5μm(后附彩图)

7.2.3　紫外微盘激光器

固体紫外激光器，是指其输出光的波长在紫外波段 (10~400nm) 的这类固体激光器的统称。它使用固体材料作为激光的工作物质，在很多领域都有广泛的应用，比如高密度光数据储存、光刻技术、微纳加工、微电子学、大气探测、光生物学、光化学及医疗等领域有广泛的应用 [43−46]。

常用的全固态紫外激光器，是通过用长波长的固体激光器作为泵浦光源，然后经过倍频得到紫外激光，但是，倍频效率很低，功率不够稳定。LD 全固态紫外激光器则具有效率高、性能可靠、波长稳定、体积小等优点，正逐渐成为人们研究的热点。

前面已经多次提到，基于 WGM 的微盘谐振腔具有高 Q 值和小模式体积的优点，是研制微盘激光器的理想“候选人”之一。事实上，早在 2006 年，Choi 等 [47] 在 Si 衬底上生长的 LED 结构上，利用干法和湿法刻蚀出的微盘实现了 GaN 材料的本征紫外激射。2010 年，Chen 等 [48] 利用了在 GaN 微盘底部生长 25 组 AlN/AlGaN 的分布式布拉格反射镜，并且在没有对微盘底部刻蚀的情况下，实现了低阈值的紫外激射。2016 年，Sellés 等 [49]，利用 Si 衬底外延和 AlN 缓冲层生长技术，并结合湿法腐蚀制备的微盘，实现了高 Q 值的深紫外 WGM 激射。

1. 低 In 组分 GaN 基微盘的 WGM 激射

高 Al 组分的 GaN 外延生长十分困难，并且 n-AlGaN 的刻蚀也很难实现。基于此，我们为了探究紫外波段的 WGM 激射，在实验中首先生长了低 In 组分的 MQW($In_{0.05}Ga_{0.95}N$/GaN)，发光波长在 380nm 左右。其中，微盘部分的厚度为 500nm，底部牺牲层 (n++-GaN) 的厚度同样为 500nm。

首先，我们对样品进行了电化学刻蚀工艺的摸索。实验中，先在样品表面旋涂直径为 5μm 的 SiO_2 微球，接着 ICP 刻蚀，最后采用不同的电压对样品进行电化学刻蚀，得到的 SEM 结果如图 7-27 所示。

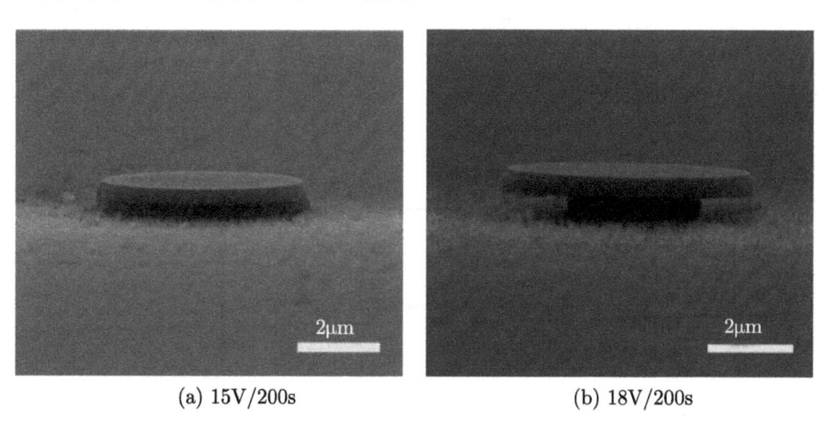

(a) 15V/200s (b) 18V/200s

图 7-27 不同刻蚀电压下的 GaN 微米盘 SEM 侧视图

从图 7-27(a) 中可以看到，刻蚀电压为 15V 时，GaN 微盘底部的 n++-GaN 层仍为多孔状，当刻蚀电压加到 18V 时，如图 7-27(b) 所示，底部 n++-GaN 层几乎被刻蚀掉了一半。在后续的实验中，均采用的是 20V/200s，对 GaN 微米柱进行电化学刻蚀。

对于制备的微盘，利用 μ-PL 测试系统进行了表征，得到的结果如图 7-28 所示。在低激发功率下，观察不到明显的激射峰。随着泵浦能量的提高，激射峰的强度越来越大，并且峰位有明显的蓝移，这是因为，光生载流子的增加导致的能带填充效应使弯曲的能带被逐渐拉平，发射峰向蓝光方向移动。在常温下，我们测试了样品在 376.5nm 处的激射峰的 PL 强度和 FWHM 随激发功率密度的变化情况，如图 7-28(b) 所示。可以看到，低激发功率密度下，PL 强度增加变化十分缓慢，当功率密度达到 15.1mJ/cm^2 后，PL 强度开始大幅增加，随后增加的斜率有所下降。可以从 PL 强度的变化情况初步判断激发的阈值功率密度为 15.1mJ/cm^2。继续增加激发功率，PL 强度值逐渐趋于饱和，可能是激光能量过高产生了大量的热量导致发光效率降低。我们单独对激发功率为 60.0mJ/cm^2 下微盘的 PL 谱进行分析，如图 7-28(c) 所示。图中明显的包络是 GaN 材料的本征峰，为 365nm 左右，在包络上出现的两个明显的激射峰，为 374.2nm 和 376.5nm，计算其 Q 值分别约为 2000 和 3300($Q=\lambda/\Delta\lambda$)。

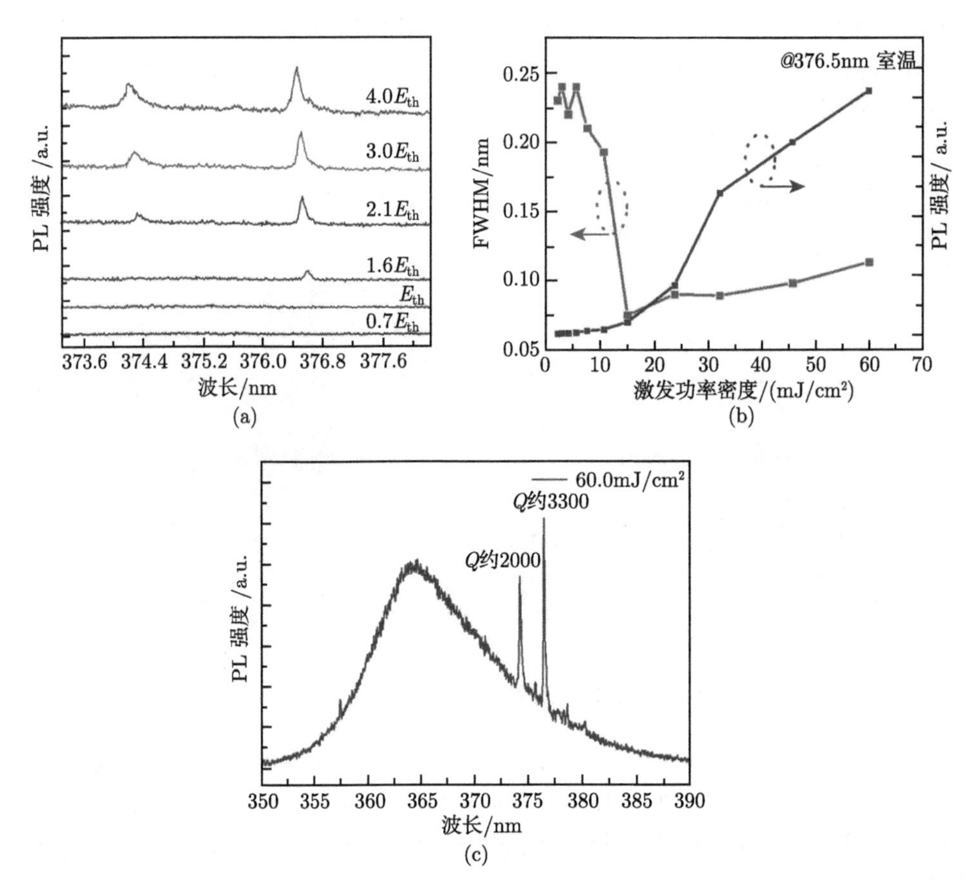

图 7-28　(a) 常温下直径为 5μm 的微盘在不同功率下的 PL 谱，为了更清楚地显示，所有谱线强度上做了偏移处理；(b) 微盘的 PL 强度和 FWHM 随激发功率密度的变化；(c) 微盘在激发功率密度为 60.0 mJ/cm^2 下的 PL 谱和 Q 值

可以看到，我们基于微盘谐振腔结构实现了紫外波段的激射，但是其阈值仍然很高，Q 值也有很大的提升空间。高阈值的原因，一方面可能是紫外样品在 MOCVD 生长过程中，材料质量较差，缺陷较多，材料自身的内量子效率不高。另一方面可能是在电化学刻蚀过程中，GaN 牺牲层部分未完全刻蚀，有残留物在微盘侧壁，增加了材料的吸收损耗，从而增加了激发的阈值。

2. 深紫外 GaN 基微盘的 WGM 激射

2016 年，Sellés 等 [49] 利用 MBE 在 Si 衬底上生长 AlN 缓冲层后再生长外延结构的方法，制备了可以产生 UV-C 波段波长的外延结构。利用 EBL、ICP 刻蚀和 Si 的湿法刻蚀，制备了 GaN 微盘，其结构如图 7-29 所示。

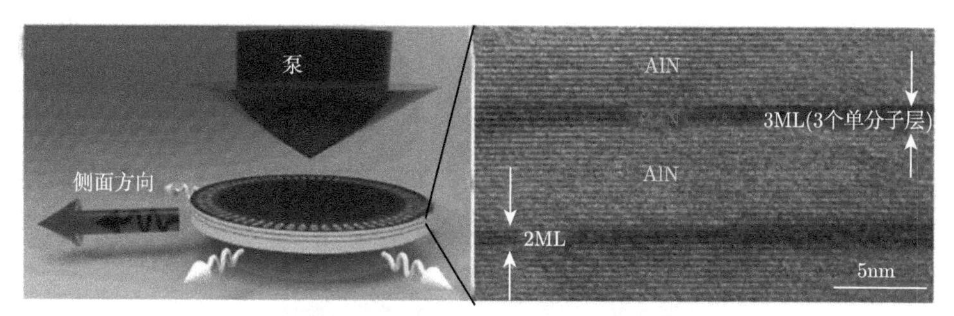

(a) 包含有GaN/AlN量子阱的微盘结构示意图　(b) GaN/AlN量子阱的TEM图像

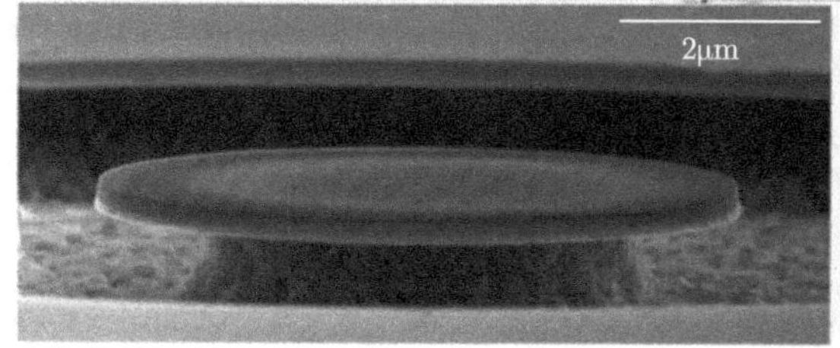

(c) 8μmGaN微盘的SEM图像　(d) ALN缓冲层的AFM图像

图 7-29　Si 基衬底上 GaN 微盘的结构特征 (后附彩图)

直径 3μm 的 GaN 微盘在 266nm 的脉冲激光器泵浦下的光谱如图 7-30(a) 所示。在连续激光泵浦下的光谱如图 7-30(b) 所示。在连续激光下，搜集到的光谱包含 200meV 宽的 GaN/AlN 量子阱峰，尖锐的谱线峰就是 WGM。在谱线的低能区间，WGM 的 Q 值可以达到 4400，在谱线的高能区间，由于量子阱的吸收，Q 值降低到了 300。在脉冲能量低于 10nJ/脉冲时，在测量谱线区间，并无明显的激射峰出现，随着脉冲能量的逐渐增大，WGM 的激射峰开始出现，并且激射峰强度呈现非线性的增强。

这是第一次在小于 300nm 的紫外波段实现微盘激光器的室温激射，它基于一个高质量的微盘谐振腔和 Si 衬底上生长的 GaN/AlN 量子阱。微盘腔的高 Q 值增强了光与增益物质间的相互作用，增加了自发辐射复合耦合进腔模式的效率，降低了激射的阈值，是实现深紫外波段激光器的理想结构。同时 Si 基基础上 GaN 外延，一方面对于制备微盘结构具有很好的简便性，另一方面也更易于使微盘激光器应用于光集成领域。

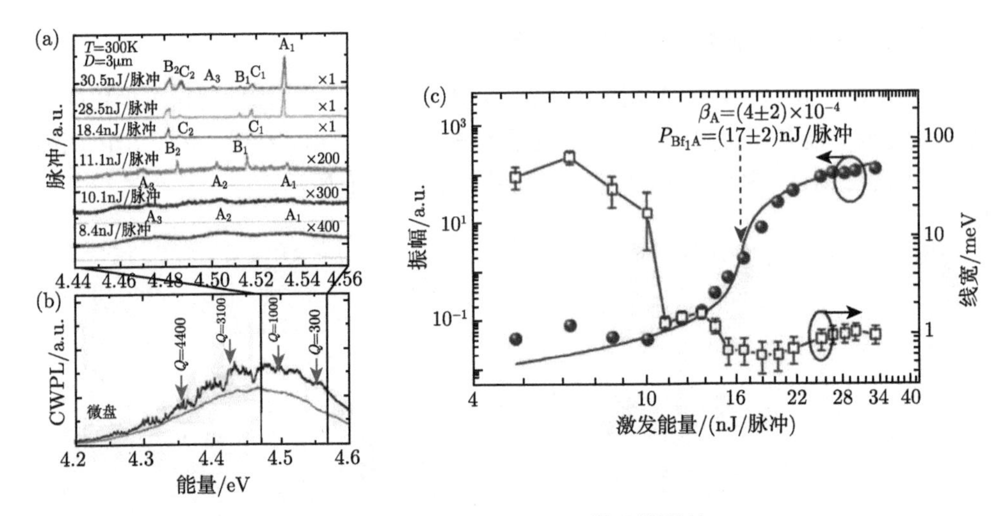

图 7-30　室温下 3μmGaN 微盘的激射

(a) 不同脉冲能量泵浦时微盘的发射光谱；(b) 同一微盘在连续激光泵浦下的发射光谱；(c) 激射峰 A1 的光谱强度和半波宽随泵浦能量变化的关系图

参考文献

[1] Maiman T H. Stimulated optical radiation in ruby[J]. Nature, 1969, 187(4736):134-136.

[2] Bernard M G A, Duraffourg G. Laser conditions in semiconductors[J]. Physica Status Solidi, 1969, 1(7):178-185.

[3] Nathan M I, Dumke W P, Burns G, et al. Stimulated emission of radiation from GaAs p-n junctions[J]. Applied Physics Letters, 1962, 1(3):62-64.

[4] Hall R N, Fenner G E, Kingsley J D, et al. Coherent light emission from GaAs junctions[J]. Physical Review Letters, 1962, 9(9):186-191.

[5] Quist T M, Rediker R H, Keyes R J, et al. Semiconductor maser of GaAs[J]. Applied Physics Letters, 1962, 1(4):91-92.

[6] Sellés J, Brimont C, Cassabois G, et al. Deep-UV nitride-on-silicon microdisk lasers[J]. Scientific Reports, 2016, 6:21650.

[7] Yamada M. Theory of Semiconductor Lasers[M]. Berlin: Springer, 2014.

[8] Numai T. Fundamentals of Semiconductor Lasers[M]. Tokyo: Springer, 2015.

[9] Kasap S O. Optoelectronics and Photonics: Principles and Practices[M]. 北京: 电子工业出版社, 2016.

[10] 阎吉祥. 激光原理与技术 [M]. 2 版. 北京: 高等教育出版社, 2011.

[11] 王雨三, 张中华, 林殿阳. 光电子学原理与应用 [M]. 2 版. 哈尔滨: 哈尔滨工业大学出版社, 2005.

[12] Chow W W, Koch S W. Semiconductor-Laser Fundamentals[M]. Berlin: Springer, 1999.
[13] Rupprecht H, Woodall J M, Pettit G D. Efficient visible electroluminescence at 300K from Ga_{1-x} Al_x As p-n junctions grown by liquid-phase epitaxy[J]. Applied Physics Letters, 1967, 11(3):81-83.
[14] Panish M, Hayashi I, Sumski S. A technique for the preparation of low-threshold room-temperature GaAs laser diode structures[J]. IEEE Journal of Quantum Electronics, 1969, 5(4):210-211.
[15] Alferov Z I. AlAs-GaAs heterojunction injection lasers with a low room temperature threshold[J]. Fiz.Tekh.Poluprov, 1970.
[16] Hayashi I, Panish M B. GaAs–Ga_xAl_{1-x} As heterostructure injection lasers which exhibit low thresholds at room temperature[J]. Journal of Applied Physics, 1970, 41(1):150-163.
[17] Panish M B, Hayashi I, Sumski S. Double-heterostructure injection lasers with room-temperature thresholds as low as 2300 A/cm^2[J]. Applied Physics Letters, 1970, 16(8): 326, 327.
[18] Dupuis R D, Dapkus P D, Holonyak N, et al. Room-temperature laser operation of quantum-well $Ga_{(1-x)}Al_xAs$-GaAs laser diodes grown by metalorganic chemical vapor deposition[J]. Applied Physics Letters, 1978, 32(5):295-297.
[19] Holonyak N, Kolbas R M, Laidig W D, et al. Low-threshold continuous laser operation (300–337K) of multilayer MO-CVD $Al_xGa_{1-x}As$-GaAs quantum-well heterostructures[J]. Applied Physics Letters, 1978, 33(8):737-739.
[20] Dyment J C, D'Asaro L A. Continuous operation of GaAs junction lasers on diamond heat sinks at 200K[J]. Applied Physics Letters, 1967, 11(9):292-294.
[21] Kogelnik H, Shank C V. Stimulated emission in a periodic structure[J]. Applied Physics Letters, 1971, 18(9):408.
[22] Scifres D R, Burnham R D, Streifer W. Distributed-feedback single heterojunction GaAs diode laser[J]. Applied Physics Letters, 1974, 25(4):203-206.
[23] Broberg B, Nilsson S. Widely tunable active Bragg reflector integrated lasers in InGaAsP-InP[J]. Applied Physics Letters, 1988, 52(16):1285-1287.
[24] Coldren L A, Fish G A, Akulova Y, et al. Tunable semiconductor lasers: A tutorial[J]. Journal of Lightwave Technology, 2004, 22(1):193-202.
[25] Jewell J L, Harbison J P, Scherer A, et al. Vertical-cavity surface-emitting lasers: Design, growth, fabrication, characterization[J]. IEEE Journal of Quantum Electronics, 2002, 27(6):1332-1346.
[26] Geels R S, Corzine S W, Coldren L A. InGaAs vertical-cavity surface-emitting lasers[J]. IEEE Journal of Quantum Electronics, 1991, 27(6):1359-1367.
[27] Chow W W, Choquette K D, Crawford M H, et al. Design, fabrication, and performance of infrared and visible vertical-cavity surface-emitting lasers[J]. IEEE Journal of

Quantum Electronics, 1997, 33(10):1810-1824.

[28] Redwing J M, Loeber D A S, Anderson N G, et al. An optically pumped GaN-AlGaN vertical cavity surface emitting laser[J]. Applied Physics Letters, 1996, 69(1): 1-3.

[29] Someya T, Werner R, Forchel A, et al. Room temperature lasing at blue wavelengths in gallium nitride microcavities[J]. Science, 1999, 285(5435): 1905, 1906.

[30] Yablonovitch E. Inhibited spontaneous emission in solid-state physics and electronics[J]. Physical Review Letters, 1987, 58(20): 2059.

[31] Reese C, Gayral B, Gerardot B D, et al. High-Q photonic crystal microcavities fabricated in a thin GaAs membrane[J]. Journal of Vacuum Science & Technology B, 2001, 19: 2749-2752.

[32] Happ T D, Tartakovskii I I, Kulakovskii V D, et al. Enhanced light emission of In_x-$Ga_{1-x}As$ quantum dots in a two-dimensional photonic-crystal defect microcavity[J]. Physical Review B, 2002, 66(4): 041303.

[33] Armani D K, Kippenberg T J, Spillane S M, et al. Ultra-high-Q toroid microcavity on a chip[J]. Nature, 2003, 421: 925-928.

[34] Michler P, Kiraz A, Becher C, et al. A quantum dot single-photon turnstile device[J]. Science, 2000, 290(5500): 2282-2285.

[35] Pinnick R G, Biswas A, Chylek P, et al. Stimulated Raman scattering inmicrometer-sized droplets:Time-resolved measurements[J]. Optics Letters, 1988, 13:494-496.

[36] Hopkins R J, Symes R, Sayer R M, et al. Determination of the size and composition of multicomponent ethanol/water droplets by cavity-enhanced Raman scattering[J]. Chemical Physics Letters, 2003, 380: 665-672.

[37] Biswas A, Latifi H, Armstrong R L, et al. Double resonance stimulated Raman scattering from optically levitated glycerol droplets[J]. Physical Review A, 1989, 40: 7413–7416.

[38] Slusher R E, Levi A F J, Mohideen U, et al. Threshold characteristics of semiconductor microdisk lasers[J]. Applied Physics Letters, 1993, 63(10): 1310-1312.

[39] Le T M. Integration of practical high sensitivity whispering gallery mode resonator sensors[J]. Dissertations & Theses-Gradworks, 2012.

[40] Yee K S. Numerical solution of initial boundary value problems involving Maxwell's equations in isotropic media [J]. IEEE Trans. Antennas Propagat, 1966, 14: 302-307.

[41] Park J M, Song K M, Jeon S R, et al. Doping selective lateral electrochemical etching of GaN for chemical lift-off[J]. Applied Physics Letters, 2009, 94(22): 221907.

[42] Zhang Y, Ryu S W, Yerino C, et al. A conductivity-based selective etching for next generation GaN devices[J]. Physica Status Solidi (b), 2010, 247(7): 1713-1716.

[43] Goldberg L, Kliner D A V. Tunable UV generation at 286 nm by frequency tripling of a high-power mode-locked semiconductor laser[J]. Optics Letters, 1995, 20(15): 1640-1642.

[44] Sayama S, Ohtsu M. Tunable UV CW generation at 276 nm wavelength by frequency conversion of laser diodes[J]. Optics Communications, 1998, 145(1): 95-97.

[45] Bahns J T, Lynds L, Stwalley W C, et al. Airborne-mercury detection by resonant UV laser pumping[J]. Optics Letters, 1997, 22(10): 727-729.

[46] Kung A H, Lee J I, Chen P J. An efficient all-solid-state ultraviolet laser source[J]. Applied Physics Letters, 1998, 72(13): 1542-1544.

[47] Choi H W, Hui K N, Lai P T, et al. Lasing in GaN microdisks pivoted on Si[J]. Applied Physics Letters, 2006, 89(21): 211101.

[48] Chen C C, Shih M H, Yang Y C, et al. Ultraviolet GaN-based microdisk laser with AlN/AlGaN distributed Bragg reflector[J]. Applied Physics Letters, 2010, 96(15): 151115.

[49] Sellés J, Brimont C, Cassabois G, et al. Deep-UV nitride-on-silicon microdisk lasers[J]. Scientific Reports, 2016, 6: 21650.

第8章 太阳能电池新技术

太阳能电池是利用半导体的光伏效应或光化学效应将太阳光能直接转换为电能的器件。目前已商业化的太阳能电池包括晶体硅太阳能电池 (如单晶硅和多晶硅) 和薄膜太阳能电池 (如硅基、铜铟镓硒、碲化镉等)。经过这些年的发展，晶体硅太阳能电池的最高光电转换效率已达到 26.3%，组件的光电转换效率从十年前的 11%提升至现在的 20%左右，成本约下降为原来的 1/10，但是依然需要降低成本，才能与传统的能源相匹敌。铜铟镓硒和碲化镉这类电池因采用高消光系数、直接带隙吸光材料，可极大地降低电池厚度，电池的最高转换效率已分别达到 21.7% 与 21.5%，但其发展受到有毒或稀有元素的原材料限制。另外，新型太阳能电池不断地涌现，染料敏化、量子点敏化、有机聚合物、钙钛矿类等新型太阳能电池的实验室转换效率在不断刷新纪录。本章主要介绍太阳能电池领域中出现的新技术。

8.1 纳米线结构在太阳能电池中的应用

硅原料的成本占单晶硅基太阳能电池组件成本的 40%甚至更高，因此硅基厚度的降低一直是大家努力的方向。但是晶片厚度的降低会减少太阳能电池的光吸收，另外，当单晶硅太阳能电池的硅片厚度降低到不足 100μm 时，传统的金字塔陷光结构有几个微米厚，容易使得硅片产生裂纹，当前制备工艺只能使得晶体硅太阳能电池片的厚度降到 160μm。

如果能解决超薄晶体硅的光吸收及制备工艺问题，那么硅片的厚度低于 100μm 后，将有利于改善电池的开路电压和电池的效率，并且硅片容易弯曲、柔性好，可以做成柔性太阳能电池，Masolin[1] 理论计算得出，当硅片的厚度为 50~70μm 时，电池的转换效率将出现最大值。Gwon 等 [2] 利用 FDTD 软件模拟超薄硅纳米线太阳能电池的性能，当硅片厚为 10μm、纳米线长 500nm, 占空比为 38%时，电池的短路电流密度为 $27mA/cm^2$，这远高于平面电池的 $20mA/cm^2$。

随着纳米技术的发展，目前已经出现了纳米线结构的硅表面陷光结构，利用纳米线的多重散射增加对光的捕获，具有比绒面更加优异的陷光性质，被称为硅纳米线 (silicon nanowire，SiNW) 太阳能电池。其不仅具有优异的给光学性质，而且还具有独特的光学物理特性，比如，可以做成径向 p-n 结硅纳米线太阳能电池，即光的吸收方向和电荷的收集方向相互垂直，径向 p-n 结减少了电荷的传输路径，这种独特的载流子传输分离特性，可以极大地提高电池的效率。

纳米线结构对于硅薄膜电池也意义重大，薄膜电池非常薄，比如，非晶硅与微晶硅的叠层制备的叠层太阳能电池，硅的总厚度只有 1~ 2μm，开路电压比较大，但是短路电流密度比单晶硅太阳能电池低，利用纳米线结构可以实现高效光捕获，提高硅薄膜电池的短路电流密度。另外，硅纳米线的制备方法比较简单，仅是用纯化学溶液刻蚀的方法就可以大面积制备硅纳米线，成本相对比较低廉，硅纳米线太阳能电池制备工艺与传统工艺相兼容，所以硅纳米线太阳能电池被认为是实现高效低廉的硅光电池的有效途径之一。

8.1.1 纳米线结构陷光理论与模拟计算

1. 传统的陷光原理 [3]

根据朗伯–比尔定律，光程长 L_{opt} 和光学厚度 D_{opt}，满足：

$$P = P(0)\exp(-D_{\text{opt}}) \tag{8-1}$$

$$D_{\text{opt}} = \alpha \cdot L_{\text{opt}} \tag{8-2}$$

式中，P 为光强；$P(0)$ 为入射光强；α 为吸收系数。从上式中看出，吸收系数 α 越大，光程长 L_{opt} 越长，光吸收越强。如果吸收系数 α 较小，光程长 L_{opt} 延长，可以有效地增加光子的吸收比例，这就是陷光结构的作用。

从图 8-1 中可以看出，陷光结构使光线在太阳能电池中产生散射和反射，从而光线的传播方向与表面法线的夹角较大，进入太阳能电池的光线可以经不同的光程 (optical path) 传播，不同方向的光程由太阳能电池的几何结构决定。在太阳能电池内部的某一空间位置 r，光子吸收率 $U_{\text{ph}}(E,r)$ 依赖于各方向 $(\theta,\ \phi)$ 的光子角通量 $\beta(E,r,\theta,\ \phi)$，如下式:

$$U_{\text{ph}}(E,r) = \int_{\Omega} \alpha(E,r)\boldsymbol{\beta}(E,r,\theta,\phi)\,\mathrm{d}\Omega \tag{8-3}$$

式中，对立体角 Ω 的积分被修正为光程 $L_i(\mu\text{m})$ 的和；光子角通量 $\beta(E,\ r,\ \theta,\ \phi)$ 代表了在空间位置 r，角度为 $(\theta_i,\ \phi_i)$，光子能量为 E 的光子角通量。

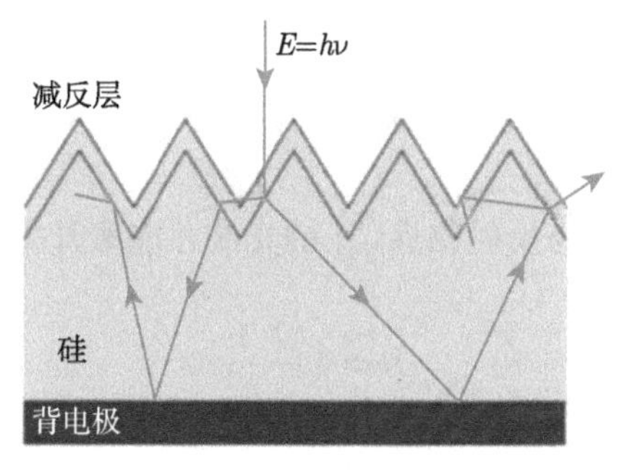

图 8-1 利用前表面陷光结构改进长波行进路径 [4]

因为光线的经历不同，一般不容易确定每个光程 L_i 的光子角通量$\beta_i(E, r, \theta, \phi)$，可以运用经典的光线跟踪方法，修正吸收比例式：

$$f_{\text{abs}} = 1 - R(E) - \frac{1}{b_s(E)} \sum_{L_i} \left\{ \beta_i(E, 0) \exp\left[-\alpha(E) \int \mathrm{d}L_i\right] \right\} \tag{8-4}$$

$$\sum_{L_i} \beta_i(E, 0) = [1 - R(E)]\, b_s(E) \tag{8-5}$$

式中，$R(E)$ 是反射率，显然，更长的光程 L_i 会增加吸收比例 f_{abs} 和光吸收。

不同的陷光结构对光吸收的作用可以通过光程长 L_{opt} 描述，光程长是各光程 L_i 的加权平均，权重是光子角通量 $\beta_i(E, 0)$：

$$L_{\text{opt}} = \frac{\sum_{L_i} \left[\beta_i(E, 0) \int \mathrm{d}L_i \right]}{\sum_{L_i} \beta_i(E, 0)} \tag{8-6}$$

光程长 L_{opt} 仅依赖于太阳能电池的几何结构及其引起的反射、折射的概率，与光吸收无关。

2. 朗伯表面与朗伯极限

朗伯表面 (Lambertian surface) 是最理想的不规则表面，经过朗伯表面散射的光线分布在整个半球面。这意味着，不论入射光是什么方向，朗伯表面的散射光都是相同的，弥散在整个半空间。如果光线进入太阳能电池，在朗伯表面背表面和前表面之间，发生一系列的散射和反射，那么背表面和前表面之间的平均光程为

$$[\Delta L_i] = \frac{\omega}{\cos\theta_s} = 2\omega \tag{8-7}$$

$$[\cos\theta_s] = \frac{1}{2} \tag{8-8}$$

式中，ω 是电池的厚度；θ_s 是散射角度，$\cos\theta_s$ 是经过朗伯表面散射后，一系列散射光传播方向 θ_s 余弦的平均值；不规则的朗伯表面在发生陷光作用之前，就已经使平均光程 $[\Delta L_i]$ 加倍了。

因为只有 $\theta_s < \theta_c$(θ_c 为反射临界角) 的光线才能离开太阳能电池，前表面具有较好的反射率和折射比率：

$$R = 1 - \frac{1}{n_s^2} \tag{8-9}$$

$$1 - R = \frac{1}{n_s^2} \tag{8-10}$$

式中，半导体材料的反射率远大于折射比率，$R \gg 1-R$。

朗伯表面作为背表面的太阳能电池具有很好的陷光作用，如图 8-2 所示。其过程为：

(1) 当光线垂直进入太阳能电池，经过光程 $\Delta L_i = \omega$ 后，在朗伯表面背表面发生散射；

(2) 经过平均光程 $[\Delta L_i] = 2\omega$ 后，在前表面发生反射，只有 $1-R=\dfrac{1}{n_{\mathrm{s}}^2}$ 的光线离开太阳能电池，其他 $R=1-\dfrac{1}{n_{\mathrm{s}}^2}$ 的光线在反射后回到太阳能电池中；

(3) $R=1-\dfrac{1}{n_{\mathrm{s}}^2}$ 的光线经过平均光程 $[\Delta L_i] = 2\omega$ 后，再一次在朗伯表面背表面发生散射;

(4) 继续在前表面和背表面之间反射和散射，直到 $\theta_{\mathrm{s}} < \theta_{\mathrm{c}}$，最终经过光程 $\Delta L_i \approx \omega$，近乎垂直地离开太阳能电池。

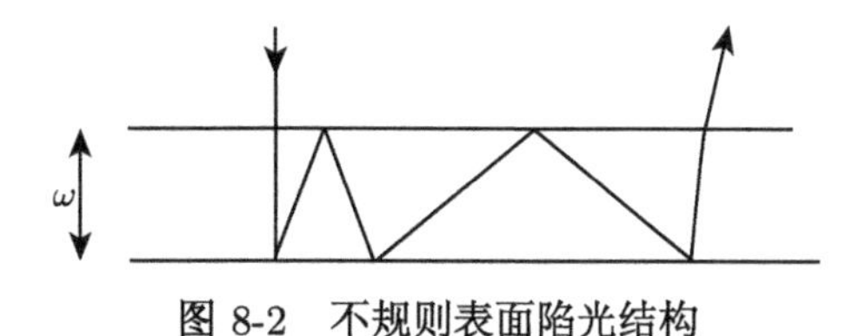

图 8-2 不规则表面陷光结构

太阳能电池最终的光程长为

$$\begin{aligned} L_{\mathrm{opt}} &= \sum_{L_i} \int \mathrm{d}L_i \\ &= \omega + \frac{1}{n_{\mathrm{s}}^2} 2\omega + \frac{1}{n_{\mathrm{s}}^2}\left(1-\frac{1}{n_{\mathrm{s}}^2}\right) 6\omega + \frac{1}{n_{\mathrm{s}}^2}\left(1-\frac{1}{n_{\mathrm{s}}^2}\right)^2 10\omega + \cdots + \omega \end{aligned} \tag{8-11}$$

因为 $\left(1-\dfrac{1}{n_{\mathrm{s}}^2}\right) < 1$，级数收敛：

$$L_{\mathrm{opt}} = 2\omega + \frac{2\omega}{n_{\mathrm{s}}^2} \frac{1+\left(1-\dfrac{1}{n_{\mathrm{s}}^2}\right)}{\left[1-\left(1-\dfrac{1}{n_{\mathrm{s}}^2}\right)\right]^2} = 4n_{\mathrm{s}}^2\omega \tag{8-12}$$

朗伯表面背表面的光程长 L_{opt} 是太阳能电池厚度 ω 的 $4n_{\mathrm{s}}^2$ 倍，这也被称为朗伯吸收极限。Si 的折射率约为 3.42，GaAs 的折射率约为 3.33，对 Si 和 GaAs 而言，$4n_{\mathrm{s}}^2$ 倍不超过 50 倍，因此 Si 太阳能电池的光吸收的朗伯极限最高可以提升 50 倍，如果所吸收的光子都可以分离为空穴电子对，那么太阳能电池的性能可以极大地提高。

3. 纳米线结构的陷光原理

正如前面所描述，传统意义上的“陷光”一般是指通过使用随机分布的微米或纳米绒面，来延长光在材料中的停留时间或传播距离 (即光程 L_{opt})，从而提高材料的光吸收能力，有效降低器件透射损耗。而纳米线结构尺寸与入射光的波长相当，此时的光已不遵守传统的几何光学理论，纳米线阵列结构拥有超出朗伯极限的优异的陷光能力，Garnett 和 Yang 等的理论模拟表明，在 AM1.5 太阳光谱中，光在硅纳米线阵列中的传播长度可增加 73 倍，远超出理论限制值 50 倍 [5]。纳米线阵列结构拥有超出朗伯极限的优异的陷光能力的原因为：一方面，当光进入纳米线阵列，入射光会在纳米线之间来回反射，由于纳米线与周围环境的折射率差，入射的光会被限制在纳米线中形成谐振，从而显著延长光吸收路径 [6]；另一方面，入射光与纳米线的耦合共振，使得单根纳米线具有“聚光”效应，即单根纳米线可以与远离其边界的入射光相互作用进而获得数倍于自身投影面积的吸收截面。因为纳米线直径尺寸往往接近甚至小于波长，其中的共振模式不能完全被束缚在纳米线腔内，有部分光存在于纳米线周围的空气中成为“漏模”，从而将周围的光耦合进纳米线腔内 [7]。纳米线中的共振模式主要取决于纳米线的直径和入射光波长，且受到纳米线阵列周期的影响，因此理论上，通过调整纳米线的直径和周期，可以获得所需的波长范围内近完美的光吸收谱 [8,9]，完全消除透射损耗。

对于光伏器件来说，光吸收损耗主要来自于两个方面，除了上述透射损耗，还有反射损耗，这主要是源于半导体材料与周围环境的折射率差，半导体纳米线阵列独特的结构特性使得自身便可作为器件的抗反射层。其抗反射原理与传统器件中的抗反射层类似：由于纳米线阵列的填充率小于 1，其有效折射率介于半导体材料和周围环境之间，相当于形成了一个折射率介于周围环境和衬底之间的过渡层，从而降低阻抗不匹配造成的反射损失 [10]。纳米线阵列的抗反射性能得益于阵列中每根纳米线对光的散射作用，由于生长方向随机的纳米线阵列具有更大的散射截面，不规则纳米线阵列有望展现出优于规则阵列的抗反射性能 [11]，相比于柱状纳米线阵列，锥状纳米线阵列具有更优的抗反射能力，因为其有效折射率呈梯度变化，可以更有效地实现与周围环境的阻抗匹配 [12]。

4. 纳米线结构光学性能的常用数值计算方法

1908 年，Gustav Mie 就在其论文中给出了均匀介质中的金属球形粒子光散射的完整的理论解释，后来被称为米氏散射理论 (Mie scattering theory)，米氏散射理论是均匀球体在平面单色光波照射、给定的边界条件下，对经典麦克斯韦电磁场方程的严格求解。对于单根圆柱形硅纳米线，采用经典的米氏散射理论就可以实现严格求解 (当然实际中仍然是取一定的近似的数值解)；然而对于复杂的纳米结构，严格求解几乎不可能。

1879 年，瑞利爵士提出了基于逐渐减小的有效折射率的反射抑制原理。他认为不均匀的结构在本质上去除了介质和衬底的明显分界面，因此提供了一种逐渐过渡的有效折射率。按照瑞利爵士的模型，不均匀的非周期硅纳米线层可以被理解为一层一层有着微小折射率变化的薄膜的堆砌。在这种模型下，纳米线的形状和尺寸对光吸收效率影响巨大。有效折射率的反射理论的缺陷在于，只有在介质尺寸比起光波长很小的情况下才比较精确 [13]。因此电磁场的数值计算就成为计算纳米线结构的光学性质的主要方法。

数值计算电磁场主要是从麦克斯韦方程的积分或微分形式出发，结合数值方法而获得近似求解。计算方法的选择与材料本身的电磁性质、几何结构等密切相关。目前，主要的计算方法可分为时域和频域法或积分和微分法。具体包括：

(1) 有限元法 (finite element method, FEM)。FEM 是 20 世纪 60 年代诞生的一种数值计算方法。有限元法的主要思想可归结为: 把连续的系统离散成为有限个单元或分区，根据每个单元节点数和对近似解的精度要求，选择满足一定插值条件的插值函数作为单元基函数，最后把所有单元按照标准方法联合成跟原有系统近似的一个系统。FEM 广泛应用于以泊松方程和拉普拉斯方程所描述的各类物理场中 [14]。

(2) 时域有限差分 (finite difference time domain, FDTD) 法。1966 年，Yee 首次提出了一种数值计算电磁场的方法——时域有限差分法。该方法是将麦克斯韦方程组在时间和空间上离散化，用差分方程替换一阶偏微分方程，再根据在时间上电场磁场交替抽样方法和相应的初始边界条件便可把各时刻空间的各点电磁场分布求出 [15]。

(3) 传输矩阵法 (transfer matrix method, TMM)。TMM 实质就是利用麦克斯韦方程求解出两个相邻层面上的电场与磁场，从而可以求得传输矩阵，然后把单层理论运用到整个介质空间中，由此便可算出整个多层介质的反射系数和透射系数 [16]。

(4) 严格耦合波分析 (rigorous coupled-wave analysis, RCWA) 法。RCWA 是由 Moharam 等提出的一种求解麦克斯韦方程组的数值计算方法。其核心思想是将电磁场按傅里叶形式展开，把傅里叶形式展开的电磁场代入麦克斯韦方程中构造出耦合波方程组，根据电磁场的边界条件得到满足边界条件的方程组，最后可根据数值计算方法求出各反射、透射衍射级的振幅和衍射效率 [17]。

在这些方法中时域有限差分法应用最为广泛。

8.1.2 硅纳米线的制备方法

硅纳米线的制备方法众多，总的说来，根据硅纳米线的形成机理及制备途径，制备硅纳米线的方法大致可分为自下而上和自上而下两大类。

自下而上的方法主要是将硅或者硅的化合物作为原料，利用高温将其分解成为气态或液态的分子和原子基团，再结合其他物理相变的方法使气态或液态的硅转变为固态的单晶硅，再组装形成硅纳米线。这类方法主要包括气–液–固相外延生长、氧化物辅助生长方法等 [18-22]。在自下而上的方法中制备的硅纳米线基本上都是无序的，长度与直径分布较宽 (直径分布从几纳米至几百纳米、长度从几十纳米至几微米)，所以如何通过调节催化剂、初始条件、基底模板等参数来调控纳米线的直径与长度就成为该方法面临的主要问题。

自上而下的方法则是借助合适的掩模板，再利用物理或化学刻蚀的方法直接在体硅材料上实现硅纳米线的制备。这类方法主要有电感耦合等离子体 (Inductively coupled plasma, ICP) 刻蚀、反应离子刻蚀 (Reactive ion etching, RIE)、金属辅助化学刻蚀 (Metal assisted chemical etching, MACE) 等 [23-26]。这些方法基本上都要先借助掩模板确定硅纳米线结构的各项参数，再通过各种物理或化学刻蚀方法形成纳米线。下面主要介绍应用最为广泛的 RIE 方法和 MACE 方法。

1. RIE

RIE 方法是一种干法刻蚀工艺，是物理性的离子轰击和化学反应相结合实现的刻蚀。其原理是在一定的气压下，在两电极之间施加高频电压时，其中的刻蚀气体 (SF_6、CF_4、C_2F_6、CHF_3 和 O_2、H_2、Ar 等) 会发生辉光放电而产生百微米厚的反应活性极高的离子层 (游离的原子或基团等)，在其中放入试样后，高速的离子撞击试样表面并发生化学反应生成挥发性气体，而被掩模保护的部分就留了下来，从而就形成了各种微纳结构。RIE 方法具有选择比高、刻蚀速率快、各向异性好等优点；但是 RIE 方法也有诸多的不足，比如离子化率较低、容易造成轰击损伤、工作气压高、离子沾污较大等。

图 8-3 是 Huang 等 [27] 利用 RIE 法制备的锥形纳米线阵列的 SEM 图，锥尖的直径为 3~5nm，锥底部的直径约为 200nm，长度为 1~16μm。该结构在全波长范围内有效地降低了硅片的反射率。随着纳米线长度的增加，陷光效应越来越好。

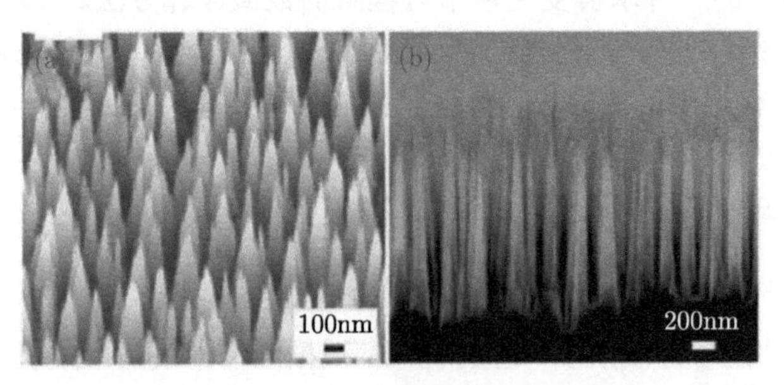

图 8-3　利用 RIE 法制备的锥形纳米线阵列 SEM 图 [27]

当纳米线高度达到 5μm 后，反射率在波长为 0.5~2.5μm 时低于 1%，在 250~400nm 时低至 0.2%。

2. MACE

MACE 是一种湿法化学刻蚀的方法，利用一些贵金属 (Au、Ag、Pt 等) 在硅片表面的催化作用，在酸性刻蚀液中进行刻蚀从而形成各种微纳米结构。其相比于干法刻蚀具有制备方法简单、成本低廉不需要各种大型精密设备等优点，可以分为一步法、两步法及聚苯乙烯小球 (PSS) 辅助 MACE 法。

其原理如下：贵金属被吸附到硅衬底时，贵金属离子从硅的价带中获取电子被还原，然后聚集成纳米颗粒；同时，这些离子往它们下面的硅注入空穴，使得硅被氧化成 SiO 或 SiO_2，然后 HF 腐蚀去除生成的氧化物，金属颗粒顺着生成的沟道向下进入硅片中，因为金属颗粒下面的空穴密度最大，所以会沿着硅片垂直向下的方向进行刻蚀，最后硅片的表面被刻蚀出纳米线，如图 8-4 所示。

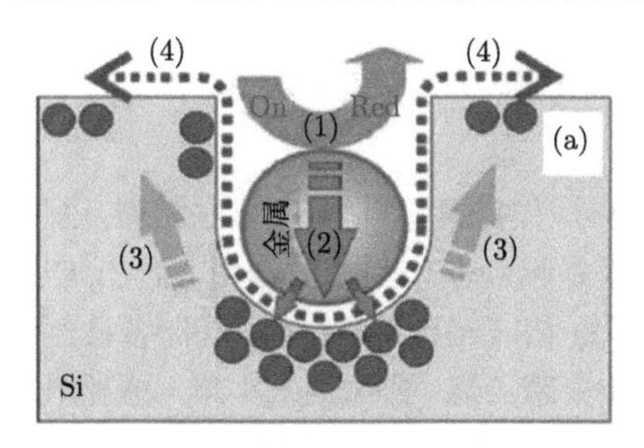

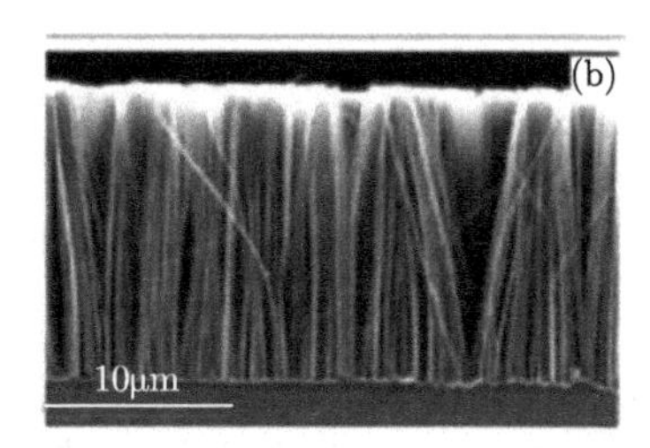

图 8-4 (a) MACE 法制备硅纳米线刻蚀过程示意图；(b) MACE 法制备的硅纳米线截面图 [28]

具体的化学反应方程式如下所示 [28]。

阴极反应:

$$H_2O_2 + 2H^+ + 2e^- \longrightarrow 2H_2O \tag{8-13}$$

阳极反应:

$$Si + 2H_2O \longrightarrow SiO_2 + 4H^+ + 4e^- \tag{8-14}$$

$$SiO_2 + 6HF \longrightarrow H_2SiF_6 + 2H_2O \tag{8-15}$$

总方程式为

$$Si + 6HF \longrightarrow H_2SiF_6 + 4H^+ + 4e^- \tag{8-16}$$

$$Si + 2H_2O_2 + 6HF \longrightarrow 4H_2O + H_2SiF_6 \tag{8-17}$$

一步法：直接将硅片放在适宜浓度的 HF 与 $AgNO_3$ 的混合溶液中进行刻蚀便可得到硅纳米线，原理如上，但是这种方法的刻蚀过程中会出现过多的 Ag 纳米枝晶从而影响硅纳米线的有序性。

两步法：首先用化学沉积方法在硅片表面预先制备一层贵金属纳米颗粒薄膜层，然后将有贵金属纳米颗粒薄膜层的硅片浸入 HF 与其他一些具有氧化性的物质的混合溶液中 (如 HF-H_2O_2 体系)，刻蚀一定的时间后就可以得到有序性较好的硅纳米线 [29-33]，沉积在硅片表面的 Ag 纳米粒子有两方面的作用，一是充当了刻蚀时的掩模板，二是催化作用加快化学反应过程；然后由于 Ag 纳米粒子的催化作用使其底下的硅被优先刻蚀，Ag 纳米粒子就掉落到纳米线底部，再去除纳米线底部的 Ag 粒子后剩下的硅就形成了硅纳米线，图 8-5 为两步 MACE 法制备过程示意图。

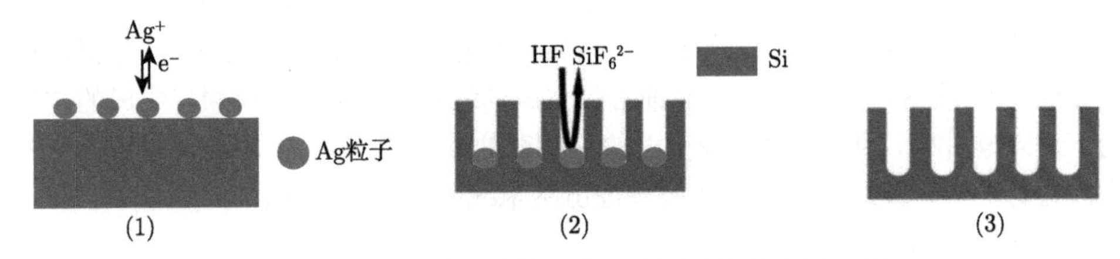

图 8-5　MACE 方法制备硅纳米线形成机理的示意图

PS 辅助 MACE 法是利用聚苯乙烯小球作掩模，与 RIE 方法相似，制备规则有序的硅纳米线阵列，只是这里的掩模板是起到催化刻蚀的作用，而 RIE 方法中的掩模板是起到阻挡刻蚀的作用。图 8-6 为 PSS 辅助的 MACE 法制备硅纳米线阵列的过程示意图，首先在硅片表面自组装聚苯乙烯 (PS) 纳米小球，再利用反应离子刻蚀将 PS 纳米小球收缩变小，然后在表面蒸镀一层 Ag 纳米层并放入 HF-H_2O_2 混合溶液中进行 MACE 刻蚀，就可以得到规则有序的硅纳米线阵列，这种方法的优点是可以制备很深的纳米线。

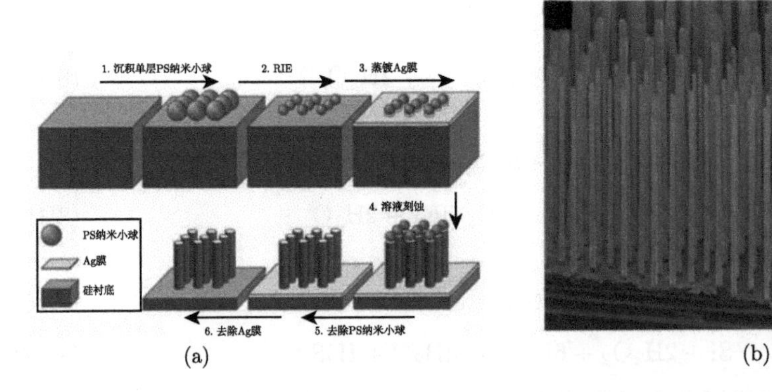

图 8-6　(a) PSS 辅助的 MACE 方法制备硅纳米线阵列的过程示意图 [34]；(b) 自组装纳米球光刻的 MACE 方法制备硅纳米线阵列的侧视 SEM 图，图中纳米线的长度在 20μm 左右 [34]

8.1.3 硅纳米线的太阳能电池器件

目前出现的硅纳米阵列结构的电池有两种类型: 轴向 p-n 结硅纳米阵列电池与径向 p-n 结硅纳米阵列电池，如图 8-7 所示。

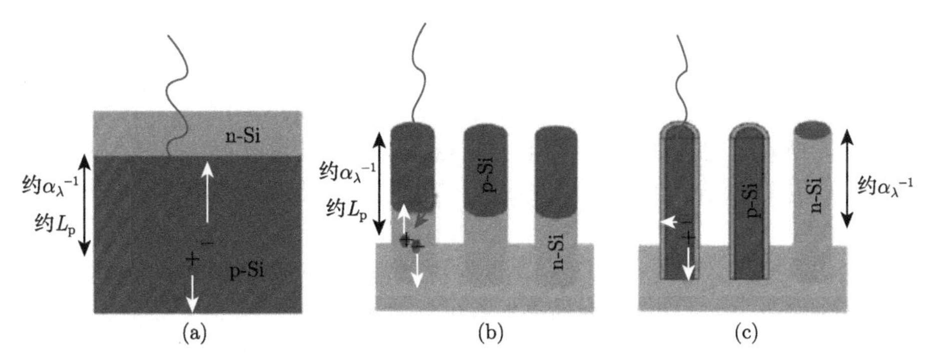

图 8-7 (a) 传统平面硅电池; (b) 轴向 p-n 结硅线阵列电池; (c) 径向 p-n 结硅线阵列电池 [35]

从图 8-7 可以看出，轴向 p-n 结硅纳米阵列太阳能电池与传统的平面 p-n 结硅太阳能电池相同，光沿着轴向被吸收，吸收方向与载流子的传输方向平行，少子扩散长度 (L_p) 与吸收长度 (α_λ^{-1}) 差不多长，不同的是: p-n 结结面积少于平面 p-n 结硅太阳能电池，但是具有出色的陷光能力。

径向 p-n 结纳米线阵列太阳能电池中，光是沿着轴向被吸收，但少子是径向扩散到结处，因而少数载流子只需扩散很短的距离就可以到达结区，极大地减少了载流子的传输距离，因而这种结构的电池不仅具有优异的陷光能力，同时还能降低少数载流子在传输过程中的损失。当硅纳米阵列中线体的半径与少数载流子的 (如 p 型材料中的电子) 扩散长度相当时，器件性能达到最佳 [36-40]。三者相比，显然径向 p-n 结纳米线太阳能电池更有优势。径向 p-n 结纳米线结构可以提高低纯度的硅材料太阳能电池的光电转换效率。纯度低的硅晶体材料，其少数载流子的扩散长度只有 100nm，如果采用径向 p-n 结结构，光伏电池的转化效率可达 11%，而同样材料的平面硅电池效率只有 1.5%[41]。同样，径向 p-n 结纳米线结构也可以极大地提高非晶硅等薄膜太阳能电池器件性能。传统的非晶硅薄膜太阳能电池都是平面 p-i-n 结构，由于非晶硅中载流子寿命短，又具有光致衰减效应，所以其本征吸收层应该小于 100nm，而为了保证光吸收效率，则厚度至少为 300~500nm。如果采用径向的 p-i-n 结构，纳米线结构优异的陷光能力使得入射光的吸收极大地增强，光子的 “有效吸收长度” 远大于电池中本征吸收层的物理厚度，因此，非晶硅等径向结 p-i-n 薄膜太阳能电池中的本征吸收层可以小于 100nm，极大地提高了电池的性能。

8.1.4 有机–无机杂化硅纳米线太阳能电池

基于硅纳米线的轴向及径向 p-n 结太阳能电池都是利用扩散掺杂工艺在硅纳米线上形成同质 p-n 结，对于波长为 0.3~1.1μm 范围内的太阳光，晶体硅同质结太阳能电池可很好的吸收，然而这个波段的能量只占太阳光总能量的 46%，剩下 54%的紫外或红外的太阳光只能转化为热能。而异质结是由两种不同能带带隙组成的特殊 p-n 结，较晶体硅同质结太阳能电池可以拓宽对太阳光的吸收能谱，从而实现光电转换效率的提高。而且薄膜异质结太阳能电池可以进一步减小原材料硅的消耗，从而降低太阳能电池的制作成本，并且能够将太阳能电池生长在一些柔性的基底上。

有机–无机杂化太阳能电池是一类以有机半导体材料和无机半导体材料构成的异质结光伏电池。这种结构的电池既有有机材料的低成本、易加工的优势，又有无机半导体优异的光电性能，而且为以低成本的方式来生产出高效率的电池提供了新的可能性。图 8-8 给出了杂化太阳能电池中常用的器件结构和一些典型的有机、无机半导体材料 [42-46]。

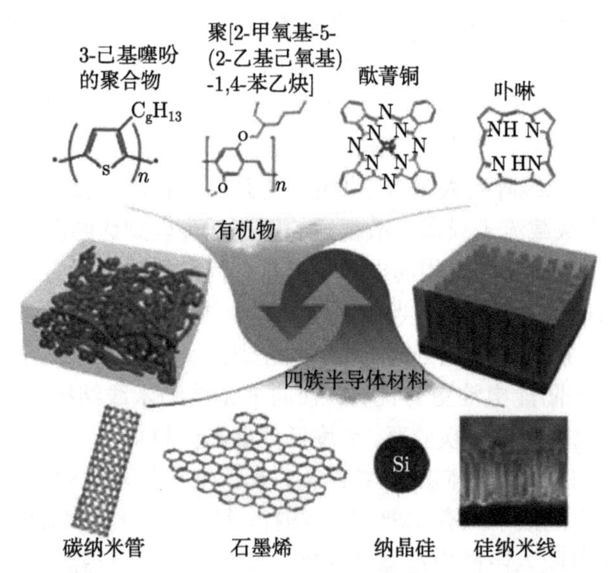

图 8-8 有机–无机杂化光伏器件中具有代表性的材料和器件结构 [43]

图中给出了两种有机–无机杂化太阳能电池结构，一种结构是将无机半导体材料、量子点、纳米线或纳米柱等与有机物先制成混合物，然后在上下两面制作电极制成杂化太阳能电池，这种无序纳米颗粒分散结构可以增加结面积，但是由于其无序的结构不可避免地会使载流子容易发生湮灭和复合；另一种结构采用了有序的纳米线阵列结构，制成有机–无机杂化硅纳米线太阳能电池，纳米线结构不仅可以增大结面积，同时陷光效应会极大地增加光吸收，而且有序的纳米线阵列有助于载流子的运输，极大地提升了电池性能[47]。

有机–无机杂化太阳能电池的工作原理也包括这么几个过程：入射光吸收过程、激子产生和扩散过程、激子在 p-n 结界面处分离的过程、载流子传输和收集的过程，如图 8-9 所示。在第一个过程中，能量大于有机半导体材料或者无机半导体材料的入射光被吸收，处于基态的电子被激发。然后，产生了被束缚在一起的电子空穴对状态的激子。这些激子扩散到有机无机半导体材料的 p-n 结界面处，然后在内建电场的帮助下，激子在界面处分离成电子和空穴。接着，这些载流子传输到它们相应的电极来产生一个外部的电流，其中，空穴通过施主半导体传输到阳极，电子通过受主半导体传输到阴极。对于纳米线结构来说，电子和空穴是沿着纳米线径向 p-n 结传输的[48]。

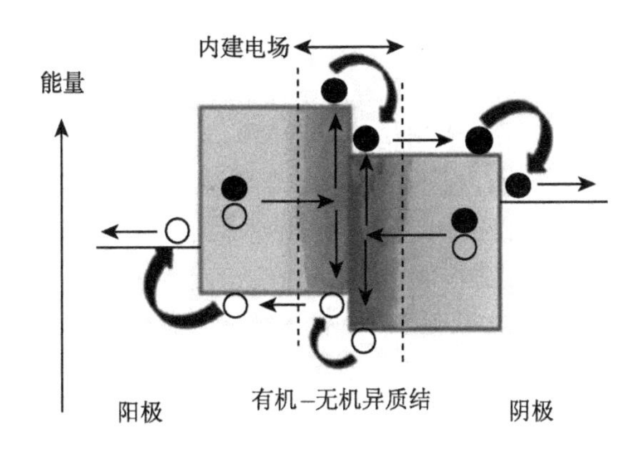

图 8-9 有机–无机杂化太阳能电池工作原理图[48]

8.1.5 硅纳米线太阳能电池存在的问题

虽然硅纳米线电池一经提出就成为研究热点，特别是径向 p-n 结纳米线电池，引起了国内外众多研究小组的关注，但是目前硅纳米线太阳能电池的转换效率还远远低于其理论值，主要存在以下问题：① 硅纳米线阵列结构深宽比大，具有很大的表面积，载流子更多的是在表面处被复合，巨大的表面复合损耗，使得硅纳米线的表面钝化处理显得尤为重要[49]。目前，已经出现了许多可用于钝化硅纳米线的表面的材料，如氧化铝[50,51]，非晶硅 (a-Si)[52,54]，氮化硅[55,56]，硅的氧化物[57,58]，以及碳基材料[59-62]等。② 径向 p-n 结纳米线结构中，虽然载流子传输距离很短，但是分离的电荷进入径向核或壳时，距离顶端和底部的电极尚远，在长距离的运输途中又有很大概率被捕获进而复合，因此电池转换效率被极大地降低。传统的透明导电氧化物和交错金属电极不足以解决这一问题，只有这一问题得到解决，硅纳米线径向太阳能电池的优势才能真正得到应用。

如果能把纳米线结构及其他纳米结构推广到日趋成熟的薄膜太阳能电池中，并与之结合，那必将为新型高效薄膜电池打开一个广阔的性能提升空间，可能推动一场新的产业升级革命，前景十分光明。

8.2　表面等离激元技术在太阳能电池中的应用

表面等离激元为太阳能电池提供了另一种 “光捕获” 技术 [63-66]。表面等离激元是指在金属表面存在的自由振动的电子与光子相互作用产生的电磁波模式。它以振动的形式沿两种材料的交界面传播，且电磁场在垂直于该交界面的方向上随深度增加呈现指数衰减。根据其传播形式，可以把表面等离激元分为两种模式：一种是传导型的表面等离激元模式，人们常称之为表面等离极化激元 (surface plasmon polariton,SPP)，即激发的电磁波会沿着两种材料的分界面方向传播; 另一种是非传播激发模式，也就是常说的局域表面等离激元 (localized surface plasmon, LSP)，即激发的电磁波会局域在金属纳米结构的附近 [67]

局域表面等离激元一般存在于不连续的金属纳米粒子结构中，如图 8-10 所示。根据米氏散射理论，入射光照到球形的金属纳米粒子时，金属内部的自由电子与光子发生相互作用，当入射光频率与金属纳米粒子的振动频率相匹配时，就会发生共振，产生局域的表面等离激元共振效应，极大地增强金属纳米粒子表面的局域电磁场。当电子云接近原子核时，在电子与原子核之间的库仑力作用下会产生一种反作用力，导致相对于核体系的电子云的来回振动。其共振频率与金属纳米粒子的形状、尺寸、材料成分，以及纳米粒子周围环境的介电特性有密切的关系 [68]。

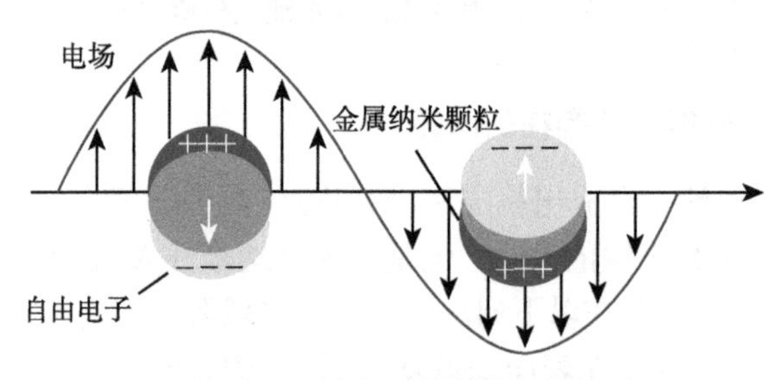

图 8-10　局域表面等离激元原理图

早在 2005 年，Schaadt 等就报道，通过沉积法在半导体表面上加入金纳米颗粒，并利用金纳米颗粒的表面等离子体共振的激发从而增强了光的吸收，提高了光电流 (图 8-11)[69]。2007 年，Pillai 等研究了银纳米粒子增强型薄膜 c-Si 太阳能电池对光的吸收情况。在他们的实验中，纳米粒子的直径是非常小的 (小于 30nm)，实现了在可见光及近红外光区域整体的吸收增强，特别是硅带隙附近的波段吸收增强尤为明显。2008 年，Catchpole 等通过改变金属纳米粒子的形状、尺寸、颗粒材料和电介质环境等，在理论上研究单个 Ag 或 Au 颗粒的光的散射 [70]。2011 年，Spinelli 等通过 Ag 纳米粒子阵列几何形状的光的散射，系统地研究了光进入结晶硅衬底的耦合现象 [71]。2014 年，Casadei 和 Pecora 提出了耦合金属半导体谐振纳米结构，发现通过调整纳米光学天线和砷化镓纳米线之间的耦合可以改变纳米线的光学响应，对于一直受界面问题困扰的有纳米线太阳能电池来说，除了努力减少纳米线表面的缺陷，还可以利用金属纳米颗粒局域等离子体效应，进一步提高光的吸收率，而且金属纳米颗粒可以充当电荷载体，使得电荷迁移距离变短，从而能提高太阳能电池、探测器等光学器件的性能 [72]。2017 年，艾奥瓦州 Novack 博士将大量的纳米天线集成在有韧性的塑料软片上，做出了较高效率的红外线太阳能板 [73]。

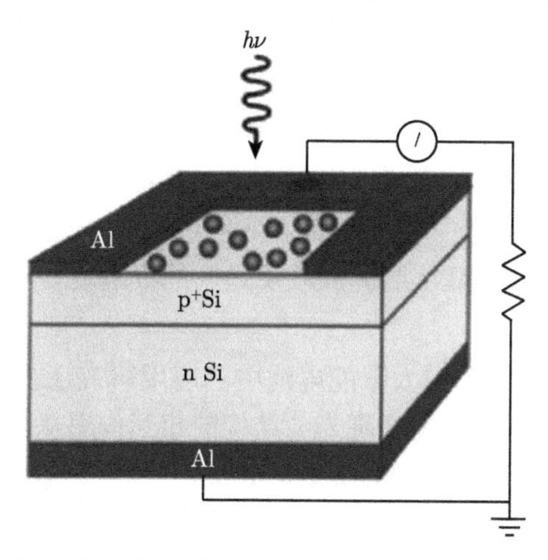

图 8-11 具有金属纳米颗粒的 Si p-n 结二极管器件结构的示意图 [69]

2010 年，Atwater 教授与 Polman 教授在国际顶级期刊*Nature Materials*上发表了基于表面等离激元共振增强光伏电池光吸收特性的综述文章。系统归纳了在电池结构中植入不同的金属纳米结构对其光吸收特性影响的三种方式，分别为：光散射作用，光会聚作用，以及表面等离激元极化传导模式增强作用 (图 8-12)[74]。

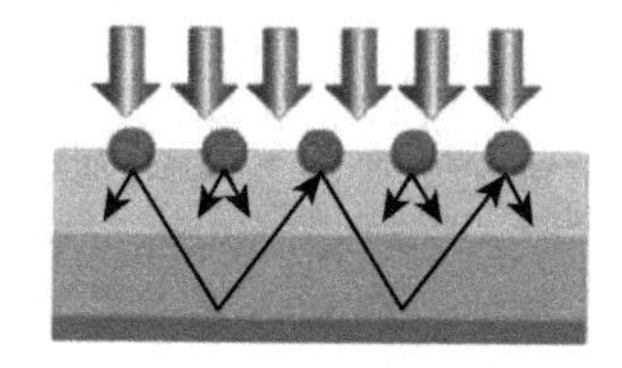

(a) 金属纳米颗粒的光散射作用

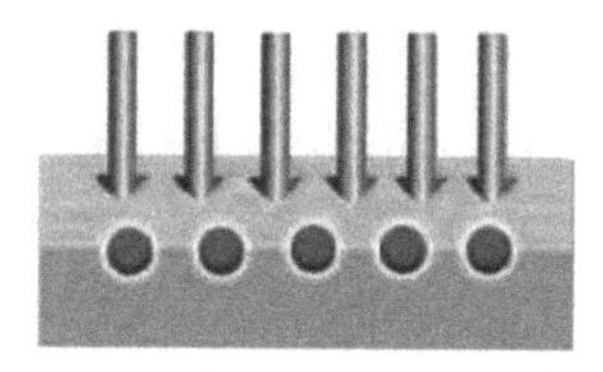

(b) 金属纳米颗粒的表面等离激元局域增强的光会聚作用

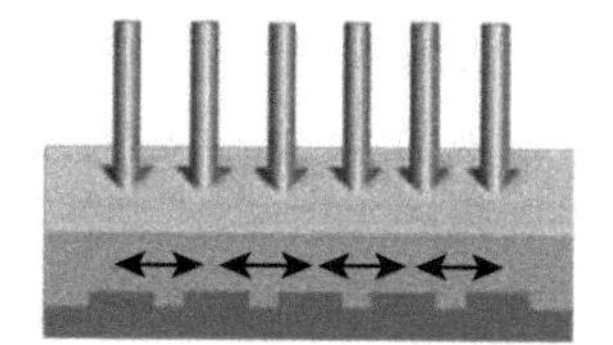

(c) 表面等离激元极化传导模式作用

图 8-12 金属纳米结构在太阳能电池中作用的三种方式 [74]

(1) 光散射作用: 处于同种介质中的小尺寸金属纳米粒子在受太阳光照射时，其正反两方向上的散射几乎是对称的。但是当金属纳米粒子位于两种不同介质的交界面处时，入射太阳光被优先散射到介电常数较大的介质中。在这种情况下，散射光在介质中会有一个角度扩展，从而有效增加了光程长，如图 8-12(a) 所示。由于角度扩展，使更多的入射光被太阳能电池吸收。此外，如果在该电池中加入金属背电极时，经纳米粒子散射的光会被背电极反射回来再由金属纳米粒子重新散射，如此散射–反射–散射–反射反复传播，导致光程长极大地增加，因而增加了薄膜的光吸收 [75]。

(2) 表面等离激元局域增强的光会聚作用: 嵌入半导体薄膜中的金属纳米粒子，其振动频率与入射光的频率相匹配时，会产生局域表面等离激元共振效应，使金属纳米粒子周围电磁场增强，从而有效提高邻近半导体对光的吸收作用，如图 8-12(b) 所示。另外，金属纳米粒子作为亚波长 “天线”，将入射光能量储存在局域表面等离激元模式中，有效地提高了薄膜的光吸收能力。

(3) 表面等离激元极化传导模式增强作用: 这是一种基于表面等离激元极化的电磁波传播模式，如图 8-12(c) 所示。即在光吸收层背电极的背面镀上一层沟槽状的金属膜，光在金属背电极和半导体吸收层之间的界面上传播，从而有效地将光限制在半导体吸收层中。

关于金属表面等离激元在太阳能电池中的应用研究还在不断地深入，主要集中在: 通过改变金属的表面结构实现光与结构的相互作用从而提高电池效率，利用金属放置在不同带宽的半导体中间形成的叠加结构将能量耦合到不同带宽的金属层里面，增强光的吸收 [76]；利用耦合光形成表面等离激元，解决量子点太阳能电池的吸收问题 [77]；利用纳米天线及其形成的阵列结构，集成有机太阳能电池等。

8.3　量子点太阳能电池

量子点是一类特殊的半导体，它们是由Ⅱ-Ⅵ族、Ⅲ-Ⅴ族或Ⅳ-Ⅵ族材料的周期性基团组成的纳米晶体，由于其三维尺度上的尺寸都是纳米级的，故而当量子点的尺寸接近材料的激子玻尔半径的大小时，量子限制效应变得突出，它们的电子能级不再被视为连续带，必须被视为离散能级。因此，量子点可以被认为是具有能隙和能级间隔的人造分子，能带结构取决于其半径。一般情况下，能量带隙随量子点尺寸的减小而增加，随量子点尺寸的增加而减小，吸收峰也由于其带隙的变化而发生蓝移或红移。量子点的这种带隙可调节性使得构建宽光谱的纳米结构太阳能电池成为可能。另外，量子点还具有上转换、下转换性能，具有较大的固有偶极矩、快速的电荷分离 [78] 性能，这些都使得量子点在太阳能电池中具有极好的应用前景。

1. 量子点下转换太阳能电池

量子点下转换太阳能电池多数是典型的下转换材料，即吸收较短波长的光，发出较长波长的光。因此，可以将电池吸收效率不高的短波长的光谱转换至吸收效率较高的波段，从而提高太阳能电池的光谱利用率。量子点可以在吸收高能光子的同时使一个光子可以产生多个电子–空穴对 (多激子效应)，理论上预测的量子点电池效率可以达到 65%[79-81]。图 8-13 为光谱下转换层太阳能电池表面示意图。

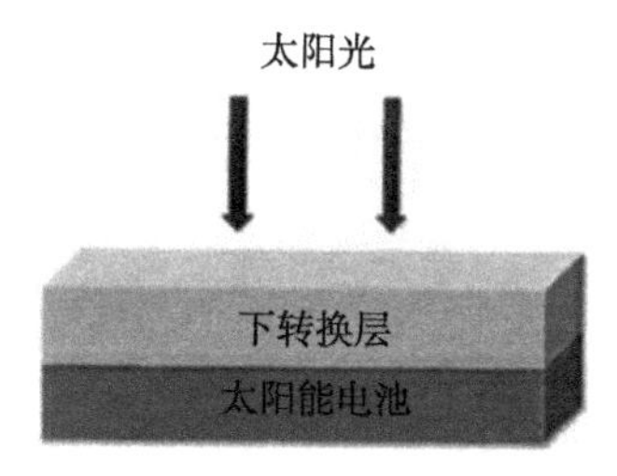

图 8-13 光谱下转换层太阳能电池表面示意图 [79]

迄今为止，研究开发出来的量子点材料有很多，但是目前的量子点材料的转换效率都很低，因此这类电池面临的难题是如何大幅提高转换材料的光子转换效率。例如，CdSe、CdSe-ZnS 和 CdSe-CdTe 量子点因为具有宽吸收谱带、高量子产率，以及在可见光区域可调节的发射谱带而得到广泛关注，但这些量子点的吸收谱与发射谱重叠导致电池效率受到影响。理想的光谱下转换材料应该满足以下几点 [82]：① 具有较宽的吸收谱带，在此吸收谱范围内太阳能电池的光谱响应较低；② 发射光谱的波段具有较高的太阳能电池光谱响应；③ 较高的斯托克斯位移，保证吸收光谱和发射光谱的重叠区域较小，以防光子在光谱重叠区域进行自吸收造成能量损失；④ 具有较高的吸收系数和量子产率，光谱转换后依然保持较高的光子数；⑤ 高透射率，不影响长波光子的透过。目前开发出来的 Ag_2S、PbS、ZnTe-CdSe 等量子点能够发射近红外光谱，与单晶硅太阳能电池的光谱响应所匹配，因此多用于硅太阳能电池效率的提升 [83-86]。

2. 量子点敏化太阳能电池

最常见的量子点太阳能电池是量子点敏化太阳能电池 (QDSC)。它的结构由沉积了量子点的光阳极、电解质和对电极三部分组成，工作原理与染料敏化太阳能电池 (DSSC) 相似。如图 8-14 所示，光照下，量子点吸收光子后被激发，产生电子–空穴对并发生分离，电子快速注入 TiO_2 导带并经 TiO_2 被外电路收集，量子点的空穴被电解质还原回到基态，电解质在对电极处接收外电路流入的电子完成再生，从而完成一个循环。光电转换主要通过三个界面完成：① 量子点与金属氧化物半导体界面；② 量子点和电解质界面；③ 电解质与对电极界面。具体来讲，光阳极是由具有介孔结构的宽禁带半导体氧化物 (TiO_2、SnO_2、ZnO) 薄膜及沉积在薄膜上的量子点构成的；电解质主要是用来还原、再生量子点，目前最常用的电解质为含有多硫氧化还原电对 (S^{2-}/S_x^{2-}) 的水溶液，也有少量报道采用 I^-/I_3^-、Co^{2+}/Co^{3+} 等非硫氧化还原电对；对电极主要起到还原电解质中氧化物的作用，对电极材料目前主要包括贵金属、碳材料和金属硫化物三类 [87]。

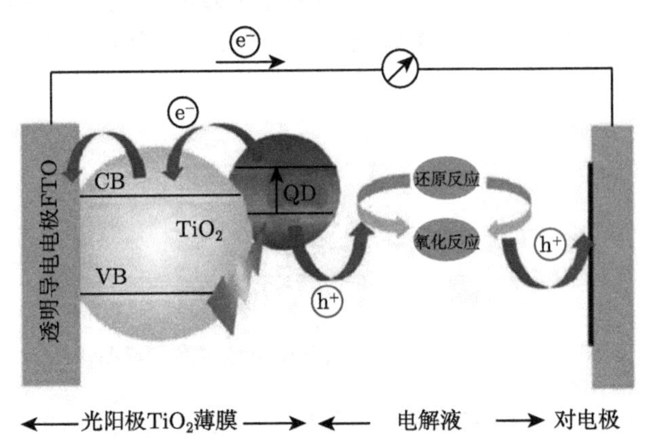

图 8-14　QDSC 结构及工作原理

目前 QDSC 的效率并不高，存在的问题主要有：量子点材料表面缺陷态较多，量子点在 TiO_2 表面的负载量偏低，导致光生电子注入和收集效率不理想；另外，量子点/光阳极与电解质之间存在严重的载流子复合；氧化还原电对，以及对电极导致的开路电压和填充因子偏低等。因此要获得高性能的 QDSC，需要进行以下方面的研究：制备表面缺陷少、高质量的量子点，设计制备成本低、低毒、禁带宽度窄、消光系数高的高质量环境友好的量子点敏化剂，优化量子点沉积方法，发展新颖的表面修饰或预处理方法以量子点在 TiO_2 中实现快速渗透、均匀吸附、高负载量，同时减少载流子复合等 [88-90]。

8.4　钙钛矿太阳能电池

钙钛矿太阳能电池是一种以有机–无机复合型钙钛矿材料作为吸光材料，结合电子和空穴传输的新型太阳能电池。广义上说的钙钛矿型太阳能电池属于染料敏化太阳能电池的一种。2009 年，日本桐荫横滨大学宫坂力教授率先将碘化铅甲胺和溴化铅甲胺应用于染料敏化太阳能电池，获得了最高 3.8%的光电转换效率，这一研究被认为是钙钛矿太阳能电池研究的起点。随后取得了迅速的发展，钙钛矿太阳能电池的光电转换效率目前已经达到 20.8%。2013 年被*Science*评选为十大科学突破之一 [91-94]，被认为是最有前途的太阳能电池之一。

1. 钙钛矿材料

作为太阳能电池的吸收层，钙钛矿材材料的光吸收系数可以高达 10^5，具有载流子迁移率高、扩散长度长、光吸收能力强、发光效率高等优点。典型的有机–无机复合型钙钛矿材料有碘化铅甲胺 ($CH_3NH_3PbI_3$)，溴化铅甲胺 ($CH_3NH_3PbBr_3$) 等 [95-98]。其结构如图 8-15 所示，钙钛矿材料结构为 ABX_3，其中 A 为有机阳离子，B 为金属离子，X 为卤素基团。在该结构中，金属 B 原子位于立方晶胞体心处，卤素 X 原子位于立方体面心，有机阳离子 A 位于立方体顶点位置。它们一般与 TiO_2 及空穴传输材料之间均具有良好的能级匹配，使光活性层吸收光能产生的自由电子有效注入二氧化钛 (TiO_2) 层，空穴可以顺利从光活性层传输到对电极。图 8-16 是近年来，开发出来的典型的钙钛矿材料及其能级图。

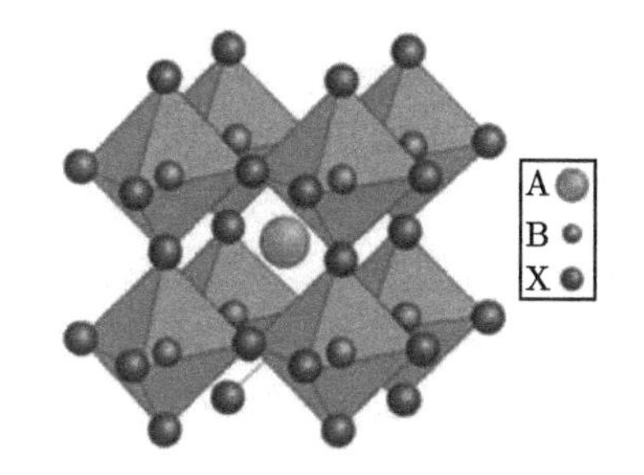

图 8-15　钙钛矿 ABX_3 型结构示意图

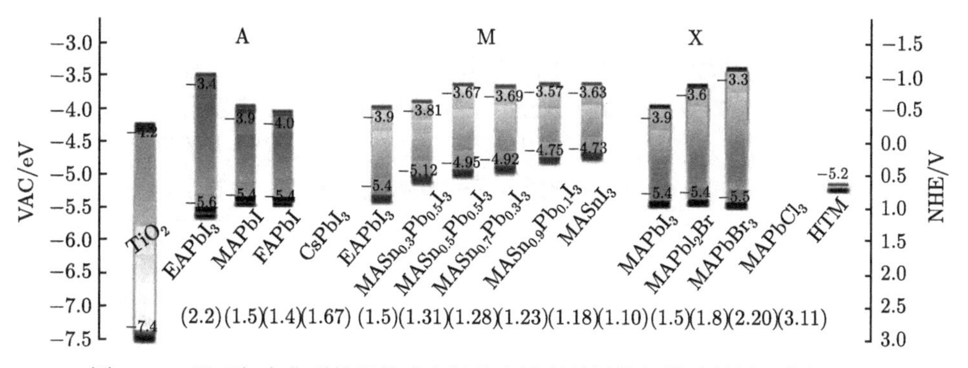

图 8-16　近五年来典型的钙钛矿太阳能电池所使用的钙钛矿材料及其能级图

2. 钙钛矿太阳能电池结构

钙钛矿太阳能电池结构从大的方面讲有两种：液态结构与全固态结构。液态结构的太阳能电池跟染料敏化电池结构类似，目前已经不常用。全固态钙钛矿太阳能电池的结构如图 8-17 所示，钙钛矿电池一般是由导电玻璃、电子传输层 (ETL)、钙钛矿光吸收层、空穴传输层 (HTL) 和金属电极组成。

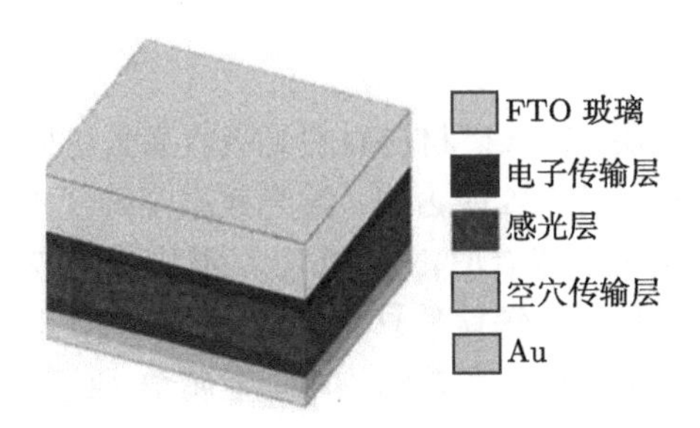

图 8-17 钙钛矿太阳能电池的结构示意图

钙钛矿电池的光吸收层一般为 $CH_3NH_3PbI_3$ 材料，因为其带隙约为 1.55eV，对应的光吸收阈值约为 800nm，处于制备太阳能电池的最佳带隙之间。而且，这种材料具有极高的光吸收率 (可达 10^5cm^{-1})，同时还具有很高的载流子迁移速率，其中电子为 $7.5cm^2/(V·s)$，空穴在 $12.5\sim66cm^2/(V·s)$，其内量子效率甚至接近 100%[99]。常用的光吸收层钙钛矿材料见图 8-16。钙钛矿电池 ETL 一般为 TiO_2 材料，其主要功能是收集电子，阻挡空穴。ETL 根据成膜特性可分为介孔骨架型或平板型。

介孔骨架型 ETL 通常包括致密阻挡层和电子传输骨架层两个部分，其中阻挡层一般为致密 TiO_2 或 ZnO 纳米颗粒，用以阻挡钙钛矿层的空穴和掺氟氧化锡 (FTO) 导电玻璃中的电子复合，厚度一般为 40~70nm。电子传输骨架层一般为 TiO_2 介孔层，或者 TiO_2 一维纳米结构等，其厚度通常不超过 500nm，也可使用其他材料作为骨架层，如氧化锌 (ZnO)、富勒烯衍生物 PCBM([6,6]-phlng1-C61-butyric acid methyl ester) 等，介孔层能有效减少电子与空穴的复合，加快电子传输，同时也削弱了由界面处电子的大量聚集导致的严重的滞后效应。但是，骨架层的制备通常需要 400~500℃的高温退火处理，这样极大地限制了钙钛矿电池的基底选择 [100,101]。平板型 ETL 不需要介孔层，一般为无须高温退火的富勒烯衍生物 PCBM，省去了高温退火处理，因此增加了电池基底的选择，尤其是用平板型 ETL 做成的反式结构还可以应用于柔性钙钛矿电池。但是因为钙钛矿层无法在基底表面完全覆盖，钙钛矿光吸收层中电子扩散长度也较差，所以容易产生滞后效应，影响电池的功率输出。而反式平板结构 (p-i-n 型) 的钙钛矿电池结构，电子则通过 ETL 层流向金属电极；滞后效应较小，同时填充因子 (FF) 也较高，一般能达到 0.8 左右。其基本结构为 FTO 导电玻璃 (或 ITO) /HTM /$CH_3NH_3PbI_3$/ETL/金属电极，电荷的流向为：电子通过 ETL 流向金属电极，空穴经过 HTL 流向导电玻璃，2013 年，Guo 等首次报道了反式平板结构的钙钛矿电池，得到了 3.9%的转换效率。Nie 等通过进一步优化钙钛矿薄膜形貌，制备出了 18%的高效反式结构电池 [102,103]。

钙钛矿电池中的 HTL，主要进行空穴的输运以及对电子的阻挡。HTL 材料一般为有机材料，使用最广泛的是 spiro-OMeTAD，但其价格较为昂贵。其他常见的有机 HTM 材料有：P3HT4、PCBTD-PP、PEDOT: PSS、PTAA。

有机 HTM 材料的最大问题是稳定性不好，因此出现了无机 HTM 材料，以及无 HTM 材料的钙钛矿太阳能电池。常见的无机 HTM 材料有：CuI、NiO_x 等。最初的无 HTL 层的钙钛矿电池来源于瑞士的 Etgar 小组所制备的 $Au/CH_3NH_3PbI_3/TiO_2$ 异质结钙钛矿电池，2014 年，华中科技大学的韩宏伟教授也舍去了昂贵的有机 HTL 层，使用碳作为电极来代替 Au 电极，制备的电池不仅实现了 10.64%的效率，而且稳定性也得到了明显的提高 [104,105]。

值得一提的是，钙钛矿材料不仅可以作为光吸收层，还可以作为 ETL 和 HTL。2012 年，Smith 教授等将 TiO_2 介孔层换成绝缘材料 Al_2O_3 同样得到了 10.9%的电池效率。这一实验表明了钙钛矿材料具有电子传输性。同年，瑞士的 Gar L 教授等在制备出 $CH_3NH_3PhI_3$ 薄膜后舍弃了昂贵的 HTL，直接在钙钛矿层之上沉积了金属电极，并得到了 7.3%的光电转换效率，这一实验结果证明钙钛矿材料还可以传输空穴 [106]。

3. 钙钛矿电池的稳定性

钙钛矿电池存在的最大问题就是稳定性差，钙钛矿材料在水蒸气中的稳定性较差，比如，常用的钙钛矿材料 $CH_3NH_3PbI_3$ 在室温条件下会吸水分解，钙钛矿太阳能电池对氧气非常敏感，会与其发生化学反应使得晶体结构容易遭到破坏；CH_3NH_3I 这种材料在较高温度下还会被蒸发产生 PbI_2 沉积，PbI_2 是一种可溶于水的致癌物质，对环境和人类的健康都有着很大的危害。

目前为了提高钙钛矿材料的稳定性，多采用三维的有机–无机钙钛矿薄膜结构，这种三维结构的钙钛矿薄膜在环境稳定性和光稳定性方面都有很大改善 [107]。

另外，使用无机钙钛矿材料提高电池稳定性是一个重要途径，例如，有研究者用 $CsPbBr_3$ 作为光吸收层，碳作为背电极制备了全无机结构的 $CsPbBr_3$ 钙钛矿电池，在无封装的情况下可以稳定数月而没有效率损失 [108]。

除了上述的钙钛矿材料稳定性较差的问题，钙钛矿电池还存在大面积制备困难的问题，目前实验室制备的钙钛矿太阳能电池面积仅为几平方毫米；另外，钙钛矿太阳能电池的 *I-V* 曲线会随着测试器件扫描方向、扫描速率、起始测试的反向电压值和光照历程等变化，这就是所谓的 *I-V* 曲线回滞现象，使得太阳能电池转换效率测试值过高或过低；最后就是钙钛矿材料中 Pb 的有毒性问题，对环境和人类的健康都有着很大的危害。

尽管钙钛矿电池还存在很多问题，但仍然是目前发展最快的太阳能电池，随着技术的不断突破，也许在不久的将来，钙钛矿电池能够在解决环境污染及能源短缺问题上取得令人瞩目的成绩。

参 考 文 献

[1] Masolin A. Fabrication and Characterization of Ultra-Thin Silicon Crystalline Wafers for Photovoltaic Applications using a Stress-Induced Lift-Off Method[M]. Belgium: KU Leuven, 2012: 5.

[2] Gwon M J, Cho Y, Kim D W. Design of surface nanowire arrays for high efficiency thin (<10 mm) Si solar cells [J]. Current Applied Physics, 2015, 15: 34-37.

[3] Lush G, Lundstrom M. Thin film approaches to high efficiency III-V cells[J]. Solar Cells, 1991,30: 337-344.

[4] Abdullah M F, Alghoul M A, Naser H, et al. Research and development efforts on texturization to reduce the optical losses at frontsurface of silicon solar cell[J]. Renewable Sustainable Energy Reviews, 2016, 66: 380.

[5] Garnett E, Yang P. Light trapping in silicon nanowire solar Cells [J]. Nano Letters, 2010, 10: 1082-1087.

[6] Muskens O L, Diedenhofen S L, Kaas B C, et al. Large photonic strength of highly tunable resonant nanowire materials [J]. Nano letters, 2009, 9(3): 930-934.

[7] Wen L, Zhao Z, Li X, et al. Theoretical analysis and modeling of light trapping in high efficiency GaAs nanowire array solar cells [J]. Applied Physics Letters, 2011, 99(14): 143116.

[8] Cao L, White J S, Park J S, et al. Engineering light absorption in semiconductor nanowire devices [J]. Nature Materials, 2009, 8(8): 643.

[9] Huang N, Lin C, Povinclli M L. Broadband absorption of semiconductor nanowire arrays for photovoltaic applications [J]. Journal of Optics, 2012, 14(2): 024004.

[10] Jung J Y, Guo Z, Jee S W, et al. A strong antireflective solar cell prepared by tapering silicon nanowires [J]. Optics Express, 2010, 18(103): A286-A292.

[11] Convertino A, Cuscuna M, Rubini S, et al. Optical reflectivity of GaAs nanowire arrays: Experiment and model [J]. Journal of Applied Physics, 2012, 111(11): 114302.

[12] Zhu J, Yu Z, Burkhard G F, et al. Optical absorption enhancement in amorphoussilicon nanowire and nanocone arrays [J]. Nano Letters, 2008, 9(1): 279-282.

[13] Rayleigh L. Onwhich the transitionreflection of vibrations at the confines of two mediais gradual[J]. Proceedings of the London Mathematical between Society, 1879, 1(1): 51-56.

[14] Babuska I. The finite element method with Lagrangian multipliers [J]. Numerische Mathematic, 1973, 20(3): 179-192.

[15] Yee K S. Numerical solution of initial boundary value problems involving Maxwell equations in isotropic media [J]. IEEE Transactions on Antennas and Propagation,1966, 14(3): 302-307.

[16] Bossavit A. Most general “non-local” boundary conditions for the Maxwell equation in a bounded region[J]. Compel, 2000, 19(2): 239.

[17] Moharam M G, Gayloard T K. Rigorous coupled-wave analysis of planar-grating diffraction [J]. Journal of the Optical Society of America, 1981, 71(7): 811-818.

[18] Wagner R S, Ellis W C.Vapor-liquid-solid mechanism of single crystal growth[J].Applied Physics Letters, 1964, 4: 8991.

[19] Wu Y Y, Yang P D. Direct observation of vapor-liquid-solid nanowire growth[J]. Journal of the American Chemical Society, 2001, 123(13): 31653166.

[20] Gudiksen M S, Lieber C M. Diameter-selective synthesis of semiconductor nanowires[J]. Journal of the American Chemical Society, 2000, 122(36): 88018802.

[21] Cui Y, Lauhon L J, Gudiksen M S, et al. Diameter-controlled synthesis of single crystal siliconnanowires[J]. Applied Physics Letters, 2001, 78(15): 22142216.

[22] Gudiksen M S, Wang J F, Lieber C M. Synthetic control of the diameter and length of singlecrystal semiconductor nanowires[J]. Journal of Physical Chemistry B, 2001,105(19): 40624064.

[23] Peng K Q, Hu J J, Yan Y J, et al. Fabrication of single-crystalline silicon nanowires by scratching a silicon surface with catalytic metal particles[J]. Advanced Functional Materials, 2006, 16: 387-394.

[24] Ke Y, Wang X, Weng X J, et al. Single wire radial junction photovoltaic devices fabricated using aluminum catalyzed silicon nanowires[J]. Nanotechnology, 2011, 22(44): 445401.

[25] Hung Y J, Lee S L, Wu K C, et al. Antireflective silicon surface with vertical-aligned silicon nanowires realized by simple wet chemical etching processes[J]. Optical Express, 2011, 19(17): 15792.

[26] Lu Y, Lal A. High-efficiency ordered silicon nano-conical-frustμm array solar cells by self-powered parallel electron lithography[J]. Nano Letters, 2010, 0: 4651.

[27] Huang Y F, Chattopadhyay S, Jen Y J, et al. Improved broadband and quasi-omnidirectional anti-reflection properties with biomimeticsilicon nanostructures [J]. Natural Nanotechnology, 2007, 2: 770-774.

[28] Fang H, Li X D, Song S, et al. Fabrication of slantingly-aligned silicon nanowire arrays for solar cell applications [J]. Nanotechnology, 2008, 19: 255703.

[29] Peng K Q, Yan Y J, Gao S P, et al. Synthesis of large-area silicon nanowire arraysvia self-assembling nanoelectrochemistry [J]. Advanced Materials, 2002, 14: 1164-1167.

[30] Peng K Q, Hu J J, Yan Y J, et al. Fabrication of single-crystalline silicon nanowires by scratching a silicon surface with catalytic metal particles [J]. Advanced Functional Materials, 2006, 16: 387-394.

[31] Peng K Q, Xu Y, Wu Y, et al. Aligned single-crystalline Si nanowire arrays for photovoltaicapplications[J]. Small, 2005, 1: 1062-1067.

[32] Mcsweeney W, Glynn C, Geaney H, et al. Mesoporosity in doped silicon nanowires from metal assisted chemical etchingmonitored by phonon scattering[J]. Semiconductor

Science and Technology, 2016, 31(1): 014003.

[33] Peng K, Zhang M, Lu A, et al. Ordered silicon nanowire arrays via nanosphere lithography and metal-induced etching[J]. Applied Physics Letters, 2007, 90(16):163123.1-163123.3.

[34] Huang Z, Fang H, Zhu J. Fabrication of silicon nanowire arrays with controlled diameter, length, and density[J]. Advanced Materials, 2007, 19(5): 744-748.

[35] Kayes B M, Atwater H A, Lewis N S. Comparison of the device physics principles of planar and radial p-n junction nanorod solar cells[J]. Journal of Applied Physics, 2005, 97(11): 610-149.

[36] Mattos L S, Scully S R, Syfu M, et al. New module efficiency record: 23.5%under 1-sun illumination using thin-film single-junction GaAs solar cells[C]. Photovoltaic Specialists Conference, IEEE, 2012.

[37] Garnett E C, Yang P. Silicon nanowire radial p-n junction solar cells[J]. Journal of the American Chemical Society, 2008, 130(29): 9224-9225.

[38] Zhang F, Liu D, Zhang Y, et al. Methyl/allyl monolayer on silicon:efficient surface passivation for silicon-conjugated polymer hybrid solar cell[J].ACS Applied Materials & Interfaces, 2013, 5(11): 4678-4684.

[39] Zhang F, Han X, Lee S T, et al. Heterojunction with organic thin layer for three dimensional high performance hybrid solar cells[J]. Journal of Materials Chemistry, 2012, 22(12): 5362.

[40] Oh J, Yuan H C, Branz H M. An 18.2%-efficient black-silicon solar cellachieved through control of carrier recombination in nanostructures[J]. Nature Nanotechnology, 2012, 7 (11), 743.

[41] Kim D R, Lee C H, Rao P M, et al. Hybrid Si microwire and planar solar cells: Passivation and characterization[J]. Nano Letters, 2011, 11(7): 2704-2708.

[42] Yu G, Gao J, Hummelen J C, et al. Polymer photovoltaic cells: Enhanced efficiencies via a network of internal donor-acceptor heterojunctions[J]. Science, 1995, 270(5243): 1789-1791.

[43] Brabec C J, Zerza G, Cerullo G, et al. Tracing photoinduced electron transfer process in conjugated polymer/fullerene bulk heterojunctions in real time[J]. Chemical Physics Letters, 2001, 340(3-4): 232-236.

[44] Koster L, Hummelen J, Blom P, et al. Photocurrent generation in polymer-fullerene bulk heterojunctions[J]. Physical Review Letters, 2004, 93(21): 216601.

[45] Roncali J. Molecular bulk heterojunctions: An emerging approach to organic solar cells[J]. Cheminform, 2010, 41(15): 1719-1730.

[46] Chen M H, Hou J, Hong Z, et al. Efficient polymer solar cells with thin active layers based on alternating polyfluorene copolymer/fullerene bulk heterojunctions[J]. Advanced Materials, 2009, 21(42): 4238-4242.

[47] Fan X, Zhang M, Wang X, et al. Recent progress in organic–inorganic hybrid solar cells[J]. Journal of Materials Chemistry A, 2013, 1(31): 8694.

[48] Garcia-Belmonte G, Munar A, Barea E M, et al. Charge carrier mobility and lifetime of organic bulk heterojunctions analyzed by impedance spectroscopy[J]. Organic Electronics, 2008, 9(5): 847-851.

[49] Ulbricht R, Kurstjens R, Bonn M. Assessing charge carrier trapping in silicon nanowires using picosecond conductivity measurements[J]. Nano Letters, 2012, 12(7): 3821-3827.

[50] Gunawan O, Guha S. Characteristics of vapor–liquid–solid grown silicon nanowire solar cells[J]. Solar Energy Materials and Solar Cells, 2009, 93(8): 1388-1393.

[51] Otto M, Kroll M, KaSebier T, et al. Extremely low surface recombination velocities in black silicon passivated by atomic layer deposition[J]. Applied Physics Letters, 2012, 100(19): 191603.

[52] Dan Y, Seo K, Takei K, et al. Dramatic reduction of surface recombination by in situ surface passivation of silicon nanowires[J]. Nano Letters, 2011, 11(6): 2527-2532.

[53] Kim D R, Lee C H, Rao P M, et al. Hybrid Si microwire and planar solar cells: Passivation and characterization[J]. Nano Letters, 2011, 11(7): 2704-2708.

[54] Kelzenberg M D, Turner-Evans D B, Putnam M C, et al. High-performance si microwire photovoltaics[J]. Energy & Environmental Science, 2011, 4(3): 866.

[55] Wang C, Han X, Xu P, et al. The electromagnetic property of chemically reduced graphene oxide and its application as microwave absorbing material[J]. Applied Physics Letters, 2011, 98(7): 072906.

[56] Huang C Y, Yang Y J, Chen J Y, et al. p-Si nanowires/SiO_2/n-ZnO heterojunction photodiodes[J]. Applied Physics Letters, 2010, 97(1): 295203.

[57] Cui Y, Zhong Z, Wang D, et al. High performance silicon nanowire field effect transistors[J]. Nano Letters, 2003, 3(2): 149-152.

[58] Taylor M P, Readey D W, van Hest M F A M, et al. The remarkable thermal stability of amorphous In-Zn-O transparent conductors[J]. Advanced Functional Materials, 2008, 18(20): 3169-3178.

[59] Maldonado S, Plass K E, Knapp D, et al. Electrical properties of junctions between Hg and Si(111) surfaces functionalized with short-chain alkyls[J]. Journal of Physical Chemistry C, 2007, 111(48): 17690-17699.

[60] Puniredd S R, Assad O, Haick H. Highly stable organic monolayers for reacting silicon with further functionalities: the effect of the C-C bond nearest the silicon surface[J]. Journal of the American Chemical Society, 2008, 130(41): 13727-13734.

[61] Bashouti M Y, Paska Y, Puniredd S R, et al. Silicon nanowires terminated with methyl functionalities exhibit stronger Si–C bonds than equivalent 2D surfaces[J]. Physical Chemistry Chemical Physics, 2009, 11(20): 3845-3848.

[62] Yaffe O, Scheres L, Puniredd S R, et al. Molecular electronics at metal/semiconductor junctions. Si inversion by sub-nanometer molecular films[J]. Nano Letters, 2009, 9(6): 2390-2394.

[63] Pillai S, Catchpole K R, Trupke T, et al. Surface plasmon enhanced silicon solar cells[J]. Journal of Applied Physics, 2007, 101(9): 093105.

[64] Catchpole K R, Polman A. Design principles for particle plasmon enhanced solar cells[J]. Applied Physics Letters, 2008, 93(19): 191113.

[65] Akimov Y A, Ostrikov K, Li E P. Surface plasmon enhancement of optical absorption in thin-film silicon solar cells[J].Plasmonics, 2009, 4(2): 107-113.

[66] Sreekanth K V, Sidharthan R, Murukeshan V M. Gap modes assisted enhanced broadband light absorption in plasmonic thin film solar cell [J]. Journal of Applied Physics, 2011, 110(3): 033107.

[67] Stern E A, Ferrell R A. Surface plasma oscillations of a degenerate electron gas[J].Physical Review, 1960, 120(1): 130-136

[68] Zayats A V, Smolyaninov I I. Near-field photonics: surface plasmon polaritons and localized surface plasmons[J]. Journal of Optics A: Pure and Applied Optics, 2003, 5(4): 516.

[69] Schaadt D, Feng B, Yu E. Enhanced semiconductor optical absorption via surface plasmon excitation in metal nanoparticles[J]. Applied Physics Letters, 2005, 86(6): 063106.

[70] Akimov Y A, Koh W S, Ostrikov K. Enhancement of optical absorption inthin-film solar cells through the excitation of higher-order nanoparticle plasmonmodes[J]. Optics Express, 2009, 17(12): 10195-10205.

[71] Sreekanth K V, Sidharthan R, Murukeshan V M. Gap modes assisted enhance broadband light absorption in plasmonic thin film solar cell[J]. Journal of Applied Physics, 2011, 110(3): 033107.

[72] Casadei A, Pecora E F, Trevino J, et al. Photonic-plasmonic coupling of GaAs single nanowires to optical nanoantennas[J]. Nano Letters, 2014, 14(5): 2271-2278.

[73] Heydari M, Sabaeian M. Plasmonic nanogratings on MIM and SOI thin-film solar cells: comparison and optimization of optical and electric enhancements[J].Applied Optics, 2017, 56(7): 1917.

[74] Atwater H A, Polman A. Plasmonics for improved photovoltaic devices [J].Nature Materials, 2010, 9(3): 205-213.

[75] Faro U. The Theory of anomalous diffraction gratings and of quasi-stationary waveson metallic surfaces (Sommerfieldswaves)[J]. J. Opt. Soc. Am, 1941, 31: 213-222.

[76] Shen W, Tang J, Wang Y, et al. Strong enhancement of photoelectric conversion efficiency of cohybridized polymer solar cell by silver nanoplatesand core-shell nanoparticles[J].Acs Applied Materials&Interfaces, 2017, 9(6): 5358-5365.

[77] Catchpole K R, Polman A. Design principles for particle plasmon enhanced Bolacells[J]. Applied Physics Letters, 2008, 93(19): 191113.

[78] Chen J, Wu J, Lei W, et al. Co-sensitized quantum dot solar cell based on ZnO nanowire[J]. Applied Surface Science, 2010, 256(24): 7438-7441.

[79] Trupke T, Green M A, Wiirfel P. Improving solar cell efficiencies by down-conversion of high-energy photons[J]. Journal of Applied Physics. 2002, 92(3): 1668.

[80] Bomm J, Buchtemann A, Chatten A J, et al. Fabrication and full characterization of state-of-the-art quantum dot luminescent solar concentrators[J]. Solar Energy Materials and Solar Cells, 2011, 95(8): 2087-2094.

[81] Chatten A J, Barnham K W J, Buxton B F, et al. A new approach to modeling quantum dot concentrators[J]. Solar Energy Materials and Solar Cells, 2003, 75(3): 363-371.

[82] van Sark W, Meijerink A, Schropp R E I, et al. Enhancing solar cell efficiency by using spectral converters[J]. Solar Energy Materials and Solar Cells, 2005, 87(1): 395-409.

[83] Kim S, Fisher B, Eisler H J, et al. Type-II quantum dots: CdTe/CdSe (core/shell) and CdSe/ZnTe (core/shell) heterostructures[J]. Journal of the American Chemical Society, 2003, 125(38): 11466, 11467.

[84] Xie R, Zhong X, Basche T. Synthesis, characterization, and spectroscopy of type II core/shell semiconductor nanocrystals with ZnTe cores[J]. Advanced Materials, 2005, 17(22): 2741-2745.

[85] Du Y, Xu B, Fu T, et al. Near-infrared photoluminescent Ag_2S quantum dots from a single source precursor[J]. Journal of the American Chemical Society, 2010, 132(5): 1470, 1471.

[86] Shcherbatyuk G V, Inman R H, Wang C, et al. Viability of using near infrared PbS quantum dots as active materials in luminescent solar concentrators[J]. Applied Physics Letters, 2010, 96(19): 191901-191901-3.

[87] Chen J, Wu J, Lei W, et al. Co-sensitized quantum dot solar cell based on ZnO nanowire[J]. Applied Surface Science, 2010, 256(24): 7438-7441.

[88] Ellingson R J, Beard M C, Johnson J C, et al. Highly efficient multiple exciton generation in colloidal PbSe and PbS quantum dots[J]. Nano Letters, 2005, 5(5): 865-871.

[89] Wu J, Wang J, Lin J, et al. Enhancement of the photovoltaic performance of dye-sensitized solar cells by doping $Y_{0.78}Yb_{0.20}Er_{0.02}F_3$ in the Photoanode[J]. Advanced Energy Materials, 2012, 2(1): 78-81.

[90] Wu X, Lu G Q, Wang L. Dual-functional upconverter-doped TiO_2, hollow shells for light scattering and near-infrared sunlight harvesting in dye-sensitized solar cells[J]. Advanced Energy Materials, 2013, 3(6):704-707.

[91] Kojima A, Teshima K, Shirai Y, et al. Organometal halide perovskites as visible-light sensitizers for photovoltaiccells [J]. Journal of the American Chemical Society, 2009, 131: 6050, 6051.

[92] Li X, Bi D, Yi C, et al. A vacuum flash-assisted solution process for high-efficiency large-area perovskite solar cells [J]. Science, 2016, 353(6294): 58-62.

[93] Yang W S, Noh J H, Jeon N J, et al. High-performance photovoltaic perovskite layers fabricated through intramolecular exchange[J]. Science, 2015, 348: 1234-1237.

[94] Green M A, Ho-Baillie A, Snaith H J. The emergence of perovskite solar cell [J]. Nature Photonics, 2014, 8: 506-514.

[95] Ball J M, Lee M M, Hey A, et al. Low-temperature processed meso-superstructured to thin film perovskite solar cells [J]. Energy Environmental Science, 2013, 6: 1739-1743.

[96] Wang B,Xiao X, Chen T. Perovskite photovoltaics: A high efficiency newcomer to the solar cell family [J]. Nanoscale, 2014, 6: 12287-12297.

[97] Zhang M, Lyu M Q, Yu H, et al. Stable and low-cost mesoscopic $CH_3NH_3PbI_2Br$ perovskite solar cells by using a thin poly (3-Hexylthiophene) layer as a hole transporter [J]. Chemistry-a European Journal, 2015, 21: 434-439.

[98] Zhao Y X, Zhu K.Three-step sequential solution deposition of Pb_2 free $CH_3NH_2PbI_3$ perovskite[J]. Journal of Materials Chemistry A, 2015, 3: 9086-9091.

[99] Dong Q, Fang Y, Shao Y, et al. Solar cells electron-hole diffusion lengths>175 μm in solutiongrown CH_3 NH_3PbI_2 single crystals [J]. Science, 2015, 347(6225): 967-970.

[100] Park N. Organometal perovskite light absorbers toward a 20%efficiency low-cost solid-state mesoscopic solar cell [J]. Journal of Physical Chemistry Letters, 2013, 4(15): 2423-2429.

[101] Zhao Y, Wei J, Li H, et al. A polymer scaffold for self-healing perovskite solar cells [J]. Nature Communications, 2016, 7: 10228.

[102] Jeng J Y , Chiang Y F , Lee M H, et al. $CH_3NH_3PbI_3$ perovskite/fullerene planar-hetero junction hybrid solar cells[J]. Advanced Materials, 2013, 25(27): 3727-3732.

[103] Nie W, Tsai H, Asadpour R, et al. Solar cells high efficiency solution processed perovskite solar cells with millimeter-scale grains[J]. Science, 2015, 347(6221): 522-525.

[104] Christians J A, Fung R C, Kamat P V. An inorganichole conductor for organolead halide perovskite solar cells. improved hole conductivity with cropper iodide[J]. Journal of the American Chemical Society, 2014, 136(2): 758-764

[105] Rong Y , Ku Z , Xu M , et al. Efficient monolithic quasi-solid-state dye-sensitized solar cells based on poly(ionic liquids) and carbon counter electrodes[J]. RSC Advances, 2014, 4(18): 9271.

[106] Gar L, Can P, Xue Z, et al.$CH_3NH_3PbI_3/TiO_2$ heterojunction solar cells [J]. Journal of the American Chemical Society, 2012, 134(42): 17396-17399

[107] Jia L, Wang C,Wang Y, et al. All inorganic perovskite solar cells [J]. Journal of the American Chemical Society, 2016, 138(49): 15829-15833

[108] Noel N K, Stranks S D, Abate A, et al. Lead-free organic–inorganic tin halide perovskites for photovoltaic applications[J]. Energy & Environmental Science, 2014, 7(9): 3061.

彩　图

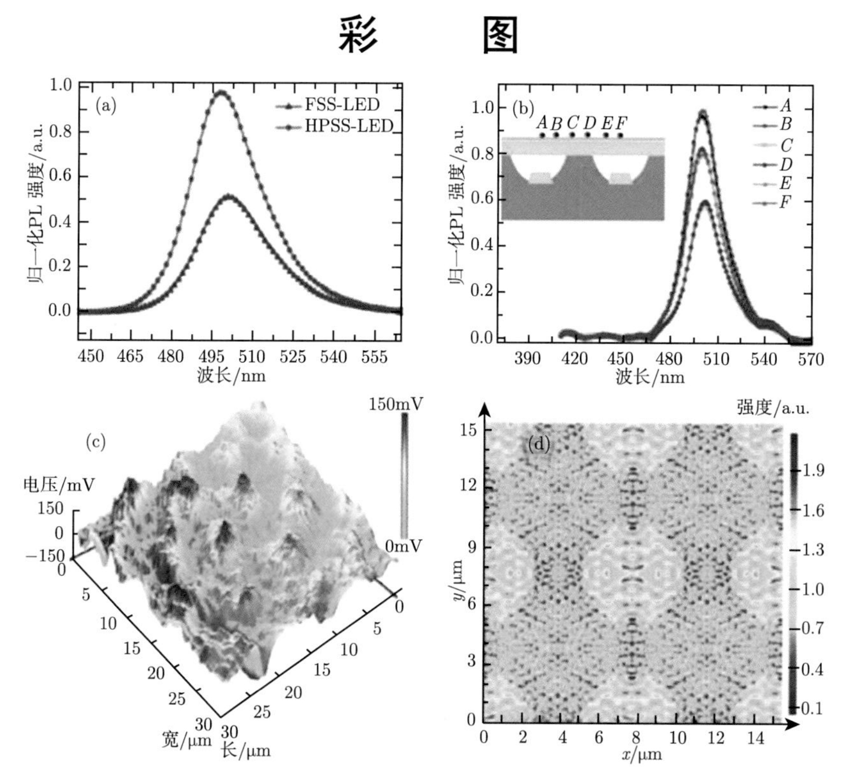

图 1-17　(a) 在 FSS 和 HPSS 上生长的 LED 的室温 PL 光谱；(b) A，B，C，D，E，F 位置的 HPSS-LED 的微区 PL 强度；(c) HPSS-LED 的 SNOM 结果；(d) HPSS-LED 的 FDTD 仿真结果 [39]

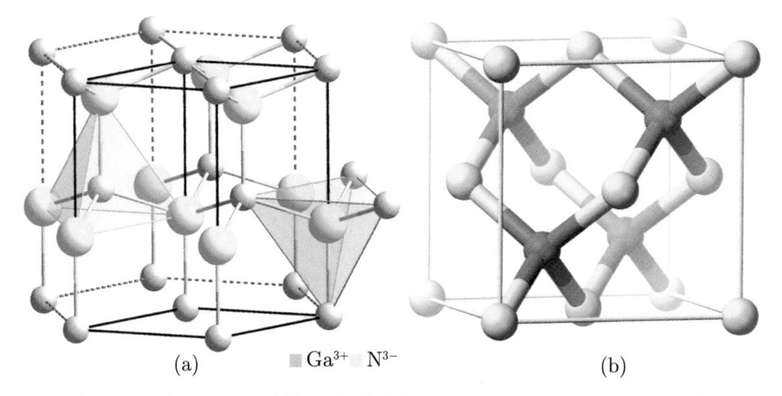

图 3-16　(a) GaN 纤锌矿晶体结构和 (b) GaN 闪锌矿晶体结构

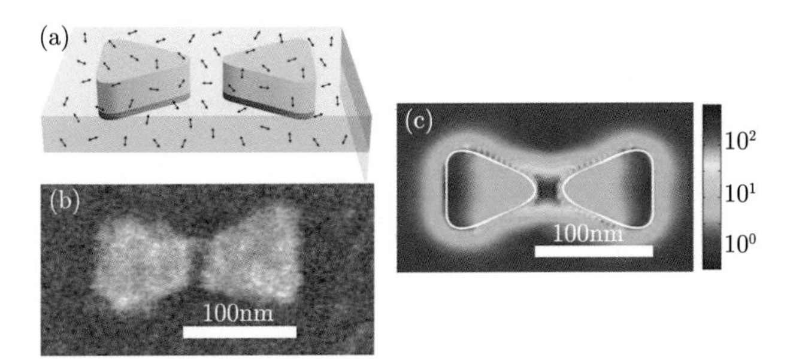

图 3-38 (a) 金纳米天线涂在基底为 PDMS 的单分子 (TPQDI)(黑色箭头) 上；(b) 金纳米天线形貌图；(c) FDTD 仿真所得纳米天线尖端电场增强效果

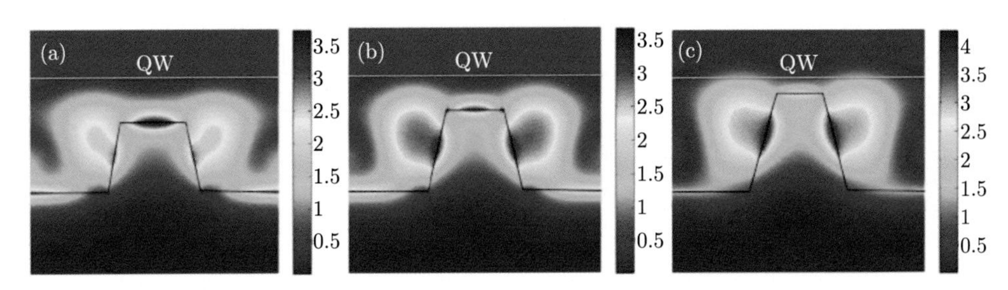

图 4-13 深度分别为 (a)85nm，(b)100nm 和 (c)120nm 的 Ag 纳米柱阵列在 520nm 光波激发下的电场分布图 [39]

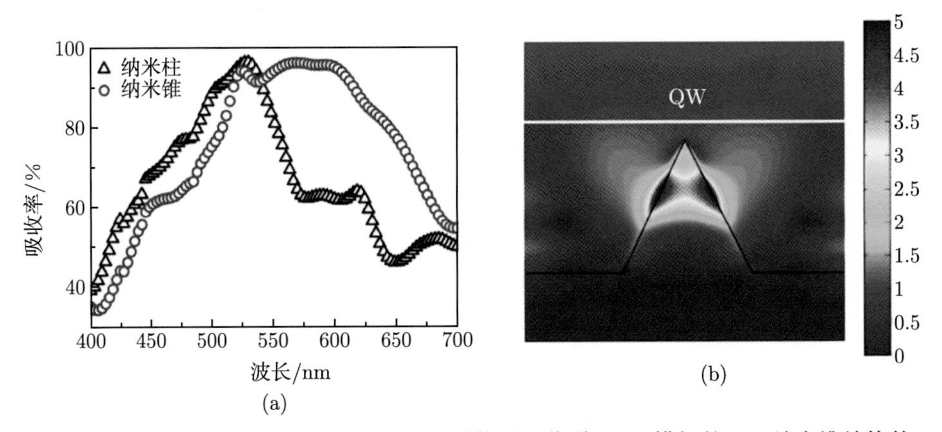

图 4-17 (a) 模拟的 Ag 纳米柱、纳米锥结构的吸收谱；(b) 模拟的 Ag 纳米锥结构的电场强度分布图 [40]

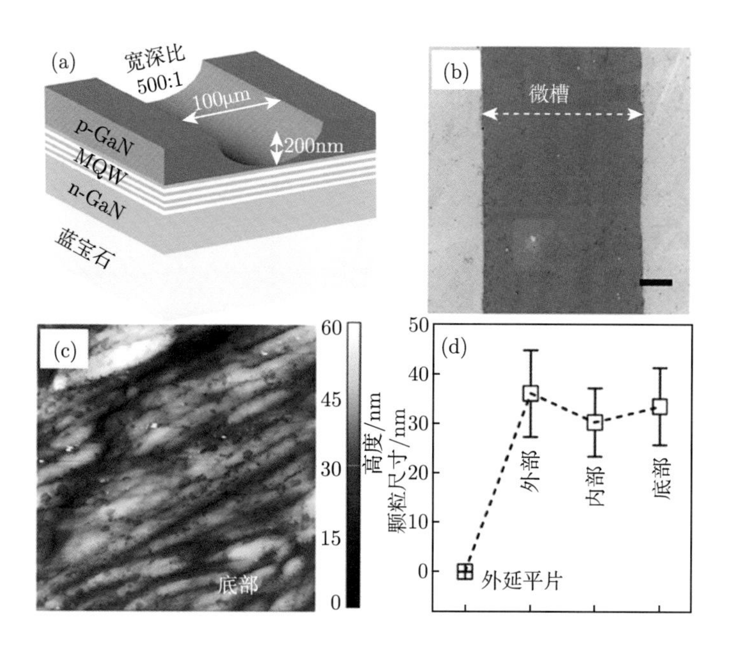

图 4-20　p-GaN 表面微槽 (a) 示意图和 (b)SEM 图，比例尺 20μm；(c) 微槽底部形貌 AFM 图，5μm×5μm；(d) 微槽不同位置的统计表面颗粒尺寸 [46]

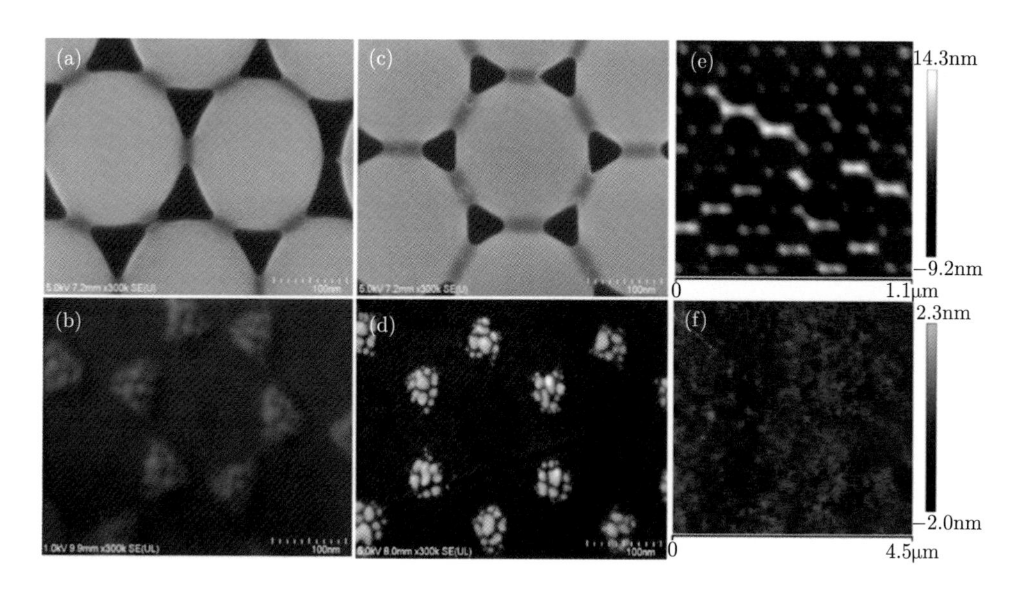

图 4-25　PS 纳米球退火 (a)0s 和 (c)5s 的 SEM 图；金属纳米领结型结构对应 PS 球 (b)0s 和 (d)5s 退火的 SEM 图；旋涂 2T-NATA 薄膜 (e) 前、(f) 后的 AFM 图 [48]

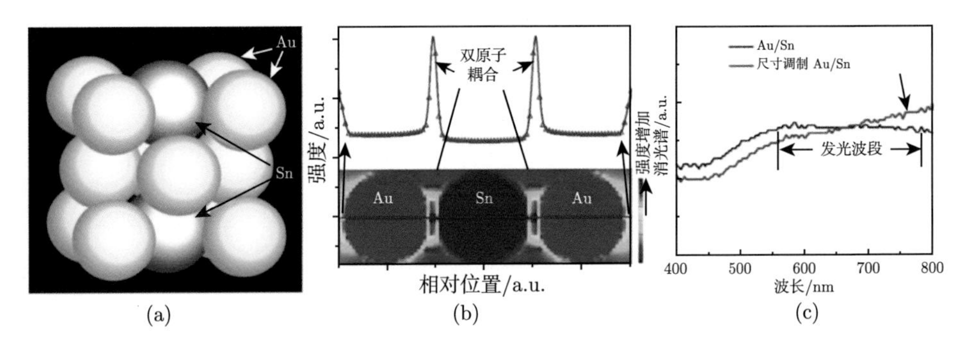

图 4-26 (a)Au/Sn 金属合金的双原子模型；(b) 模拟的合金横截面处的电场强度图；(c) 对应的测量消光谱 [48]

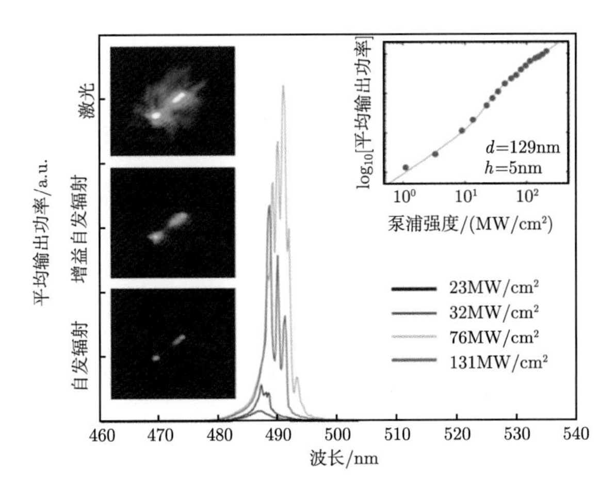

图 4-30 等离子体激光的激光振荡与输出功率对泵浦强度的非线性响应 [51]

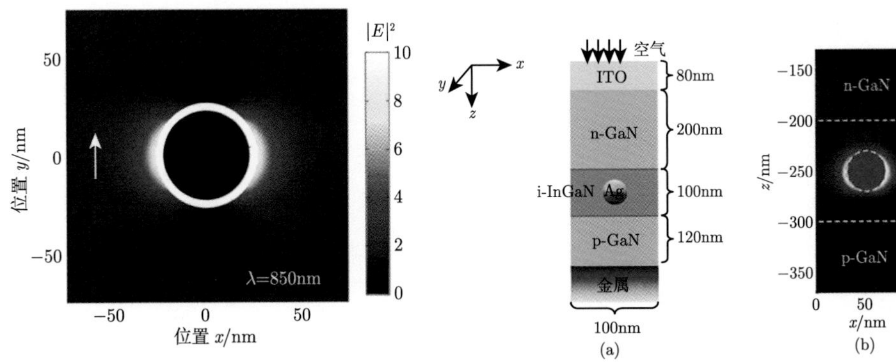

图 4-39 金属纳米颗粒的局域近场增强图 [67]

图 4-40 (a) 模拟窗口中的 InGaN 基太阳能电池结构；(b) Ag 纳米颗粒周围电场大小分布 [67]

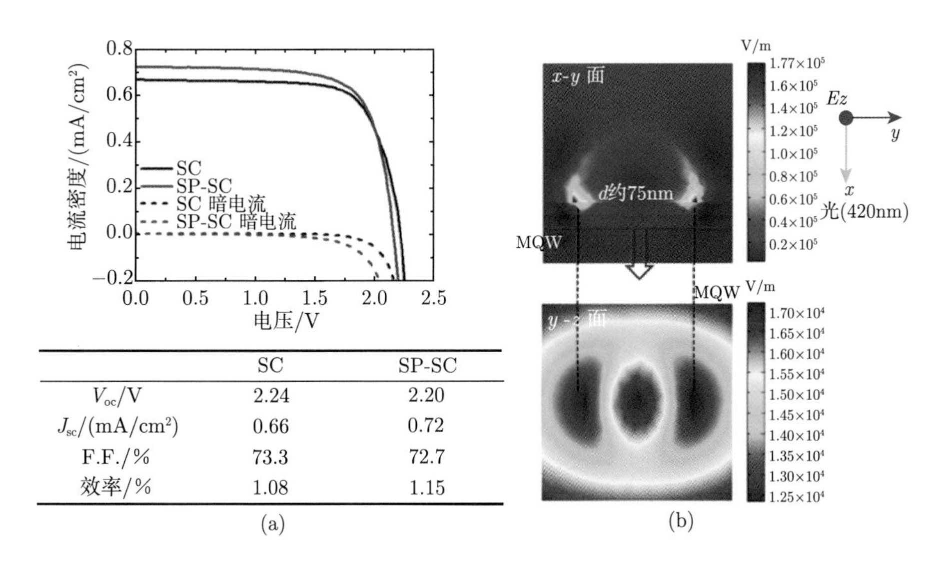

	SC	SP-SC
V_{oc}/V	2.24	2.20
J_{sc}/(mA/cm²)	0.66	0.72
F.F./%	73.3	72.7
效率/%	1.08	1.15

图 4-43 (a) 有/无 Ag 纳米颗粒的 InGaN 基太阳能电池 J-V 曲线图和对应参数表；(b) 入射波长 420nm 时的 Ag 纳米颗粒在 x-y 面和 y-z 面的局域电场分布图 [68]

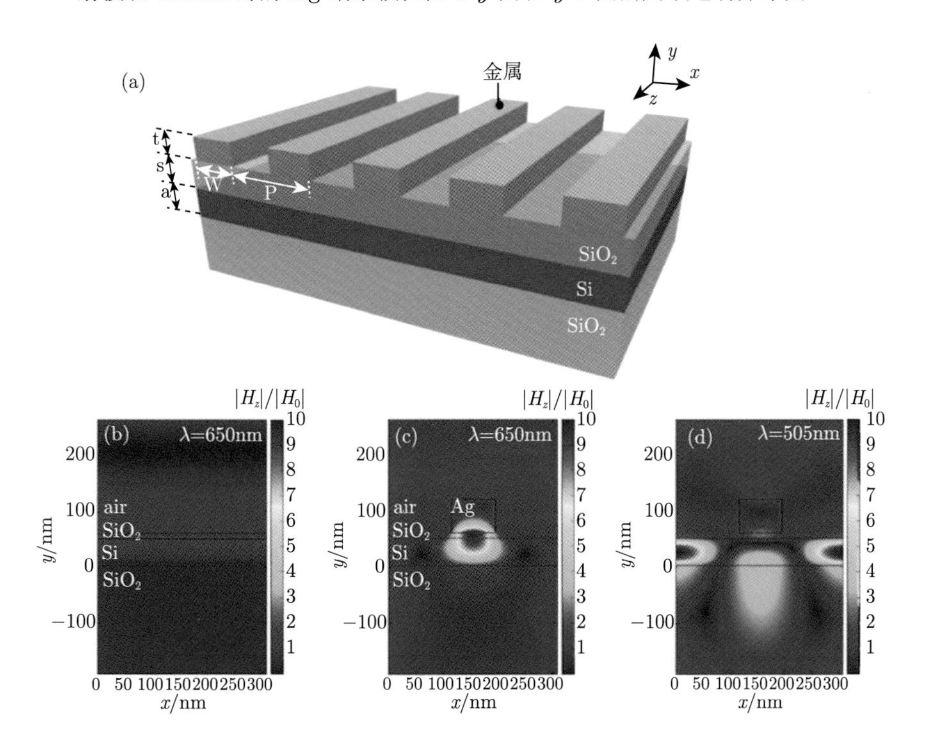

图 4-44 (a) 一维 Ag 光栅太阳能电池单元结构；(b) 单层 Si 磁场分布；(c)650nmTM 波下的磁场分布；(d)505nmTM 波下的磁场分布 [70]

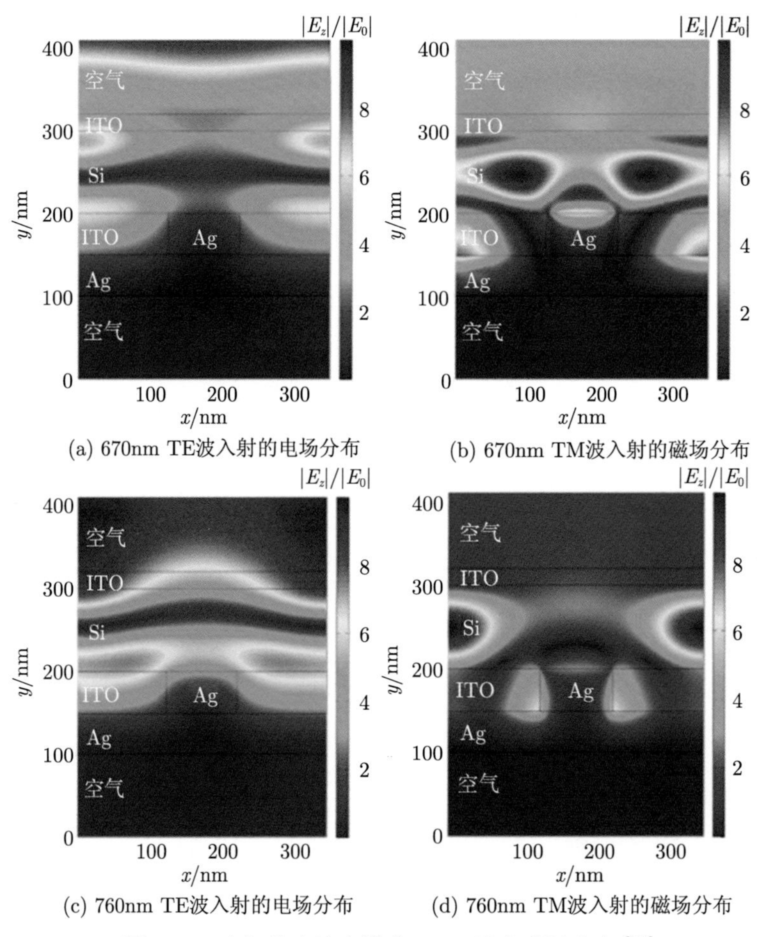

图 4-46 太阳能电池中激发 SPP 的电磁场分布 [71]

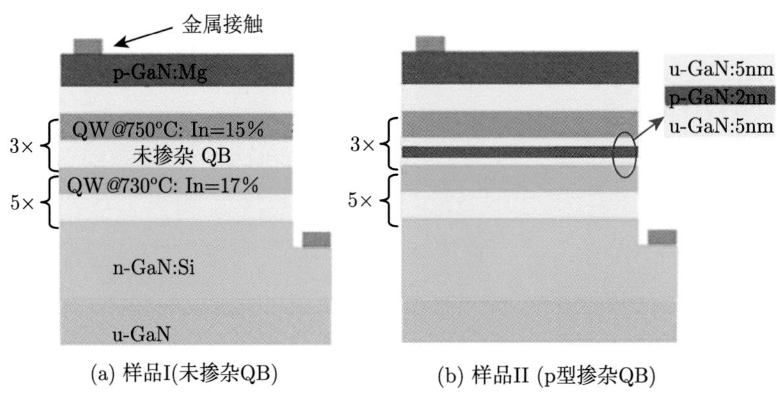

图 5-6 LED 外延结构示意图

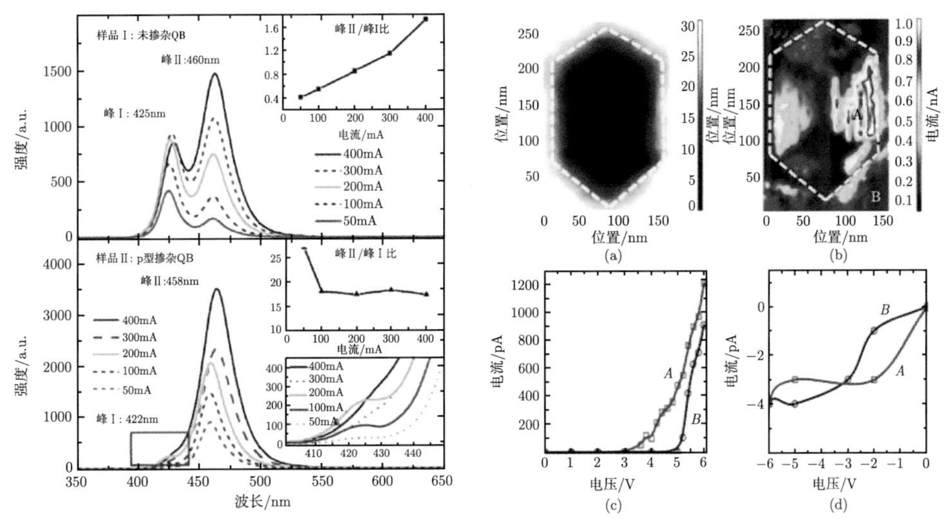

图 5-8　不同电流下 EL 光谱

图 5-31　(a) 大尺寸 V 形缺陷的 AFM 图像；(b) 同区域 CAFM 图像；A 和 B 两点 (c) 正向和 (d) 反向偏压 I-V 特性曲线

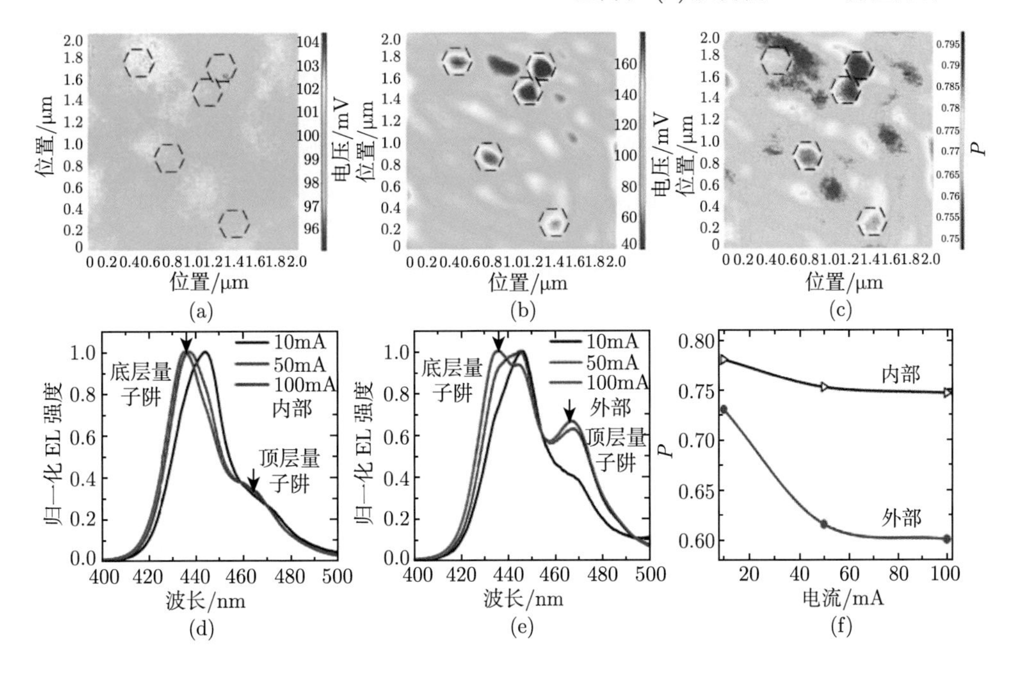

图 5-32　(a) 样品 B 微区 (2μm×2μm) PL 分布图；(b) 同区域 EL 分布图；(c) 同区域参数 P 数值大小分布图 (EL 激发模式下)；电流 10mA、50mA、100mA 下大尺寸 V 形缺陷 (d) 内部和 (e) 外部区域归一化 EL 光谱；(f) V 形缺陷内外部参数 P 随电流变化曲线

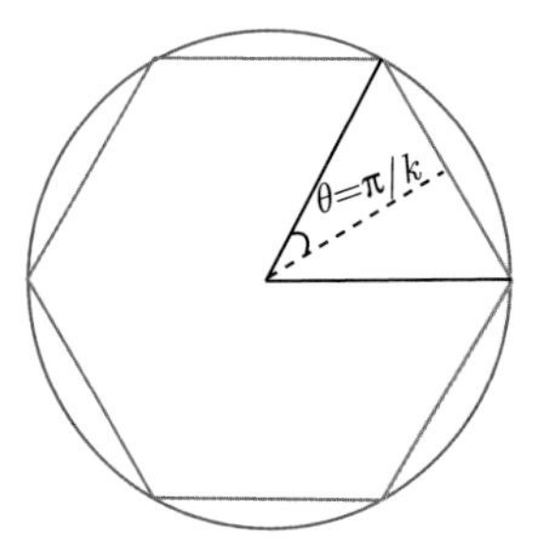

图 7-15 微盘 WGM 谐振腔的几何关系示意图

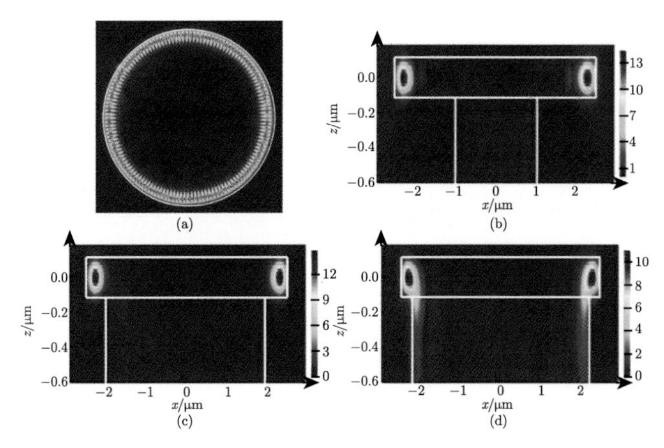

图 7-26 (a) 微盘内 1 阶径向 WGM 在 xy 平面内的电场分布，白色圆圈表示微盘的边缘轮廓；(b) ~(d) 分别表示该模式在 xz 平面内的电场分布，其中，支撑柱的直径分别为 2μm、4μm 和 4.5μm

图 7-29 Si 基衬底上 GaN 微盘的结构特征